Matices Interdisciplinarios en Estudios Fitolíticos y de Otros Microfósiles

Interdisciplinary Nuances in Phytoliths and Other Microfossil Studies

Volumen editado por

María Alejandra Korstanje y María del Pilar Babot

BAR International Series 1870
2008

Published in 2019 by
BAR Publishing, Oxford

BAR International Series 1870

Matices interdisciplinarios en Estudios Fitopolíticos y de Otros Microfósiles

ISBN 9781407302379 paperback
ISBN 9781407333779 e-book

DOI https://doi.org/10.30861/9781407302379

A catalogue record for this book is available from the British Library

This book is available at www.barpublishing.com

BAR Publishing is the trading name of British Archaeological Reports (Oxford) Ltd. British Archaeological Reports was first incorporated in 1974 to publish the BAR Series, International and British. In 1992 Hadrian Books Ltd became part of the BAR group. This volume was originally published by John and Erica Hedges Ltd. in conjunction with British Archaeological Reports (Oxford) Ltd / Hadrian Books Ltd, the Series principal publisher, in 2008. This present volume is published by BAR Publishing, 2019.

BAR
PUBLISHING

BAR titles are available from:

BAR Publishing
122 Banbury Rd, Oxford, OX2 7BP, UK
EMAIL info@barpublishing.com
PHONE +44 (0)1865 310431
FAX +44 (0)1865 316916
www.barpublishing.com

Dedicamos este libro a todos los colegas que de un modo u otro han
aportado a mejorar nuestro conocimiento sobre
el mundo de las plantas

We dedicate this book to all colleagues that in some way have worked to enhance our
knowledge about the world of plants

ÍNDICE
CONTENTS

Página
Page

Dedicatoria
Dedication i

Índice
Contents iii

Prefacio de las Editoras
Preface vii

Lista de Autores
List of Contributors xix

Lista de Evaluadores
List of Referees xxii

PASADO Y FUTURO DE LOS ANÁLISIS FITOLÍTICOS
PAST AND FUTURE OF PHYTOLITHIC ANALYSIS

1. Los Estudios Fitolíticos en América del Sur, una Visión Retrospectiva
Retrospective View in South America Phytolith Studies

ZUCOL, Alejandro F., Mariana BREA y Esteban PASSEGGI 3

TAFONOMÍA Y TEMAS DE LABORATORIO
TAPHONOMY AND LABORATORY ISSUES

2. Estudio Preliminar de la Degradación de Fitolitos de Gramíneas. Experimentación *In Vitro*
A Preliminary Study of Grass Phytolith Weathering Through *In Vitro* Experimentation

BORRELLI, Natalia, Margarita OSTERRIETH y Marta CABELLO 25

3. Extracción de Silicobiolitos en Distintos Sedimentos Utilizando dos Técnicas Básicas
Extraction of Silica Biolith in Different Sediments Using Two Basic Techniques

ÁLVAREZ, M. Fernanda, Natalia BORRELLI y Margarita OSTERRIETH 31

4. Análisis Comparativo Metodológico y Estudio de la Abundancia Fitolítica en Tártaro de Dientes Humanos de Sitios Arqueológicos de La Provincia de Buenos Aires, Argentina
Comparative Analyses of Phytolith Extraction Methods and Phytolith Abundance in Human Dental Tartar Samples from Archaeological Sites in Buenos Aires Province, Argentina

ZUCOL, Alejandro F. y Daniel M. LOPONTE 39

5. Impact of Fire on Peatlands in Northeastern NSW Australia: Implications for the Interpretation of Microfossil Assemblages and Fire Histories
El Impacto del Fuego en Turberas del Noreste de NSW, Australia: Implicancias para la Interpretación de los Conjuntos de Microfósiles y las Historias de Incendios

PARR, Jeffrey F., Geoffrey KERR, John ARTHUR and Kathryn. H. TAFFS 47

ESTUDIOS ACTUALES Y DE TAXONOMÍA EN FITOLITOS
CURRENT RESEARCH AND TAXONOMY OF PHYTOLITHS

6. Contenido de Sílice en Gramíneas del Pastizal Nativo del Sudeste Bonaerense, Argentina
Silica Content in Grasses from Native Grassland of Southeastern Buenos Aires Province, Argentina

FERNÁNDEZ HONAINE, Mariana, Verónica BERNAVA LABORDE y Alejandro F. ZUCOL 57

AMBIENTES REGIONALES Y PALEOECOLOGÍA
REGIONAL ENVIRONMENTS AND PALAEOECOLOGY

7. Phytoliths as Indicators of Paleosols and Grassland Vegetation in the Teotihuacan Valley, Mexico
Fitolitos como Indicadores de Paleosuelos y Vegetación de Pastizal del Valle de Teotihuacan, México

MCCLUNG DE TAPIA, Emily, Héctor CABADAS-BÁEZ, Ernestina VALLEJO-GÓMEZ, Jorge GAMA-CASTRO, Elizabeth SOLLEIRO-REBOLLEDO y Sergey SEDOV 67

8. Biomorfos de Sílice en la Secuencia Pedosedimentaria del Sitio Arqueológico Paso Otero 5, Buenos Aires, Argentina
Silica Biomorphs in the Pedosedimentary Sequence from Paso Otero 5 Archaeological Site (Buenos Aires Province, Argentina)

OSTERRIETH, Margarita, Gustavo MARTÍNEZ, María. A. GUTIÉRREZ y M. Fernanda ÁLVAREZ 77

9. Reconstrucción de Paleocomunidades Arbóreas Mediante Análisis Fitolíticos en Sedimentos del Paleoceno Superior-Eoceno? (Formación Las Flores), Chubut, Argentina
Reconstruction of Past Vegetation Through Phytolith Analysis of Sediments from the Upper Paleocene-Eocene? (Las Flores Formation), Chubut, Argentina

BREA, Mariana, Alejandro F. ZUCOL, María Sol RAIGEMBORN y Sergio MATHEOS 91

10. Silicofitolitos en Sedimentos de Testigos Marinos de la Región Norte de la Plataforma Continental Argentina
Silicophytoliths in Sediments from Marine Cores in the Northern Region of Argentina's Continental Shelf

OSTERRIETH, Margarita, Roberto VIOLANTE y Natalia BORRELLI 109

11. Reconstrucción Paleoambiental para el Holoceno Medio y Tardío en la Cuenca de la Laguna Negra: el Aporte de los Indicadores Biosilíceos
Middle and Late Holocene Paleoenvironmental Reconstruction in the Basin of Laguna Negra: Evidences from Bio siliceous Remains

DEL PUERTO, Laura, Hugo INDA y Felipe GARCÍA-RODRÍGUEZ 119

AMBIENTES REGIONALES, ECOLOGÍA HUMANA Y AGRICULTURA
REGIONAL ENVIRONMENTS, HUMAN ECOLOGY AND AGRICULTURE

12. Arqueología de la Agricultura: Suelos y Microfósiles en Campos de Cultivo del Valle del Bolsón, Catamarca, Argentina
Archaeology of Agriculture: Soils and Microfossils in Agricultural Fields at the Valley of El Bolsón, Catamarca, Argentina

KORSTANJE, M. Alejandra y Patricia CUENYA 133

13. Early Holocene Human Adaptation in the Central Andes: What the Phytoliths Can Tell Us?
Adaptaciones Humanas en los Andes Centrales en el Holoceno Temprano: La Contribución de los Fitolitos

CHEVALIER, Alexandre 149

PROCESAMIENTO, ALMACENAMIENTO Y CONSUMO: MICROÓFSILES EN ARTEFACTOS Y SERES HUMANOS
PROCESSING, STORAGE AND CONSUMPTION: MICROFOSSILS ON ARTIFACTS AND HUMAN BEINGS

14. Silicofitolitos en Artefactos de Molienda de Sitios Arqueológicos del Área Interserrana, Buenos Aires. Un Estudio Preliminar
Silicaphytoliths on Ground Stone Artifacts from Archaeological Sites in the Buenos Aires Province's Interserrana Area, Argentina. A Preliminary Study

TASSARA, Gerardo y Margarita OSTERRIETH 163

15. Estudios Arqueobotánicos del Sitio Nutria Mansa 1 (Partido de General Alvarado, Provincia de Buenos Aires): II. Análisis Fitolíticos Comparativos de Artefactos de Molienda
Archaeobotanical Studies of The Nutria Mansa 1 Site (General Alvarado, Buenos Aires Province): II. Comparative Phytolith Analysis of Milling Stone Artefacts

ZUCOL, Alejandro F. y Mariano BONOMO 173

16. Microfósiles y Atributos Tecno-Tipológicos: Correlacionando Raederas de Módulo Grandísimo con sus Desechos de Talla de Mantenimiento en el Noroeste Argentino
Microfossils and Techno-Typological Attributes: Correlating Large Module Sidescrapers with its Maintenance Debris in North-western Argentina

BABOT, María del Pilar, Patricia S. ESCOLA y Salomón HOCSMAN 187

17. Análisis de Restos Orgánicos Presentes en Cerámicas Arqueológicas de las Sierras de Tandilia (Provincia de Buenos Aires, Argentina)
Analysis of Organic Micro-Remains in Archaeological Ceramics from Tandilia Range (Buenos Aires Province, Argentina)

ZUCOL, Alejandro F., Mariana BREA y Diana Leonis MAZZANTI 201

18. Identificación de Fitolitos en el Cálculo Dental de Individuos Prehispánicos del Valle del Río Cauca, Colombia
Identification of Phytoliths from Prehispanic Dental Calculus Samples, Cauca River Valley, Colombia

RAMÍREZ RÍOS, Diana Carolina, Andrés Ricardo OTÁLORA CASCANTE y Ricardo PARRA GIRALDO 209

Matices Interdisciplinarios en Estudios Fitolíticos y de Otros Microfósiles

PREFACIO DE LAS EDITORAS

LATINOAMÉRICA Y LA TRADICIÓN DE ESTUDIOS FITOLÍTICOS

Los estudios fitolíticos son interdisciplinarios desde sus inicios en el siglo XIX y han involucrado a investigadores de diversas áreas como Biología, Arqueología, Ciencias Agrícolas, Geología, Pedología y Paleontología.

La escuela Sudamericana surgió tempranamente de la mano de Joaquín Frenguelli (1925, 1930, 1955) y más específicamente tomó impulso gracias a la labor de Hetty Bertoldi de Pomar (1969a, 1969b), quien investigó los sedimentos fluviales y continentales argentinos desde mediados del siglo pasado. Pero fue recién en 1999 cuando un grupo de investigadores argentinos y uruguayos visualizó la necesidad de organizar reuniones periódicas sudamericanas en torno al estudio de los fitolitos. Desde entonces, se han hecho grandes esfuerzos para desarrollar la disciplina y experiencias de intercambio con otros grupos en el mundo, incluso en situaciones socioeconómicas altamente desventajosas para la práctica científica latinoamericana. De esta manera, la visión desde el sur y sus propias alternativas metodológicas tuvieron la oportunidad de aportar al enriquecimiento mundial de los estudios fitolíticos ampliándolos a nuevas áreas y problemas. Así, las dos primeras reuniones, denominadas "Encuentro De Investigaciones Fitolíticas del Cono Sur" (EIF) (1^{ero} y 2^{ndo}) se desarrollaron dentro de la órbita de las temáticas relativas al extremo meridional de América, mientras que el tercero de ellos, organizado por el grupo de la Universidad Nacional de Tucumán que edita este libro, incluyó a toda Latinoamérica. El último evento se propuso, además, constituir un ámbito para divulgar y compartir experiencias con colegas de todo el mundo, quienes hicieron sus aportes desde Australia, China, EEUU, Suiza y Sudáfrica.

¿Qué diferencia a estos encuentros de aquellos internacionales sobre estudios fitolíticos, conocidos como "International Meeting On Phytolith Research" (IMPR) (1^{ero} a 6^{xto}) que periódicamente organiza la Society for Phytolith Research? En primer lugar, las mayores posibilidades reales de acceso de todos los investigadores e investigadoras latinoamericanos a los mismos, dado que estos encuentros se organizan en nuestros países, con menores costos y distancias, permitiendo el acceso de todos aquellos colegas que trabajan en el tema -sea de modo central o periférico-, y también la participación de estudiantes u otros asistentes de las disciplinas conexas. Tanto los investigadores jóvenes como los estudiantes que están formándose mejoran, de este modo, sus posibilidades de discutir los avances de investigación sea con los profesionales del medio como con aquellos que vienen de otros países, y se les posibilita el establecer contactos que les permitan ahondar sus estudios de un modo entusiasta.

En segundo lugar, la lengua oficial es nuestra lengua, el español, lo que nos facilita la comunicación precisa y afinada que requiere este tipo de estudios. No obstante, en las ocasiones en que se han desarrollado estos encuentros, se han previsto alternativas de traducción simultánea para los colegas no hispano-hablantes, los cuales son especialmente bienvenidos dado que nos enriquecen con su presencia y su participación.

En tercer lugar, pero en el mismo orden de importancia, estos encuentros nos permiten mantener la visibilidad de una tradición científica particular, generada en el ámbito latinoamericano. Sobre esto queremos detenernos un instante para hacer una aclaración: la nueva globalización, como proceso multi-dimensional en el que nos encontramos ha traído consecuencias positivas y negativas para la ciencia y el trabajo de los científicos. No es nuestra idea desarrollar este tema en profundidad aquí, sino sólo marcar, desde nuestra experiencia como productoras de conocimiento científico que dicho fenómeno conlleva un proceso negativo de pérdidas identitarias. Así como la diversidad biológica es un bien que todos entendemos importante mantener, también lo es la diversidad cultural, dado que implica la posibilidad de diferentes respuestas ante un mismo problema. Del mismo modo, la ciencia -entendida como un aspecto más de la cultura- requiere que se mantenga el respeto identitario a los abordajes locales de problemáticas que pueden ser tanto de interés local como mundial. Solo así podremos mantener las ventajas comparativas que los avances en las comunicaciones nos han brindado como resultado de esta globalización. Sólo en un marco de igualdad y respeto mutuo por las producciones científicas locales, podremos enriquecer nuestro conocimiento. De lo contrario, nos veremos obligados a citar y reproducir solamente los conocimientos que proceden del "mundo central", que muy pocas veces dirige su mirada hacia la producción de la periferia. En ciencia esto es algo cada vez más notorio y necesario de corregir. Por ello, mantener la identidad de la producción latinoamericana, pero llevarla a la vez, a la dimensión global del conocimiento, ha sido el objetivo del grupo de trabajo que organizó el 3er EIF en Tafí del Valle, Tucumán, Argentina en el año 2005, y cuyos resultados parciales hoy exponemos a nuestra región y al mundo.

ESPÍRITU DEL LIBRO

En consonancia con lo que hemos mencionado en párrafos anteriores, se encuentra nuestra voluntad y decisión de publicar dieciocho capítulos en una serie de distribución internacional, como lo es BAR International Series. Sin embargo, hemos manteniendo abierta la opción de los autores de escribir sus contribuciones en inglés o en español, aprovechando la posibilidad brindada por los editores de Oxford, la cual agradecemos. Esta posibilidad no ha sido aceptada por las otras editoriales indagadas, por lo que es más destacable aun el gesto y la voluntad de BAR de expandir la estrecha noción inglés-céntrica del uso del lenguaje científico. Notamos que aún en un ámbito de producción de conocimiento tan específico y relativamente acotado en el número de sus especialistas, como lo es el estudio de microfósiles, el idioma constituye una barrera para conocer la producción científica que es publicada en contextos de habla no-inglesa y más aún si los artículos son escritos en lenguas diferentes al inglés. Hemos intentado compensar parcialmente esta carencia a través de la modalidad y lugar de publicación seleccionados.

Por otro lado, agradecemos a los autores de habla no-española por mantener sus contribuciones en nuestro libro, aún cuando éste reúne mayormente casos de estudio efectuados en contextos sudamericanos y/o escritos en lengua española. Incluimos aquí un agradecimiento especial a James Coil, quien ha controlado las traducciones al inglés de los resúmenes, para asegurarnos de que la audiencia internacional tenga acceso a *abstracts* de buena calidad. La traducción del Prefacio al inglés fue realizada por María A. Maidana, Virginia E. Hawkes, Jorge A. Abboud y María R. Bennasar. Dejamos aquí también nuestro agradecimiento a ellos.

A lo largo del proceso de preparación del libro, el idioma también nos ha constreñido en otros aspectos, aunque de manera no determinante. Nuestra intención original fue la de someter a un doble *referato* -global y regional- a todos los artículos, invitando en cada caso, además, a evaluadores especialistas en el campo de los microfósiles y en sus variadas aplicaciones interdisciplinarias. En otras palabras, cada artículo sería evaluado por un par regional y otro global, donde uno de estos sería especialista en microfósiles y el otro en la problemática interdisciplinaria que tratara el artículo en cuestión. A nuestro juicio, esta modalidad de conformación de los pares de evaluadores permitiría, por un lado, divulgar los resultados fuera del ámbito estricto del campo de los microfósiles y, por otro lado, someter a criterios internacionales la producción que procede de las instituciones sudamericanas. Sin embargo, ha sido una ardua tarea lograr la colaboración de evaluadores que, por un lado cumplieran con el criterio de pertinencia en la especialidad y por el otro pudieran leer y a la vez efectuar una crítica sobre artículos escritos en español. Asimismo, en algunos casos, nos hemos colocado gustosamente en el papel de intermediarias en la comunicación entre autores y evaluadores que eran hablantes nativos de lenguas diferentes al español, pero que igualmente accedieron a leer y criticar artículos escritos en idiomas que no les eran propios. A pesar de haber notado esta limitación durante la evaluación de las contribuciones, de todos modos agradecemos a todos aquellos que aún sin poder concretarlo, mostraron su intención de colaborar y, de manera especial, a quienes finalmente pusieron su trabajo y entusiasmo en revisar y evaluar cada uno de los artículos que aquí presentamos.

Más allá de las barreras idiomáticas y, ampliando la intencionalidad de tal sistema de referato cruzado, podemos decir que nuestra propia experiencia en el campo de los estudios de microfósiles nos ha mostrado que mucha de la producción específica en el tema sólo circula en el ámbito más estrecho de la disciplina (digamos, los "fitolitólogos"). Y que rara vez estos resultados son accesibles o solicitados por los profesionales de las disciplinas de origen a cuyo ámbito general contribuye la producción sobre microfósiles, ya sean estos geólogos, arqueólogos, biólogos, etc. Esto nos ha motivado a diseñar y monitorear el proceso de evaluación de los artículos de tal manera que fuera riguroso y a la vez tuviera lecturas cruzadas. No ha sido un camino fácil de transitar para los diferentes actores que intervinieron en ello, pero en todos los casos hemos notado una apertura y buena voluntad por parte de profesionales que aún sin pertenecer al ámbito más estricto de los estudios de microfósiles, han evaluado la producción en términos de su significado para el conocimiento en las disciplinas genéricas (Geología, Arqueología, Biología, etc.). En este sentido, ha habido una ida y vuelta entre los evaluadores y los autores en pos de hacer más accesibles o destacar mejor las implicancias de los resultados. Diríamos que de este modo hemos dado un pequeño paso adelante para "romper la inercia" de la "hiper-especialidad" en la que caemos cuando nos movemos dentro de nuestros campos más específicos de actividad.

Los evaluadores fueron anónimos para los autores durante todo el proceso de revisión de los artículos. Algunos de ellos prefirieron mantener tal carácter también en la publicación. Estos proceden de diversos campos: Arqueobotánica y otras especialidades en Arqueología; Fisicoquímica, Antropología Biológica; Pedología y otras especialidades en Geología; Paleobotánica, Palinología, Micropaleontología y otras especialidades en Biología. La procedencia científica de los árbitros coincide con lo que para nosotras constituye otra virtud de este volumen, la que además, le da su nombre, y es la integración disciplinaria.

Consideramos que el texto muestra con éxito la conjunción de investigadores de áreas temáticas diferentes en los estudios fitolíticos. Los autores incluyen especialistas en Ciencias de la Tierra, Biología, Ecología, Arqueología, Ciencias del Suelo, Odontología y Oceanografía, y pertenecen a una gran variedad de instituciones. Esto hace visible la clara intención de expandir los estudios de microfósiles a los campos más variados de la ciencia y a un auténtico trabajo transdisciplinario.

Finalmente, en este proceso de correr límites y expandir fronteras en las investigaciones aplicadas sobre microfósiles, consideramos especialmente importante a la inclusión de los conjuntos de otros micro partículas (granos de almidón, diatomeas, crisofíceas, etc.) que han demostrado sus posibilidades de actuar como líneas de evidencia independientes a los fitolitos y, a la vez, de complementarlos a los fines de expandir las inferencias de los resultados.

ESTRUCTURA Y COMENTARIOS SOBRE EL LIBRO

Los artículos se organizan en seis grupos conceptuales. En la primera sección, los autores evalúan el desarrollo de la disciplina en Sudamérica, y discuten las perspectivas futuras para todo el hemisferio sur. Los trabajos de la segunda sección examinan el proceso natural y cultural que puede afectar el registro microfósil a través de casos de estudio de Australia y Argentina, así como algunas nuevas técnicas y preguntas de laboratorio. En la tercera sección se estudian especies productoras de silicofitolitos en el presente. La cuarta sección hace foco en los problemas regionales de ambientes antiguos y actuales, así como en el impacto que los fitolitos pueden tener en su estudio. Esta parte del volumen reúne artículos de regiones muy diferentes en América tales como México, Argentina y Uruguay. En la quinta sección, continuamos evaluando los ambientes regionales pero ahora desde la perspectiva de los paisajes culturales en Perú y Argentina. Finalmente, en la sexta sección volvemos la mirada a los casos arqueológicos de procesamiento, almacenamiento y consumo, a través de residuos en distintos tipos de instrumentos, como artefactos cerámicos, líticos y de molienda y del estudio de restos humanos en Colombia y Argentina.

En el tema *PASADO Y FUTURO DE LOS ANÁLISIS FITOLÍTICOS*, consideramos que toda actividad científica, sea institucional o disciplinar se enriquece enormemente cuando se conocen los orígenes y el derrotero de las mismas (Bertranou 2004). Hay diversas formas de historiar una actividad particular -líneas cronológicas o "crónicas"; o historias reflexivas, críticas y contextualizadas dentro de otros problemas de la ciencia o el conocimiento-, que no sólo permiten de algún modo brindar un homenaje a los precursores, sino organizar en etapas las diversas líneas de conocimiento que se han ido incorporando. Por otra parte, nos permiten comenzar a caracterizar las particularidades de este conocimiento generado en Latinoamérica, y ver si es posible identificar una "escuela Sudamericana" en estudios fitolíticos. En ese sentido, es importante poder contar en este volumen con el trabajo de Alejandro Zucol, Mariana Brea y Esteban Passegi, "*Los Estudios Fitolíticos en América del Sur, una Visión Retrospectiva*". Los autores citados tienen el mérito de iniciar una cronología histórica de esta especialidad en el mundo y sus seguidores en cada uno de los países latinoamericanos donde se registran trabajos realizados en fitolitos. Este trabajo ordenando autores y avances científicos es importante como primer puntapié para una historia disciplinar, y sobre todo para poder situar, como decíamos más arriba, lo temprano de las investigaciones fitolíticas en América del Sur, respecto a otros lugares del mundo Este primer panorama histórico de la disciplina nos ayudará no sólo a ubicarnos y ubicar a nuestra especialidad en este momento histórico con sus alcances y limitaciones, sino a reflexionar acerca de las orientaciones y puesta en práctica de la misma para futuras generaciones.

Dentro del tema *TAFONOMÍA Y TEMAS DE LABORATORIO,* consideramos que no es sólo la concepción teórica de la disciplina lo que puede dar la pauta de una tendencia académica, sino que son sus aspectos técnicos y clasificatorios los que también nos sitúan en una perspectiva latinoamericana. Esto, en tanto los contextos de producción tecnológica de nuestras universidades y centros de investigación, están siempre unos pasos detrás (a veces muchísimos pasos detrás) de los estándares de los laboratorios centrales. A pesar de que esto es una evidente desventaja en términos de producción, tiene una consecuencia no esperada, pero altamente valorada en el mundo entero, cual es la creatividad en el laboratorio y en el campo de los científicos que trabajamos en la periferia. Más que seguir protocolos estandarizados, nuestros investigadores deben poner a prueba una y otra vez su inventiva para conseguir los mismos resultados con menor equipamiento, e incluso con insumos alternativos de más fácil alcance

Natalia Borrelli, Margarita Osterrieth y Marta Cabello, en su "*Estudio Preliminar de la Degradación de Fitolitos de Gramíneas. Experimentación In Vitro*" nos presentan un primer aspecto de esta realidad, que es el aspecto tafonómico de la degradación de la sílice, sobre el cual poco se ha investigado en nuestra especialidad en los últimos tiempos. Las autoras de este modo hacen una contribución al conocimiento del ciclo biogeoquímico de la sílice en los ecosistemas de praderas, explicitando en su experimentación, la potencialidad de los silicofitolitos de gramíneas para la liberación de sílice al medio a partir de su degradación.

Dentro de la temática de laboratorio, el artículo de M. Fernanda Álvarez, Natalia Borrelli y Margarita Osterrieth, "*Extracción de Silicobiolitos en Distintos Sedimentos Utilizando Dos Técnicas Básicas*", vuelve a ser importante a los objetivos de este volumen debido a que muestra la necesidad de adaptar técnicas y protocolos a realidades locales, en este caso, los característicos suelos loéssicos pampeanos. En ese sentido, si bien es un primer avance, ambos artículos constituyen no sólo un aporte inicial al conocimiento de la tafonomía de los fitolitos sino a las áreas específicas donde diversos investigadores pampeanos los recuperarán.

El trabajo de Alejandro Zucol y Daniel Loponte, "*Análisis Comparativo Metodológico y Estudio de la Abundancia Fitolítica en Tártaro de Dientes Humanos de Sitios Arqueológicos de la Provincia de Buenos Aires, Argentina*", constituye un aporte interdisciplinario entre botánicos y arqueólogos. En este caso, se suma al ensayo metodológico para concentrar la mayor cantidad de fitolitos posibles, comparando diferentes metodologías, un interesante abordaje de comparación cuali-cuantitativa de las piezas dentales de una misma mandíbula para observar la variabilidad de depositación de estos restos de acuerdo a la mecánica masticatoria de los individuos.

Cerrando esta temática, el grupo australiano, Jeffrey Parr, Geoffrey Kerr, John Arthur y Kathryn Taffs, presentan "*El Impacto del Fuego en Turberas del Noreste de NSW, Australia: Implicancias para la Interpretación de los Conjuntos de Microfósiles y las Historias de Incendios*". Este artículo nos muestra cómo el uso de la analogía es necesario tanto en estos contextos en los cuales el objetivo es la reconstrucción paleoambiental con o sin la presencia antrópica como factor de cambio, como en aquellos casos que abordan las dinámicas actuales de formación y transformación del registro microfósil -desde perspectivas tafonómicas de campo y laboratorio- para generar modelos acerca de cómo es posible rastrear estos cambios en el pasado. Por tanto, consideramos que este tipo de enfoques son altamente valiosos para la producción de conocimiento mientras puedan ser usados en la generación de hipótesis e indicadores materiales cuyas manifestaciones deberán ser recabadas rigurosamente. Desde luego, el grado de validez de las comparaciones entre análogos, depende en una medida importante de la "proximidad" que pueda ser establecida entre ellos. En ese sentido, se inscribe en la línea de los dos trabajos ya citados arriba (aunque con mayor desarrollo) y el de Fernández Honaine *et al.*, que comentaremos a continuación.

En el tema *ESTUDIOS ACTUALES Y DE TAXONOMÍA EN FITOLITOS*, consideramos que otro ejemplo de investigación en laboratorio para una adaptación de los resultados generales a las particularidades regionales y locales es el artículo de Mariana Fernández Honaine, Verónica Bernava Laborde, y Alejandro Zucol, "*Contenido de Sílice en Gramíneas del Pastizal Nativo del Sudeste Bonaerense, Argentina*". Los autores realizan un estudio de concentración de sílice en gramíneas de la Provincia de Buenos Aires, para determinar si existen diferencias a nivel de subfamilia, específico o intraespecífico entre individuos que crecen en distintas áreas de la zona de estudio. Además de ser uno de los primeros análisis del contenido de sílice en gramíneas en la zona, tiene la importancia de explorar las relaciones de acumulación de sílice en las plantas, no desde el punto de vista fisiológico sino con controles estadísticos. Coincidimos con los autores, además, que la información generada en este tipo de abordaje resulta también importante para la comprensión de la incorporación de sílice biogénica al ambiente.

Aquí debemos hacer un comentario que, si bien responde a esta temática es válido para todo el volumen. La taxonomía es un tema que no puede separarse de las clasificaciones que dan cuenta de ella. Así, la historia de los estudios fitolíticos ha proporcionado una gran variedad de clasificaciones, lo cual ha llevado a múltiples discusiones y reuniones para lograr una unificación. Dentro de éstas, muchos investigadores sudamericanos han hecho uso recurrentemente de la clasificación que hiciera tempranamente H. Bertoldi de Pomar (1971). No obstante ello, en la actualidad hay cierto consenso en comenzar a utilizar el código ICPN (2005) por su carácter internacional. Uno de los problemas que tal código tiene para su uso en español, es que no está hecho el glosario que traduzca oficialmente la terminología que hoy está publicada sólo en inglés (y los sinónimos para algunos de ellos pueden ser múltiples de acuerdo a en qué lugar de Latinoamérica se los traduzca). De todos modos, en esta ocasión, y si bien varios árbitros insistieron en que se adecuaran las clasificaciones usadas en los artículos al código ICPN, los autores y las editoras coincidimos que dado que este volumen surge de un congreso anterior a la publicación de tal código, no era posible para todos realizar las modificaciones con la suficiente madurez que el uso de un nuevo instrumento requiere.

Siguiendo el orden de presentación, cuando nos encontramos con el tema *AMBIENTES REGIONALES Y PALEOECOLOGÍA*, notamos que este sigue siendo un tema que concilia el interés de una gran cantidad de autores. En este caso veremos que, en parte, las diferencias de enfoques en el abordaje de los ambientes naturales y antropizados se vinculan con el campo de origen de los investigadores sobre microfósiles; esto es, si proceden de las ciencias de la tierra, biológicas, o sociales, por ejemplo, y de su grado de proximidad con la naturaleza de las preguntas puntuales que son abordadas. Así, el efecto antrópico es evaluado en mayor profundidad en aquellos casos de estudio que parten de una pregunta acerca del impacto humano sobre el medio -generalmente una pregunta arqueológica-, en los cuales el ambiente -en proceso de cambio o en situaciones de relativa estabilidad- es el escenario en el que estos impactos antrópicos tienen lugar. Por su parte, una acabada comprensión de los procesos naturales ocurre en aquellos abordajes que parten de una perspectiva de tipo geológico-ambiental, aun cuando el escenario que se analiza esté constituido por sitios arqueológicos. Las variantes de enfoques también dependen de los derroteros particulares que la historia de las investigaciones locales y regionales han seguido -es decir, sus tradiciones científicas- y del grado de integración que se ha logrado entre las preguntas y metodologías.

En este caso, presentamos situaciones donde el abordaje de los paleoambientes desde la óptica del estudio de los microfósiles busca integrar la gente a las dinámicas ambientales durante el Cuaternario centro-sudamericano. Esto es ilustrado en el artículo de Emily McClung de Tapia, Héctor Cabadas-Báez, Ernestina Vallejo-Gómez, Jorge Gama-Castro, Elizabeth Solleiro-Rebolledo y Sergey Sedov, "*Fitolitos como Indicadores de Paleosuelos y Vegetación de Pastizal del Valle de Teotihuacan, México*" y en el de Laura del Puerto, Hugo Inda y Felipe García-Rodríguez, "*Reconstrucción Paleoambiental para el Holoceno Medio y Tardío en la Cuenca de la Laguna Negra: el Aporte de los Indicadores Biosilíceos*". McClung de Tapia *et al.* desarrollan un estudio paleoambiental a partir de los conjuntos de silicofitolitos de especies de Poaceae recuperados de perfiles pedológicos del Valle de Teotihuacan, México. En el trabajo se controlan los registros fitolíticos de los suelos de acuerdo con su posición en el paisaje a fin de estudiar la variabilidad espacial de los mismos a nivel regional y sub-regional, así como sus fluctuaciones durante los últimos 22.000 años. Los autores establecen a modo de hipótesis, cuatro momentos de cambio ambiental hasta el presente y postulan la ocurrencia de impacto antrópico en el área, el cual debe ser mejor controlado a futuro. Del Puerto *et al.* proponen un modelo paleoambiental para la cuenca de la Laguna Negra en el Sudeste de Uruguay, desde el Holoceno Medio hasta el presente. Exponen la información paleolimnológica referente al desarrollo trófico, cambio climático y variaciones del nivel marino del área de estudio, la cual es producida a partir de cambios registrados en múltiples indicadores. Éstos incluyen el análisis de materia orgánica, carbonatos, diatomeas y silicofitolitos, resultando los dos últimos de gran potencial para identificar cambios paleoambientales en sistemas acuáticos. Se identifican eventos transgresivos y regresivos, así como índices de temperatura y humedad que permiten establecer tres momentos en las variaciones climáticas del área.

Las secuencias paleoambientales en lugares con ocupaciones arqueológicas son abordadas en el trabajo de Margarita Osterrieth, Gustavo Martínez, María Gutiérrez y Fernanda Álvarez, "*Biomorfos de Sílice en la Secuencia Pedosedimentaria del Sitio Arqueológico Paso Otero 5, Buenos Aires, Argentina*". Aquí se estudian los conjuntos de silicobiolitos recuperados de este sitio arqueológico, de relevancia para la comprensión de los procesos culturales y naturales ocurridos durante los últimos 10.450 años en el área pampeana argentina. La secuencia estratigráfica, que abarca desde la transición Pleistoceno-Holoceno al Holoceno Tardío es analizada en sus variaciones en las abundancias totales y representaciones relativas de silicofitolitos para establecer dos momentos principales en cuanto a las condiciones ambientales, los cuales se sitúan antes y después de los 10.450 años AP. A su vez, para el segundo bloque temporal se definen sucesivas variaciones que indican la ocurrencia de cambios ambientales rápidos en las llanuras durante la transición Pleistoceno-Holoceno y en el Holoceno Tardío. Se sugieren algunos efectos de la intervención antrópica en el sitio, los cuales pueden ser abordados en mayor profundidad en futuros estudios.

Aquellos artículos que abordan los paleoambientes en tiempos geológicos más remotos, como en el caso de las contribuciones de Mariana Brea, Alejandro Zucol, María Sol Raigemborn y Sergio Matheos, "*Reconstrucción de Paleocomunidades Arbóreas Mediante Análisis Fitolíticos en Sedimentos del Paleoceno Superior-Eoceno? (Formación Las Flores), Chubut, Argentina*" y de Margarita Osterrieth, Roberto Violante y Natalia Borrelli, "*Silicofitolitos en Sedimentos de Testigos Marinos de la Región Norte de la Plataforma Continental Argentina*", carecen de los problemas antes mencionados sobre "el ruido" del efecto antrópico, pero se enfrentan más crudamente a las limitaciones del uso de análogos modernos. Brea *et al.* plantean la reconstrucción de paleocomunidades arbóreas del Paleoceno Superior-Eoceno? de Chubut, en la Patagonia argentina. Los autores analizan los registros de silicofitolitos observados en los sedimentos atribuidos a este momento, y contemporáneos al desarrollo de un importante ciclo fluvial, en términos de las "asociaciones fitolíticas" en las que éstos se presentan. A partir de un manejo cauto de análogos modernos, se propone la ocurrencia de una paleovegetación correspondiente a dos variantes de bosques tropicales a subtropicales húmedos. Osterrieth *et al.* indagan en una temática poco explorada desde el campo de los silicofitolitos, tal cual es la dinámica de formación del registro de estas partículas en plataformas continentales bajo condiciones de exposición subaérea. El caso de estudio aborda los paleosuelos formados en la plataforma continental argentina contemporáneamente a la regresión ocurrida durante la última glaciación, correspondientes al límite Pleistoceno-Holoceno. Este capítulo constituye un aporte sumamente original del libro puesto que muestra de qué manera la presencia, características, estados y biogeoquímica de silicofitolitos permiten evaluar la magnitud de los procesos pedogenéticos, erosivos y morfodinámicos ocurridos en plataformas continentales que se encuentran actualmente sumergidas.

En el tema *AMBIENTES REGIONALES, ECOLOGÍA HUMANA Y AGRICULTURA,* la presencia humana como factor de cambio y formación del registro microfósil es analizada desde un lugar central en los artículos de Alejandra Korstanje y Patricia Cuenya, "*Arqueología de la Agricultura: Suelos y Microfósiles en Campos de Cultivo del Valle del Bolsón, Catamarca, Argentina*" y de Alexandre Chevalier, "*Adaptaciones Humanas en los Andes Centrales en el Holoceno Temprano: La Contribución de los Fitolitos*". El primero es un aporte al análisis múltiple de microfósiles, desde los campos de cultivo mismos. En este caso, los fitolitos constituyen una de las señales analizadas y es notorio cómo esta señal se convierte en complementaria de otras (por ejemplo almidones, materia orgánica etc.) en la información que puede proveer para la comprensión de las prácticas agrícolas mismas. El trabajo de Chevalier presenta una investigación sobre la explotación humana de dos ecosistemas en los Andes Centro-Sur, situados en la costa y el altiplano peruano, durante el Holoceno Temprano y Medio. El estudio de silicofitolitos en dos sitios arqueológicos permite al autor evaluar de manera preliminar el uso de las plantas por parte de los grupos cazadores-recolectores-pescadores del área, los cuales han sido tradicionalmente estudiados desde sus manifestaciones líticas y zooarqueológicas. En este sentido, el artículo constituye un aporte original a la comprensión de los procesos relacionados con las ocupaciones humanas en los Andes Centro-Sur, e incluye además, algunos resultados inquietantes acerca del manejo temprano (*ca.* 8500 años AP) de plantas domésticas por parte de los grupos costeños.

Tal como podemos apreciar en este volumen, el *PROCESAMIENTO, ALMACENAMIENTO Y CONSUMO: MICROFÓSILES EN ARTEFACTOS Y SERES HUMANOS,* constituye otra área de investigación que está suscitando gran cantidad de trabajos y despertando interés, sobre todo por parte de arqueólogos y arqueólogas. Así como señalamos para otras secciones del libro, también en este caso, el razonamiento analógico es empleado en la reconstrucción de prácticas de procesamiento, almacenamiento y consumo -a una escala más puntual-, mediante el estudio de residuos de uso en artefactos arqueológicos y restos humanos, respectivamente. Los artículos de Alejandro Zucol, Mariana Brea y Diana Mazzanti, "*Análisis de Restos Orgánicos Presentes en Cerámicas Arqueológicas de las Sierras de Tandilia (Provincia de Buenos Aires, Argentina)*" y de M. del Pilar Babot, Patricia Escola y Salomón Hocsman, "*Microfósiles y Atributos Tecno-Tipológicos: Correlacionando Raederas de Módulo Grandísimo con sus Desechos de Talla de Mantenimiento en el Noroeste Argentino*", sobre artefactos líticos destinados a la siega y/o trilla, respectivamente, indagan en los comportamientos culturales que pueden ser inferidos a partir del registro de microfósiles contenido en estos materiales. Zucol *et al.* estudian la cerámica arqueológica de grupos cazadores-recolectores tardíos (*ca.* 1000 años AP en adelante) del Área Pampeana argentina desde una perspectiva metodológica original. Ésta propone alternativas para estudiar a los contenidos de microfósiles como indicadores de manufactura y uso. El trabajo de Babot *et al.* explora dos aspectos de raederas líticas de gran tamaño recuperadas en sitios agropastoriles del Noroeste argentino, posteriores a los *ca.* 2000 años AP. Por un lado, los residuos de uso identificados por los autores en estos artefactos permiten postular la siega y/o trilla local de especies domésticas de Chenopodiáceas, en un ámbito en el cual la evidencia directa de cultivo procedente de campos no está aún disponible. Por otro lado, se indaga en una hipótesis técnico-tipológica que propone la vinculación de ciertos desechos de talla con el mantenimiento de las raederas, lo cual puede ser corroborado a partir de la coherencia de los residuos de uso en ambos casos.

Los trabajos de Gerardo Tassara y Margarita Osterrieth, "*Silicofitolitos en Artefactos de Molienda de Sitios Arqueológicos del Área Interserrana, Buenos Aires. Un Estudio Preliminar*" y de Alejandro Zucol y Mariano Bonomo, "*Estudios Arqueobotánicos del Sitio Nutria Mansa 1 (Partido de General Alvarado, Provincia de Buenos Aires): II. Análisis Fitolíticos Comparativos de Artefactos de Molienda*", hacen foco más en las "señales" del entorno del sitio y del entorno ambiental que pueden quedar en los artefactos arqueológicos, que en los restos del uso de los mismos. Tassara y Osterrieth analizan la presencia de silicofitolitos en artefactos de molienda arqueológicos recuperados en superficie en el Área Pampeana argentina. Efectúan una caracterización cuali-cuantitativa y de estado de preservación de los mismos, lo que constituye una base preliminar a partir de la cual trabajos futuros deberán identificar los recursos vegetales procesados. Asimismo, los autores identifican en las muestras extraídas componentes minerales que pueden asociarse a la roca de origen y a sedimentos loéssicos que constituyen la matriz de los sitios. Zucol y Bonomo también estudian artefactos de molienda arqueológicos procedentes de la misma área que en el caso anterior, pero claramente atribuidos a niveles estratificados del Holoceno Tardío (*ca.* 2.700-3.100 años AP). En este trabajo, se comparan cuali-cuantitativamente los contenidos de silicofitolitos de los instrumentos y la matriz sedimentaria sin poder establecer diferencias netas entre ellos. Sin embargo, el estudio de otros indicadores recuperados junto a los silicofitolitos, permiten a los autores plantear futuras líneas de indagación acerca de los residuos de uso de las piedras de moler.

Por último, el trabajo de Diana Ramírez Ríos, Andrés Ricardo Otálora Cascante y Ricardo Parra Giraldo, denominado "*Identificación de Fitolitos en el Cálculo Dental de Individuos Prehispánicos del Valle del Río Cauca, Colombia*", propone evidencias de consumo humano que nos remiten a la dieta de la gente, tal como ésta puede ser seguida a partir de los fitolitos entrampados en cálculos dentales de poblaciones prehispánicas de la actual Colombia. Aquí es interesante marcar que se trata de un equipo interdisciplinario de odontólogos y arqueólogos, que exploran diferentes muestras procedentes de cuatro poblaciones prehispánicas de un mismo valle y las comparan con los fitolitos de la vegetación actual. De este modo, no sólo arriban a consideraciones sobre la ingesta misma, sino también sobre la salud oral de dichas poblaciones -lo cual constituye un novedoso aporte a este campo de estudio- y a las condiciones del ambiente en que habitaron.

En este grupo de contribuciones nuevamente, se hacen notables las diferencias de enfoques que mencionamos en párrafos precedentes, los cuales remiten a remarcar ya sea los aspectos culturales de los conjuntos de microfósiles o bien, en sus significados ambientales. Estas perspectivas diversas se traducen en diseños de las investigaciones, que incluyen diferentes alternativas de muestreo, observación e interpretación de los resultados obtenidos; asimismo, condicionan el tipo de inferencias que pueden ser derivadas de los datos en términos de comportamiento humano y el análisis crítico de la historia de las muestras.

COMENTARIOS FINALES

Retomando el hilo inicial de la presentación, queremos concluir expresando nuestro beneplácito con el resultado final del libro, que esperamos pueda constituirse en una obra de consulta tanto para especialistas como para un público más general. Creemos que los distintos casos de estudio que se incluyen permiten hacer un recorrido por situaciones de aplicación de los silicofitolitos y otros microfósiles, lo que ha sido posible gracias al compromiso de los autores, evaluadores y editores durante la redacción de los capítulos y a lo largo del complejo proceso de edición por el que hemos optado conjuntamente. Gracias a esto, es que podemos ofrecer una obra que ha sido sometida a un doble arbitraje externo (global y regional, especializado y general) y a partir de allí, intensamente dialogada entre los distintos actores en sus diferentes instancias de construcción.

M. Alejandra Korstanje y María del Pilar Babot
Editoras
San Miguel de Tucumán, Junio de 2008

BIBLIOGRAFÍA

Bertoldi de Pomar, H.

1969a La micropaleontología continental en los estudios edafológicos. En: *Actas de la V Reunión Argentina de Ciencias del Suelo*, pp. 727-730.

1969b Partículas de sílice organizadas en sedimentos pampeanos de la llanura santafecina. En: *Actas de la IV Jornada Geológica Argentina.* Mendoza.

1971 Ensayo de una clasificación morfológica de los silicofitolitos. *Ameghiniana* 8 (3-4): 317-328

Bertranou, J.

2004 Notas sobre el concepto de memoria institucional. En: J. Bertranou, J.M. Palacio y G. Serrano (compiladores), *En el país del no me acuerdo (Des)memoria institucional e historia de la política social en la Argentina.* Pp: 117-143. Ed. Prometo, Buenos Aires.

Frenguelli, J.

1925 Loess y limos pampeanos. *Anales de la Sociedad Argentina de Estudios Geográficos, GAEA* 1: 1-88.

1930 Partículas de sílice organizada en el loess y en los limos pampeanos. Células silíceas de Gramíneas. *Anales de la Sociedad Científica de Santa Fe* 2: 1-47.

1955 Loess y limos pampeanos. *Ministerio de Educación de la Nación, Universidad Nacional de La Plata, Facultad de Ciencias Naturales y Museo, Serie técnica y didáctica* 7: 3-88.

ICPN Working Group: M. Madella; A. Alexandre & T. Ball.

2005. International Code for Phytolith Nomenclature 1.0. *Anals of Botany*. Oxford University Press.

Interdisciplinary Nuances in Phytoliths and Other Microfossil Studies

PREFACE

LATIN AMERICA AND THE TRADITION OF PHYTOLITH STUDIES

Phytolith studies have been interdisciplinary from their beginnings in the 19th century and have involved researchers of different areas like Biology, Archaeology, Agricultural Sciences, Geology, Pedology and Paleontology.

The South American school was founded early by Joaquin Frengüelli (1925, 1930, 1955) and more specifically developed thanks to Hetty Bertoldi de Pomar's work (1969a, 1969b), who carried out some research on Argentinean fluvial and continental sediments from the middle of last century. But it was not until 1999 when a group of Argentinean and Uruguayan visionary researchers felt the need to organize periodical Latin-American meetings about the study of phytoliths. Since then, great efforts have been made to develop this discipline and experiences have been exchanged all over the world even under highly disadvantageous socio-economical conditions for the Latin American scientific practice. In this way, the Southern point of view and its own methodological alternatives have contributed to the world-wide enrichment of phytolith studies extending them to new areas and problems. Thus, the two first meetings, called "*Encuentro de Investigaciones Fitolíticas del Cono Sur*" (EIF) were developed within the sphere of issues concerning South America, whereas the third, organized by the group of the National University of Tucumán, included all Latin America. This one was also an occasion to spread and share experiences with colleagues from Australia, China, the USA, Switzerland and South Africa.

What are the main differences between these meetings and those called "International Meeting on Phytolith Research" (IMPR) (1st to 6th) periodically organized by the Society for Phytolith Research? The first difference is that all Latin American researchers have more possibilities to attend these meetings since they are organized in our home countries, at lower costs and shorter distances which, also allows for the participation of researchers from related areas as well as students. As a result, both young researchers and students enhance their possibilities to discuss their progress in research with other local and/or foreign professionals, enabling them to contact other scientists and deepen their studies enthusiastically.

Secondly, the official language of these meetings is Spanish, which contributes to a better and fluid communication. Nevertheless, in all three meetings already held, simultaneous translation was offered to foreign colleagues whose participation we highly appreciated.

Furthermore, these meetings help us keep this particular scientific tradition alive, which was born in Latin America. At this point, an explanation is necessary: The new globalization, as a multi-dimensional process we are undergoing, has brought along positive and negative consequences for science and for the scientists' work. We intend not to develop this subject in depth here, but only to highlight, from our experience as producers of scientific knowledge, that this phenomenon involves a negative process of identity loss. We consider cultural diversity as important an asset as biological diversity since it provides a range of different responses to the same problem. Science –understood as a side of human culture- also demands respect towards identity in dealing with problems that may be both of local or global interests. Only in this way could we maintain the comparative advantages that the development of communication brought to us as result of globalization. Only in a context of equality and mutual respect for scientific productions all over the world can we deepen our knowledge. Otherwise, we will be forced to reproduce and cite only the knowledge that comes from the "central world", which rarely regards the production of the periphery. In science this is becoming increasingly evident and it needs to be reversed. Therefore, preserving the identity of the Latin American production and placing it at the same time in the global dimension of knowledge, has been the target of the working group that organized the 3rd EIF in Tafí del Valle, Tucumán, Argentina in 2005, whose results are shown today both to our region and to the world.

THE ESSENCE OF THE BOOK

Following the line of thought proposed above, we have decided to publish eighteen chapters in BAR International Series, a journal of international distribution. However, and thanks to Oxford Editors, authors are free to write in English or Spanish. No other publisher has accepted this, which makes BAR's attitude to broaden the scientific language beyond English even more remarkable. We note that even in an area of knowledge production so specific and relatively limited in the number of specialists (as is the study of microfossils), language is a barrier to have access to scientific production written in a language other than English. We have tried to partially compensate for it through the modality and publishing house chosen.

We are grateful to non-Spanish speaking authors for contributing with their academic production to our book, even though it gathers mostly South American case studies. We specially thank James Coil, for the revision of the English versions of the abstracts. The Spanish to English translation of the Preface was done by María A. Maidana, Virginia E. Hawkes, Jorge A. Abboud and María R. Bennasar. We state here our acknowledgment to them.

Along the reviewing process, language has also constrained us in some respects, though not decisively. Our original intention was to submit each article to a double review (global and regional), suggesting in every case, two referees: an expert in microfossils studies, and another one in the interdisciplinary subject matter. Thus, on the one hand we would have the possibility to make known the results outside the strict microfossil area -through the referees expert in local geography or specific topics and non phytolith studies-, and on the other, we could submit the production of South American institutions to international criteria. It has been a hard task to get the cooperation of referees who were both expert in the specialty and also able to read in Spanish. In some cases we fostered authors and referees' communication when the latter read and assessed articles written in Spanish. In spite of language difficulties, we are grateful to all those who were still willing to collaborate and, specially, to those who worked hard and enthusiastically in the revision and evaluation of the articles presented here.

Beyond the linguistic barrier, we can say that our own experience in the field of the microfossil studies has showed that most of the specific production in the subject is common only in the specific context of the discipline (let's say the "phytologists"). Those results are rarely available to or requested by the professionals of the primary disciplines to which the study of microfossils coming from the research carried out by geologists, archaeologists and biologists contribute. Thus, we have designed and monitored the evaluation process to guarantee its rigorous and cross-reading nature. It was not an easy task for the different agents, but in every case good will and open mindedness were shown by the experts in non-microfossils (geologists, archaeologists, biologists, etc). There has been a lot of exchange between referees and authors to make articles more readable or to stress the implications of the results. We would say that we have given a small step forward "to overcome the inertia" of the "hyper-speciality" inherent to the specific field of work.

The referees were anonymous to the authors during the whole process of revision and some of them decided to remain so, even in the final publication. They came from various fields: Archaeo-botanical and other specialties in Archaeology; Physicochemical, Biological Anthropology; Pedology and other specialties in Geology; Paleobotany, Palinology, Micropaleontology and other specialties in Biology. We consider that the multidisciplinary scientific condition of our referees constitutes another virtue of this volume.

We think that the text successfully shows the multiple thematic disciplines of the authors in the field of phytolithic studies. They include specialists in Soil Sciences, Biology, Ecology, Archaeology, Geology, Odontolgy and Oceanography, and belong to a great variety of institutions. This explains our intention to expand the microfossil studies to the most varied scientific fields in order to achieve an authentic transdisciplinary work.

Finally we consider the incorporation of other micro particles (starch grains, diatoms, crisophycean, etc.) especially important for the development in the field of research on microfossils. Those micro particles have shown they can behave as lines of evidence independent from phytoliths and, at the same time, they can complement them to broaden the inferences of the results.

STRUCTURE OF THE BOOK. COMMENTS

The articles are organized into six conceptual groups. In the first section, the authors evaluate the development of the discipline in South America, and discuss future perspectives for the whole Southern hemisphere. The second section analyzes the cultural and natural processes that can affect the microfossil record through case studies from Australia and Argentina, as well as some new techniques and laboratory questions. In the third section, current silicophytoliths productive species are studied. The fourth section focuses on the regional problems of early and current environments, as well as on the impact that the study of phytoliths may have on them. This part of the volume contains articles from very different regions of America such as Mexico, Argentina and Uruguay. In the fifth section, we continue studying regional environments but now considering the cultural landscapes of Peru and Argentina. Finally, the sixth section focuses on the archaeological cases of processing, storage and consumption by means of remains in different types of instruments such as ceramic, stone and milling tools, and of human remains from Colombia and Argentina.

In the topic *PAST AND FUTURE OF PHYTOLITHIC ANALYSIS* we consider that every scientific activity, be it institutional or disciplinary, is enormously enriched when the origins and development are known (Bertranou 2004). There are various forms of writing the history of a particular activity –time-lines or "chronicles", or reflexive histories contextualized within other problems of science or knowledge– which pay homage to the precursors and also organize in stages the different strands of knowledge that have been incorporated. Besides, we can characterize the features of this knowledge born in Latin America and consider if it is possible to identify a "South American school" in phytolithic studies. In this sense, it is worth including in this volume Alejandro Zucol, Mariana Brea and Esteban Passegi's article, "*Retrospective View in South America Phytolith Studies*". These authors deserve the credit for starting a historical chronology on this speciality in the world and their followers for doing so in Latin-American countries. This task of organizing authors and scientific advances chronologically is an important initial step for a disciplinary history and, above all, for stressing the earliness of the phytolithic studies in South America as regards other places of the world. This first historical overview of the discipline will help us not only to understand our specialty in the historical context –with its scopes and limitations– but also to consider its orientations and practices for future generations.

Within the topic *TAPHONOMY AND LABORATORY ISSUES,* we believe that it is not only the theoretical concept of this discipline that provides evidence of an academic trend, but also its technical and taxonomical aspects which set us within a Latin American perspective. This is so in as much as the contexts of the technological production of our universities and research centers are generally a few steps behind (sometimes many steps behind) the central laboratories standards. Despite the fact that this is an obvious disadvantage in terms of production, it has an unexpected, but highly valuable, consequence throughout the world such as creativity in laboratory and in the field of scientists who work in the periphery. Rather than following standardized protocols, our researchers need to put to test their inventiveness over and over again in order to achieve the same results with less equipment, or even with alternative products of lower costs.

Natalia Borrelli, Margarita Osterrieth and Marta Cabello in their "*A Preliminary Study of Grass Phytolith Weathering Through In Vitro Experimentation*" introduce us to an aspect of this reality, the taphonomic aspect of the degradation of silica, on which there has not been much research in the field of our specialty lately. In this way, the authors make a contribution to the knowledge of the silica biogeochemical cycle in meadow ecosystems specifying, in their experimentation, the potentiality of the gramineous silicophytoliths for the release of silica after its degradation.

As regards laboratory issues, the article by M. Fernanda Álvarez, Natalia Borrelli and Margarita Osterrieth, "*Extraction of Silica Biolith in Different Sediments Using Two Basic Techniques*", becomes relevant within this volume as it shows the need to adapt techniques and protocols to local contexts, that is, the typical loessic soils of the Pampas. Though a first approach, both articles constitute an initial contribution not only to the knowledge of phyitolith taphonomy but also to the specific areas where new studies on phytoliths will be made by local researchers. Alejandro Zucol and Daniel Loponte's paper, "*Comparative Analyses of Phytolith Extraction Methods and Phytolith Abundance in Human Dental Tartar Samples from Archaeological Sites in Buenos Aires Province, Argentina*", is an interdisciplinary contribution of botanists and archeologists. An interesting approach to the qualitative and quantitative comparison of dental pieces from the same jaw adds up to the methodological test. The purpose is to observe the variability of deposit according to the chewing mechanics of individuals in an attempt to concentrate the greatest possible amount of phytoliths by comparing different methodologies.

The article by the Australian group, Jeffrey Parr, Geoffrey Kerr, John Arthur, and Kathryn Taffs, "*Impact of Fire on Peatlands in Northeastern NSW Australia: Implications for the Interpretation of Microfossil Assemblages and Fire Histories*", closes the topic. This article shows how the use of analogy is necessary both in the contexts in which the aim is the paleo-environmental reconstruction with or without the anthropic presence as factor of change and in cases which deal with the current dynamics of formation and transformation of the microfossil record. This is viewed from field and laboratory taphonomic perspectives to generate models about the possibility to trace these changes back to the past. Therefore, we believe this type of approach is highly valuable for the production of knowledge as long as it could be used in the generation of hypotheses and of material indicators whose manifestations will have to be rigorously surveyed. Certainly, the degree of validity of the comparisons between the analogues greatly depends on the closeness that could be established between them. In this sense, it follows the trends of the two papers mentioned above (though in greater detail), and that of Fernandez Honaine *et al.*, on which we will comment later.

In the topic *CURRENT RESEARCH AND TAXONOMY OF PHYTOLITHS*, the article by Mariana Fernandez Honaine, Verónica Bernava Laborde, and Alejandro Zucol, "*Silica Content in Grasses from Native Grassland of Southeastern Buenos Aires Province, Argentina*", is considered as another example of laboratory research adapted to general results and to local and regional peculiarities. The authors carry out a study of concentration of silica in grasses from the province of Buenos Aires to determine if there are differences in specific or intraspecific subfamily level, or among individuals which grow in different sections of the research areas. Apart from being one of the first analyses of the content of silica in grasses in the zone, it is important because it explores the relations of silica accumulation in plants, not from the physiological point of view but out of statistical controls. We agree with the authors that the information generated from this approach turns to be important for the understanding of the incorporation of the biogenic silica to the environment.

Here we must make a comment valid for the whole volume. Taxonomy is a subject that cannot be separated from the classifications that account for it. Thus, the history of the phytolithic studies has accounted for a great variety of classifications leading to multiple discussions and meetings to achieve agreement. Among these, many South American researchers have recurrently used the classification early made by H. Bertoldi de Pomar (1971). Nevertheless, at present there is certain consensus to start using the ICPN (2005) code because of its international nature. One of the problems that such code has for its use in Spanish is that the official glossary for the terminology is published only in English (and there may be a variety of synonyms depending on where in Latin America the terminology is translated). Anyhow, on this occasion, and even though many of the referees insisted that the classification should be adapted to the IPCN code, the authors and editors agree on the fact that since the volume is the result of a meeting held before the publication of such a code, it was not possible for all of us to carry out the modifications with the expertise the use of a new instrument requires.

Following the order of presentation, as we reach the topic *REGIONAL ENVIRONMENTS AND PALEOECOLOGY*, we find that it is interesting for great many authors. In this case we realize that the differences in the approaches of natural and man-modified environments, relate to the field of origin of the researchers on microfossils, that is, earth, biological, or social sciences, and to their connection with the specific questions of the subject. Thus, the anthropical effect is evaluated more deeply in those study cases that arise from a question on the human impact on the environment; generally it is an archaeological question, in which the environment –in process of change or in situations of relative stability – is the scenery in which these anthropical impacts take place. Besides, a complete understanding of natural processes is achieved by means of those approaches deriving from a geological-environmental perspective, even if the scenery analyzed is made up of archaeological sites. The variety of approaches depends on the particular history of local and regional researches, that is, their scientific traditions and the degree of integration between questions and methodologies.

Here, we present situations where the approach to the paleo-environments, from the point of view of the study of microfossils, tends to integrate people to environmental dynamics during the South American Quaternary. This is explained in the paper presented by Emily McClung de Tapia, Héctor Cabadas-Báez, Ernestina Vallejo-Gómez, Jorge Gama-Castro, Elizabeth Solleiro-Rebolledo and Sergey Sedov, "*Phytoliths as Indicators of Paleosols and Grassland Vegetation in the Teotihuacan Valley, Mexico*", and also in an article by Laura del Puerto, Hugo Inda and Felipe García-Rodríguez's, "*Middle and Late Holocene Paleoenvironmental Reconstruction in the Basin of Laguna Negra: Evidences from Bio siliceous Remains*". McClung de Tapia *et al.* carry out a paleo-environmental study from a collection of silicophytoliths of Poaceae species recovered from pedologic profiles of Teotihuacan Valley, Mexico. In this work phytolitic records from soils are checked according to their position in the landscape. The aim is to study their spatial variability regarding the regional and sub-regional levels, as well as the fluctuations of these records in the last 22,000 years. The authors believe there have been four instances of environmental change up to the present and they postulate the occurrence of anthropic impact on the area, which should be better controlled in the future. Del Puerto *et al.* suggest a paleo-environmental model for the basin of Laguna Negra in the Southeast of Uruguay from Mid Holocene up to the present. They present paleolimnologic information related to trophic development, climatic change and variations of the sea level of the area of study. This information comes from changes recorded on multiple indicators. These indicators include the analysis of organic matter, carbonates, diatoms and silicophytoliths, the last two being of great potential help to identify paleoenvironmental changes in aquatic systems. Transgressive and regressive events are identified, as well as temperature and humidity indexes that help determine three instances in the climatic variations of the area.

The paleo-environmental sequences in places with archaeological occupations are dealt with in the paper by Margarita Osterrieth, Gustavo Martínez, María Gutiérrez and Fernanda Álvarez, "*Silica Biomorphs in the Pedosedimentary Sequence from Paso Otero 5 Archaeological Site (Buenos Aires Province, Argentina)*". The collections of silicobiolits recovered in this archaeological site are studied here, as they are relevant for the understanding of the cultural and natural processes occurring in the last 10,450 years in the Pampas (Argentina). The stratigraphic sequence that comprises the transition from Pleistocene-Holocene to Late Holocene is analyzed according to its abundance of silico-phytoliths and also their relative occurrences in order to determine two major phases of environmental conditions before and after 10,450 years BP. In turn, successive variations are defined for the second temporary block, which indicate the occurrence of fast environmental changes in the plains during the transition Pleistocene-Holocene and in Late Holocene.

Some effects of the anthropic intervention in the site are suggested, which could be studied in more depth in the future.

Articles that deal with paleoenvironments in earlier geological periods, as is the case of Mariana Brea, Alejandro Zucol, María Sol Raigemborn and Sergio Matheos' paper, "*Reconstruction of Past Vegetation Through Phytolith Analysis of Sediments from the Upper Paleocene-Eocene? (Las Flores Formation), Chubut, Argentina*" on the one hand, and Margarita Osterrieth, Roberto Violante and Natalia Borrelli's "*Silicophytoliths in Sediments from Marine Cores in the Northern Region of Argentina's Continental Shelf*" on the other, do not evidence the problems above mentioned relative to "the noise" of the anthropic effect but they have to face the limitations of the use of modern analogues. Brea *et al.* propose the reconstruction of arboreal paleo-communities of the Upper Paleocene-Eocene in Chubut, in the Argentinean Patagonia. The authors analyze the records of silicophytoliths observed in the sediments from the period and contemporary to the development of an important fluvial cycle, in terms of the "phytolithic associations" they appear in. From a cautious use of modern analogues, they suggest the idea of the existence of paleovegetation corresponding to two variants of tropical to humid subtropical forests. Osterrieth *et al.* do research on a subject scarcely explored from the field of the silicophytoliths, as it is the dynamics of formation of these particles' records on continental shelves under conditions of sub-aerial exposition. The study case deals with paleosoils formed on the Argentinean continental shelf contemporary to the regression occurred during the last glaciations, corresponding to the Pleistocene-Holocene limit. This chapter constitutes an extremely original contribution of the book since it shows in which ways the presence, characteristics, conditions and biogeochemistry of silicophytoliths help evaluate the magnitude of the pedogenetic, erosive and morphodynamic processes which occurred on continental shelves at present submerged.

The topic *REGIONAL ENVIRONMENTS, HUMAN ECOLOGY AND AGRICULTURE* analyzes the human presence as a factor of change and development of the microfossil record in *"Archaeology of Agriculture: Soils and Microfossils in Agricultural Fields at the Valley of El Bolsón, Catamarca, Argentina"* by Alejandra Korstanje and Patricia Cuenya and also in "*Early Holocene Human Adaptation in the Central Andes: What the Phytoliths Can Tell Us?*" by Alexandre Chevalier. The first article is a contribution to the varied analysis of microfossils, from the agriculture fiels themselves. In this case, phytoliths are one of the manifestations analyzed and it is noteworthy how they become complementary to others (for example starches, organic matter, etc.) as regards the information they can provide to understand the agricultural practices themselves. Chevalier's research presents the human exploitation of two ecosystems in the South-Central Andes, on the Peruvian coast and altiplano, during the Early-Mid Holocene. The study of silicophytoliths in two archaeological sites enables the author to evaluate in a preliminary way the use of plants carried out by groups of hunters-gatherers-fishermen of the area. Such sites have been traditionally studied from their lithic and zoo-archeological manifestations. In this respect, the article constitutes an original contribution to the understanding of the processes of human settlements in South-Central Andes, and it includes some surprising results about early management of domestic plants by coastal groups (*ca.* 8,500 years BP).

As we can appreciate in this volume, the topic *PROCESSING, STORAGE AND CONSUMPTION: MICROFOSSILS ON ARTIFACTS AND HUMAN BEINGS* constitutes another area of research that is generating lots of works and is awakening interest, especially among archeologists. As in other sections of the book, analogical reasoning is used here for the reconstruction of practices of processing, storage and consumption by studying remains in archaeological artifacts and human remains, respectively. Alejandro Zucol, Mariana Brea and Diana Mazzanti's article, *"Analysis of Organic Micro-Remains in Archaeological Ceramics from Tandilia Range, (Buenos Aires Province, Argentina)*" and M. del Pilar Babot, Patricia Escola and Solomon Hocsman's, *"Microfossils and Techno-Typological Attributes: Correlating Large Module Sidescrapers with its Maintenance Debris in North-western Argentina*", on lithic artifacts destined to harvest and/or threshing, respectively, go deep into the cultural behavior that can be inferred from the microfossil record contained in these materials. Zucol *et al.* study archaeological pottery of groups of late hunters-gatherers (*ca.* 1000 years BP onwards) from the Argentinean Pampas from an original methodological standpoint. They suggest alternatives to study the microfossil contents as indicators of manufacture and use. The paper by Babot *et al.* explores two aspects of lithic scrapers of great size recovered from agro-pastoralist sites of the Argentinean Northwest, after *ca.* 2000 years BP. On the one hand, the remains found by the authors in these artifacts allow determining the local harvest and/or threshing of domestic species of Chenopodiaceae in an area in which direct evidence of cultivation is not yet available. On the other hand, research is carried out from a techno–typological hypothesis which proposes the connection of certain lithic flakes with the maintenance of the scrapers, which can be supported from the coherence of the remains in both cases.

Gerardo Tassara and Margarita Osterrieth's work, "*Silicaphytoliths on Ground Stone Artifacts from Archaeological Sites in the Buenos Aires Province's Interserrana Area, Argentina. A Preliminary Study*", and Alejandro Zucol and Mariano Bonomo's, "*Archaeobotanical Studies of the Nutria Mansa 1 site (General Alvarado, Buenos Aires Province): II. Comparative Phytolith Analysis of Milling Stone Artefacts*", focuses more on the "signs" of the environment of the site and of the surroundings that can be found in the archaeological artifacts than on the remains of their use. Tassara and Osterrieth analyze the presence of silicophytoliths in archaeological grinding tools recovered from surface sites of the Argentinean Pampas. They carry out a quali-quantitative and state characterization of silica bioliths, which constitutes a preliminary basis to identify processed vegetable resources in future works. Likewise, the authors identify mineral components in the samples associated to the original rock and to loessic sediments, which are part of the matrix of the sites. Zucol and Bonomo also study archaeological grinding tools coming from the same area, but clearly attributed to stratified levels of the Late Holocene (*ca.* 2,700-3,100 years BP). In this work, the contents of silicophytoliths of the instruments and the sedimentary matrix are quali-quantitatively compared but no clear differences between them could be established. Nevertheless, the study of other indicators recovered together with the silicophytoliths allows the authors to start future lines of research on the remains of use of grinding tools.

Finally, Diana Ramirez Ríos, Andrés Ricardo Otálora Cascante and Ricardo Parra Giraldo's paper, *"Identification of Phytoliths from Prehispanic Dental Calculus Samples, Cauca River Valley, Colombia"*, provides evidence of human consumption regarding people's diet, as it can be followed from the phytoliths trapped in dental calculus of pre-Hispanic populations of Colombia. It is interesting to point out that this is an interdisciplinary team of odontologists and archaeologists. They explore different samples from four pre-Hispanic populations of the same valley and compare them with the phytoliths in current vegetation. Thus, not only do they consider the diet itself but also the oral health of the populations mentioned –which constitutes a new contribution to this field of study– and the conditions of the environment in which they lived.

The different approaches mentioned in previous paragraphs are noticed in the new contributions. They stress either cultural aspects of the collections of microfossils or their environmental significance. These diverse perspectives result in research designs, which include different sampling alternatives, observation and interpretation of the results. Likewise, they also determine the type of inferences that can be derived from the data in terms of human behavior and the critical analysis of the history of the samples.

FINAL COMMENTS

Going back to the beginning, we would like to express our pleasure with the final result of the book, which we hope becomes a reference book both for specialists and for readers in general. We believe that the different study cases included may make it possible to conduct a survey on the applications of silicophytoliths and other microfossils, thanks to the commitment of the authors, referees and editors during the complex process of writing, reviewing and editing. Thus, we are able to offer a book submitted to a double external revision (global and regional, phytolitiths specialized and general), intensely discussed among the different actors and in its several instances.

M. Alejandra Korstanje and María del Pilar Babot
Editors
San Miguel de Tucumán, June 2008

BIBLIOGRAPHY

Bertoldi de Pomar, H.

1969a La micropaleontología continental en los estudios edafológicos. En: *Actas de la V Reunión Argentina de Ciencias del Suelo,* pp. 727-730.

1969b Partículas de sílice organizadas en sedimentos pampeanos de la llanura santafecina. En: *Actas de la IV Jornada Geológica Argentina.* Mendoza.

1971 Ensayo de una clasificación morfológica de los silicofitolitos. *Ameghiniana* 8 (3-4): 317-328

Bertranou, J.

2004 Notas sobre el concepto de memoria institucional. En: J. Bertranou, J.M. Palacio y G. Serrano (compiladores), *En el país del no me acuerdo (Des)memoria institucional e historia de la política social en la Argentina.* Pp: 117-143. Ed. Prometo, Buenos Aires.

Frenguelli, J.

1925 Loess y limos pampeanos. *Anales de la Sociedad Argentina de Estudios Geográficos, GAEA* 1: 1-88.

1930 Partículas de sílice organizada en el loess y en los limos pampeanos. Células silíceas de Gramíneas. *Anales de la Sociedad Científica de Santa Fe* 2: 1-47.

1955 Loess y limos pampeanos. *Ministerio de Educación de la Nación, Universidad Nacional de La Plata, Facultad de Ciencias Naturales y Museo, Serie técnica y didáctica* 7: 3-88.

ICPN Working Group: M. Madella; A. Alexandre & T. Ball.

2005. International Code for Phytolith Nomenclature 1.0. *Anals of Botany*. Oxford University Press.

LISTA DE AUTORES
LIST OF CONTRIBUTORS

María Fernanda ÁLVAREZ
Centro de Geología de Costas y del Cuaternario, Facultad de Ciencias Exactas y Naturales, Universidad Nacional de Mar del Plata. CC 722 Correo Central 7600 Mar del Plata. (0223)475-4060. CONICET, ARGENTINA
E-mail: mfer_alvarez@yahoo.com.ar

John ARTHUR
School of Environmental Science and Management, Southern Cross University, AUSTRALIA

María del Pilar BABOT
Instituto de Arqueología y Museo, Facultad de Ciencias Naturales e Instituto Miguel Lillo, Universidad Nacional de Tucumán. Instituto Superior de Estudios Sociales, Consejo Nacional de Investigaciones Científicas y Técnicas/UNT. San Martín 1545, (4000) San Miguel de Tucumán, ARGENTINA
E-mail: shypb@arnet.com.ar

Verónica BERNAVA LABORDE
Centro de Geología de Costas y del Cuaternario, Facultad de Ciencias Exactas y Naturales, Universidad Nacional de Mar del Plata, Funes 3350, Mar del Plata, (7600) Comisión de Investigaciones Científicas, ARGENTINA
E-mail: vbernava@mdp.edu.ar

Mariano BONOMO
Departamento Científico de Arqueología, Facultad de Ciencias Naturales y Museo, Universidad Nacional de La Plata. CONICET. Paseo del Bosque s/n, 1900, La Plata, ARGENTINA
E-mail: mbonomo@museo.fcnym.unlp.edu.ar

Natalia BORRELLI
Centro de Geología de Costas y del Cuaternario, Facultad de Ciencias Exactas y Naturales, Universidad Nacional de Mar del Plata. CC 722, Correo Central. (7600) Mar del Plata, Buenos Aires. Consejo Nacional de Investigaciones Científicas y Técnicas, ARGENTINA
E-mail: nlborrel@mdp.edu.ar

Mariana BREA
Laboratorio de Paleobotánica, Centro de Investigaciones Científicas Diamante, Consejo Nacional de Investigaciones Científicas y Técnicas. Dr. Matteri y España s/n, Diamante (E3105BWA), ARGENTINA
E-mail: cidmbrea@infoaire.com.ar

Héctor CABADAS-BÁEZ
Posgrado en Ciencias de la Tierra, Instituto de Geología, Universidad Nacional Autónoma de México. Ciudad Universitaria, 04510 México, D.F., MÉXICO

Marta CABELLO
Instituto Spegazzini, Facultad de Ciencias Naturales y Museo, Universidad Nacional de La Plata. Buenos Aires, ARGENTINA

Alexandre CHEVALIER
Royal Belgian Institute for Natural Sciences. 29 rue Vautiers, 1000 Brussels, BELGIUM
E-mail: alexandre.chevalier@skynet.be

Patricia CUENYA
Cátedra de Pedología e Instituto de Arqueología y Museo, Facultad de Ciencias Naturales e Instituto Miguel Lillo, Universidad Nacional de Tucumán. Miguel Lillo 205, (4000) San Miguel de Tucumán, ARGENTINA
E-mail: cuenya@csnat.unt.edu.ar

Laura DEL PUERTO
Laboratorio de Estudios del Cuaternario del Uruguay, Unidad de Ciencias de la Epigénesis, Facultad de Ciencias, Universidad de la República. Iguá 4225. Piso 11 Ala Sur, 11400, Montevideo, URUGUAY
E-mail: unciep@fcien.edu.uy

Patricia Susana ESCOLA
Escuela de Arqueología, Universidad Nacional de Catamarca. Consejo Nacional de Investigaciones Científicas y Técnicas, ARGENTINA
E-mail: suyu@arnet.com.ar

Mariana FERNÁNDEZ HONAINE
Centro de Geología de Costas y del Cuaternario, Facultad de Ciencias Exactas y Naturales, Universidad Nacional de Mar del Plata, Funes 3350, Mar del Plata, (7600). CONICET, ARGENTINA
E-mail: fhonaine@mdp.edu.ar

Jorge GAMA-CASTRO
Instituto de Geología, Universidad Nacional Autónoma de México. Ciudad Universitaria, 04510 México, D.F., MÉXICO

Felipe GARCÍA RODRÍGUEZ
Nelson Mandela Metropolitan University, Botany Department, P.O. Box 77000, P.E. 6031, REPÚBLICA DE SUDÁFRICA

María A. GUTIÉRREZ
Investigaciones Arqueológicas y Paleontológicas del Cuaternario Pampeano, Facultad de Ciencias Sociales, Universidad Nacional del Centro de la Provincia de Buenos Aires. Avda. del Valle 5737, Olavarría, Buenos Aires, ARGENTINA
E-mail: mgutierr@soc.unicen.edu.ar

Salomón HOCSMAN
Instituto de Arqueología y Museo, Facultad de Ciencias Naturales e Instituto Miguel Lillo, Universidad Nacional de Tucumán. Instituto Superior de Estudios Sociales, Consejo Nacional de Investigaciones Científicas y Técnicas/UNT. San Martín 1545, (4000) San Miguel de Tucumán, ARGENTINA
E-mail: shypb@arnet.com.ar

Hugo INDA
Laboratorio de Estudios del Cuaternario del Uruguay, Unidad de Ciencias de la Epigénesis, Facultad de Ciencias, Universidad de la República. Iguá 4225. Piso 11 Ala Sur. Montevideo, 11400, URUGUAY
Email: unciep@fcien.edu.uy

Geoffrey KERR
School of Environmental Science and Management, Southern Cross University, AUSTRALIA

M. Alejandra KORSTANJE
Instituto de Arqueología y Museo, Facultad de Ciencias Naturales e Instituto Miguel Lillo, Universidad Nacional de Tucumán. Instituto Superior de Estudios Sociales, Consejo Nacional de Investigaciones Científicas y Técnicas/UNT. San Martín 1545, (4000) San Miguel de Tucumán, ARGENTINA.
E-mail: alek@webmail.unt.edu.ar

Daniel M. LOPONTE
Instituto Nacional de Antropología y Pensamiento Latinoamericano y Cátedra de Anatomía Comparada, Facultad de Ciencias Naturales, Universidad Nacional de La Plata, ARGENTINA
E-mail: dloponte@fibertel.com.ar

Gustavo MARTÍNEZ
Investigaciones Arqueológicas y Paleontológicas del Cuaternario Pampeano, Facultad de Ciencias Sociales, Universidad Nacional del Centro de la Provincia de Buenos Aires. Avda. del Valle 5737, Olavarría, Buenos Aires, ARGENTINA
E-mail: gmartine@soc.unicen.edu.ar

Sergio MATHEOS
Centro de Investigaciones Geológicas, calle 1 N° 644, 1900 La Plata, Argentina, ARGENTINA
E-mail: smatheos@cig.museo.unlp.edu.ar

Diana Leonis MAZZANTI
Laboratorio de Arqueología, Facultad de Humanidades, Universidad Nacional de Mar del Plata. Funes 3350, Mar del Plata, (7600), ARGENTINA
E-mail: quintana@copetel.com.ar

Emily McCLUNG DE TAPIA
Instituto de Investigaciones Antropológicas, Universidad Nacional Autónoma de México. Ciudad Universitaria, 04510 México, D.F., MÉXICO
E-mail: mcclung@servidor.unam.mx

H. MORRÁS
INTA-CIRN, Instituto de Suelos, 1712 Castelar, Buenos Aires, ARGENTINA
E-mail: hmorras@cirn.inta.gov

Margarita OSTERRIETH
Centro de Geología de Costas y del Cuaternario, Facultad de Ciencias Exactas y Naturales, Universidad Nacional de Mar del Plata. CC 722, Correo Central. 7600, Mar del Plata, Buenos Aires, ARGENTINA
E-mail: mosterri@mdp.edu.ar

Andrés Ricardo OTÁLORA CASCANTE
Universidad Nacional de Colombia, COLOMBIA
E-mail: arotalorac@unal.edu.co

Jeffrey F. PARR
School of Environmental Science and Management, Southern Cross University, AUSTRALIA
E-mail: Jeffrey.parr@scu.edu.au

Ricardo PARRA GIRALDO
Universidad Nacional de Colombia, COLOMBIA
E-mail: rparrag@unal.edu.co

Esteban PASSEGGI
Laboratorio de Paloebotánica, Centro de Investigaciones Científicas, Consejo Nacional de Investigaciones Científicas y Técnicas, Diamante. Dr. Matteri y España s/n, Diamante (E3105BWA), ARGENTINA

María Sol RAIGEMBORM
Centro de Investigaciones Geológicas, calle 1 N° 644, 1900 La Plata, ARGENTINA
E-mail: msol@cig.museo.unlp.edu.ar

Diana Carolina RAMÍREZ RÍOS
Universidad Nacional de Colombia, COLOMBIA
E-mail: dcramirezr@unal.edu.co

Malena SABATINO
Centro de geología de Costas y del Cuaternario, Facultad de Ciencias Exactas y Naturales,

Universidad Nacional de Mar del Plata. CC 722.
Correo Central, 7600 Mar del Plata, ARGENTINA
E-mail: msabatin@mdp.edu.ar

Sergey SEDOV
Instituto de Geología, Universidad Nacional
Autónoma de México. Ciudad Universitaria, 04510
México, D.F., MÉXICO

Elizabeth SOLLEIRO-REBOLLEDO
Instituto de Geología, Universidad Nacional
Autónoma de México. Ciudad Universitaria, 04510
México, D.F., MÉXICO

Kathryn H. TAFFS
School of Environmental Science and Management,
Southern Cross University, AUSTRALIA

Gerardo TASSARA
Facultad de Ciencias Sociales, Universidad Nacional
del Centro de la Provincia de Buenos Aires. Del
Valle 5737, Olavarría, Buenos Aires, ARGENTINA
E-mail: gerilandia@hotmail.com

Ernestina VALLEJO-GÓMEZ
Instituto de Geología, Universidad Nacional
Autónoma de México. Ciudad Universitaria, 04510
México, D. F., MÉXICO

Roberto VIOLANTE
División Geología y Geofísica Marina, Servicio de
Hidrografía Naval. Buenos Aires., ARGENTINA

Alejandro Fabián ZUCOL
Laboratorio de Paloebotánica, Centro de
Investigaciones Científicas Diamante, Consejo
Nacional de Investigaciones Científicas y Técnicas.
Dr. Matteri y España s/n, Diamante (E3105BWA),
ARGENTINA
E-mail: cidzucol@infoaire.com.ar

LISTA DE EVALUADORES
LIST OF REFEREES

María Rosa ALBERT
Institució Catalana de Recerca i Etudis Avançats (ICREA) Barcelona, ESPAÑA. Arqueobotánica

Anne ALEXANDRE
Cerege, Universite Aix-Marseille, FRANCIA. Arqueobotánica

María Cristina APELLA
Facultad de Ciencias Naturales e Inst. Miguel Lillo, Universidad Nacional de Tucumán, San Miguel de Tucumán, ARGENTINA. Fisicoquímica, Bioquímica

Cristina BAYÓN
Departamento de Humanidades, Universidad Nacional del Sur, Bahía Blanca, ARGENTINA. Arqueología

Dan CABANES I CRUELES
Universitat Rovira y Virgili, ESPAÑA. Arqueobotánica

Alexandre CHEVALIER
Royal Belgian Institute for Natural Sciences, Brussels, BELGIUM. Arqueobotánica

James COIL
PhD. University of California at Berkeley, Greendale Gardens, California, EEUU. Arqueobotánica

María Gloria COLANERI
Facultad de Ciencias Naturales e Inst. Miguel Lillo, Universidad Nacional de Tucumán, San Miguel de Tucumán, ARGENTINA. Bioantropología, Arqueología Forense

Patricia CUENYA
Cátedra de Pedología, Facultad de Ciencias Naturales e Inst. Miguel Lillo, Universidad Nacional de Tucumán, San Miguel de Tucumán, ARGENTINA. Pedología

Linda Scott CUMMINGS. Paleo Research Institute, Golden, EEUU. Arqueobotánica

Laura DEL PUERTO
Laboratorio de Estudios del Cuaternario del Uruguay, Unidad de Ciencias de la Epigénesis, Facultad de Ciencias, Universidad de la República, Montevideo, URUGUAY. Arqueobotánica

Tânia Lindner DUTRA
Programa de Pos Graduacao Geologia, UNISINOS, Sao Leopoldo, RS, BRASIL. Geología

María Teresa FLÓREZ DE PARRA
Centro de Investigaciones Ambientales y de Ingeniería, Universidad de Antioquia, Bogotá, COLOMBIA

Lucrecia GALLEGO
Departamento de Agronomía y CERZOS, Universidad Nacional del Sur, Bahía Blanca, ARGENTINA

Igor GAVRILOFF
Facultad de Ciencias Naturales e Inst. Miguel Lillo, Universidad Nacional de Tucumán, San Miguel de Tucumán, ARGENTINA. Micropaleontología

María Isabel GONZÁLEZ
Instituto de Arqueología, Facultad de Filosofía y Letras, Universidad de Buenos Aires, Buenos Aires, ARGENTINA. Arqueología

Diane M. HART
Department of Physical Geography, Macquarie University, Sidney, AUSTRALIA

Rafael HERBST
Consejo Nacional de Investigaciones Científicas y Técnicas, San Miguel de Tucumán, ARGENTINA. Micropaleontología

Hugo INDA
Laboratorio de Estudios del Cuaternario del Uruguay, Unidad de Ciencias de la Epigénesis, Facultad de Ciencias,

Universidad de la República, Montevideo, URUGUAY. Arqueobotánica

John W. JANUSEK
Department of Anthropology, Vanderbilt University, Nashville, EEUU. Arqueología

María Alejandra KORSTANJE
Instituto de Arqueología y Museo, Facultad de Ciencias Naturales e Inst. Miguel Lillo, Universidad Nacional de Tucumán, Tucumán, ARGENTINA. Arqueología

Liliana C. LUPO
Facultad de Ciencias Agrarias, Universidad Nacional de Jujuy. Consejo Nacional de Investigaciones Científicas y Técnicas. Jujuy, ARGENTINA. Palinología

Marco MADELLA
Institució Catalana de Recerca i Etudis Avançats (ICREA). Barcelona, ESPAÑA. Arqueobotánica

Shanti MORELL-HART
Department of Anthropology, University of California Berkeley, Berkeley, EEUU. Arqueobotánica

Margarita L. OSTERRIETH
Centro de Geología de Costas y del Cuaternario, Facultad de Ciencias Exactas y Naturales, Universidad Nacional de Mar del Plata, Mar del Plata, ARGENTINA. Pedología

Manuel R. PALACIOS FEST
Terra Nostra, Earth Sciencies Research, Tucson, Arizona, EEUU. Micropaleontología

Deborah M. PEARSALL
Department of Anthropology, University of Missouri, Columbia, EEUU. Arqueología

Cecilia PÉREZ DE MICOU
Instituto Nacional de Antropología y Pensamiento Latinoamericano. Facultad de Filosofía y Letras, Universidad de Buenos Aires, Buenos Aires, ARGENTINA. Arqueología

Dolores PIPERNO
Smithsonian Tropical Research Institute, EEUU. Arqueología

María Teresa PLANELLA O
Sociedad Chilena de Arqueología, Santiago de Chile, CHILE. Arqueobotánica

Norma RATTO
Museo Etnográfico, Facultad de Filosofía y Letras, Universidad de Buenos Aires, Buenos Aires. Escuela de Arqueología, Universidad Nacional de Catamarca, San Fernando del Valle de Catamarca, ARGENTINA. Arqueología

María Fernanda RODRÍGUEZ
Instituto de Botánica Darwinion, Consejo Nacional de Investigaciones Científicas y Técnicas, Buenos Aires, ARGENTINA. Arqueobotánica

Mathew SAYRE
PhD. Candidate University of California at Berkeley, California, EEUU. Arqueobotánica

Alejandro F. ZUCOL
Laboratorio de Paloebotánica, Centro de Investigaciones Científicas Diamante, Consejo Nacional de Investigaciones Científicas y Técnicas, Diamante, ARGENTINA. Paleobotánica

Deborah ZURRO HERNÁNDEZ
Laboratorio de Arqueología, Instituto Milá i Fontanals, CSIC, Barcelona, ESPAÑA

Dos revisores/as anónimos/as prefirieron mantener tal carácter.

Pasado y Futuro de los Análisis Fitolíticos

Past and Future of Phytolithic Analysis

Matices Interdisciplinarios en Estudios Fitolíticos y de Otros Microfósiles
M. A. Korstanje y M. del P. Babot, Editoras. BAR International Series S1870, Capítulo 1, pp. 3-21

LOS ESTUDIOS FITOLÍTICOS EN AMÉRICA DEL SUR, UNA VISIÓN RETROSPECTIVA

RETROSPECTIVE VIEW IN SOUTH AMERICA PHYTOLITH STUDIES

Zucol, Alejandro Fabián, Mariana Brea y Esteban Passeggi
Laboratorio de Paleobotánica, Centro de Investigaciones Científicas, Diamante, Dr. Materi y España s/n, Diamante (E3105BWA), Argentina.
cidzucol@infoaire.com.ar; cidmbrea@infoaire.com.ar; estebanpasseggi@yahoo.com.ar

ABSTRACT

The first phytolith studies in South America were developed by Ehrenberg in the 19th century. Ehrenberg created the first morphological phytolith classification based on samples of vegetable and animal origin from different areas of the world, many of which came from Charles Darwin's collection. Among these early samples were phytoliths from sediments and fossil-associated limestone from Monte Hermoso (Bahía Blanca), dental samples from a *Mastodon* (Santa Fe), and plant roots from Patagonia and Tierra del Fuego. Between 1925 and 1955, Joaquín Frenguelli studied, for the first time, the presence of grass silica cells in Argentinian sediments dating from the Tertiary, Quaternary and Holocene epochs. Later, between 1969 and 1983, Hetty Bertoldi de Pomar conducted her initial phytolith studies, which contributed to the morphological classification of silica phytoliths, including the development of systems for the Graminae, Cyperaceae, Equisetaceae, Arecaceae, and Podostemaceae families. Around the same time, Andreis, Spalletti, and Mazzoni also reported on phytoliths from Cenozoic sediments in Patagonia. From 1990 onwards, phytolith research and classification efforts in South America have continued to increase. In Argentina, for example, there have been phytolith studies of Tertiary continental sedimentary sequences from San Luis, Quaternary coastal sequences and paleosols from Tandilia range (Buenos Aires), Miocene and Pleistocene marine and continental Neogene sediments from the Paraná and Uruguay basins (Entre Ríos), and well as Paleogene sediments from Patagonia. In this same period, phytolith studies contributing to palaeoecological (Amazon basin), phytosociological (Colombian Páramo), limnological (Panamá and Uruguay lagoons), ethnobotanical (Argentina, Uruguay and Colombia) and archaelogical (Ecuador, Perú, Argentina and Uruguay) research subjects have also continued to expand in scope and number.

Key words: *Phytolith studies, History, South America*

RESUMEN

Las primeras referencias de estudios fitolíticos en Sudamérica fueron proporcionadas por Ehrenberg (en el siglo diecinueve). Este autor elabora la primera clasificación morfológica de fitolitos, a partir de elementos silíceos de origen vegetal y animal de diversas regiones del mundo, coleccionadas por Charles Darwin. Analiza sedimentos de Monte Hermoso (Bahía Blanca), limos asociados a mamíferos fósiles (Bahía Blanca), superficies dentarias de un *Mastodon* (Santa Fe) y raíces de plantas de Patagonia y Tierra del Fuego. Recién entre 1925 y 1955, Frenguelli cita por primera vez la presencia de células silíceas de gramíneas en sedimentos terciarios, cuaternarios y recientes de Argentina. Posteriormente, entre 1969 y 1983, Bertoldi de Pomar, desarrolla sus estudios en esta disciplina contribuyendo con la clasificación morfológica de los silicofitolitos, incluyendo los fitolitos de gramíneas, los de ciperáceas, equisetáceas, arecáceas y podostemáceas. También durante esos años, Andreis, Spalletti y Mazzoni, registran por primera vez fitolitos en sedimentos cenozoicos de Patagonia. Desde 1990, se incrementa notablemente esta disciplina. En Argentina, se caracterizan fitolíticamente secuencias sedimentarias continentales del Terciario de San Luis, secuencias costeras y paleosuelos del Cuaternario del sistema de Tandilia (Buenos Aires), sedimentos neógenos marinos y continentales del Mioceno y Pleistoceno de las cuencas del río Paraná y río Uruguay (Entre Ríos), así como sedimentitas paleógenas de la Patagonia. Para este mismo período, en Latinoamérica se destacan los aportes fitolíticos en estudios paleoecológicos (cuenca del río Amazonas), fitosociológicos (Páramo colombiano), limnológicos (lagos de Panamá y lagunas de Uruguay), etnobotánicos (Argentina, Uruguay y Colombia) y arqueológicos (Ecuador, Perú, Chile, Argentina y Uruguay).

Palabras clave: *Estudios fitolíticos, Historia, América del Sur*

INTRODUCCIÓN

En las últimas décadas en América del Sur se han incrementado mucho las investigaciones fitolíticas en sus diferentes campos de aplicación como una consecuencia lógica del crecimiento de esta disciplina a nivel mundial. De esta manera, resulta de interés para comprender los matices particulares que estos conocimientos poseen, realizar un análisis retrospectivo que los enmarque en el desarrollo mundial de la Fitolitología.

La historia de las investigaciones fitolíticas, tanto en América del Sur como a nivel mundial, puede ser convenientemente dividida en 4 períodos: Período de descubrimiento y exploración, período de estudios botánicos, período de estudios ecológicos y período de estudios arqueológicos y paleoecológicos.

PERÍODO DE DESCUBRIMIENTO Y EXPLORACIÓN (1804 – 1895)

Durante el año 1804, Saussure realiza la primera cita donde se hace mención a células silíceas en los vegetales en su trabajo "*Recherches sur la végétation*" (citado en Frenguelli 1930) y Davy (1814) realiza algunas observaciones de este tipo de células en variedades de cereales y en *Equisetum* sp.

Struve (1835) observa al microscopio pequeñas partículas singulares que provenían de vegetales vivos; así, sin saberlo, da inicio a un tema que recién 150 años después tomaría *status* de disciplina científica independiente; en principio dichas partículas se las estudia como un constituyente "misterioso" de suelos y del polvo atmosférico; esta última fuente explica su amplia distribución y originaría la búsqueda de su presencia en los vegetales vivos.

Las primeras referencias sobre el estudio de fitolitos *per se* fueron proporcionadas por Christian Ehrenberg (1841) (Figura 1), pionero de la microbiología animal y vegetal. En ellas describe a estas partículas como cuerpos de naturaleza silícea y las denomina "phytolitaria", término griego que significa "planta piedra" y en su acepción germana *phytolitarien* como posteriormente haría referencia en sus trabajos Baker (1959a, 1960).

Figura 1. Christian Gottfried Ehrenberg (1795-1876).

Los primeros estudios, Ehrenberg los realiza sobre muestras de plantas y suelos, así como también de sedimentos continentales, marinos, cineritas, diatomitas, turba y polvo atmosférico, provenientes de diversas regiones del mundo, la mayoría de ellas serían muestras remitidas por el mismo Charles Darwin (Figura 2) y que fueran obtenidas en su histórico viaje por Sudamérica a bordo del H.M.S. Beagle (Darwin 1846). Gran parte de sus numerosas observaciones fueron reunidas en su obra *Mikrogeologie* (Ehrenberg 1854).

En 1854 Ehrenberg desarrolla el primer sistema de clasificación de fitolitos llegando a identificar más de 89 tipos. Esta clasificación reconoce que al menos a nivel de familia pueden establecerse diferencias morfológicas en los fitolitos. Dos años más tarde, Bailey (1856) describe la presencia de las células silicificadas en el reino vegetal.

PERÍODO DE ESTUDIOS BOTÁNICOS (1895 – 1936)

Durante este período en Europa, especialmente en Alemania, un gran número de botánicos (ver Zucol 1992) comienzan a citar la presencia de "cuerpos silíceos" en muchas familias del reino vegetal incluyendo dicotiledóneas y helechos.

Figura 2. Charles Darwin (1809-1882).

A partir de estos estudios, que incluyen descripciones detalladas y dibujos, la morfología de los fitolitos demuestra ser altamente significativa; y comienzan los estudios sistemáticos de producción, taxonomía y variación intraespecífica. Es también durante este período que se llevan a cabo los primeros estudios cuantitativos de contenido de sílice en plantas actuales y se postulan posibles mecanismos de depositación en tejidos.

Mientras en Alemania se realizan estos descubrimientos, son raramente citados por científicos de habla inglesa. En Australia, estudios mineralógicos revelaban la presencia de gran cantidad de fitolitos los cuales fueron asignados a restos de espículas de esponjas. A estos hallazgos no se les da la debida importancia como potencial herramienta de análisis.

El comienzo de la Segunda Guerra Mundial marca el final de este período.

PERÍODO DE ESTUDIOS ECOLÓGICOS (1955 – 1975)

El retorno de las investigaciones conjuntas, a nivel internacional, muestran por primera vez a los científicos de habla inglesa con un considerable interés en el desarrollo de estudios fitolíticos; esta tendencia se mantendrá durante 20 años en cuyo transcurso, botánicos, pedólogos, agrónomos y geólogos aplican los análisis fitolíticos como índice de inferencias paleoambientales.

Smithson (1956, 1958) comienza con el reconocimiento y descripción de fitolitos en suelos británicos; Beavers y Stephen (1958) fueron los primeros en reportar la ocurrencia de fitolitos en suelos de América del Norte y Kanno y Arimura (1958) hacen lo propio en Japón.

Baker (1959b) demuestra que las partículas previamente descriptas como espículas de espongiarios en depósitos de Australia eran en realidad fitolitos.

Siendo hasta 1970, que se intensifica la aplicación de los análisis fitolíticos al estudio de aspectos tales como la transición bosque-pradera del Holoceno en Norteamérica, la extensión temporal y espacial en suelos bajo el dominio de pastizales o de bosques, la interpretación paleoambiental de rocas sedimentarias y materiales geológicos del Cretácico, Terciario y Cuaternario, de testigos extraídos de fondos oceánicos y de polvo atmosférico.

Paralelamente a las investigaciones en suelos y sedimentos, se realizan estudios comparativos en plantas actuales (ver Zucol 1992), se incrementan las investigaciones referidas a las propiedades físicas y químicas de los fitolitos, la función de la sílice en las plantas, los mecanismos de formación y disolución de fitolitos; y se profundizan los estudios metodológicos a partir de las cuales se perfeccionan las diversas técnicas de extracción, identificación y cuantificación de fitolitos en plantas y sedimentos.

Durante 1970-1975, decrece marcadamente la cantidad de estudios de fitolitos en suelos y sedimentos y sólo unos pocos botánicos se concentran en profundizar el conocimiento de fitolitos de algunas especies de gramíneas actuales mediante la utilización del microscopio electrónico de barrido (MEB).

PERÍODO DE ESTUDIOS ARQUEOLÓGICOS Y PALEOECOLÓGICOS (DESDE 1971)

La aplicación no sistemática de los análisis fitolíticos en arqueología tiene una considerable antigüedad ya que los primeros trabajos se registran en Alemania hacia el 1900.

Netolitzky (1900) es uno de los primeros que utiliza espodogramas (residuo inorgánico, incluyendo fitolitos, que se obtiene después de incinerar tejidos vegetales) para identificar granos de cereales en diversos sitios arqueológicos de Europa. Schellenberg (1908) identifica restos de trigo y cebada incorporados en la matriz de fragmentos de cerámicas prehistóricas de Turquía.

En ambos casos, los autores aplican criterios para identificar fitolitos que 50 años después serían utilizados por los arqueobotánicos modernos para estudiar el origen de la agricultura de cereales en Oriente.

No obstante, los fitolitos nunca recibieron más que un interés casual en la literatura arqueológica de esos años debido, en parte, a que la abundancia de material vegetal carbonizado recuperados en los sitios relativizo su valor potencial.

Helbaek (1961) reconoce diferencias en células epidérmicas silicificadas de vainas de trigo, arroz, mijo y cebada, sentando así las bases para identificar tales cultivos en ausencia de macro-restos botánicos.

Rovner (1971) publica un importante trabajo evaluando el valor potencial de los fitolitos aplicado en estudios arqueológicos que estimula a los arqueobotánicos y le da un nuevo impulso a la disciplina.

A partir de 1975, los análisis de fitolitos se incrementan y se consolidan como técnica sistemática en arqueología de regiones tropicales donde la preservación de restos vegetales es muy pobre y ellos proporcionan evidencias importantes acerca del origen de la agricultura y la historia ambiental; creándose una línea de estudio que será muy prolífica en las siguientes décadas.

LOS ESTUDIOS FITOLÍTICOS EN AMÉRICA DEL SUR

Las primeras referencias de estudio fitolíticos en América del Sur fueron proporcionadas por Ehrenberg en el siglo diecinueve, quien estudió los elementos silíceos de origen vegetal y animal de numerosas muestras coleccionadas por Darwin.

Describe los microfósiles hallados en limos de las barrancas de Monte Hermoso (Bahía Blanca), donde cita la presencia de diatomeas, fitolitos de gramíneas y espículas de esponjas, probablemente de agua dulce (ver Frenguelli 1930).

También registra la presencia de estos cuerpos silíceos en limos adheridos a restos de mamíferos fósiles recolectados en las barrancas de Punta Alta (Bahía Blanca) y en muestras de la superficie dentaria de un *Mastodon*, proveniente de las barrancas del río Carcarañá (Santa Fe). En esta muestra dentaria describe una asociación de microfósiles silíceos que incluía diatomeas, fitolitos de gramíneas y espículas de esponjas probablemente marinas. Es esta última determinación, lo que lleva a Darwin a postular un origen estuarino de los sedimentos pampeanos, aunque en la actualidad esta hipótesis, sólo conserve un valor histórico (ver Frenguelli 1930).

Finalmente, fue Ehrenberg quien también realizó otras determinaciones de fitolitos en material de Patagonia y Tierra del Fuego, cuyas muestras fueron extraídas de humus de raíces de plantas herborizadas durante la expedición de los años 1832 – 1836 realizada por Darwin (ver Frenguelli 1930).

Es casi luego de un siglo (entre 1925 y 1955) cuando Joaquín Frenguelli (Figura 3) cita por primera vez la presencia de células silíceas de gramíneas en sedimentos terciarios, cuaternarios y recientes de Argentina; describiendo con un gran detalle los rasgos morfológicos de los elementos epidérmicos (células largas, cortas, estomas, pelos), xilemáticos y fibrosos de las gramíneas actuales (Frenguelli 1925, 1930, 1955).

Realiza un importante aporte en su trabajo sobre "Partículas de sílice organizada en el loess y en los limos pampeanos. Células silíceas de gramíneas" (Frenguelli 1930) publicado en los Anales de la Sociedad Científica de Santa Fe, en donde destaca que en los limos de pantanos suelen ser muy abundantes y en muchas ocasiones se conservan en forma articulada, mientras que en el loess, por el efecto del arrastre, los diferentes elementos aparecen desarticulados, fragmentados y dispersos.

Teruggi (1955) propone una técnica sencilla para diferenciar el vidrio volcánico del ópalo organógeno en sedimentos pampeanos. Las características morfológicas, la isotropía y los bajos índices de refracción de estas dos sustancias son tenidas en cuenta para su diferenciación. Esta técnica resulta ser muy útil debido a que estos dos materiales son muy abundantes en los depósitos loéssicos de las pampas argentinas (Imbelloni y Teruggi 1993).

Influenciada por el interés del propio Frenguelli es que años más tarde Hetty Bertoldi de Pomar (Figura 4) comienza sus estudios en esta disciplina, realizando una serie de contribuciones entre los años 1969 a 1983 (Bertoldi de Pomar 1969a, 1969b, 1970a, 1970b, 1971; Bertoldi de Pomar y Tur 1970). En su trabajo "Ensayo de clasificación morfológica de los silicofitolitos" publicado en Ameghiniana (Bertoldi de Pomar 1971) da a conocer su clasificación morfológica en donde se incluyen 70 diferentes morfotipos.

La clasificación propuesta por Bertoldi de Pomar (1971) contempla no sólo los fitolitos de gramíneas, sino también están descriptos aquellos presentes en ciperáceas, equisetáceas, arecáceas y podostemáceas.

Sus contribuciones incluyen una serie de trabajos referidos a las asociaciones fitolíticas halladas en los sedimentos de la llanura santafesina (Bertoldi de Pomar 1972), sedimentos de fondo de la laguna Guadalupe (Bertoldi de Pomar 1973), sedimentos de los cauces fluviales correntinos (Bertoldi de Pomar 1974) y en sedimentos continentales provenientes de varias localidades ubicadas en diferentes puntos del territorio argentino (llanura de inundación del río Paraná, suelos de la llanura de Santa Catalina (Corrientes), suelos de monte en Riachuelo (Corrientes), sedimentos de fondo del lago Mascardi (Río Negro) y turba del Cuaternario superior de Infiernillo, departamento de Tafi (Tucumán) (Bertoldi de Pomar 1980). También, analizó las asociaciones fitolíticas contenidas en sedimentos del cauce del río Paraguay (Bertoldi de Pomar 1983).

Propuso un conjunto de metodologías utilizadas en el procesamiento de sedimentos clásticos, para su observación al microscopio óptico (Bertoldi de Pomar 1976) y su trabajo "Los silicofitolitos. Sinopsis de su conocimiento" publicado en Darwiniana (Bertoldi de Pomar 1975), es su contribución de síntesis más importante en la fitolitología argentina.

La labor y el impulso que le diera Bertoldi de Pomar a estos estudios en Argentina resulta coetánea con la realizada por otros investigadores que comenzaban a darle el impulso inicial a los estudios fitolíticos en Australia, Brasil, Estados Unidos, Francia y Japón; mientras que a nivel regional esta tarea influenciaría a investigadores que aplicarían estos conocimientos en paleontología, sedimentología, pedología, botánica y más recientemente en arqueología.

Más tarde, diversos autores realizarían propuestas de clasificaciones morfológicas y técnicas de extracción del material fitolítico (Piperno 1988, 1995, 2006a; Piperno y Pearsall 1993a, 1998a; Bertoldi de Pomar 1999, 2006; Flórez y Parra 1999; Parra y Flórez 2001; Zucol 1992, 1995, 1999a; Pearsall 2000; Zucol y Brea 2005; Zucol y Osterrieth 2002; Coil *et al.* 2003; Babot y Bru de Labanda 2005).

Figura 3. Joaquín Frenguelli (1883-1958).

Con posterioridad a los trabajos de Bertoldi de Pomar y en muchos casos influenciados por su tarea, se desarrollaron distintas investigaciones en diferentes campos de aplicación y en diversos países de América del Sur, las cuales serán descriptas de acuerdo al área del país estudiada.

Figura 4. Hetty Bertoldi de Pomar.

Argentina

Renato Andreis es quien registra por primera vez la presencia y remarca la importancia de los fitolitos en sedimentos cenozoicos de la Patagonia argentina, trabajando en paleosuelos de la Formación Muster (Chubut) de edad Eoceno medio (Andreis 1972).

Luis A. Spalletti y Mario M. Mazzoni (Spalletti y Mazzoni 1977, 1979) describen la presencia de silicofitolitos de gramíneas en el Grupo Sarmiento, en la provincia del Chubut. El mismo Mazzoni posteriormente realiza por primera vez los recuentos de los tipos y porcentajes de silicofitolitos de los sedimentos de la Formación Sarmiento, utilizando para ello la clasificación morfológica de Bertoldi de Pomar (Mazzoni 1979).

En la década de 1990 se incrementan notablemente los estudios fitolíticos en sedimentitas paleógenas de la Patagonia Argentina. Se dan conocer las asociaciones de microfósiles silíceos y los análisis paleopalinológicos de la Formación Salamanca (Paleoceno inferior) en la región de los lagos Musters y Colhué Huapí, Chubut (Matheos *et al.* 2005; Zucol, Brea y Matheos 2001, 2006; Zucol, Matheos, Prámparo, Brea y Raigemborn 2004).

Los estudios fitolíticos también fueron aplicados en el Grupo Río Chico (Paleoceno superior-Eoceno?), la Formación Sarmiento (Eoceno-Mioceno) (Brea *et al.* 2008; Zucol, Brea y Madden 2002; Zucol, Mazzoni y Madden 1999, Zucol, Brea, Carlini y Madden 2001; Zucol, Brea, Madden y Bellosi 2004, Zucol, Brea, Raigemborn y Matheos 2004, 2005; Raigemborn *et al.* 2006; Zucol, Brea, Bellosi, Carlini y Vucetich 2007), el Miembro Colhué Huapí (Mioceno) (Zucol, Brea, Madden, Bellosi, Carlini y Vucetich 2006) y el Miembro Gran Barranca (Zucol y Brea 2006a) en la región de la Gran Barranca, Chubut. También algunas de estas formaciones serían estudiadas por Andreis en la localidad de laguna Payahilé, Chubut (Andreis 2006).

En la provincia de San Luis fueron realizados estudios fitolíticos en una secuencia continental terciario-pleistocena (Di Paola y González 1992). Debieron pasar varios años para que se realizaran nuevas contribuciones sobre paleosuelos del Pleistoceno tardío – Holoceno en esta provincia (Strasser *et al.* 2001, 2006a, 2006b).

En la provincia de Buenos Aires se realizaron una serie de contribuciones referidas al estudio de los silicofitolitos en sedimentos loéssicos, en la región de la llanura inter y periserrana del sistema de Tandilla (Osterrieth 1999, 2001a, 2006a) y en suelos de agroecosistemas y campos naturales del sudoeste de la región pampeana (Borrelli y Osterrieth 1999, 2001a, 2001b, 2006 Fernández Honaine 2007).

El contenido de silicofitolíticos del cordón dunícola que se extiende desde la albufera de Mar Chiquita hasta Punta Alta fue analizado en tres microambientes (médanos vivos, semifijos e intermédanos), hallando que los fitolitos más característicos fueron los de *Cortaderia selloana* (Álvarez, *et al.* 2001, 2006). Osterrieth y Fernández Honaine (2007) analizan la micromorfología y el contenido fitolítico en las dunas costeras de la provincia de Buenos Aires.

También se analizaron los suelos y paleosuelos costeros del Cuaternario tardío de esta región desde el punto de vista micromorfológico, mineralógico, así como también el contenido de silicobiolitos (Osterrieth 1998a, 1998b, 2000, 2001b, 2006b, 2006c; Osterrieth, Morras y Álvarez 2005).

El análisis fitolítico presente en las secuencias sedimentarias costeras del Holoceno tardío, de Mar Chiquita permitió reconocer las paleocomunidades vegetales y los episodios edáficos vinculados a los avances y retrocesos de la línea de costa durante el Holoceno tardío (Osterrieth 1998b; Osterrieth *et al.* 1998; Osterrieth y Zucol 2000; Zucol y Osterrieth 1999, 2000).

En la provincia de Entre Ríos se realizaron estudios fitolíticos en la cuenca del río Paraná en sedimentos neógenos marinos de la Formación Paraná, asignada al Mioceno medio (Zucol y Brea 2000a, 2000b) y en depósitos continentales de la Formación Alvear de edad Pleistoceno inferior (Zucol y Brea 2001, 2005, 2006b; Zucol, Brea y Passeggi 2004) y en la Formación Tezanos Pinto asignada al Pleistoceno tardío - Holoceno (Erra *et al.* 2006; Kröhling *et al.* 2005, 2006). Fitolitos hallados en una bambusoidea petrificada fueron descriptos en material perteneciente a la Formación Ituzaingó (Brea y Zucol 2007). En la cuenca del río Uruguay se analizaron las asociaciones fitolíticas de la Formación El Palmar (Pleistoceno superior) en una localidad fosilífera ubicada en el Parque Nacional El Palmar de Colón (Brea y Zucol 2001; Brea *et al.* 2001; Zucol, Brea y Scopel 2005).

Entre los estudios de neta vinculación florística se encuentran los análisis fitolíticos de la pradera mesopotámica (Zucol 1996a, 1996b, 1998, 1999b, 2000, 2001; Zucol, Brea y Passeggi 2006), del caldenal (Gallego 2003; Gallego y Distel 1999, 2000, 2004; Gallego *et al.* 2001) y los referidos a la vegetación del SE de la provincia de Buenos Aires (Borrelli *et al.* 2006; Fernández Honaine 2005, 2007; Fernández Honaine *et al.* 2001a, 2001b, 2004, 2006; Fernández Honaine, Zucol y Osterrieth 2005a, 2005b, Fernández Honaine, Bernava Laborde y Zucol 2005).

También fueron estudiados los diferentes morfotipos fitolíticos producidos por los géneros de Arecaceae del Cono Sur, con especial referencia a los taxa de Uruguay y Argentina (Zucol, Fernández Honaine y Brea 2006). Montti *et al.* (2006) analizan los fitolitos de *Chusquea* sp. (Poaceae: Bambusoideae).

El uso de los fitolitos como uno de los elementos para el análisis de dietas y paleodietas, ha sido abordado en sus aspectos metodológicos como así también en aplicaciones para el reconocimiento de hábitos alimentarios por Arriaga (1981a, 1981b, 1986) y Yagueddú y Arriaga (2007).

Dentro del ámbito andino se realizaron atlas de referencia sobre los silicofitolitos y cristales de calcio en plantas útiles silvestres y domésticas (Babot 2005a; Korstanje y Babot 2007).

La familia Podostemaceae, compuesta por un número reducido de especies y con distribución pantropical se caracteriza por estar restringida a determinados ambientes de cursos de aguas enérgicos. Posee morfotipos fitolíticos muy particulares lo que la hace muy importante su análisis fitolítico con la finalidad de realizar inferencias paleoecológicas (Tur 1997, 2001, 2006).

Los análisis fitolíticos vinculados a estudios etnobotánicos fueron abordados por varios investigadores en los últimos años en distintas regiones del país.

El registro microfosilífero fue utilizado para inferir el manejo de los recursos vegetales en cazadores-recolectores de la Puna argentina (Babot 2005b).

Los silicofitolitos del sitio arqueológico cueva El Abra ubicado en el sudeste bonaerense fueron estudiados por Osterrieth *et al.* (2001). Dentro del ámbito pampeano también se estudio el contenido fitolítico del sitio 2 de la Localidad Arqueológica Amalia (Osterrieth *et al.* 2000, 2002; Zucol, Brea, Osterrieth y Martínez 2002; Zucol *et al.* 2007). El sitio Paso Otero 5 ubicado en el cauce del río Quequén Grande (Buenos Aires) ha sido estudiado desde diversos puntos de vista y recientemente fueron analizados los biomorfos de sílice (Osterrieth, Martínez, Gutiérrez y Alvarez 2005). También se analizaron los fitolitos de sitio Gascon 1 (Osterrieth *et al.* 2006).

El sitio arqueológico Nutria Mansa 1 ubicado en la región costera de la provincia de Buenos Aires fue abordado desde un enfoque multidisciplinario donde se incluyen los estudios sobre fitolitos, diatomeas, quistes de crisostomátaceas y espículas de espongiarios (Zucol *et al.* 2003; Zucol y Bonomo 2005, 2008).

Las primeras referencias de la presencia de maíz en sitios arqueológicos del Noroeste argentino fueron dadas a conocer por Würschmidt y Korstanje (1999).

Los estudios paleoetnobotánicos vinculados a la arqueología de la agricultura en el valle del Bolsón, Catamarca abarcan el estudio conjunto de todos los microfósiles hallados en los espacios productivos y en los suelos naturales (Korstanje 2001, 2006; Korstanje y Cuenya 2005, 2006).

Las Poaceae de valles de altura del NO argentino fueron estudiadas desde el punto de vista de sus silicofitolitos por Pigoni y Korstanje (2005).

Recientemente se presentaron los primeros resultados de los análisis fitolíticos realizados en estructuras de agricultura particulares halladas en el área de Coctaca al Este de Humahuaca, en la provincia de Jujuy (Maloberti *et al.* 2005).

Babot (2004) analizó la tecnología y utilización de artefactos de molienda en el noroeste prehispánico. Uno de los puntos de vista abordados fue el estudio de los fitolitos de gramíneas, fabáceas y aceráceas hallados en estos artefactos arqueológicos.

En el sitio Cueva de los Corrales 1 del Noroeste argentino fue hallada la presencia de maíz en artefactos arqueológicos (Babot y Apella 2003).

También se realizaron trabajos sobre el contenido microfosilífero en artefactos de molienda en sitios arqueológicos de Antofagasta de la Sierra en la Puna meridional argentina (Babot y Bru de Labanda 2005), en raederas de la Puna meridional del NOA (Babot *et al.* 2005) y en artefactos de sitios arqueológicos del área interserrana, Buenos Aires (Osterrieth y Tassara 2005).

En otro orden de estas aplicaciones se hallaron también restos orgánicos y microfósiles silíceos en cerámicas arqueológicas (Zucol, Brea y Mazzanti 2005, 2008) y en piezas dentarias (Zucol y Loponte 2005, 2008).

Se analizaron los procesos de degradación de silicofitolitos utilizando experimentos in vitro, con la finalidad de establecer la degradación de los mismos teniendo en cuenta diferentes concentraciones de pH (Borrelli *et al.* 2005).

Recientemente, se realizaron investigaciones arqueológicas sobre las sociedades tardías de las Sierras de Córdoba (1200-300 A.P.) y se efectuaron avances sobre los estudios fitolíticos en sedimentos de un sitio residencial y se consideraron las posibles estrategias para enfrentar el riego agrícola (López 2007). Por otra parte también se han presentados los resultados de análisis fitolíticos de sitios yamanas en Tierra del Fuego (Zurro *et al.* 2007).

Brasil

En Brasil una serie de investigaciones sobre la composición fitolítica de las gramíneas del Cerrado (Labouriau 1983) fue publicada entre los años 1968 y 1970 (Sendulsky y Labouriau 1966; de Campos y Labouriau 1969; Sondahl y Labouriau 1970; da Silva y Labouriau 1970; Labouriau *et al.* 1973.)

En la década de 1990 las investigaciones fitolíticas se reanudan con los trabajos realizados por Dolores Piperno sobre los análisis fitolíticos y antracológicos de sedimentos pleistocenos en la cuenca del río Amazonas, donde se infieren los cambios paleoecológicos y la evolución del área estudiada durante los 75-69 ka, 28-11 ka (LGM) y el Holoceno (Piperno 1997). La reconstrucción de la vegetación de la cuenca del Amazona fue realizada a partir del registro fitolítico y carbones de suelos (Piperno y Becker 1996).

Recientemente, se analizaron los datos históricos se sedimentos lacustres de los bosques tropicales de tierras bajas de América Central entre *ca.* 20.000 A.P. y el momento de contacto europeo. Los registros de polen, fitolitos y carbón evidencian la distribución y composición de la vegetación y los patrones de fuego durante el Pleistoceno tardío. Además, se analizan el significado que las perturbaciones ambientales durante la transición del Pleistoceno al Holoceno tuvieron en la ocupación humana el bosque tropical de tierras bajas y la cronología de los orígenes agrícolas. Finalmente, se analizan los efectos profundos de un antiguo desarrollo pre-colombino de la producción de plantas alimenticias y, posteriormente, de la agricultura de tala y quema entre *ca.* 10.000 AP y 4000 AP, los cuales pueden observarse en los bosques de tierras bajas desde México hasta la cuenca amazónica (Piperno 2006b).

Piperno (1991) examina el status de los análisis fitolíticos como herramienta en la utilización de los estudios paleoetnobotánicos y paleoecológicos en plantas tropicales de América. Por otra parte, la aplicación de análisis fitolíticos y de materia orgánica en suelos de la región del Cerrado, permitieron comprobar su valor como indicadores de procesos pedogenéticos y paleoambientales (Alexandre *et al.* 1999; Borba-Roschel *et al.* 2006).

Colombia

Parra y Flórez, por su parte analizan los fitolitos de la vegetación y suelos del Páramo colombiano, describiendo las asociaciones presentes en este particular tipo fisionómico de vegetación de Sudamérica (Flórez y Parra 1999, 2001a, 2001b, 2006a, 2006b; Parra y Flórez 2001). Monsalve publica el catálogo de fitolitos del suroeste de Antioquia, Colombia (Monsalve 2000).

Las asociaciones de fitolitos de algunas especies de Poaceae del Páramo de Frontino, Antioquia fueron estudiadas por Martínez Figueroa (2004) y los fitolitos de *Digitaria* de la cordillera Oriental andina y de los Llanos por Giraldo-Cañas (2002).

Recientemente, se hallaron fitolitos en cálculos dentales de poblaciones prehispánicas recolectados en el valle del Cauca (Ramírez Ríos *et al.* 2005).

Chile

Los análisis de este tipo de micro-restos vegetales en Chile, no ha tenido gran desarrollo en el pasado. Sin embargo, en los últimos años se han comenzado a aplicar principalmente en el campo de la arqueología, como es el caso de los estudios realizados en la II Región de este país, con el análisis de micro-restos en superficies de morteros de sitios de la quebrada de Tulán (Mcrostie 2006), en sedimentos y artefactos asociados a enterratorios del sitio El Mercurio (Planella y McRostie 2005, 2006) y de muestras del interior de cestos, cerámicas y otras piezas como palas líticas, material malacológico y cucharas de hueso; además de muestras sedimentarias del sitio Cementerio Regimiento Chorrillos (Castells *et al.* 2006, com. pers.).

Ecuador

Los estudios sobre fitolitos en Ecuador se inician en la década de 1970 y como parte de la extensa labor realizada por Deborah Pearsall y Dolores Piperno. Sus estudios se refieren a los análisis fitolíticos de sitios arqueológicos, evidencias sobre el cultivo del maíz, el origen de las plantas cultivadas en América del Sur, la evolución de la agricultura y el estudio de las sociedades del Formativo en esta región.

Los trabajos sobre la introducción temprana del maíz en la región occidental de América del Sur están basados casi todos ellos en los estudios sobre fitolitos realizados por Deborah Pearsall y Dolores Piperno (Pearsall 1978, 1987, 1992a, 1992b; 1993, 1994, 1999; Pearsall y Piperno 1990, 1993; Pearsall *et al.* 2004, 2005; Piperno 1984, 1985, 1990, 1991, 1994; Piperno y Pearsall 1993b, 1998b; Piperno *et al.* 1985). Las autoras basadas en los estudios fitolíticos proponen una antigüedad de 7000 años para la introducción del maíz en Sudamérica. Este último tópico ha generado controversias con otros autores (Bruhns 1994; Fritz 1994; Rovner 1999; Smith 1998).

También la importancia de la temprana agricultura del maíz en las costas del Ecuador fueron abordabas desde los estudios fitolíticos por Stolhert *et al.* (2002) y nuevos datos sobre la importancia de la temprana agricultura del maíz en La Emerenciana fueron realizados por Tykot y Staller (2002).

A estas controversias sobre la introducción del maíz en América del Sur, se le suman lo planteado por Staller y Thompson (2000, 2002), quienes basados en una serie de evidencias fitolíticas proponen reconsiderar la propuesta de Pearsall y Piperno; lo cual genera un debate evidenciado en las réplicas realizadas por estos autores (Pearsall, 2002; Piperno, 2003, 2004; Piperno y Holst, 2004; Staller, 2003) donde ratifican su posturas sobre la temprana introducción de este cultivo en Sudamérica.

La domesticación de *Cucurbita* en sitios arqueológicos de América tropical ha sido evidenciada a partir del análisis fitolítico (Piperno y Stothert 2003; Piperno *et al.* 2000).

Fitolitos con valor diagnóstico fueron hallados en el sitio Real Alto (Ecuador), entre ellos los de *Manihot esculenta*, *Maranta arundinacea* y *Calathea allouia* permitieron demostrar la presencia de raíces y tubérculos para la cultura Valdivia 3. También fue registrada la especie *Zea mays* (Chandler-Ezell *et al.* 2006, Pearsall 2003b).

Pearsall (2003a) analiza con gran detalle la diversidad de las estrategias alimenticias en el Formativo de Ecuador y las compara con los Andes Centrales, enmarcados estos estudios en el análisis fitolíticos de la flora de Ecuador (Pearsall, 2006).

También se han realizado estudios sobre los cambios de vegetación durante el Pleistoceno tardío (Bush *et al.* 1990) y la presencia de fitolitos en cálculos dentales del sitio arqueológico La Emerenciana, Ecuador (Thompson y Staller 2001).

Perú

En este país se han dado a conocer trabajos referidos a fitolitos del sitio arqueológico Kotosh (Matsutani 1972).

Evidencia de maíz a partir del estudio de fitolitos fueron realizados en la región costera de Perú (Umlauf 1993). Recientemente, se hallaron indicios sobre el uso de *Zea mays* en la agricultura de la región sur de Perú (Perry *et al.* 2006).

Los estudios arqueológicos en los sitios Quebrada de los Burros (Tacna, Perú) en la costa, fechado entre 9.500 a.P. y 6.000 a.P., y Jiskairumoko (Puno, Perú) en el altiplano, fechado entre 4.635 a.P. y 3.150 a.P. son los primeros resultados en la región costera donde se describe el contenido de silicofitolitos. Estos estudios permitieron inferir cambios climáticos hacia un ambiente más templado a partir 8.500-8.000 a.P. marcado por el reemplazo de fitolitos

Panicoidae/Chloridoidae por los Pooidae/Festucoidae. El hallazgo de fitolitos de *Cucurbita maxima* Duch. estaría indicando que esta especie domestica ya estaba presente hacia los 6.600 a.P. en los Andes centrales (Chevalier 2005).

Uruguay

Los estudios realizados en la laguna de Rocha, en el sudeste de la República Oriental del Uruguay son los aportes fitolíticos realizados en paleolimnología y fueron utilizados para reconstruir el paleoambiente. El registro fósil estudiado incluyo el análisis cuanti-cualitativo de las partículas biosilíceas, diatomeas, quistes de crisostomatáceas y espículas de esponjas que permitió conocer el proceso de eutrofización para los últimos 3000 años en el área de la laguna de Rocha (García Rodríguez *et al.* 1999, 2001a y b).

Los estudios fitolíticos que se llevaron a cabo en la laguna Blanca, en el sudeste de Uruguay, evidencian la presencia de fitolitos de pooides, panicoides y cloridoides. Se ha inferido cambios climáticos de condiciones frías y áridas hasta templado-cálidas y húmedas, para el Holoceno temprano (del Puerto *et al.* 2006).

El estudio de los silicofitolitos vinculados a sitios arqueológicos de la región Este de Uruguay (Bracco, del Puerto, Inda y Castiñeira, 2005) tuvo como objetivo determinar qué parte del registro fitolítico observado en la estructura monticular del sitio era producto directo de actividades humanas y que porción provenía del material sedimentario de construcción. El registro fitolítico de estas estructuras monticulares permitió reconocer tanto especies naturales (palmeras, juncos, achiras, tala, burucuyá) como especies cultivadas (*Cucurbita* spp. y *Zea mays* L.) (Campos *et al.* 1999, 2001; del Puerto y Campos 1999; del Puerto e Inda 2005b; del Puerto *et al.* 2000).

Del Puerto e Inda (2001a, 2001b; 2006) estudiaron el contenido silicofitolitos en sitios arqueológicos de la cuenca de la laguna de Castillos, Uruguay. Estos mismos autores abordan las posibilidades y limitaciones en la identificación de *Zea mays* utilizando su registro fitolítico (del Puerto y Inda 2001a, 2005b, 2006; Inda y del Puerto 2006).

Los silicofitolitos fueron utilizados para realizar la reconstrucción paleoambiental de la laguna Negra desde el Holoceno medio hasta la actualidad. Los halterios de las gramíneas permitieron evidenciar condiciones de mayor aridez y/o estacionalidad de las condiciones ambientales e identificar la "Pequeña Edad de Hielo" (*Little Ice Age*) (Bracco, Inda, del Puerto, Castiñera, Sprechmann y García-Rodríguez 2005; del Puerto y Inda 2005a; del Puerto *et al.* 2005; Inda y del Puerto 2001).

La construcción social de las sociedades del Formativo durante el Holoceno medio en la cuenca del Plata fue estudiada a partir del análisis conjunto del polen y los fitolitos. La temprana domesticación de *Zea mays* y *Cucurbita* spp. es analizada por Iriarte (2003a). Siguiendo esta misma línea aborda, no sólo, el estudio de los fitolitos de maíz sino también describe los fitolitos de plantas y suelos modernos del Uruguay (Iriarte y Alonso 2002, 2007; Iriarte 2003b).

El sitio arqueológico Los Ajos, fechado en los 4.190 a.P. por ^{14}C y que corresponde al Holoceno medio, fue estudiado desde el punto de vista arqueológico, paleoecológico y botánico por Iriarte *et al.* (2004) e Iriarte (en prensa a).

Estudios sobre polen y fitolitos han sido analizados en sedimentos de la localidad India Muerta (Uruguay). A partir de este estudio se reconocieron 4 períodos climáticos entre el Pleistoceno tardío-Presente (Iriarte 2006). Estos trabajos permitieron nuevas conjeturas sobre la domesticación de plantas (Iriarte en prensa b).

PERSPECTIVAS FUTURAS

El análisis estadístico de los últimos 80 años de los estudios fitolíticos en América del Sur sobre la base de esta recopilación, muestra que en estas décadas fueron incrementando notablemente los estudios en diversas temáticas relacionadas y acompañando el crecimiento de esta rama de la ciencia con el resto del mundo. Los datos estadísticos mostrados en este trabajo fueron compilados hasta el año 2006 inclusive.

Desde la década de 1990 la cantidad y calidad de trabajos ha aumentado sensiblemente, así como también las diferentes temáticas y los investigadores abocados a estos estudios han incrementado notablemente (Figura 5).

El análisis del material publicado refleja que en los últimos 15 años se han incremento notablemente los trabajos publicados en libros y capítulos de libros (Figura 5, A) al tiempo que comienzan a publicarse la primeras Tesis Doctorales referidas a fitolitos.

Asimismo, el aumento de la cantidad del material publicado en las últimas décadas se ha visto claramente acompañado por el incremento de la cantidad de investigadores dedicados al tema entre los cuales se destaca la predominancia de las mujeres (Figura 5, B).

La evolución temporal de la cantidad de autores firmantes de los artículos analizados refleja la tendencia registrada en los últimos años a la formación de grupos de trabajo en el ámbito de los estudios fitolíticos, fruto de la interacción registrada entre investigadores de diferentes procedencia geográfica y de diversas áreas disciplinares (Figura 5, C).

El "Primer Encuentro Argentino de Investigaciones Fitolíticas" realizado en Diamante (Entre Ríos, Argentina) en el año 1999 permitió el intercambio e impulsó esta disciplina a nivel regional. En este evento se presentaron 11 comunicaciones orales (Zucol y Brea 1999). También se creó el GEFACS (Grupo de Estudios Fitolíticos del Cono Sur) y un sitio en Internet (www.ceride.gov.ar/gefacs/) con la finalidad de promover la discusión e intercambio entre los investigadores de esta temática. El "Segundo Encuentro de Investigaciones Fitolíticas del Cono Sur" fue realizado en Mar del Plata (Buenos Aires, Argentina) el año 2001 y en esta oportunidad fueron presentados 12 trabajos científicos (Zucol, Osterrieth, Brea y Borrelli 2001).

Finalmente, el "Tercer Encuentro de Investigaciones Fitolíticas del Cono Sur" realizado durante el año 2005 en Tafí del Valle (Tucumán, Argentina) convocó a más de 50 investigadores de Argentina, Uruguay, México, Colombia, USA, Suiza, China, Perú y Chile. Se presentaron más de 20 trabajos científicos (Brea *et al.* 2006).

Figura 5. A. Tipo de material publicado, B. Autores agrupados por sexo y totales, C. Cantidad de autores por artículos.

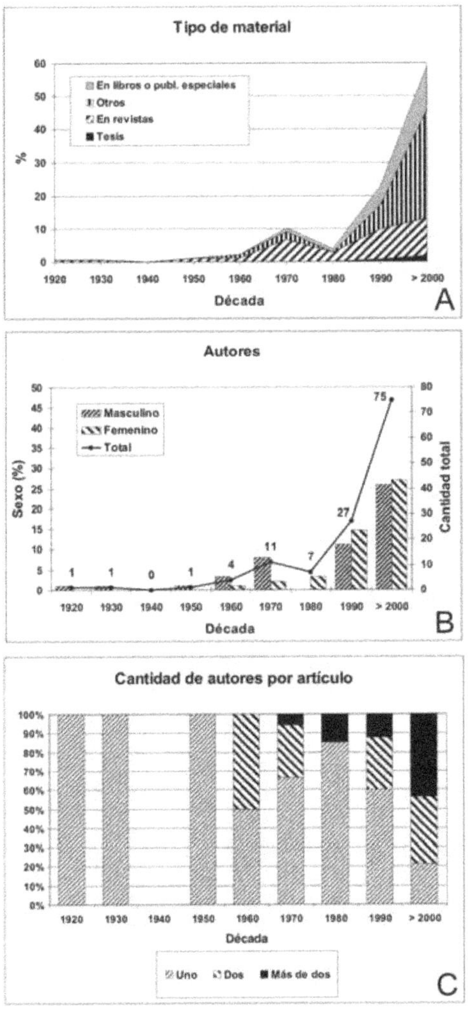

AGRADECIMIENTOS

Este trabajo fue subsidiado por el proyecto PICT 07-13864 (ANPCyT). Agradecemos a los árbitros las sugerencias realizadas sobre el manuscrito original que contribuyeron a mejorar la última versión de esta contribución.

BIBLIOGRAFÍA

Alexandre, A., J. D. Meunier, A. Mariotti. y F. Soubies
1999 Late Holocene Phytolith and Carbon-Isotope Record from a Latosol at Salitre, South-Central Brazil. *Quaternary Research*, 51(2): 187-194.

Álvarez, F., N. Borrelli, M. Fernández Honaine, L. Montti y M. L. Osterrieth
2001 Silicofitolitos en médanos e intermédanos costeros de Mar Chiquita, Buenos Aires, Argentina. *Ameghiniana* 38 (4) Suplemento, Resúmenes: 46R.
2006 Silicofitolitos en médanos e intermédanos costeros de Mar Chiquita, Buenos Aires, Argentina. En *Fitolitos en suelos, sedimentos y sitios arqueológicos: Estado actual de sus conocimientos en América del Sur*, editado por Zucol, A. F., M. L. Osterrieth y M. Brea. Mar del Plata. En prensa.

Andreis, R. R.
1972 Paleosuelos de la Formación Musters (Eoceno Medio), Laguna del Mate, Prov. de Chubut. Rep. Argentina. Asociación Argentina de mineralogía, petrología y sedimentología, *Revista* 3: 91-97.
2006 Silicofitolitos en las formaciones Río Chico (Paleoceno superior) y Sarmiento (Eoceno inferior-Oligoceno superior), Laguna Payahilé, Provincia del Chubut, Argentina. En *Fitolitos en suelos, sedimentos y sitios arqueológicos: Estado actual de sus conocimientos en América del Sur,* editado por Zucol, A. F., M. L. Osterrieth y M. Brea. Mar del Plata. En prensa.

Arriaga, M.O.
1981a El uso de caracteres histofoliares en el estudio de hábitos alimentarios de Acridiidae. I. *Physis*, 39 (97): 61-74.
1981b El uso de caracteres histofoliares en el estudio de hábitos alimentarios de Acridiidae. II. *Physis*, 40 (98): 1-13.
1986 Metodología adaptada al estudio de hábitos alimentarios en insectos herbívoros. Museo Arg. de Cs. Nat. "B. Rivadavia" *–Botánica.*-, 2 N° 15.

Babot M. P.
2004 *Tecnología y utilización de artefactos de molienda en el noroeste prehispánico.* Tesis de Doctorado en Arqueología. Facultad de Ciencias Naturales e I.M.L. Universidad Nacional de Tucumán, San Miguel de Tucumán.
2005a Silicophytoliths ans calcium crystals in useful wild and domestic plants of the Southern Andes. *The Phytolitharien* 17 (2): 20-21.
2005b Plant resource processing by Argentinean Puna hunter-gatheres (ca. 7000-3200 A.P.): microfossil record. *The Phytolitharien* 17 (2): 20-21.

Babot, M.P. y M.C. Apella
2003 Maize and bone: Residues of grinding in Northwestern Argentina. *Archaeometry* 45 (1): 121-132.

Babot, M. P. y E. Bru de Labanda
2005 Analysis of three factors that have an influence on the preservation of microfossils in archaeological artefacts. *The Phytolitharien* 17 (2): 4-5.

Babot, M. P., P. S. Escola y S. Hocsman
2005 Microfossils in largest module sidescrapers in agro-pastoralist context of the Argentinean Northwest: A contribution to their functional assignment. *The Phytolitharien* 17 (2): 13-14.

Bailey, J. W.
1856 On the non existent of polarizing silica in the organic kingdom. *American Journal Science*, 21 (36): 357-358.

Baker, G.
1959a Fossil opal phytolith and phytolith nomenclature. *Australian Journal of Science* 2 (9): 305-306.
1959b Opal phytoliths in some Victoria soils and "red rain" residues. Australian Journal of Botany 7: 64-87.
1960 Phytolitarien. *Australian Journal of Botany* 22 (9): 392G-393.

Beavers, B. H. y I. Stephen
1958 Some features of the distribution of plant opal in Illinois soils. *Soil Science* 86 (1): 1-15.

Bertoldi de Pomar, H.
1969a La micropaleontología continental en los estudios edafológicos. V Reunión Argentina de Ciencias del Suelo, *Actas*: 727-730.
1969b Partículas de sílice organizadas en sedimentos pampeanos de la llanura santafecina. IV Jornada Geológica Argentina, *Actas*. Mendoza.
1970a Fitolitos y zoolitos. Su significado geológico en sedimentos continentales. Asociación Geológica de Córdoba, *Boletín* 1(1): 21-31.
1970b *Caracterización micropaleontológica de sedimentos y suelos aluviales del Paraná Medio*. II Jornadas de la Cuenca del Plata, Santa Fe.
1971 Ensayo de una clasificación morfológica de los silicofitolitos. *Ameghiniana* 8 (3-4): 317-328.
1972 Ópalo organógeno en sedimentos superficiales de la llanura santafecina. *Ameghiniana* 9 (3): 265-279.
1973 Crisostomatáceas en sedimentos de fondo de la laguna Guadalupe. Asociación de Ciencias Naturales del Litoral, *Revista* 4: 73-86.
1974 Silicobiolitos en sedimentos de cauce fluviales correntinos. I Congreso Argentino de Paleontología y Bioestratigrafía, *Actas*: 633-639.
1975 Los silicofitolitos: Sinopsis de su conocimiento. Darwiniana, 19 (2-4): 173-206.
1976 Métodos de preparación de sedimentos clásticos para su estudio microscópico. I. Tratamientos previos. Asociación de Ciencias Naturales del Litoral, *Revista* 7: 1-55.
1980 Análisis comparativo de silicobiolitos de diversos sedimentos continentales argentinos. Asociación Geológica Argentina, *Revista* 35(4): 547-557.
1983 Silicobiolitos en sedimentos del cauce del Río Paraguay. Asociación de Ciencias Naturales del Litoral, *Revista* 14 (1): 53-62.
1999 Propuesta de nomenclatura para nuevos morfotipos de silicofitolitos (*Insertae Sedis*). *Ameghiniana* 36 (4) Suplemento, Resúmenes: 40R.
2006 Propuesta de nomenclatura para nuevos morfotipos de silicofitolitos (*Insertae Sedis*). En *Fitolitos en suelos, sedimentos y sitios arqueológicos: Estado actual de sus conocimientos en América del Sur*, editado por Zucol, A. F., M. L. Osterrieth y M. Brea. Mar del Plata. En prensa.

Bertoldi de Pomar, H. y N. M. Tur
1970 Células silicificadas en gramíneas acuáticas. Asociación de Ciencias Naturales del Litoral, *Revista* 1: 17-18.

Borba-Roschel, M., A., Alexandre, A.F.D.C., Varajao, J.D., Meunier, C.A.C., Varajao y F. Colins
2006 Phytoliths as indicators of pedogenesis and paleoenvironmental changes in Brazilian cerrado. *Journal of Geochemical Exploration*, 88 (1-3): 172-176.

Borrelli, N y M. L. Osterrieth
1999 Sílice amorfa de orígenes orgánico e inorgánico en suelos de agroecosistemas y campos naturales de laguna de Los Padres, Buenos Aires. *Ameghiniana* 36 (4) Suplemento, Resúmenes: 40R.
2001a Contenido de silicofitolitos y su posible rol en el ciclo biogeoquímico de la sílice en argiudoles típicos de laguna de Los Padres, Buenos Aires, Argentina. *Ameghiniana* 38 (4) Suplemento, Resúmenes: 46R.
2001b Sílice amorfo de origen orgánico e inorgánico en suelos de agroecosistemas y campos naturales de Laguna de los Padres, Buenos Aires. Evaluación preliminar. *Natura Neotropicalis*: 27-32.
2006 Contenido de silicofitolitos y su posible rol en el ciclo biogeoquímico de la sílice en argiudoles típicos de laguna de Los Padres, Buenos Aires, Argentina. En *Fitolitos en suelos, sedimentos y sitios arqueológicos: Estado actual de sus conocimientos en América del Sur*, editado por Zucol, A. F., M. L. Osterrieth y M. Brea. Mar del Plata. En prensa.

Borrelli, N., M. L. Osterrieth y M. Cabello
2005 Grass phytolith weathering. In vitro experimentation. *The Phytolitharien* 17 (2): 2-3.

Borrelli, N., M. L. Osterrieth y J. Marcovecchio
2006 Contenido de cristales de oxalato de calcio en especies vegetales nativas y exóticas del sudeste de la provincia de Buenos Aires, Argentina. 6th. International Meeting of Phytoliths Reserch. Barcelona, España. *Society for Phytolith Research Bulletin* 1 (1): 14.

Bracco, R., del Puerto, L., Inda, H. y C. Castiñeira
2005 Mid–late Holocene cultural and environmental dynamics in Eastern Uruguay. *Quaternary International*, 132, (1): 37-45

Bracco, R., H. Inda, L. del Puerto, C. Castiñera, P. Sprechmann y F. García-Rodríguez
2005 Relationships between Holocene sea-level variations, trophic development, and climatic change in Negra Lagoon, Southern Uruguay. *Journal of Paleolimnology* 33 (3):253-263.

Brea, M. y A. F. Zucol
2001 Estudio paleobotánico del Parque Nacional El Palmar (Entre Ríos, Argentina): Silicobiolitos en sedimentos continentales del Pleistoceno Superior. *Ameghiniana*, 38 (4-suplemento): 29R. Buenos Aires.
2007 *Guadua zuloagae* sp. nov., the First Petrified Bamboo Culm Record from the Ituzaingó Formation (Pliocene), Paraná Basin, Argentina. *Annals of Botany* 100: 711-723.

Brea, M., A. F. Zucol y A. Scopel
2001 Estudios paleobotánicos del Parque Nacional El Palmar (Argentina): I. Inclusiones minerales en leños fósiles de Myrtaceae. *Natura Neotropicalis* 32 (1): 33-40.

Brea, M., A. F. Zucol, M. A. Korstanje y M. P. Babot (editores)

2006 Tercer Encuentro de Investigaciones Fitolíticas del Cono Sur, Resúmenes. *Ameghiniana* 43 (4) Suplemento: 1-14.

Bruhns, K. O.
1994 *Ancient South America*. Cambridge: Cambridge World Archaeology-Cambridge University Press. Pp 424.

Bush, M.B., P. A. Colinvaux, M. C. Wiemann, D. R. Piperno y L. K. B. Liu
1990 Late Pleistocene Temperature Depression and Vegetation Change in Ecuadorian Amazonia. *Quaternary Research* 34: 330-345.

Campos, S., L. del Puerto y H. Inda
1999 Análisis de silicofitolitos de la matriz sedimentaria del sitio CG14EO1, Rocha, Uruguay. *Ameghiniana* 36 (4) Suplementos, Resúmenes: 41R.
2001 Opal phytoliths analysis: its application to the archaeobotanical record in the East of Uruguay. En *Phytoliths: Applications in Earth Sciences and Human History*, editado por Meunier, J. D. y F. Colin. pp. 129-142. Balkema.

Castells, C., C. Westfall y C. González
2006 Aplicación de una metodología química de análisis de fósforo en los sitios Mina Las Turquesas y Cementerio Regimiento Chorrillos, Chile. XVII Congreso Nacional de Arqueología Chilena, *Libro de resúmenes*: 95-96.

Chandler-Ezell, K., D.M. Pearsall, y J.A. Zeidler
2006 Root and Tuber Phytoliths and Starch Grains Document Manioc (Manihot Esculenta), Arrowroot (Maranta Arundinacea), and Llerén (Calathea sp.) at the Real Alto Site, Ecuador. *Economic Botany* 60 (2): 103-120.

Chevalier, A.
2005 Human adaptation in the Central Andes: The contribution of phytolith analysis. *The Phytolitarien* 17 (2): 8-9.

Coil, J., M.A., Korstanje, S. Archer y C.A. Hastorf
2003 Laboratory goals and considerations for multiple microfossil extraction in archaeology. *Journal of Archaeology Science* 30 (8): 991-1008.

Darwin, C.
1846 *Geological observations on South America, Being the third part of the Geology of the Voyage the Beagle, during the years 1832 to 1836*. Smith elder and Co., i-vii, London. pp 279.

Da Silva, S. T. y L. G. Labouriau
1970 Corpos silicosos do gramineas dos Cerrados. III. *Pesquisas Agropecuarias Brasileiras* 5: 167-182.

Davy, H.
1814 *Elements of agricultural chemistry*. 2ª Ed.

De Campos, A. C. y L. G. Labouriau
1969 Corpos silicosos do gramineas dos Cerrados. II. *Pesquisas Agropecuarias Brasileiras* 4: 143-151.

Del Puerto, L. y S. Campos
1999 Silicofitolitos: un abordaje alternativo de la problemática arqueobotánica del Este de Uruguay. En *En los Tres Reinos: Prácticas de Recolección en el Cono Sur de América*, editado por Aschero, C. A., M. A. Korstanje y P. M. Vuoto. pp 141-150. Ediciones Magna Publicaciones, Tucumán.

Del Puerto, L. y H. Inda
2001a Estrategias de subsistencia y dinámica ambiental: Análisis de silicofitolitos en sitios arqueológicos de la cuenca de la laguna de Castillos, Rocha, República Oriental del Uruguay. Segundo Encuentro de Investigaciones Fitolíticas del Cono Sur, *Actas*: 7.
2001b Análisis de silicofitolitos de la matriz sedimentaria del sitio CG14E01, Rocha (Uruguay). *Natura Neotropicalis* 32 (2): 101-110.
2005a Reconstrucción paleoambiental para el Holoceno medio y tardío en la cuenca de la Laguna Negra; El aporte de los indicadores biosíliceos. Tercer Encuentro de Investigaciones Fitolíticas del Cono Sur Suplemento, *Libro de resúmenes*: 39.
2005b Paleoetnobotánica de los constructores de túmulos del noreste de Uruguay: análisis de silicofitolitos de la estructura monticular YALE27 y su entorno. Tercer Encuentro de Investigaciones Fitolíticas del Cono Sur, *Libro de resúmenes*: 28.
2006 Estrategias de subsistencia y dinámica ambiental: Análisis de silicofitolitos en sitios arqueológicos de la cuenca de la laguna de Castillos, Rocha, República Oriental del Uruguay. En *Fitolitos en suelos, sedimentos y sitios arqueológicos: Estado actual de sus conocimientos en América del Sur*, editado por Zucol, A. F., M. L. Osterrieth y M. Brea. Mar del Plata. En prensa.

Del Puerto, L., H. Inda y F. García Rodríguez
2005 Mid/Late Holocene paleoenvironmental reconstruction in Negra lagoon basin, Southeast Uruguay. *The Phytolitharien* 17 (2): 16.

Del Puerto, L., Inda, H. y A. Würschmidt
2000 Fitolitos de cucurbitáceas americanas cultivadas arqueológicas y actuales. XI Simposio Argentino de Paleobotánica y Palinología, *Libro de Resúmenes*: 25. Tucumán.

Del Puerto, L., F. García-Rodríguez, H. Inda, R. Bracco, C. Castiñeira y J.B. Adams
2006 Paleolimnological evidence of Holocene climatic changes in Lake Blanca, southern Uruguay. *Journal of Paleolimnology* 36 (2): 155-163.

Di Paola, E. C. y M. González
1992 Silicofitolitos en secuencias continentales terciario-pleistocénicas de la provincia de San Luis. Asociación Geológica Argentina, *Revista* 47 (1): 111 – 112.

Ehrenberg C. G.
1841 *Über verbreitung und Einfluss des mikroskopischen lebend in Süd und Nordamerika*. Monastsber Preuss Akad. Wiss. Berlin: 139-144.
1854 *Mikrogeologie*. Leopold Voss, Leipzig. 354 pp.

Erra, G., A.F. Zucol, D. Kröhling y M. Brea
2006 Análisis fitolíticos en el loess del Pleistoceno tardío – Holoceno temprano en la provincia de Entre Ríos: Resultados preliminares. III Congreso Argentino de Cuaternario y Geomorfología, *Actas de trabajos*, Tomo II: 691-699.

Fernández Honaine M.
2005 Palaeoecological importante of the biomineralizations of Tala (*Celtis tala*, Ulmaceae). *The Phytolitharien* 17 (2): 15-16.
2007 *Análisis fitolítico del pastizal de Paspalum quadrifarium y su relación con la evolución pedológica en el sudeste de la provincia de Buenos Aires*. Tesis Doctoral Univ. Nac. de Mar del Plata. 253 pp.

Fernández Honaine M., V. Bernava Laborde y A. F. Zucol
2005 Silica content in native grasses from SE Buenos Aires province, Argentina. *The Phytolitarien* 17 (2): 20.

Fernández Honaine, M., A. F. Zucol y M. L. Osterrieth
2001a Efectos de la invasión de *Rubus ulmifolius* en la vegetación de la Reserva Natural Laguna de los Padres (Provincia de Buenos Aires). *Boletín de la Sociedad Argentina de Botánica,* 36 (suplemento): 41. XXVIII Jornada Argentina de Botánica, Santa Rosa.
2001b Estudio de la composición florística de la Reserva Natural Laguna de los Padres, provincia de Buenos Aires. *Boletín de la Sociedad Argentina de Botánica*, 36 (suplemento): 92. XXVIII Jornada Argentina de Botánica, Santa Rosa.
2004 Grass phytoliths analysis from natural grasslands in the SE Pampean region (Argentina): a preliminary study. *The Phytolitharien* 16 (3): 7-8.
2005a Biomineralizaciones de sílice en *Celtis tala* Planchon (Celtidaceae). *Boletín de la Sociedad Argentina de Botánica* 40 (3-4): 229-239.
2005b Estudios fitolíticos en *Paspalum quadrifarium* lam. (Poaceae: Panicoideae). *Boletín de la Sociedad Argentina de Botánica* 40 (Suplemento): 185.
2006 Phytolith Assemblages and Systematic Associations in Grassland Species of the South-Eastern Pampean Plains, Argentina. *Annals of Botany* 98: 1155–1165.

Flórez, M. T. y N. L. Parra
1999 Atlas de fitolitos de la vegetación altoandina, páramos de Belmira y Frontino, departamento de Antioquia. En *Silicofósiles altoandinos*. Conciencias, Universidad Nacional de Colombia, editado por Flórez, M. T. y G. C. Lozano. pp. 3-41.
2001a Asociaciones vegetales y espectros de fitolitos en la vegetación y en los suelos de la planicie de Puente Largo, páramo de frontino, Urrao, Antioquia, Colombia. Segundo Encuentro de Investigaciones Fitolíticas del Cono Sur, *Actas*: 12-13.
2001b Espectros de fitolitos en dos suelos de la planicie de Puente Largo, páramo de Frontino, departamento de Antioquia, Colombia. Segundo Encuentro de Investigaciones Fitolíticas del Cono Sur, *Actas*: 10-11.
2006a Asociaciones vegetales y espectros de fitolitos en la vegetación y en los suelos de la planicie de Puente Largo, páramo de frontino, Urrao, Antioquia, Colombia. En *Fitolitos en suelos, sedimentos y sitios arqueológicos: Estado actual de sus conocimientos en América del Sur*, editado por Zucol, A. F., M. L. Osterrieth y M. Brea. Mar del Plata. En prensa.
2006b Espectros de fitolitos en tres suelos de la planicie de Puente Pargo, páramo de Frontino, departamento de Antioquia, Colombia. En *Fitolitos en suelos, sedimentos y sitios arqueológicos: Estado actual de sus conocimientos en América del Sur*, editado por Zucol, A. F., M. L. Osterrieth y M. Brea. Mar del Plata. En prensa.

Frenguelli, J.
1925 Loess y limos pampeanos. Sociedad Argentina de Estudios Geográficos, *Anales*. GAEA 1: 1-88.
1930 Partículas de sílice organizada en el loess y en los limos pampeanos. Células silíceas de Gramíneas. Sociedad Científica de Santa Fe, *Anales* 2: 1-47.
1955 Loess y limos pampeanos. Ministerio de Educación de la Nación, Universidad Nacional de La Plata, Facultad de Ciencias Naturales y Museo, *Serie técnica y didáctica* 7: 3-88.

Fritz, G.
1994 Reply to Piperno. *Current Anthropology* 35 (3): 639-642.

Gallego, L.
2003 *Análisis de Fitolitos como evidencia de reemplazos de especies en pastizales del sur del Caldenal*. Tesis presentada para optar el grado de Magister en Producción Vegetal, UNSur.

Gallego, L. y R. A. Distel
1999 Análisis de fitolitos en suelos como evidencia de reemplazo de especies en pastizales naturales del caldenal. *Ameghiniana* 36 (4) Suplementos, Resúmenes: 41R-42R.
2000 Análisis fitolítico foliar de gramíneas del Caldenal. *Ameghiniana*, 37 (4) Suplemento, Resúmenes: 49R.
2004 Phytolith assemblages in grasses native to central Argentina. *Annals of Botany* 94: 1-10.

Gallego, L., R. A. Distel y R. Camina
2001 Reconstrucción histórica de los pastizales naturales del caldenal (Argentina). *Ameghiniana* 38 (4) Suplemento, Resúmenes: 46R-47R.

García Rodríguez, F., L. del Puerto y H. Inda
1999 Estudios paleolimnológicos de la Laguna de Rocha, sudeste de Uruguay. *Ameghiniana* 36 (4) Suplementos, Resúmenes: 42R.

García Rodríguez, F., del Puerto, L., H. Inda, C. Castiñeira y R. Bracco
2001a Estudio paleolimnológico de laguna de Rocha, sudeste del Uruguay. *Natura Neotropica* 32 (2): 133-140.

García-Rodríguez, F., Del Puerto, L., Castiñeira, C., Inda, H., Bracco, R., Spechmann P. y B. W. Scharf
2001b Preliminary paleolimnological study of rocha lagoon, SE Uruguay. Limnologica - *Ecology and Management of Inland Waters*, 31(3,): 221-228

Giraldo-Caña, D.
2002 Una nueva especie de *Digitaria* Sect. Clavipilae

(Poaceae: Panicoideae: Paniceae) de Colombia. *Caldasia* 24(2): 367-377.

Helbaek, H.
1961 Studying the diet of ancient man. *Archaeology* 14: 95-101.

Imbellone, P. y M. E. Teruggi
1993 Paleosols in loess deposits of the Argentine Pampas. *Quaternary International*, 17: 49-55.

Inda, H. y L. del Puerto
2001 Silicobiolitos y reconstrucción paleoambiental: El caso de la laguna Negra, República Oriental del Uruguay. Segundo Encuentro de Investigaciones Fitolíticas del Cono Sur, *Actas*: 18.
2006 Posibilidades y limitaciones en el diagnóstico de *Zea mays* L.: El caso de la laguna Negra, República Oriental del Uruguay. En *Fitolitos en suelos, sedimentos y sitios arqueológicos: Estado actual de sus conocimientos en América del Sur*. Zucol, A. F., M. Osterrieth y M. Brea (Editores). Mar del Plata. En prensa.

Iriarte, J.
2003a *Mid-Holocene emergent complexity and landscape transformation: The social construction of early formative communities in Uruguay, La Plata basin.* 605 pp. Tesis Doctoral.
2003b Assessing the Feasibility of Identifying Maize Through the Analysis of Cross-Shape Size and Tridimensional Morphology of Phytoliths in the Grasslands of Southeastern South America. *Journal of Archaeological Science* 30: 1085-1094.
2006 Vegetation and climate change since 14,810 ^{14}C yr B.P. in southeastern Uruguay and implications for the rise of early Formative societies. *Quaternary Research* 65 (3): 20-32.
2007A. Emerging food-producing system in the La Plata Basin: The Los Ajos site. En *Rethinking Agriculture: Archaeological and Ethnoarchaeological Perspectives*, editado por Denham, T, J. Iriarte y L.Vrydaghs. One World Archaeology Series. Left Coast Press. One World Archaeology Series. California. Chap. 14.
2007 b. New perspectives on plant domestication and the spread of agriculture in the Americas. En *Rethinking Agriculture: Archaeological and Ethnoarchaeological Perspectives*, editado por Denham, T, J. Iriarte y L.Vrydaghs. One World Archaeology Series. Left Coast Press. One World Archaeology Series. California. Chap. 9

Iriarte, J. y E. Alonso
2002 *Opal Phytoliths from Southeastern Uruguay: Analysis of Selected Plant Species and Modern Soils.* Manuscript on file. Smithsonian Tropical Research Institute. Panama.
2007 Phytoliths analysis of selected native plants and modern soils from southeastern Uruguay and its implications for paleoenvironmental and archaeological reconstruction. *Quaternary International*, en prensa.

Iriarte, J., Holst, I., Marozzi, O., Listopad, C., Alonso, E., Rinderknecht, A. y J. Montaña
2004 Evidence for cultivar adoption and emerging complexity during the mid-Holocene in the La Plata basin. *Nature* 432: 614-617.

Kanno, I y S. Arimura
1958 Plant opal in Japanese soils. *Soil and Plant Food* 4 (2): 62-67.

Korstanje, M. A.
2001 Microfósiles y agricultura prehispánica: primeros resultados de un análisis múltiple, en el N.O.A (Argentina). *Ameghiniana* 38 (4) Suplemento, Resúmenes: 47R.
2006 Microfósiles y agricultura prehispánica: primeros resultados de un análisis múltiple, en el N.O.A (Argentina). En *Fitolitos en suelos, sedimentos y sitios arqueológicos: Estado actual de sus conocimientos en América del Sur*, editado por Zucol, A. F., M. L. Osterrieth y M. Brea. Mar del Plata. En prensa.

Korstanje, M. A. y M. P. Babot
2007 Andean economic plants sphere: vegetal microfósil characterization. En *Plants, peoples and places. Recents studies in phytolith analysis*, editado por Madella, M. y D. Zurro. Oxbow Books. pp. 41-72.

Korstanje, M. A. y P. Cuenya
2007 Archaeology of agriculture: Soils and microfossils in agricultural fields, the Valley of El Bolsón, Catamarca, Argentina. *The Phytolitharien* 17 (2): 7-8.
2006 Ancient agriculture and domestic activities in Northwestern Argentina: A contextual approach studying phytoliths and others microfossil in soils. 6th. International Meting of Phytoliths Research. *Society for Phytolith Research Bulletin* 1 (1): 8.

Kröhling, D., A.F., Zucol, M., Brea, M.L. Aguirre· y E. Passeggi
2005 Resultados preliminares de estudios sedimentológicos y paleobiológicos de la Formación Tezanos Pinto (Cuaternario) en el SO de Entre Ríos. IV Taller de Sedimentologia y Medio Ambiente. AAS, CECOAL (CONICET), *UNNE*: 6-8. Corrientes.

Kröhling, D., E. Passeggi, A.F. Zucol, M. Aguirre, S. Miquel y M. Brea
2006 Sedimentología y bioestratigrafía del loess pampeano del Pleistoceno tardío (Fm Tezanos Pinto) en el SO de Entre Ríos. IV Congreso Latinoamericano de Sedimentología, XI Reunión Argentina de Sedimentología, *Resúmenes*: 127.

Labouriau, L.G.
1983. Phytolith work in Brazil: a minireview. *The Phytolitharien* Newsletter, 2 (2): 6-10.

Labouriau, L. G., P. Mosquim y L. Morhy
1973 Deposição de sílica nas folhas de Casearia grandiflora St. Hil. Ann. da *Acad. Brasileira de Ciencias*, 45 (3/4): 545-563.

López, M.L.
2007 La producción de alimentos en las sociedades prehispánicas tardías de Córdoba. *Comechingonia virtual.* Revista Electrónica de Arqueología 1: 12-31.

Maloberti, M, J. Zapatiel, M. E. Albeck y M. A.Korstanje
2005 Coctaca: first results of phytolith analysis in an particular agricultural site. *The Phytolitharien* 17 (2): 12-13.

Martínez Figueroa, Y. M.
2004 *Fitolitos presentes en algunas Poaceae del Páramo de Frontino (Antioquia). Universidad de Antioquia*, Facultad de Ciencias Exactas y Naturales, Instituto de Biología. Tesina. pp 52.

Matheos, S.D., M. Brea, A.F. Zucol, M. Prámparo, M.S. Raigemborn, A. Iglesias y A. Fischer
2005 Análisis paleoambiental de las sedimentitas del Daniano del sector sur de los lagos Musters y Colhué Huapi (Chubut, Argentina). XVI Congreso Geológico Argentino, *Tomo* 3: 83-90.

Matsutani, A.
1972 Sporographic analysis of ash fom the Kotosh site: A preliminary report. En *Andes 4: Excavations at Kotosh, Perú, 1963 and 1966,* editado por S. Izum y K. Tereda. pp. 319-326. University of Tokio Press, Tokio.

Mazzoni, M. M.
1979 Contribución al conocimiento petrográfico de la Formación Sarmiento, barranca S del lago Colgué Huapí, provincia del Chubut. Asociación Argentina de mineralogía, petrología y sedimentología, *Revista* 10 (3-4): 33-53.

McRostie V.B.
2006 Primeros análisis de microfósiles en la Puna Salada Occidental. Una aproximación a la utilización y cambio morfológico de los morteros de la Quebrada de Tulán durante la transición Arcaico-Formativo, Sur del Salar de Atacama, II Región, Chile. XVII Congreso Nacional de Arqueología Chilena, *Libro de resúmenes*: 150-151.

Monsalve, C. A.
2000 *Catálogo preliminar de fitolitos producidos por algunas plantas asociadas a las actividades humanas en el suroeste de Antioquia, Colombia.* Crónica forestal y del Medio ambiente, 15: 63-119.

Montti, L., M. Fernández Honaine, M. Osterrieth y D. Graciano Ribeiro
2006 Phytolith analysis of *Chusquea ramosissima* Lindm. (Poaceae: Bambusoideae) and associated soils. 6th. International Meting of Phytoliths Reserch. Barcelona, España. *Society for Phytolith Research Bulletin* 1 (1): 2.

Netolitzky, F.
1900 Mikroskopische Untersuchung gänzlich verkohlter vrge-schichtlicher Nahrungsmittel aus Tidol. *Zeitschrift fur Untersuchungen Nahrungs-und Genussmittel* 12: 401-407.

Osterrieth, M. L.
1998a Phytoliths in Late Quaternary paleosoils of the pampean plains, Buenos Aires, Argentina: Paleoenvironmental implications. II International Meeting on Phytolith Research, *Abstract*: 33. España.
1998b Paleosoils and their relation to sea level changes during the Late Quaternary in Mar Chiquita, Buenos Aires, Argentina. *Quaternary Internacional* 51-52: 43-44.
1999 Aplicación de los análisis fitolíticos en el estudio de secuencias estratigráficas del Cuaternario tardío de la llanura Inter y Periserrana del sistema de Tandilla (Buenos Aires). I Encuentro de Investigaciones Fitolíticas, *Acta*: 1. Diamante.
2000 Silicofitolitos una herramienta para la comprensión de procesos pedológicos del Cuaternario. *XVII Congreso Argentino de la Ciencia del Suelo*. CDR: 4pp.
2001a Silicofitolitos en sedimentos loéssicos de la llanura inter. y periserrana de Tandilla, Buenos Aires, Argentina. *Ameghiniana* 38 (4) Suplemento, resúmenes: 47R-48R.
2001b Silicobiolitos/silicofitolitos: su rol en la matriz de suelos y paleosuelos de ambientes costeros de Buenos Aires, Argentina. *Ameghiniana* 38 (4) Suplemento, resúmenes: 47R.
2006a Silicofitolitos en sedimentos loéssicos de la llanura Inter. y periserrana de Tandilla, Buenos Aires, Argentina. En *Fitolitos en suelos, sedimentos y sitios arqueológicos: Estado actual de sus conocimientos en América del Sur*, editado por Zucol, A. F., M. L. Osterrieth y M. Brea. Mar del Plata. En prensa.
2006b *Ciclo biogeoquímico del Silicio: Biomineralizaciones silíceas. Medioambiente en Iberoamérica.* J. Gallardo Lancho Ed. T(II):583-590.
2006c Silicofitolitos en suelos, paleosuelos y sedimentos. III Congreso Argentino de Cuaternario y Geomorfología, *Actas de trabajos*, Tomo I: 351-366.
Osterrieth, M. L. y M. Fernández Honaine
2007 Micromorphology and phytoliths study in coastal dunes of the Southeastern Pampean Plains, Buenos Aires province, Argentina. En *Plants, peoples and places. Recents studies in phytolith analysis*, editado por Madella, M. y D. Zurro. Oxbow Books pp. 201-208.

Osterrieth, M. L. y G. Tassara
2005 Silicophytoliths on stone tools from interserrana area archaeological sites, Buenos Aires, Argentina. *The Phytolitharien* 17 (2): 5-6.

Osterrieth, M. L. y A. F. Zucol
2000 Paleoenvironmental reconstruction in late quaternary paleosoils of the pampean plains (Argentina). 3rd International Meeting on Phytolith Research. *Abstracts*: 15-16.

Osterrieth, M. L., H. Morras y F. Alvarez
2005 Silicofitolitos en suelos y sedimentos loéssicos de la pampa ondulada, Buenos Aires. Tercer Encuentro de Investigaciones Fitolíticas del Cono Sur, *Libro de resúmenes*: 44-45.

Osterrieth, M. L., F. Oliva y L. Menéndez
2006 Phytolith Study of an Archaeological site: Gascón 1, Provincia de Buenos Aires, República Argentina. 6th. International Meting of Phytoliths Reserch. Barcelona, España. *Society for Phytolith Research Bulletin* 1 (1): 7.

Osterrieth, M. L., A. F. Zucol y A. López de Armentía
1998 Presencia de restos vegetales carbonizados en secuencias sedimentarias costeras del Holoceno tardío de Mar Chiquita, Buenos Aires, Argentina. V Jornadas Geológicas y Geofísicas Bonaerenses, *Actas*: 251-254. Mar del Plata.

Osterrieth, M. L., G. Martínez, M. Gutiérrez y F. Álvarez
2005 Silica biomorphs in pedoarchaeological sequences from paso Otero 5 site (Buenos Aires province, Argentina). *The Phytolitharien* 17 (2): 10-11.

Osterrieth, M. L., D. Mazzanti, G. Martínez y V. Bernaba Laborde
2001 Aporte del estudio de silicofitolitos al análisis de sitios arqueológicos en el sudeste bonaerense (Argentina): II. Sitio cueva El Abra, otro caso de estudio. *Ameghiniana* 38 (4) Suplemento, Resúmenes: 48R.

Osterrieth, M. L., D. Zurro, D. Mazzanti y A. F. Zucol
2000 The first study of silica phytoliths in an archaeological cave of the pampean plains of Argentina. "La Amalia" site: a case study. 3rd International Meeting on Phytolith Research *Abstracts*: 7-8, Bélgica.

Osterrieth, M. L., G. A. Martínez, D. Zurro, A. F. Zucol, M. Brea y D. Mazzanti
2002 Procesos de formación del sitio 2 de la Localidad Arqueológica Amalia: evolución paleoambiental. En Publicación especial, II Congreso de Arqueología de la Región Pampeana Argentina. *Del mar a los salitrales, Diez mil años de Historia Pampeana en el umbral del Tercer Milenio*, editado por Mazzanti, D. L., M. A. Berón y F. W. Oliva. pp. 343-354.

Parra, L. N. y M. T. Flórez
2001 *Propuesta de clasificación morfológica para los fitolitos altoandinos colombianos*. Crónica forestal y del Medio ambiente 16: 35-66.

Pearsall, D. M.
1978 Phytolith Analysis of Archaeological Soils: Evidence for Maize Cultivation in Formative Ecuador. *Science* 199: 177-178.
1987 Evidence for prehistoric maize cultivation on raised fields at Peñon del Río, Guayas, Ecuador. En Pre-Hispanic Agricultural Fields in the Andean Region (Part 2): 279-296. *BAR International Series* 359.
1992a Prehistoric subsistence and agricultural evolution in the Jama River valley Manabí Province, Ecuador. *Journal of the Steward Anthropological Society* 20 (1-2): 181-207.
1992b The origins of plant cultivation in South America. En *The Origins of Agriculture: An International Perspective*, editado por Wesley Cowan, C. y P.J. Watson con la asistencia de Benco, N.L. pp. 173-205. Washington D.C. and London: Smithsonian Institution Press.
1993 Contributions of phytolith analysis for reconstructing subsistence; Examples from research in Ecuador. En *Current Research in Phytolith Analysis applications in Archaeology and Paleoecology*. Philadelphia editado por Pearsall D. M. y D. R. Piperno. pp. 108-124. (MASCA, University Museum of Archaeology and Anthropology).
1994 Phytolith Analysis. En *Regional Archaeology in Northern Ecuador,* Volume 1: Environment, Cultural Chronology and Prehistoric Subsistence in the Jama River Valley, editado por Zeidler J.A. y D. Pearsall. pp. 161-174. Pittsburgh: University of Pittsburgh. Memoirs in Latin American Archaeology 8.
1999 Agricultural Evolution and the Emergence of Early Formative Societies in Ecuador. En *Pacific Latin America in Prehistory. The Evolution of Archaic and Formative Cultures*, editado por Blake, M. pp. 161-170. Washington State University Press, Pullman, Washington.
2000 *Paleoethnobotany. A handbook of procedures*. 2ª Edición. Academic Press. pp. 700.
2002 Maize is still ancient in prehistoric Ecuador: The view from Real Alto, with comments on Staller and Thompson. *Journal of Archaeological Science* 29: 51-55.
2003a Plant food resources of the Ecuadorian Formative: An overview and comparison to the Central Andes. En *Archaeology of Formative Ecuador*, editado por J.S. Raymond y R.L. Burger, pp. 213-257. Dumbarton Oaks Research Library and Collection Washington.
2003b Integrating biological data: Phytoliths and starch grains, health and diet, at Real Alto, Ecuador. En *Phytolith and starch research in the Australian-Pacific-Asian regions: the state of the art,* editado por Hart, D.M. y L.A. Wallis. pp. 187-200. Terra Australis 19, Pandanus Books for the Centre for Archaeological Research and the Department of Archaeological and Natural History, The Australian National University, Canberra.
2006. *Phytoliths in the Flora of Ecuador: the University of Missouri Online Phytolith Database.* [http://www.missouri.edu/~phyto]. With contributions by Ann Biddle, Dr. Karol Chandler Ezell, Shawn Collins, Neil Duncan, Amanda Logan, Meghann O'Brien, Sara Stewart, Cesar Veintimilla, Dr. Zhijun Zhao, and Bill Grimm. June 2006.

Pearsall, D. M. y D. R. Piperno
1990 Antiquity of maize cultivation in Ecuador: Summary and re-evaluation of the evidence. *American Antiquity* 55 (2): 324-337.
1993 The nature and status of phytolith analysis. En *Current Research in Phytolith Analysis: Applications in Archaeology and Paleoecology*, editado por Pearsall, D.M. y D.R. Piperno. pp 9-18. Philadelphia, PA: MASCA, University of Pennsylvania Museum.

Pearsall, D. M., K. Chandler-Ezell y J. A. Zeidler
2004 Maize in ancient Ecuador: results of residue analysis of stone tools from the Real Alto site. *Journal of Archaeological Science* 31 (4): 423-442.
2005 How important was agriculture in prehistoric Ecuador? Insights from new phytolith and starch research at Real Alto. *The Phytolitharien* 17 (2): 8.

Perry, L., D. H. Sandweiss, D. R. Piperno, K. Rademaker, M. A. Malpass, A. Umire y P. de la Vera
2006 Early maize agriculture and interzonal interaction in southern Peru. *Nature* 440 (7080): 76-79.

Pigoni, M. y M. A. Korstanje
2005 Caracterización de los silicofitolitos en Poáceas de valles de altura en el NOA. Tercer Encuentro de Investigaciones Fitolíticas del Cono Sur, *Libro de resúmenes*: 51.

Piperno, D. R.
1984 A comparison and differentiation of phytoliths of maize and wild grasses: Use of morphological criteria. *American Antiquity*, 49: 361-383.

1985 Phytolith analysis and tropical paleo-ecology: Production and taxonomic significance of siliceous forms in New World plant domesticates and wild species. *Review of Paleobotany and Palynology*, 45: 185-228.

1988 *Phytolith Analysis. An archaeological and geological perspectives*. pp. 280. Academic Press.

1990 Aboriginal agriculture and land usage in the Amazon Basin, Ecuador. *Journal of the Archaeological Science*, 17: 665-677.

1991 The status of phytolith analysis in the American tropics. *Journal of World Prehistory*, 5(2):155-191.

1994 On the Emergence of Agriculture in the New World. *Current Anthropology* 35 (5): 637-643.

1995 Plant microfossils and their application in the New World Tropics. En *Archaeology in the Lowland American Tropics*, editado por Stahl, P. W. pp. 130-153. Cambridge Univesity Press.

1997 Phytoliths and microscopic charcoal from LEG 155: A vegetational and fire history of the amazon basin during the last 75 K.Y. En *Proceedings of the Ocean Drilling Program, Scientific Results*, editado por Flood, R. D., D. J. W. Piper, A. Klaus y L. C. Peterson, 155: pp 411-418.

2003 A few kernels short of a cob: On the Staller and Thompson late entry scenario for the introduction of maize into northern South America. *Journal of Archaeological Science* 30 (7): 831-836.

2004 Crop domestication in the American tropics: Phytolith analyses. En *Encyclopedia of Plant & Crop Science*, editado por R. Goodman. pp. 326-329. Dekker.

2006a *Phytoliths. A comprehensive guide for archaeologists and paleoecologists*. pp. 238, Altamira Press. Lanham, New York, Toronto, Oxford.

2006b Quaternary environmental history and agricultural impact on vegetation in Central America. *Annals of Missouri Botanical Garden* 93: 274–296.

Piperno, D. R. y P. Becker
1996 Vegetational history of a site in the central Amazon Basin derived from phytolith and charcoal records from natural soils. *Quaternary Research* Orlando 45 (2): 202-209.

Piperno, D.R. y I. Holst
2004 Crop domestication in the American tropics: Starch grain analyses. En *Encyclopedia of Plant & Crop Science*, editado por Goodman, R. pp. 330-332. Dekker.

Piperno, D. R. y D. M. Pearsall
1993a The Nature and Status of Phytolith Analysis. En *Current Research in Phytolith Analysis applications in Archaeology and Paleoecology*, editado por Pearsall, D. M. y D. M. Piperno, pp. 9-18. Philadelphia (MASCA, University Museum of Archaeology and Anthropology).

1993b Phytoliths in the reproductive structures of maize and teosinte: Implications for the study of maize evolution. *Journal of Archaeological Science* 17: 665-677.

1998a The silica bodies of tropical American grasses: Morphology, taxonomy, and implications for grass systematics and fossil phytolith identification. Smithsonian *Contributions to Botany* 85: 1-40.

1998b *The Origins of Agriculture in the Lowland Neotropics*, San Diego, CA: Academic Press

Piperno, D. y K. E. Stothert
2003 Phytolith evidence for early Holocene *Cucurbita* domestication in southwest Ecuador. *Science* 299 (5609): 1054-1057.

Piperno, D.R., A.C Thomas y K. E. Stothert
2000 Phytoliths in *Cucurbita* and other Neotropical Cucurbitaceae and their occurrence in early archaeological sites from the lowland American tropics. *Journal of Archaeological Science* 27: 193-208.

Piperno, D. R., K. H. Clarey, R. G. Cooke, A. J. Ranere y D. Weiland
1985 Preceramic Maize in Central Panama. Phytolith, Pollen evidence. *American Anthropologist* 87: 871-878.

Planella, M.T. y V. McRostie
2005 *Análisis de restos botánicos del sitio El Mercurio. Tierras contenidas en ceramios y urnas del contexto funerario*. Proyecto Fondecyt N° 1040553.

2006 Revisión crítica de los análisis efectuados en los contenidos de vasijas del contexto funerario del sitio El Mercurio. XVII Congreso Nacional de Arqueología Chilena, *Libro de resúmenes*: 155-156.

Ramírez Ríos, D. C, A. R. Otálora Cascante y R. Parra Giraldo
2005 Identificación de fitolitos en el cálculo dental de individuos prehispánicos del Valle del cauca – Colombia. *The Phytolitharien* 17 (2): 6.

Raigemborn, M. S., M. Brea, A. F. Zucol y S. D. Matheos
2006 Geology, fossil wood and phytolith assemblages from the Upper Paleocene-Eocene? of central Patagonia, Argentina. Climate & Biota of Early Paleogene, Volume *Abstracts*: 108.

Rovner, I.
1971 Potential of opal phytoliths for use in paleoecological reconstruction. *Quaternary Research* 1: 345-359.

1999 Phytolith Analysis. Response to Heather Pringle Special Section, Archaeology, *Science* 283 (5401): 488-489.

Schellenberg, H. C.
1908 The remains of plants from the North Kurgan, Anau. En *Explorations in Turkestan: Expedition of 1904* 2, editado por Pumpelly, R. pp. 471-473. Washington, DC, Carnegie Institute.

Sendulsky, T. y L. G. Labouriau
1966 Corpos silicosos de gramineas dos Cerrados. I. *Ann. da Acad. Brasileira de Ciencias*, 38 (supl.): 159-170.

Smith, B. D.
1998 *Emergence of Agriculture*. pp. 231. Scientific American Library Publication. W. H. Freedman and Co.

Smithson, F.
1956 Silica particles in some British soils. *Journal of Soil Science* 7: 122-129.

1958 Grass opal in British soils. *Journal of Soil Science* 9: 148-154.

Sondahl, M. R. y L. G. Labouriau

1970 Corpos silicosos de gramineas dos Cerrados. IV. *Pesquisas Agropecuarias Brasileiras* 5: 183-207.

Spalletti, L. A. y M. M. Mazzoni
1977 Sedimentología del Grupo Sarmiento en un perfil ubicado al sudeste del lago Colhué Huapí, provincia del Chubut. *Obra del Centenario del Museo de La Plata*. Tomo 4 – Geología: 261-284.
1979 Estratigrafía de la Formación Sarmiento en la barranca sur del Lago Colhué Huapí, provincia del Chubut. Asociación Geológica Argentina, *Revista* 34 (4): 271-281.

Staller J. E.
2003 An Examination of the Palaeobotanical and Chronological Evidence for an Early Introduction of Maize (Zea mays L.) into South America: A Response to Pearsall. *Journal of Archaeological Science*, 30 (3): 373-380.

Staller, J. E. y R. J. Thompson
2000 Reconsiderando la introducción del maíz en el occidente de América del Sur. *Bull. Inst. fr. Études andines* 30 (1): 123-156.
2002 A Multidisciplinary Approach to Understanding the Initial Introduction of Maize into Coastal Ecuador. *Journal of Archaeological Science*, 29(1): 33-50.

Stothert, K.E., D.R. Piperno y T.C. Andres
2002 New Evidence of Early Holocene Agriculture from the Coast of Ecuador: A Multidisciplinary Approach. *Culture & Agriculture* 24 (2): 31-41.

Strasser, E., B. Strasser, R. Torra y E. Perino
2001 Investigaciones geobioquímicas de paleosuelos del Pleistoceno tardío – Holoceno en la provincia de San Luis, Argentina. Ameghiniana 38 (4) Suplemento, *Resúmenes*: 48R-49R.
2006a Investigaciones geobioquímicas de paleosuelos del Pleistoceno tardío – Holoceno en la provincia de San Luis, Argentina. En *Fitolitos en suelos, sedimentos y sitios arqueológicos: Estado actual de sus conocimientos en América del Sur*, editado por Zucol, A. F., M. L. Osterrieth y M. Brea. Mar del Plata. En prensa.

Strasser, E, J. Chiesa, M. L. Osterrieth y E. Perino
2006b Pedostratigraphic sequences of the late Pleistocene and Holocene of the south of sierra de San Luis, Phytoliths and palaeo-environmental inferences 6th. International Meting of Phytoliths Reserch. Barcelona, España. *Society for Phytolith Research Bulletin* 1 (1): 7.

Struve G. A.
1835 *De silicia in plantis nonnullis*. University of Berlin.

Teruggi, M. E.
1955 Vidrio volcánico y ópalo organógeno en sedimentos pampeanos. *Notas del Museo de La Plata* 19 (Geología) 66: 17-26.

Thompson, R. G. y J. E. Staller
2001 An analysis of opal phytoliths from food residues of selected sherds and dental calculus from excavations at the site of La Emerenciana, El Oro Province, Ecuador. *The Phytolitherien* 13 (2-3): 8-16.

Tur, N. M.
1997 Taxonomy of Podostemaceae in Argentina. *Aquatic Botany* 57: 213-241.
2001 Células silíceas en géneros argentinos de la familia Podostemaceae. *Ameghiniana* 38 (4) Suplemento, Resúmenes: 49R.
2006 Células silíceas en géneros argentinos de la familia Podostemaceae. En *Fitolitos en suelos, sedimentos y sitios arqueológicos: Estado actual de sus conocimientos en América del Sur*, editado por Zucol, A. F., M. L. Osterrieth y M. Brea. Mar del Plata. En prensa.

Umlauf, M.
1993 Phytolith evidence for initial period maize al cardal, central coast of Perú. En *Current Research in Phytolith Analysis applications in Archaeology and Paleoecology*. Philadelphia, editado por Pearsall, D. M. y D. R. Piperno, (MASCA, University Museum of Archaeology and Anthropology). pp. 125-130.

Tykot, R.H. y J.E. Staller
2002 The importance of early maize agriculture in coastal Ecuador: New data from La Emerenciana. *Current Anthropology* 43 (4): 666-677.

Würschmidt, A. y M. A. Korstanje
1999 Maíz en la Cocina: primeras evidencias de fitolitos en sitios arqueológicos del NO argentino. *Cuadernos del Instituto Nacional de Antropología y Pensamiento Latinoamericano* 18: 457-468. Buenos Aires.

Yagueddú, C. y M.O. Arriaga
2007 Paleodietas, procesamiento de coprolitos para la identificación de restos vegetales. XVI Congreso Nacional de Arqueología Argentina, *Resúmenes ampliados* I: 129-132.

Zucol, A. F.
1992 Microfitolitos: I. Antecedentes y terminología. *Ameghiniana* 29 (4): 353-362.
1995 Microfitolitos: II. Análisis de las clasificaciones. *Ameghiniana* 32 (3): 243-248.
1996a *Estudios morfológicos comparativos de especies de los géneros Stipa, Panicum y Paspalum (Poaceae), de la Provincia de Entre Ríos*. Tesis Doctoral, UNLP. pp. 558.
1996b Microfitolitos de las Poaceae argentinas: I. Microfitolitos foliares de algunas especies del género *Stipa* (Stipeae: Arundinoideae: Poaceae), en la provincia de Entre Ríos. *Darwiniana* 34 (1-4): 151-172.
1998 Microfitolitos de la Poaceae argentinas: II. Microfitolitos foliares de algunas especies del género *Panicum* (Paniceae: Panicoideae: Poaceae), en la provincia de Entre Ríos. *Darwiniana* 36 (1-4): 29-50.
1999a Fitolitos: hacia un sistema clasificatorio. *Ameghiniana* 36 (4) Suplementos, Resúmenes: 43R.
1999b Fitolitos de las Poaceae argentinas. IV. Asociación fitolítica de *Cortaderia selloana* (Danthonieae: Arundinoideae), de la provincia de Entre Ríos (Argentina). *Natura Neotropicalis*, 30 (1-2): 25-33.
2000 Fitolitos de Poaceae de argentinas: III. Fitolitos foliares de algunas especies del género *Paspalum* (Paniceae: Panicoideae: Poaceae), en la provincia de Entre Ríos. *Darwiniana*, 38 (1-2): 11-32.
2001 Fitolitos: III. Asociaciones fitolíticas de

Piptochaetium montevidense (Stipeae: Arundinoideae: Poaceae). Una nueva metodología descriptiva. Sociedad Argentina de Botánica, *Boletín* 36 (1-2): 69 – 85.

Zucol A.F. y M. Bonomo
2005 Nutria Mansa 1 site ethnobotany studies (General Alvarado, Buenos Aires province): II. Comparative phytolith analysis of mills. *The Phytolitarien* 17(2): 6-7.
2008. Estudios etnobotánicos del sitio arqueológico Nutria Mansa I (Partido de General Alvarado, provincia de Buenos Aires): Análisis fitolíticos comparativos de artefactos de molienda. *En este volumen.*

Zucol, A. F. y M. Brea
1999 Primer Encuentro Argentino de Investigaciones Fitolíticas, Resúmenes. *Ameghiniana* 36 (4) Suplemento: 39-44.
2000a Análisis fitolítico de la Formación Paraná en la provincia de Entre Ríos. En El Neógeno de Argentina. *Serie Correlación Geológica,* 14, editado por Aceñolaza, G. y R. Herbst. pp. 67 – 76.
2000b Análisis fitolítico de la Formación Paraná (Mioceno superior) en el Departamento Diamante, Entre Ríos, Argentina. II Congreso Sedimentológico Latinoamericano y VIII Reunión Argentina de Sedimentología, *Resúmenes*: 190-191. Mar del Plata.
2001 Asociación fitolítica de la formación Alvear (Pleistoceno Inferior), Entre Ríos, Argentina. *Ameghiniana* 38 (4-suplemento): 49R. Buenos Aires.
2005 Sistemática de fitolitos, pautas para un sistema clasificatorio. Un caso en estudio en la Formación Alvear (Pleistoceno inferior). *Ameghiniana* 42 (4): 685-704.
2006a Análisis fitolíticos del Miembro Gran Barranca (Eoceno Medio-Tardío) en la localidad de Gran Barranca, provincia del Chubut, Argentina. 9° Congreso Argentino de Paleontología y Bioestratigrafía (18-22 septiembre, 2006 Córdoba, Argentina). *Resúmenes*: 54.
2006b Asociación fitolítica de la Formación Alvear (Pleistoceno inferior), Entre Ríos, Argentina. En *Fitolitos en suelos, sedimentos y sitios arqueológicos: Estado actual de sus conocimientos en América del Sur*, editado por Zucol, A. F., M. L. Osterrieth y M. Brea. Mar del Plata. En prensa.

Zucol A.F. y D. M. Loponte
2005 Phytolith fertility study and methodological comparative analysis in human teeth tartar of archaeological sites of Buenos Aires province (Argentina). *The Phytolitarien* 17 (2):15.
2008 Análisis comparativo metodológico y estudio de la fertilidad fitolítica en tártaro de dientes humanos de sitios arqueológicos de la provincia de Buenos Aires, Argentina. *En este volumen.*

Zucol, A. F. y M. Osterrieth
1999 Asociaciones fitolíticas de las secuencias sedimentarias costeras del Holoceno tardío de Mar Chiquita, Buenos Aires, Argentina. *Ameghiniana* 36 (4-suplemento): 43-44R. Buenos Aires.
2000 Análisis fitolítico del Holoceno tardío de Mar Chiquita, Buenos Aires, Argentina. II Congreso Sedimentológico Latinoamericano y VIII Reunión Argentina de Sedimentología, *Resúmenes*: 191-192. Mar del Plata.
2002 Técnicas de preparación de muestras sedimentarias para la extracción de fitolitos. *Ameghiniana* 39 (3): 379-382.

Zucol, A. F., M. Brea y R. H. Madden
2002 Preliminary phytolith analysis of MMZ profile in the Gran Barranca sedimentary sequence (Chubut, Argentina). *The Phytolitharien* 14 (3): 21.

Zucol, A. F., M. Brea y S. Matheos
2001 Estudio perliminar de microrestos silíceos del Paleoceno de la Formación Salamanca (Paleoceno) en la provincia del Chubut, Argentina. *Ameghiniana* 38 (4-suplemento): 49 – 50R. Buenos Aires.
2006 Estudio preliminar de microrestos silíceos del Paleoceno de la Formación Salamanca, provincia del Chubut, Argentina. En *Fitolitos en suelos, sedimentos y sitios arqueológicos: Estado actual de sus conocimientos en América del Sur*, editado por Zucol, A. F., M. L. Osterrieth y M. Brea. Mar del Plata. En prensa.

Zucol A.F., M. Brea y D. Mazzanti
2005 Prospecting and analysis of archaeological ceramic remains of the Tandilia Range (Buenos Aires province, Argentina). *The Phytolitarien* 17 (2): 14-15.
2008 Prospección y análisis de restos orgánicos presentes en cerámicas arqueológicas de las sierras de Tandilia (provincia de Buenos Aires, Argentina), *En este volumen.*

Zucol A.F., M. Brea y E. Passeggi
2004 Nuevos morfotipos fitolíticos hallados en la Formación Alvear (Pleistoceno inferior) en la provincia de Entre Ríos (Argentina). *Ameghiniana* 41 (4-Suplemento) Resúmenes: 22R.
2006 Análisis comparativos de los caracteres palinológicos y fitolíticos de gramíneas con la finalidad de establecer su potencial paleoecológico: Un caso de estudio en la pradera entrerriana. XIII Simposio Argentino de Paleobotánica y Palinología, *Resúmenes*: 137.

Zucol, A. F., M. Brea y A. Scopel
2005 First record of fossil wood and phytoliths assemblages of the Upper Pleistocene in El Palmar National Park (Argentina). *Journal of South American Earth Sciences* 20: 33-43.

Zucol, A.F; M.M. Colobig y D.L. Mazzanti
2007 Análisis de micro-restos en muestras sedimentarias del sitio 2 de la localidad arqueológica Amalia, provincia de Buenos Aires (Argentina). XVI Congreso Nacional de Arqueología Argentina, *Resúmenes ampliados* I: 141-147.

Zucol, A. F., M. Fernández Honaine y M. Brea
2006 Estudio comparativo de las asociaciones fitolíticas foliares de las especies de palmeras (Arecaceae) de Argentina y Uruguay. XIII Simposio Argentino de Paleobotánica y Palinología, *Resúmenes*: 137.

Zucol, A. F., B. Gutiérrez Téllez y M. Bonomo
2003 Estudios etnobotánicos del sitio arqueológico Nutria Mansa 1 (Partido de General Alvarado, provincia de Buenos Aires): I. Análisis fitolíticos y diatomológicos. XII Simposio Argentino de Paleobotánica y Palinología, *Resúmenes*: 58.

Zucol, A. F., M. M. Mazzoni y R. H. Madden

1999 Análisis fitolíticos en la secuencia sedimentaria de Gran Barranca, Chubut. *Ameghiniana* 36 (4-suplemento): 43R. Buenos Aires.

Zucol, A. F., M. Brea, A. A. Carlini y R. H. Madden
2001 Análisis fitolíticos en la secuencia sedimentaria de Gran Barranca, Chubut, Argentina: II. El Miembro Colhué Huapi (Formación Sarmiento). *Ameghiniana* 38 (4-suplemento): 50R. Buenos Aires.

Zucol A.F., M. Brea, R. Madden y E. Bellosi
2004 Análisis fitolítico de la transición Eoceno-Oligoceno en el perfil tipo de la Formación Sarmiento (Gran Barranca), Chubut. *Ameghiniana* 41 (4) Suplemento, Resúmenes: 25R. Buenos Aires.

Zucol, A. F., M. Brea, M. L. Osterrieth y G. A. Martínez
2002 Análisis fitolítico de un horizonte sedimentario del sitio 2 de la Localidad Arqueológica Amalia, provincia de Buenos Aires. En Publicación especial, II Congreso de Arqueología de la Región Pampeana Argentina. *Del mar a los salitrales, Diez mil años de Historia Pampeana en el umbral del Tercer Milenio,* editado por Mazzanti, D. L., M. A. Berón y F. W. Oliva. pp. 355-363.

Zucol, A. F., M. Brea, M. S. Raigemborn y S. Matheos
2004 Asociación fitolítica en las formaciones Las Flores, Koluél Kaike y Sarmiento en Gran Barranca, lago Colhué Huapi (Chubut, Argentina). *Ameghiniana* (Resúmenes) 41(4-suplemento): 25R-26R.
2005 Arboreal paleocomunities reconstruction by means of phytolithic analysis in sediments from the Upper Paleocene (Las Flores Formation), Chubut, Argentina. *The Phytolitarien* 17 (2): 16-17.

Zucol, A. F., M. Osterrieth, M. Brea y N. Borrelli (editores)
2001 Segundo Encuentro de Investigaciones Fitolíticas del Cono Sur, Resúmenes. *Ameghiniana* 38 (4) Suplemento: 45-50.
Zucol, A. F., S. Matheos, M. Prámparo, M. Brea y M. S. Raigemborn
2004 Enfoque multidisciplinario aplicado al estudio del Paleoceno inferior del Bosque José Ormaechea, Chubut, Argentina. Asociación Argentina de Sedimentología, *Revista* 11 (2): 85-86.

Zucol, A. F., M. Brea, R. H. Madden, E. Bellosi, A. A. Carlini y G. Vucetich
2006 Análisis fitolítico del Miembro Colhué Huapí (Formación Sarmiento), Chubut, Argentina. En *Fitolitos en suelos, sedimentos y sitios arqueológicos: Estado actual de sus conocimientos en América del Sur*, editado por Zucol, A. F., M. L. Osterrieth y M. Brea. Mar del Plata. En prensa.

Zucol, A. F., M. Brea, E. Bellosi, A. A. Carlini y G. Vucetich
2007. Preliminary phytolith analysis of Sarmiento Formation in the Gran Barranca (Central Patagonia, Argentina). En *Plants, peoples and places. Recents studies in phytolith analysis*, editado por Madella M. y D Zurro. Oxbow Books: 189-195.

Zurro, D., Madella, M., Briz I. y A. Vila.
2007 Variability of the phytolith record in fisher-hunter-gatherer sites: An example from the Yamana society (Beagle Channel, Tierra del Fuego, Argentina). *Quaternary International,* en prensa, doi:10.1016/j.quaint.2007.11.007

Tafonomía y Temas de Laboratorio

Taphonomy and Laboratory Topics

Matices Interdisciplinarios en Estudios Fitolíticos y de Otros Microfósiles
M. A. Korstanje y M. del P. Babot, Editoras. BAR International Series S1870, Capítulo 2, pp. 25-30

ESTUDIO PRELIMINAR DE LA DEGRADACION DE FITOLITOS DE GRAMÍNEAS. EXPERIMENTACION *IN VITRO*

A PRELIMINARY STUDY OF GRASS PHYTOLITH WEATHERING THROUGH *IN VITRO* EXPERIMENTATION

Borrelli, Natalia[1,3], Margarita Osterrieth[1] y Marta Cabello[2]
[1]Centro de Geología de Costas y del Cuaternario, Facultad de Ciencias Exactas y Naturales, Universidad Nacional de Mar del Plata. CC 722 C. Central. 7600 Mar del Plata. Buenos Aires. Argentina. nlborrel@mdp.edu.ar
[2]Instituto Spegazzini, Facultad de Ciencias Naturales y Museo, Universidad Nacional de La Plata. Buenos Aires. Argentina
[3]Consejo Nacional de Investigaciones Científicas y Técnicas (CONICET)

ABSTRACT

There have been few studies investigating *in vitro* silica phytolith weathering, so the aim of this preliminary work is to analyze the dissolution processes of grass silicophytoliths by means of *in vitro* experimentation at varying pH levels. Grass leaves were reduced to ash in a muffle furnace at 500 ºC for 12 hours, then exposed to solutions with extreme pH levels (2 and 11) for 18 months. The weathering state of silicophytoliths was analized by means of optical microscopy, scanning electronic microscopy and microdispersive analysis (EDAX). Silica phytoliths from grass leaf ashes in their natural state show incipient features of weathering. Only 10 per cent of the phytoliths from grass ashes exposed to a solution with a pH level of 2 show superficial corrosion features and formation of cavities, and the chemical composition of these samples remains about 90% silica. In the silica phytoliths of grass ashes exposed to a solution of pH 11, there are very irregular structures, with corrosion and cavities more pronounced. In these samples, the silica content decreases to 23-38%, while they are enriched in calcium (27-51%), iron (3-9%), aluminum (3-4%) and magnesium (5-9%). These results demonstrate that highly alkaline conditions produce more pronounced weathering effects than highly acidic ones in grass silica phytoliths, and also produce changes in chemical composition.

Key words: *Biogenic silica, Chemical weathering, In vitro experimentation, Silica biogeochemical cycle*

RESUMEN

Se presentan los resultados preliminares acerca de la degradación de silicofitolitos de gramíneas obtenidos a partir de experiencias in vitro a diferentes pH. Láminas de gramíneas fueron calcinadas a 500 ºC durante 12 hs y expuestas a soluciones de pH 2 y pH 11 durante 1 año y medio. El estado de degradación de los silicofitolitos se analizó mediante microscopio óptico y electrónico de barrido, además se realizaron estudios semicuantitativos (EDAX). En las cenizas en estado natural, los silicofitolitos presentan rasgos incipientes de degradación. En las cenizas expuestas a pH 2, el 10 por ciento de los silicofitolitos presenta rasgos de corrosión superficial y formación de cavidades, y la composición química es del 90 por ciento de sílice. En las cenizas expuestas a pH 11 se observaron estructuras irregulares, aguijones corroídos y con cavidades pronunciadas, y placas perforadas muy alteradas producto de la degradación de silicofitolitos elongados. En estos casos, el contenido de sílice disminuye (23-38 por ciento) y los silicofitolitos se encuentran enriquecidos en calcio (27-51 por ciento), hierro (3-9 por ciento), aluminio (3-4 por ciento) y magnesio (5-9 por ciento). Estos resultados muestran que los pH ácidos no generan una pronunciada alteración sobre los silicofitolitos; en cambio, los pH alcalinos provocan una mayor degradación y cambios en la composición química de silicofitolitos de gramíneas. Estudios de esta naturaleza deberían profundizarse ya que los resultados obtenidos se relacionan con el ciclo biogeoquímico de la sílice en suelos y acuíferos.

Palabras clave: *Sílice biogénica, Degradación química, Experimentación in vitro, Ciclo biogeoquímico de la sílice*

INTRODUCCIÓN

El silicio es el elemento mayoritario en la corteza terrestre (28 por ciento) luego del oxígeno. Los minerales cristalinos de sílice, dentro de estos el cuarzo (SiO_2) es el más representativo, son muy estables; por lo cual, la meteorización y liberación de sílice se produce a escalas de tiempo geológico (Lerman 1988). En cambio, la sílice biogénica (sílice amorfa), cuya fórmula química es idéntica a la del cuarzo, es soluble a escalas de tiempo que comprenden desde días hasta años (Hurd 1983; Werner 1976). Sin embargo, trabajos recientes, describen la presencia de silicofitolitos en coprolitos de dinosaurios pertenecientes al Cretásico tardío (Prasad *et al.* 2005).

Los suelos predominantes en el sudeste pampeano son Argiudoles típicos y han evolucionado a partir de sedimentos eólicos, dentro de los cuales, los silicobiolitos (sílice amorfo de origen orgánico) se encuentran siempre presentes y alcanzan porcentajes que exceden el 40 por ciento (Borrelli y Osterrieth 2001, 2002, 2004 y 2006; Osterrieth 2000). En general, el contenido de la fracción sílice amorfo (silicofitolitos y vidrios volcánicos) disminuye drásticamente desde los niveles superficiales (40 por ciento aproximadamente) hacia los niveles inferiores (4-6 por ciento) del suelo (Borrelli y Osterrieth 2001, 2002, 2004 y 2006; Osterrieth 2000). Estudios previos revelaron la presencia de poros y superficies corroídas indicando procesos de alteración en componentes de sílice amorfo orgánico (silicofitolitos) que no se presentan en los componentes de sílice amorfo inorgánico (vidrios volcánicos) (Borrelli y Osterrieth 2002, 2004 y 2006; González y Osterrieth 1996; Osterrieth 2000; Osterrieth y Martínez 1993).

Los Argiudoles típicos son suelos importantes desde el punto de vista económico debido a su gran fertilidad; con lo cual, el mantenimiento de sus condiciones óptimas es una necesidad primaria. En trabajos previos (Borrelli y Osterrieth 2002, 2004 y 2006; Osterrieth y Maggi 1996) se pone en evidencia una pérdida de estabilidad estructural y una notable disminución en el contenido de materia orgánica y de la fracción arcilla en la capa arable del horizonte A debido a la intensa actividad hortícola desarrollada en la zona. Teniendo en cuenta la representatividad de los silicofitolitos en estos suelos, el estudio de sus procesos de alteración resulta de importancia, ya que la sílice liberada al medio podría estar relacionada con la formación de complejos organominerales necesarios para el restablecimiento de una estructura deseable desde el punto de vista de la fertilidad y sustentabilidad del suelo (Graustein *et al.* 1977). Además, podría justificar las elevadas concentraciones de dióxido de silicio (SiO_2) encontradas en los análisis de aguas subterráneas del Acuífero Pampeano (60-70 mg/l) (Martínez y Osterrieth 1999; Miretzky *et al.* 2001), lo cual podría deberse, en parte, a la meteorización de plagioclasas y neoformación de arcillas, como así también a la presencia de minerales de sílice orgánicos (silicofitolitos) e inorgánicos (vidrios y pastas volcánicas) debido a su representatividad y mayor solubilidad respecto de los demás minerales silíceos.

Debido al importante rol que los silicofitolitos desempeñan en el ciclo biogeoquímico de la sílice (Alexandre *et al.* 1997; Derry *et al.* 2005; Farmer 2005; Lucas 2001; Wüst y Bustin 2003) y a la inexistencia de antecedentes relacionados a los procesos de degradación de silicofitolitos *in vitro*, el objetivo del presente trabajo, de carácter preliminar, es analizar los procesos de disolución de silicofitolitos de gramíneas mediante experimentación *in vitro* a diferentes pH. A fin de poner en evidencia la potencialidad de estas biomineralizaciones en el aporte de sílice al sistema, elemento fundamental para la conformación de matrices estables de los agregados del suelo y, por consiguiente, para el mantenimiento y/o restablecimiento de la estabilidad estructural del suelo.

MATERIALES Y MÉTODOS

En esta primera etapa y para comenzar con la descripción de los procesos de alteración que afectan a los silicofitolitos de acuerdo al pH del medio, se trabajó con láminas de gramíneas debido a su condición de ser las mayores productoras de estas biomineralizaciones silíceas. Las láminas fueron calcinadas en un horno-mufla Pextroterm, tipo 1100 N°2508, a 500 ºC (Runge 1998) durante 12 hs y expuestas a soluciones de pH 2 (solución de HCl) y pH 11 (solución de NaOH) durante 1 año y medio. El estado de degradación de los silicofitolitos se analizó mediante microscopio óptico (MO) Leitz Wetzlar D35780 y microscopios electrónicos de barrido (MEB) Jeol JSM-6460LV perteneciente a la Universidad Nacional de Mar del Plata y Phillip 515 perteneciente al CITEFA. Para analizar la composición química de los silicofitolitos con diferentes grados de alteración, se realizaron estudios semicuantitativos dispersivos (EDAX) con ventana de Be, operando entre 15 y 25 Kv. Las morfologías de silicofitolitos se definieron en base a lo establecido por Bertoldi de Pomar (1971) y Twiss (1992).

RESULTADOS Y DISCUSIÓN

En las cenizas de gramíneas en estado natural (no expuestas a pHs extremos), los silicofitolitos presentan rasgos incipientes o nulos de degradación, siendo las morfologías predominantes elongados crenados (41 por ciento), elongados lisos (13 por ciento), rectangulares (13 por ciento), aguijones enteros (13 por ciento), articulados (13 por ciento) y, en algunos casos, se observa la presencia de estrobilolitas (Figuras 1 y 2).

Figura 1: Morfologías representativas de silicofitolitos en cenizas de gramíneas en estado natural.

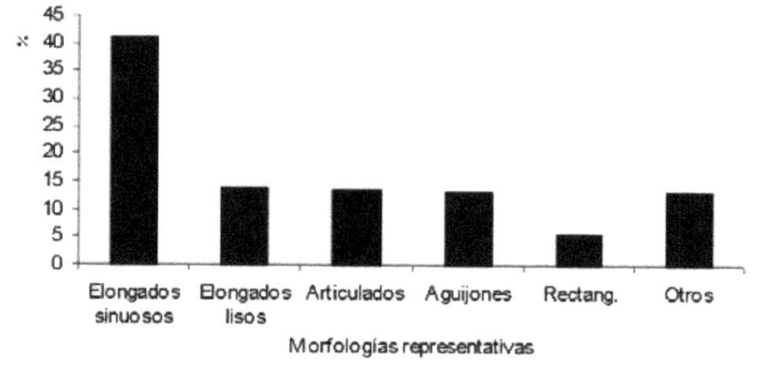

Figura 2: Cenizas de gramíneas en estado natural. MEBs de silicofitolitos con escasos rastros de degradación (flechas blancas).A: Aguijones; B: Elongado crenado; C: Elongado liso; D: Cono. Barra: 10 µm.

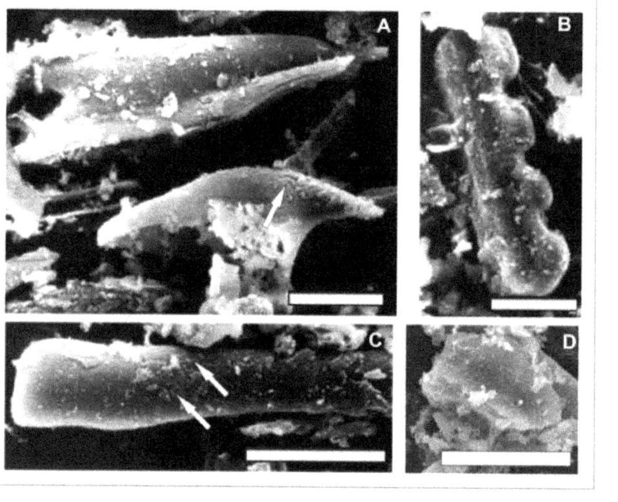

En las cenizas expuestas a pH 2, los silicofitolitos se observan sin dificultad mediante MO y MEB, en general, presentan una superficie hialina y sólo el 10 por ciento evidencia rasgos de corrosión superficial y formación de cavidades (Figura 3). Los silicofitolitos elongados muestran una disminución considerable en el grosor y rastros de degradación en los extremos y orificios generados posiblemente a partir del proceso de silicificación celular. Los elongados crenados solo se observan formando parte de silicofitolitos articulados.

Los silicofitolitos de las cenizas expuestas a pH 11 no pudieron ser identificados mediante MO debido al avanzado grado de degradación; mediante MEB se observaron estructuras muy irregulares, aguijones con rastros de corrosión y cavidades más pronunciadas y placas perforadas muy alteradas producto de la degradación de silicofitolitos elongados lisos (Figura 4). En estas estructuras, los orificios generados posiblemente a partir del proceso de silicificación se observan con diversos grados de alteración (Figura 4).

Según Alexandre *et al.* (1994), Vallejo Gómez (2002) y Yong *et al.* (1992) un medio enriquecido en hierro y calcio facilita la disolución de silicofitolitos. Esto concuerda con los resultados del análisis semicuantitativo (EDAX), ya que los silicofitolitos expuestos a pH 2, con muy pocos rasgos de alteración (Figuras 5A – 5C) muestran una composición casi exclusivamente de sílice (90 por ciento) (Figura 5D), mientras que en los silicofitolitos expuestos a pH 11, con grados de alteración más avanzados (Figuras 6A1, 6A2, 6B1 y 6C1), el contenido de sílice disminuye notablemente (23-38 por ciento) y se encuentran enriquecidos en calcio (27-51 por ciento), además de presentar hierro (3-9 por ciento), aluminio (3-4 por ciento) y magnesio (5-9 por ciento) en menor proporción (Figuras 6A3 ,6B2 y 6C2).

Figura 3: Cenizas de gramíneas expuestas a pH 2. MEBs de silicofitolitos evidenciando rasgos de degradación. A: Aguijón; B: Rectangular (las flechas blancas señalan la formación de cavidades); C: Elongado liso (la flecha blanca señala corrosión en el extremo y la flecha negra, los orificios producto del proceso de silicificación celular). Barra: 10 μm.

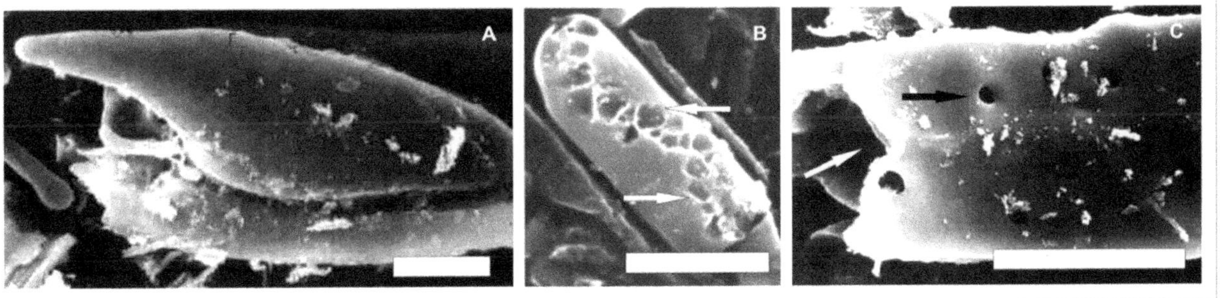

Figura 4: Cenizas de gramíneas expuestas a pH 11. MEBs de silicofitolitos con profundos rasgos de degradación. A y B: Placas perforadas producto de la degradación de silicofitolitos elongados lisos (las flechas blancas señalan los orificios producto del proceso de silicificación alterados); C: elongado liso (flecha negra señala la degradación en el extremo). Barra: 10 μm. (A y B) y 2μm (C).

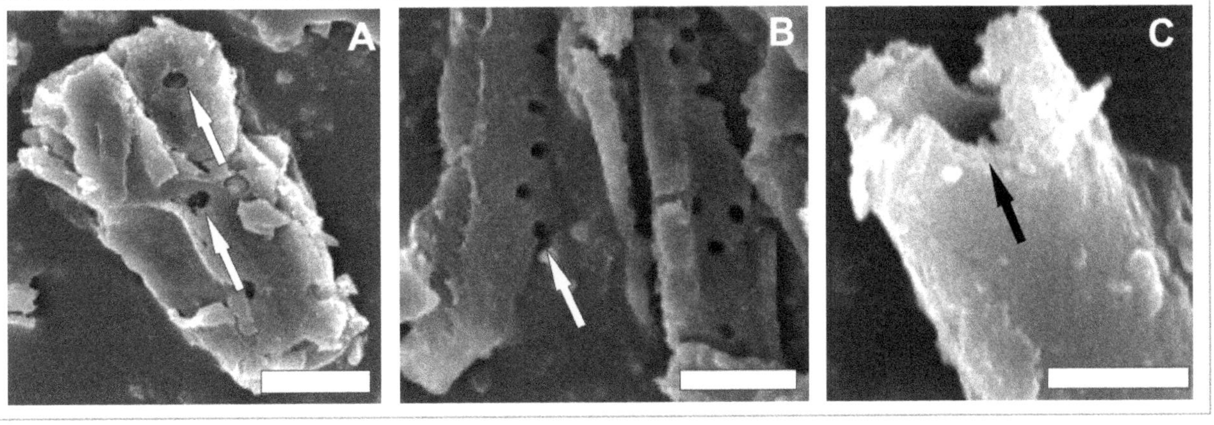

Figura 5: MEB de silicofitolito alterado expuesto a pH 2 (A-C) y EDAX de figura 5A (D). B y C: Detalle de las zonas con cavidades (B) y con corrosión superficial (C). Barra: 5 μm (A) y 1 μm (B y C).

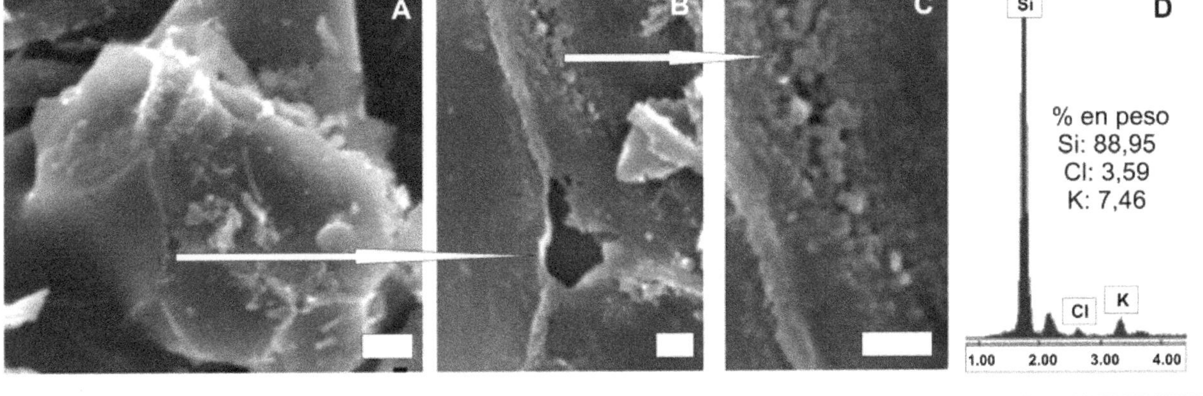

Existen numerosos trabajos relacionados con el rol de los silicofitolitos en el ciclo biogeoquímico de la sílice de suelos forestales tropicales. Estos suelos presentan una alta tasa de degradación lo que genera una disminución de sílice debido a la pérdida de los minerales silíceos primarios. Sin embargo, existe una alta producción y recambio de biomasa vegetal lo que genera un gran pool de sílice biogénica (silicofitolitos) potencialmente reactiva, el cual se constituye en la principal fuente de sílice a la solución del suelo (Derry *et al.* 2005; Lucas 2001). En este sentido, en suelos de Dimonika (Congo), Alexandre *et al.* (1997) demostraron que la liberación de sílice al sistema a partir de la disolución de silicofitolitos es dos veces mayor que la liberada a partir de la degradación de silicatos. Así también, en ambientes ácidos de acumulación de turba, la mayor parte de los minerales silíceos neoformados podrían originarse a partir de la sílice biogénica y en particular de silicofitolitos (Wüst y Bustin 2003). En suelos forestales templados, los silicofitolitos también constituyen la fuente principal de sílice y además, su solubilidad limita la concentración de sílice en los cursos de agua y en el agua de percolación (Farmer 2005). Según Derry *et al.* (2005), en otros ecosistemas terrestres, incluidas las praderas que son ricas en sílice biogénica y poseen alta tasa de recambio, se espera que también haya un fuerte control biológico sobre el ciclado y el transporte de sílice. No existen estudios referidos a esta temática en ambientes de praderas, por lo cuál, el presente trabajo constituye una contribución a la comprensión del ciclo biogeoquímico de la sílice en estos ambientes, ya que pone en evidencia la potencialidad de los silicofitolitos de gramíneas para la liberación de sílice al medio a partir de su degradación.

Una vez que la sílice está en solución y entra en el ciclo biológico puede: ser absorbida nuevamente por las plantas, reprecipitar como sílice amorfa pedogenética (sílice opalina laminar), participar en la formación de nuevas especies minerales transitorias y definitivas (minerales de arcilla), residir como sílice opalina biogénica (silicofitolitos) o ser removida del suelo por lixiviado hacia las aguas subterráneas (Alexandre *et al.* 1997; Jones 1967). En este sentido, Martínez y Osterrieth (1999) y Miretzky *et al.* (2001) han demostrado que la sílice disuelta a partir de la degradación de aluminosilicatos no puede dar cuenta de los altos niveles de sílice (60 a 70 mg/l) encontrados en las aguas subterráneas del Acuífero Pampeano, por lo cuál, sería la disolución de la sílice amorfa, principalmente silicofitolitos (Martínez y Osterrieth 1999) la responsable de tales valores.

Figura 6: EDAX (A3, B2 y C2) y MEBs de silicofitolitos con morfologías irregulares y rasgos de corrosión expuestos a pH 11 (A1, A2, B1 y C1). Barra: 5 µm (A1) – 1 µm (A2 y B1) – 10 µm (C1).

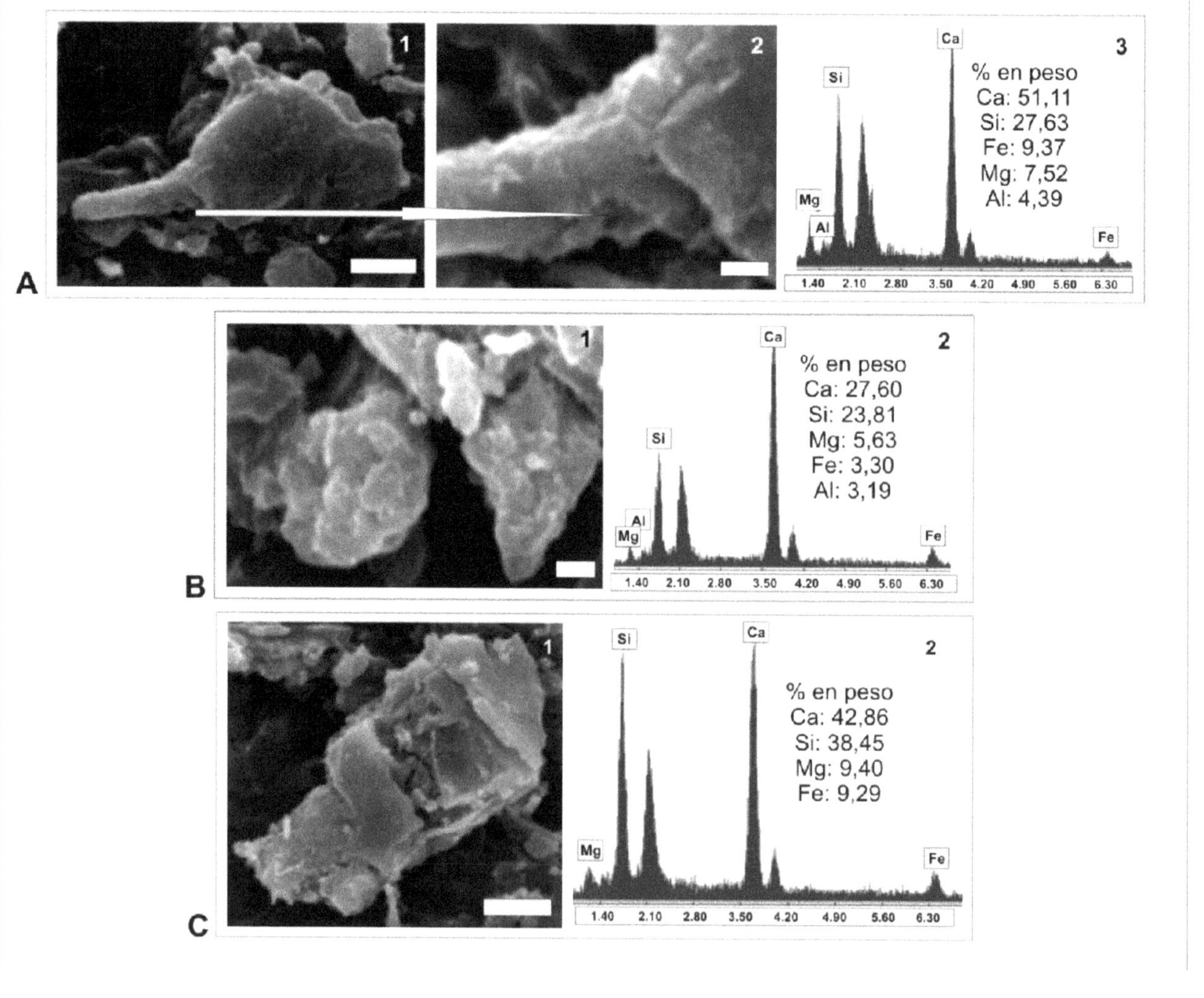

CONCLUSIONES

De lo expuesto se observa que los pH ácidos (solución de HCl) no generan una pronunciada alteración sobre los silicofitolitos, ni tampoco generan cambios en su estructura química. Sin embargo, los pH alcalinos (solución de NaOH) resultan más agresivos y provocan una mayor degradación de los biominerales de sílice amorfo, como así también cambios en su composición química provocando una disminución en el contenido de sílice y un incremento en calcio, hierro, aluminio y magnesio. Sería necesario profundizar en análisis mineraloquímicos para determinar los procesos que provocan esa composición química diferencial y su relación con los procesos de alteración. Además, se debería profundizar en estos estudios para avanzar en la comprensión de los procesos de alteración de los silicofitolitos ya que la sílice liberada no sólo estaría participando activamente del ciclo biogeoquímico de la sílice en el suelo, sino también de los acuíferos

AGRADECIMIENTOS

Este trabajo forma parte de la tesis doctoral de la Lic. Natalia Borrelli y se realizó mediante el proyecto EXA 15E-292/04 de la Universidad Nacional de Mar del Plata. Los autores agradecen los comentarios y sugerencias de los revisores ya que han enriquecido el trabajo.

BIBLIOGRAFÍA

Alexandre, A., F. Colin y J. D. Meunier
1994 Les phytolithes, indicateurs du cycle biogeocheminal du silicium en forêt équatoriale. *C. R. Acad. Sci. Paris*. 319 (2): 453-458.

Alexandre, A., J. D. Meunier, F. Colin y J. M. Koud
1997 Plant impact on the biogeochemical cycle of silicon and related weathering processes. *Geochimica et Cosmochimica Acta* 61(3): 677-682.

Bertoldi de Pomar, H.
1971 Ensayo de clasificación morfológica de los silicofitolitos. *Ameghiniana* 8: 317-327.

Borrelli, N. y M. Osterrieth
2001 Sílice amorfo de origen orgánico e inorgánico en suelos de agroecosistemas y campos naturales de Laguna de Los Padres, Buenos Aires. Evaluación preliminar. *Natura Neotropicalis* 32 (1): 27-32.
2002 Ciclo biogeoquímico de la sílice en Argiudoles típicos (Laguna de Los Padres, Buenos Aires). *Resúmenes del XVIII Congreso Argentino de la Ciencia del Suelo. Suelo, Medio Ambiente y Sociedad*: 6. Puerto Madryn, Argentina.
2004 Influencia de la cobertura vegetal en el ciclo biogeoquímico de la sílice de Argiudoles típicos. En: *Resúmenes del XIX Congreso Argentino de la Ciencia del Suelo*: 370. Paraná, Argentina.
2006 Contenido de silicofitolitos y su posible rol en el ciclo biogeoquímico de la sílice y en la estabilidad estructural de Argiudoles típicos de Laguna de Los Padres, Buenos Aires. En: *Fitolitos. Estado actual de sus conocimientos en América del Sur*, editado por Zucol, A., M. Brea y M. Osterrieth. En prensa.

Derry, L. A., A. C. Kurtz, K. Ziegler y O. A. Chadwick
2005 Biological control of terrestrial silica cycling and export fluxes to watersheds. *Nature* 433: 728-731.

Farmer, V. C., E. Delbos y D. J. Miller
2005 The role of phytolith formation and dissolution in controlling concentrations of silica in soil solutions and streams. *Geoderma* 127: 71-79.

Gonzalez, G. y M. Osterrieth
1996 Silicobiolitos en Suelos Paleosuelos y sus materiales parentales, Buenos Aires. Argentina. *The state –of-the-art-phytoliths in soils and plants*, editado por Pinilla, Tresserras y Machado, pp. 83-92. C.S.I.C. España.

Graustein, W. C., K. Cromack y P. Sollins
1977 Calcium oxalate: Occurrence in soils and effects on nutrient and geochemical cycles. *Science*: 1252 – 1254.

Hurd, D.
1993 Physical and chemical properties of siliceous skeletons. En: *Silicon geochemistry and biogeochemistry*, editado por Aston, S., pp. 187-244. Academic Press, London.

Jones, B. F., S. L. Rettig y H. P. Eugster
1967 Silica in alkaline Brines. *Science* 158: 1310-1314.

Lerman, A.
1988 Weathering rates and major transport processes: An introduction. En: *Physical and chemical weathering in geochemical cycles*, editado por Lerman, Abraham y Michel Meybeck, pp 1-10. Kluwer Academic Publishers.

Lucas, Y.
2001 The role of plants in controlling rates and products of weathering: importante of biological pumping. *Annual Review of Earth Planet Science* 29: 135-163.

Martínez, D. E. y M. Osterrieth
1999 Geoquímica de la sílice disuelta en el Acuífero Pampeano en la Vertiente Sudoriental de Tandilia. *Hidrología Subterránea* 13: 241-250.

Miretzky, P., V. Conzonno y A. Fernández Cirelli
2001 Geochemical proceses controlling silica concentrations in groundwaters of the Salado River drainage basin, Argentina. *Journal of Geochemical Exploration* 73: 155 – 166.

Osterrieth, M.
2000 Silicofitolitos una herramienta para la comprensión de procesos pedológicos del Cuaternario. *Resúmenes del 17th Congreso Argentino de la Ciencia del Suelo*: 4. Mar del Plata, Argentina.

Osterrieth, M. y J. Maggi
1996 Variaciones cuali-cuantitativas de la fracción arcilla en Argiudoles afectados por prácticas agrícolas en Laguna de Los Padres, Buenos Aires. En: *Actas de la 6th Reunión Argentina de Sedimentología*: 337-342.

Osterrieth, M. y G. Martínez
1993 Paleosols on Late Cainozoic Sequences in the Northeastern side of Tandilia Range, Buenos Aires, Argentina. *Quaternary International* 17: 57-65.

Prasad, V., C. E. Stromberg, H. Alimohammadian y A. Sahni
2005 Dinosaur Coprolites and the Early Evolution of Grasses and Grazers. *Science* 310: 1177 – 1180.

Runge, F.
1998 The effect of dry oxidation temperature (500 ºC – 800 ºC) and of natural corrosion on opal phytoliths. En: *Resúmenes del 2nd International Meeting on Phytolith Research*: 73.

Twiss, P.
1992 Morphology of opal phytoliths in C3 and C4 grasses. En: *Plant opal phytolith analysis in archaeology and paleoecology*. Occasional Papers of the Phytolitharien, editado por Rovner, I., pp 4-11. North Carolina State University, Raleigh 1.

Vallejo Gómez, E.
2002 *Morfología e intemperismo de fitolitos en suelos modernos y paleosuelos de la parte central del eje neovolcánico.* Tesis doctoral inédita, Universidad Nacional Autónoma de México, México.

Werner, D.
1976 Silicate metabolism. En: *The biology of diatoms*. Botanical monographs 13, editado por Werner, D. Blackwell Scientific Publications, Oxford London Edinburgh Melbourne.

Wüst, R. A. J. y R. M. Bustin
2003 Opaline and Al-Si phytoliths from a tropical mire system of West Malaysia: abundance, habit, elemental composition, preservation and significance. *Chemical Geology* 200: 267-292.

Yong, R., B. Mohamed y S. Wang
1992 Influence of amorphous silica and iron hydroxide on interparticle action and soil surface properties. *Canadian Geotechnology Journal* 29: 803-818.

Matices Interdisciplinarios en Estudios Fitolíticos y de Otros Microfósiles
M. A. Korstanje y M. del P. Babot, Editoras. BAR International Series S1870, Capítulo 3, pp. 31-38

EXTRACCIÓN DE SILICOBIOLITOS EN DISTINTOS SEDIMENTOS UTILIZANDO DOS TÉCNICAS BÁSICAS

EXTRACTION OF SILICA BIOLITH IN DIFFERENT SEDIMENTS USING TWO BASIC TECHNIQUES

Álvarez, M. Fernanda[1,2], Natalia Borrelli [1,2] y Margarita Osterrieth[1].
[1]Centro de Geología de Costas y del Cuaternario. FCEyN – UNMdP. CC 722 Correo Central 7600 Mar del Plata. (0223)475-4060. [2] CONICET. mfer_alvarez@yahoo.com.ar

ABSTRACT

The aim of this study is to make a methodological adjustment to the basic techniques used for silica biolith extraction in soils, paleosols and loess. Samples from Argentina, representating 5 distinct environments of the east-southeast of the province of Buenos Aires, were analized: hydromorphic paleosol, paleobasin, loessic paleosol, A-horizon of typical Argiudoll, and loess. Two techniques were applied in the treatment of samples: Technique I: granulometric separation (fractions < 38 μm and 38-62 μm) followed by heavy liquid separation with sodium polytungstate (δ =2.3 g/cm^3), and Technique II: centrifugation of the whole sample for different periods of time (3, 7 and 20 minutes), followed by heavy liquid separation with sodium polytungstate (δ =2.3 g/cm^3). With both techniques, the results show a predominance of phytoliths and much lower proportions of diatoms, chrysophytes and zooliths. However, we suggest the use of Technique II for silica biolith extraction for all types of samples such as ours, because of the greater diversity of phytolith morphotypes obtained as compared with Technique I, and because of Technique II's production of cleaner microscope slides with fewer clay particles, allowing for easier microfossil counting. Regarding the time of centrifugation, there were no differences in the number of biominerals and morphotypes of phytoliths when differing times were used with Technique II. Therefore, since a longer time for the centrifugation of samples is unnecessary, a centrifugation time of only 3 minutes is recommended

Key words: *Silica bioliths analysis, Granulometric and densimetric separation, Centrifugation*

RESUMEN

El objetivo del presente trabajo fue realizar un ajuste metodológico en las técnicas básicas utilizadas para la extracción de silicobiolitos en suelos, paleosuelos y sedimentos loéssicos. Se trabajó con muestras representativas de distintos ambientes del sector ESE de la provincia de Buenos Aires. Se utilizaron 2 técnicas diferentes en el tratamiento de las muestras: Técnica I: separación granulométrica (fracción < 38 μm y fracción 38-62 μm) y densimétrica con politungstato de sodio (δ =2,3 g/cm^3) y Técnica II: centrifugación de la muestra total a distintos tiempos (3, 7 y 20 minutos) y separación densimétrica con politungstato de sodio (δ =2,3 g/cm^3). Los resultados obtenidos muestran una predominancia en el porcentaje de fitolitos con respecto al de diatomeas, quistes de crisostomatáceas y espículas de espongiarios. Se sugiere la utilización de la Ttécnica II para la extracción de silicobiolitos de muestras de sedimentos loéssicos, paleolagunas, sedimentos loéssicos pedogenizados, suelos hidromórficos y Argiudoles típicos, debido a la obtención de mayor diversidad de morfotipos de fitolitos que no se hacen evidentes con la Técnica I, y de montajes más claros y limpios de minerales de arcilla lo que facilita el recuento. Con respecto a los distintos tiempos de centrifugación, no se observaron diferencias en cuanto al número de biominerales y los morfotipos de fitolitos obtenidos, por lo que, debido al menor tiempo operativo requerido, se propone la Técnica II a 3 minutos de centrifugación para el estudio de silicobiolitos en las muestras analizadas

Palabras claves: *Análisis de silicobiolitos, Separación granulométrica y densimétrica, Centrifugación*

INTRODUCCIÓN

El análisis de biominerales de sílice amorfo (silicobiolitos: fitolitos, diatomeas, quistes de crisostomatáceas, zoolitos o espículas de espongiarios) encontrados en el suelo (Golyeva 1999), puede indicar condiciones pasadas y modernas de pedogénesis y tendencias evolutivas en suelos y pedosedimentos. La primera etapa de este análisis consiste en la extracción de los silicobiolitos a partir de la muestra de suelo o sedimento. De acuerdo a la naturaleza de la muestra y al objetivo de estudio han sido propuestos distintos métodos de extracción (Bertoldi de Pomar 1973; Rovner 1983; Kondo *et al.* 1987; Piperno 1988; Madella 1996; Madella *et al.* 1998; Zucol y Osterrieth 2002). A su vez, un gran número de procedimientos pueden ser utilizados para la extracción de fitolitos específicamente (Twiss 1969; Rovner 1971, 1972; Carbone 1977; Fredlund 1986; Piperno 1988; Pearsall 1989; Mulholland y Rau 1985 en Zhao y Pearsall 1998), lo cual sugiere que no hay un protocolo estandarizado para la extracción de fitolitos en distintos tipos de sedimentos. Este varía de acuerdo a la naturaleza y a la composición química y temporal de los sedimentos, por lo que se hace necesario realizar un ajuste de las distintas técnicas en uso, a fin de definir la que mejor se adecua a los sedimentos a estudiar. Los procedimientos utilizados en la extracción de silicobiolitos se basan en la separación con líquido pesado (bromoformo, bromuro de cinc, ioduro de cadmio, politungstato de sodio, etc.) (Zhao y Pearsall 1998). Las variantes en esta técnica incluyen, además del líquido pesado utilizado, cambios en la sucesión de tratamientos, utilización de distintos compuestos químicos y uso de diferentes métodos para la defloculación y remoción de arcillas y para la extracción de silicobiolitos. Estas metodologías básicas con pequeñas variantes pueden ser aplicadas a muestras de suelos y sedimentos (Piperno 1988).

Dentro de los biominerales, los silicobiolitos son los componentes mayoritarios en suelos y sedimentos de ambientes terrestres, de donde surge la importancia de su estudio para interpretaciones ambientales y paleoambientales.

A partir de lo expuesto el objetivo del presente trabajo es realizar un ajuste metodológico en las técnicas básicas utilizadas para la extracción de silicobiolitos en suelos, paleosuelos y sedimentos loéssicos.

MATERIALES Y MÉTODOS

El área de estudio se ubica en el sector este-sudeste de la Provincia de Buenos Aires, comprendida entre los paralelos 37°10' y 38°00' de latitud S y entre los meridianos 57°55' y 57°10' de longitud O (Figura 1A). Se reconocen tres ambientes geomórficos: Sierras, Franja eólica periserrana y Planicie fluvioeólica (Martínez 1998 y 2001) (Figura 1B), donde se presentan distintos niveles pedológicos con loess, loess retrabajado, depósitos interestratificados de paleosuelos, paleocauces y paleolagunas (Osterrieth y Martínez 1992). Los suelos del área pertenecen a una consociación dominada por Argiudoles típicos, ubicados en los sectores elevados de las lomas loéssicas, Hapludoles thaptoárgicos en las partes llanas y Hapludoles ácuicos en los bajos (Instituto Nacional de Tecnología Agropecuaria [INTA] 1987). Se utilizaron muestras de suelos y sedimentos representativas de distintos ambientes de la planicie fluvioeólica: paleosuelo hidromórfico (PH), paleolaguna (PL), paleosuelo loéssico (PS), horizonte A de Argiudol típico (HzA) y sedimentos loéssicos (L). Las mismas fueron sometidas a un pre-tratamiento con H_2O_2 y HCl para la eliminación de materia orgánica y carbonatos respectivamente, se dividieron en dos partes iguales y se procedió a la extracción de silicobiolitos siguiendo las Técnicas I (Zucol y Osterrieth 2002) y II (modificación de Madella *et al.* 1998) (Figura 2). En esta última, las centrifugaciones para la obtención de la muestra total y de la fracción sílice amorfo se realizaron a diferentes tiempos: 3', 7' y 20'. El análisis cuali-cuantitativo de silicobiolitos se realizó, para ambas técnicas, mediante el conteo de 500 granos bajo microscopio óptico según el método de banda (Van der Plas 1962), siguiendo la clave de Twiss (1969) y Bertoldi de Pomar (1971).

Figura 1. A. Mapa de ubicación del área de estudio. B. Diagrama mostrando los tres ambientes geomórficos del área (Martínez 2001).

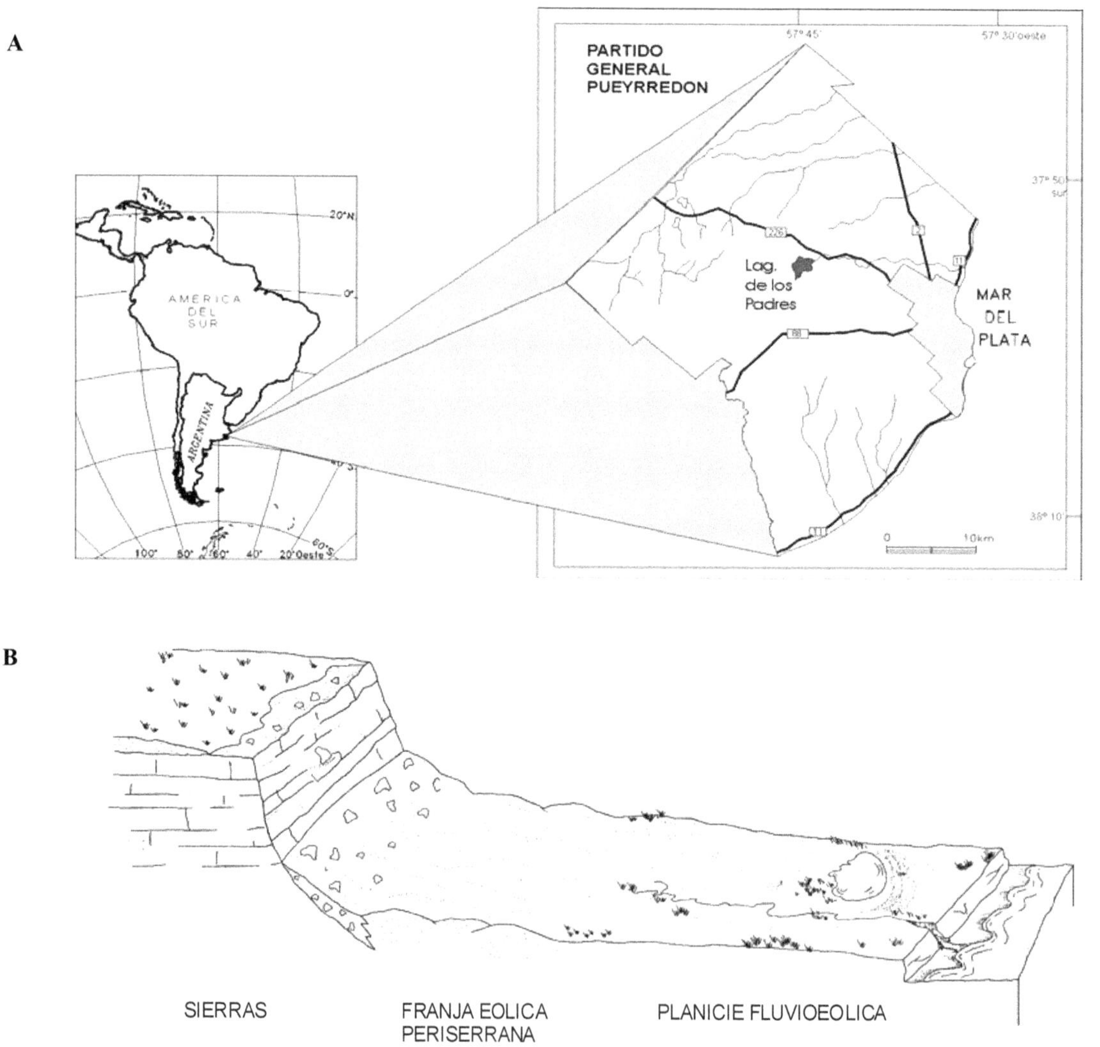

Figura 2. Técnicas de extracción de silicobiolitos.

Técnica I	**Técnica II**
muestra sedimento ↓ secar a 50 °C por 48-72 hs. ↓ desagregación ↓ eliminación de sales solubles con agua destilada y de $^{-}CO_3$ con HCl ↓ dispersión para desagregar el material clástico con Calgón [$(NaPO_3)6$] (5%) ↓ eliminación MO con agua oxigenada (30%) ↓ separación granométrica: sifonado y tamizado en húmedo (<38 y 38-62 m) **fracciones totales** ↓ separación densimétrica con politungstato de sodio [Na_6 ($H_2W_{12}O_{40}$) H_2O] (δ=2,3) fracciones liviana y pesada, ésta última se descarta ↓ preparados de fracciones total y liviana (fitolitos)	muestra sedimento ↓ tomar 5 gr. ↓ agregar agua oxigenada ↓ agregar HCl (2.5 ml) ↓ agregar Calgón [$(NaPO_3)6$] 0.5% (5 ml) ↓ centrifugación 3', 7', 20' a 1000 rpm precipitado: **muestra total** ↓ centrifugación con politungstato de sodio [Na_6 ($H_2W_{12}O_{40}$) H_2O] (δ=2,3) 3', 7', 20' a 1000 rpm ↓ sobrenadante centrifugación 5' a 1500 rpm ↓ lavar con agua y alcohol ↓ secar en estufa ↓ preparados

RESULTADOS Y DISCUSIÓN

Cantidad de silicobiolitos

El porcentaje de silicobiolitos obtenido con la Técnica II fue mayor que el obtenido con la Técnica I, ya que se trabaja con la totalidad de la muestra sin separación granulométrica (Figuras 3 y 4). En todas las muestras se observó un predominio en el porcentaje de fitolitos extraídos con ambas técnicas, respecto al porcentaje de diatomeas, quistes y zoolitos. En las muestras de paleosuelos hidromórficos y paleolaguna, el porcentaje de diatomeas, quistes y zoolitos, fue mayor que en las demás muestras analizadas (Figura 6). La presencia de estos tres microfósiles procedentes de organismos acuáticos estarían indicando condiciones de hidromorfismo anteriores o posteriores al desarrollo de estos paleosuelos El porcentaje de estos componentes fue mayor en las muestras tratadas con la Técnica II respecto de la Técnica I (Figura 3).

El contenido de fitolitos respecto al total de los componentes mineralógicos del suelo, fue mayor con la Técnica II en las muestras correspondientes a paleosuelo hidromórfico y paleolaguna, indicando la presencia de una densa cobertura vegetal durante la evolución de esos suelos hidromórficos. En el horizonte A del Argiudol típico el porcentaje de fitolitos fue mayor en los primeros 7cm y disminuyó hacia los niveles subsuperficiales del mismo.

Con respecto a los distintos tiempos de centrifugación, en general no se observaron diferencias en el porcentaje de silicobiolitos obtenido a partir de las muestras analizadas. En la técnica clásica utilizada para la extracción de diatomeas, el tiempo de centrifugación es 7 minutos; sin embargo, en las muestras analizadas en este trabajo, se obtuvo el mismo porcentaje de estos biominerales en los distintos tiempos de centrifugación.

Debido a la similitud de los resultados obtenidos a los diferentes tiempos de centrifugación y al menor tiempo operativo requerido se propone la centrifugación a 3 minutos para la obtención de los distintos silicobiolitos.

Morfologías de fitolitos

En general, no se observaron fitolitos articulados en las muestras analizadas. Con la Técnica I, en las muestras de paleosuelo hidromórfico (PH), paleolaguna (PL), paleosuelo (PS) y sedimento loéssico (L), se encontraron en ambas fracciones morfotipos de fitolitos pertenecientes a la clase pooide: rectangulares lisos como predominantes y rectangulares crenados. También, en estas muestras se observó un gran porcentaje de estrobilolitas. En el horizonte A del Argiudol típico predominaron las flabelolitas y los fitolitos pertenecientes a las clases pooide (rectangulares) y elongados (Figura 5). En las muestras de paleosuelos y sedimentos loéssicos analizadas con la Técnica II, también predominaron las estrobilolitas y los silicofitolitos pertenecientes a la clase pooide (rectangulares lisos y crenados), pero en mayor porcentaje respecto de la Técnica I (Figura 7 A,B,D,E,F,G). Además se observaron morfologías circulares y elípticas (clase pooide), halteriformes (clase panicoide), trapezoidales y aculeolitas. En el horizonte A del Argiudol típico el porcentaje de formas rectangulares y estrobilolitas fue mayor que el observado con la Técnica I, esto no ocurre con los morfotipos elongados que se encontraron en muy bajos porcentajes a diferencia de la otra técnica (Figura 7 E,F,G,H).

Teniendo en cuenta la predominancia de estrobilolitas y de morfologías pertenecientes a la clase pooide en los paleosuelos estudiados, podemos inferir una cobertura vegetal pasada en el lugar de estudio, compuesta principalmente por gramíneas con una vía de fijación del carbono de tipo C_3, en relación a lo mencionado por Twiss (1992) para regiones templadas.

En cuanto a los tiempos de centrifugación, las morfologías de fitolitos se repiten en aproximadamente los mismos porcentajes a 3, 7 y 20 minutos para las muestras PH, PL, PS y L. Los resultados ponen en evidencia el mayor número y diversidad de morfotipos de fitolitos obtenidos con la técnica II respecto de la Técnica I, además de montajes más claros y limpios de minerales de arcilla lo que facilita el recuento. Con respecto a los distintos tiempos de centrifugación, no se observaron diferencias en cuanto al número de biominerales y los morfotipos de fitolitos obtenidos. Por lo tanto, se sugiere la utilización de la Técnica II a 3 minutos de centrifugación para la extracción de silicobiolitos de muestras de sedimentos loéssicos, paleolagunas, sedimentos loéssicos pedogenizados, suelos hidromórficos y Argiudoles típicos.

CONCLUSIONES

Durante el análisis de las muestras de paleolaguna, paleosuelos hidromórfico, paleosuelo y sedimento loéssicos, horizonte A de Argiudol típico, representativas de la planicie fluvioeólica de la llanura pampeana se obtuvo un mayor número de biominerales silíceos y una mayor diversidad de morfotipos de fitolitos (aculeolitas, trapezoidales, elípticos, circulares) con la Técnica II a 3 minutos de centrifugación. Por lo que esta técnica además del menor tiempo operativo requerido sería la adecuada para la extracción de estos componentes.

Las morfologías de fitolitos obtenidas pertenecientes en su mayoría a la clase pooide (rectangulares, circulares, elípticos), revelan la presencia actual y pasada en este sector de estudio de una vegetación con una vía de fijación del carbono de tipo C_3.

AGRADECIMIENTOS

Este trabajo se realizó gracias al proyecto Geoecología de suelos y ambientes sedimentarios del Cuaternario (EXA 292/04) subsidiado por la Universidad Nacional de Mar del Plata. Los autores desean agradecer a la cartógrafa Virginia Bernasconi por la realización del mapa del área de ubicación.

Figura 3. Porcentaje de silicobiolitos respecto del total de componentes mineralógicos del suelo.

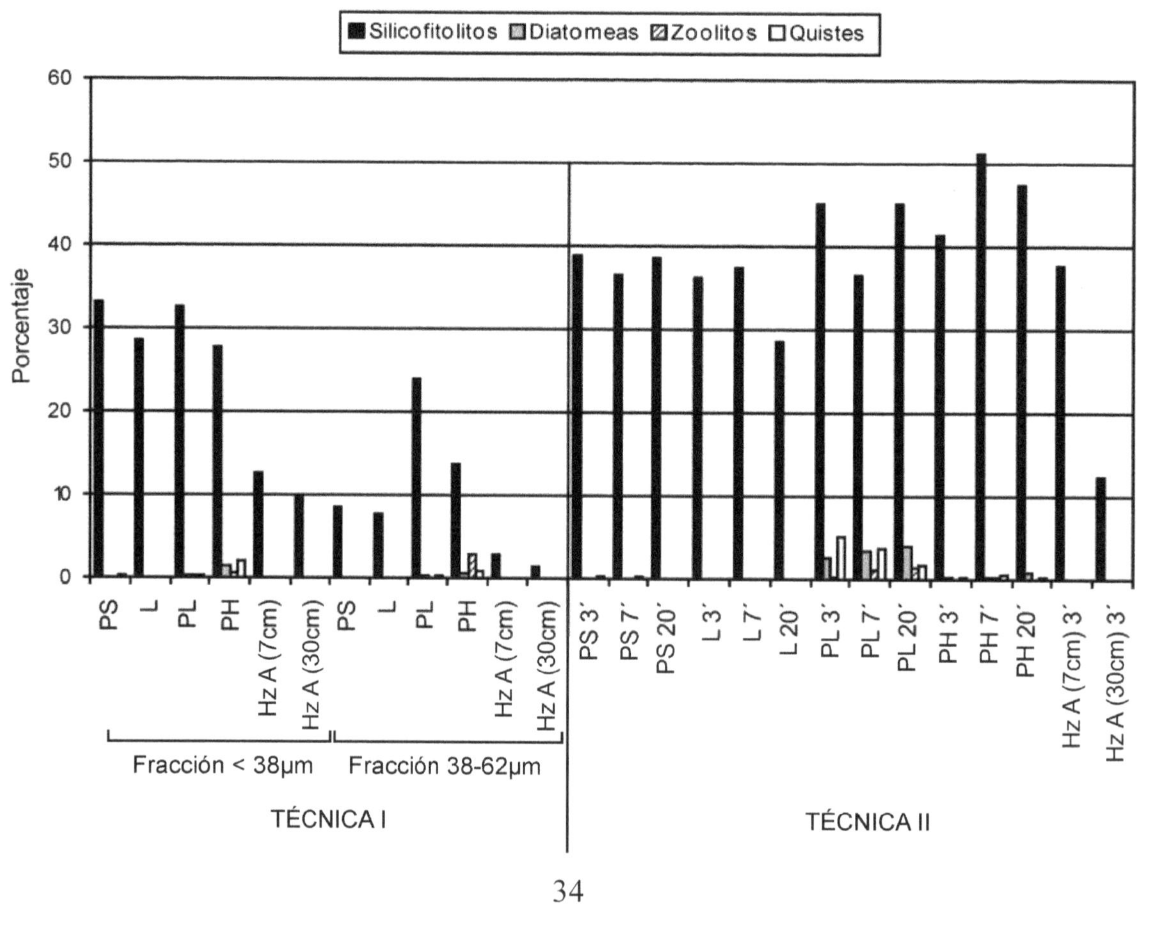

Figura 4. A y B: Silicobiolitos obtenidos con la Técnica I .C y D: Silicobiolitos obtenidos con la Técnica II. F: fitolitos, D: diatomeas, Q: quistes, Z: zoolitos. Barra: 25μm.

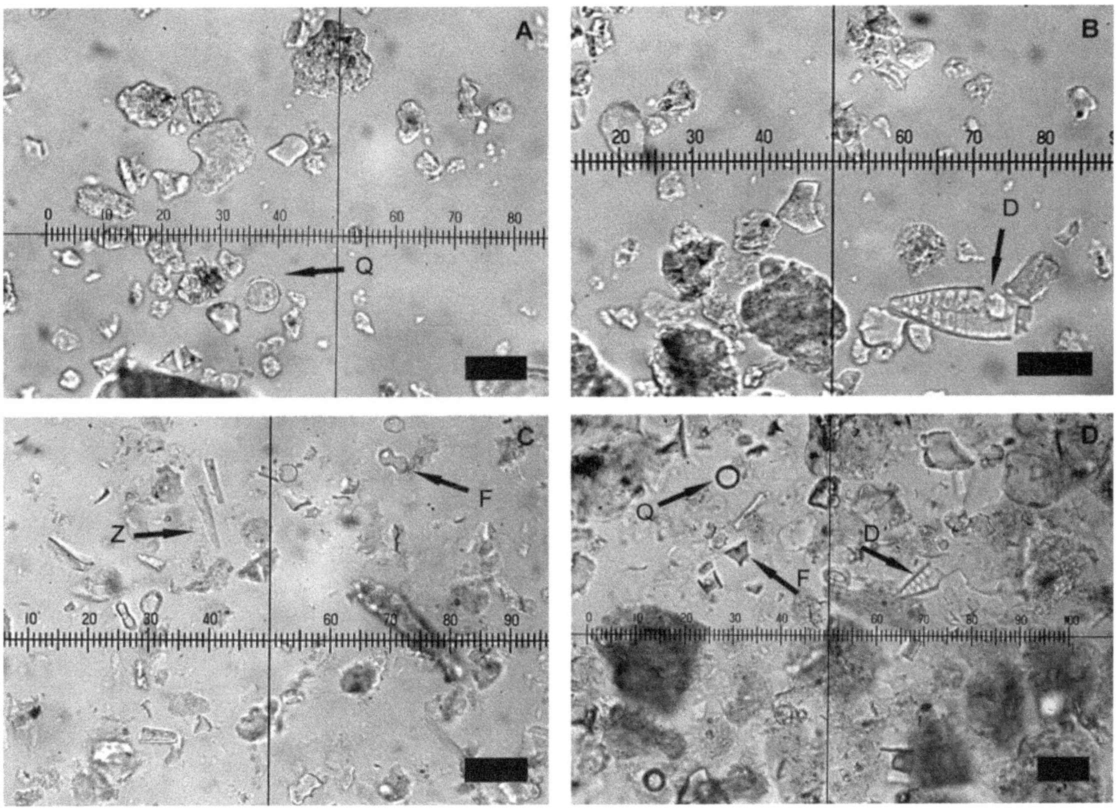

Figura 5. Porcentaje de morfotipos de fitolitos obtenidos con cada técnica.

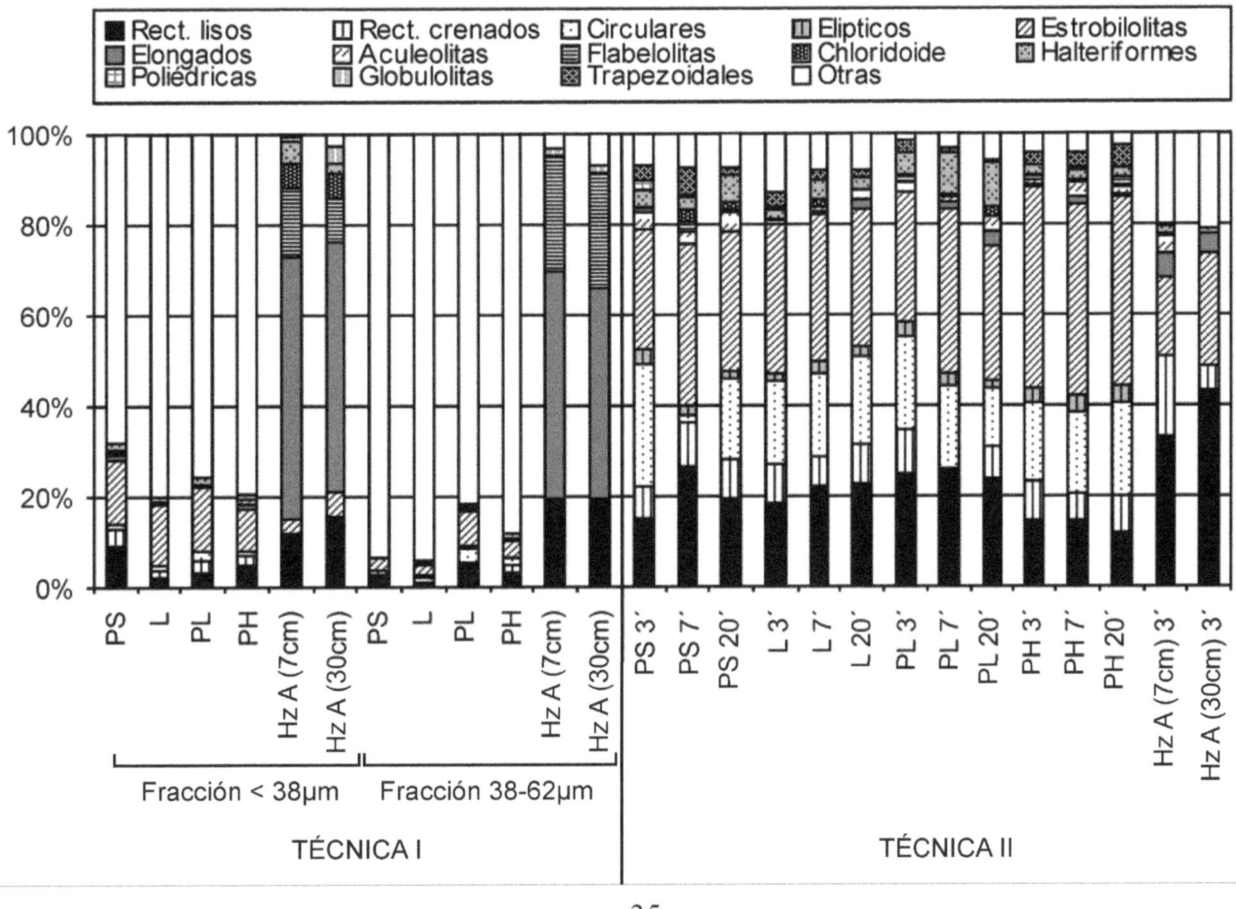

Figura 6. Silicobiolitos obtenidos con la Técnica II en paleolaguna y paleosuelo hidromórfico. D: diatomeas (C). Q: quistes (D, G). Z: zoolitos (A, B, E) y F: fitolitos (A-H). Barra: 25µm.

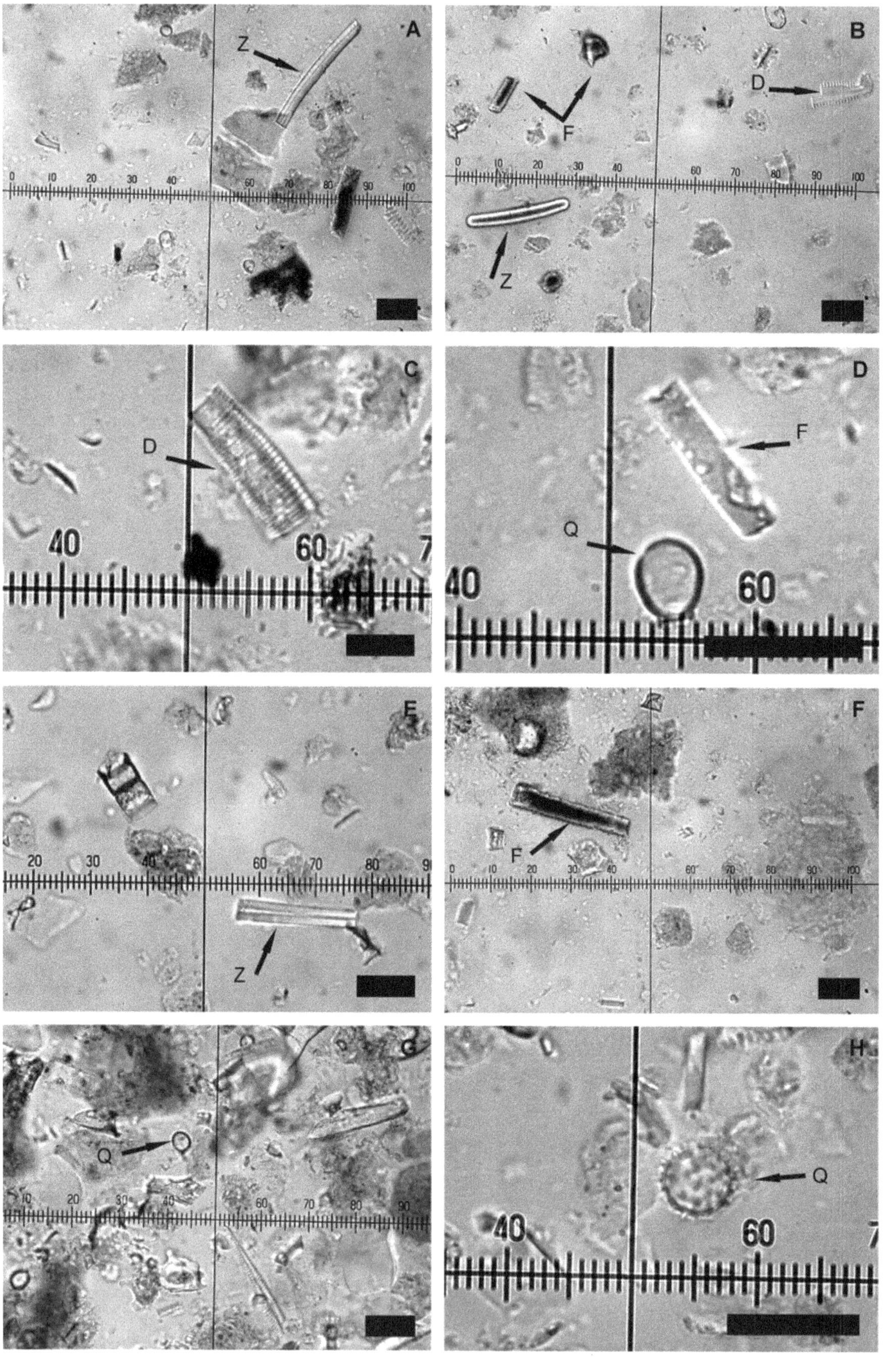

Figura 7. Fitolitos obtenidos con la Técnica II: en sedimentos loéssicos (A-D), en horizonte A de Argiudol típico (E-H). E: elongados. A: aculeolitas. R: rectangulares. H: halteriolitas. Es: estrobilolitas. Barra: 25 μm.

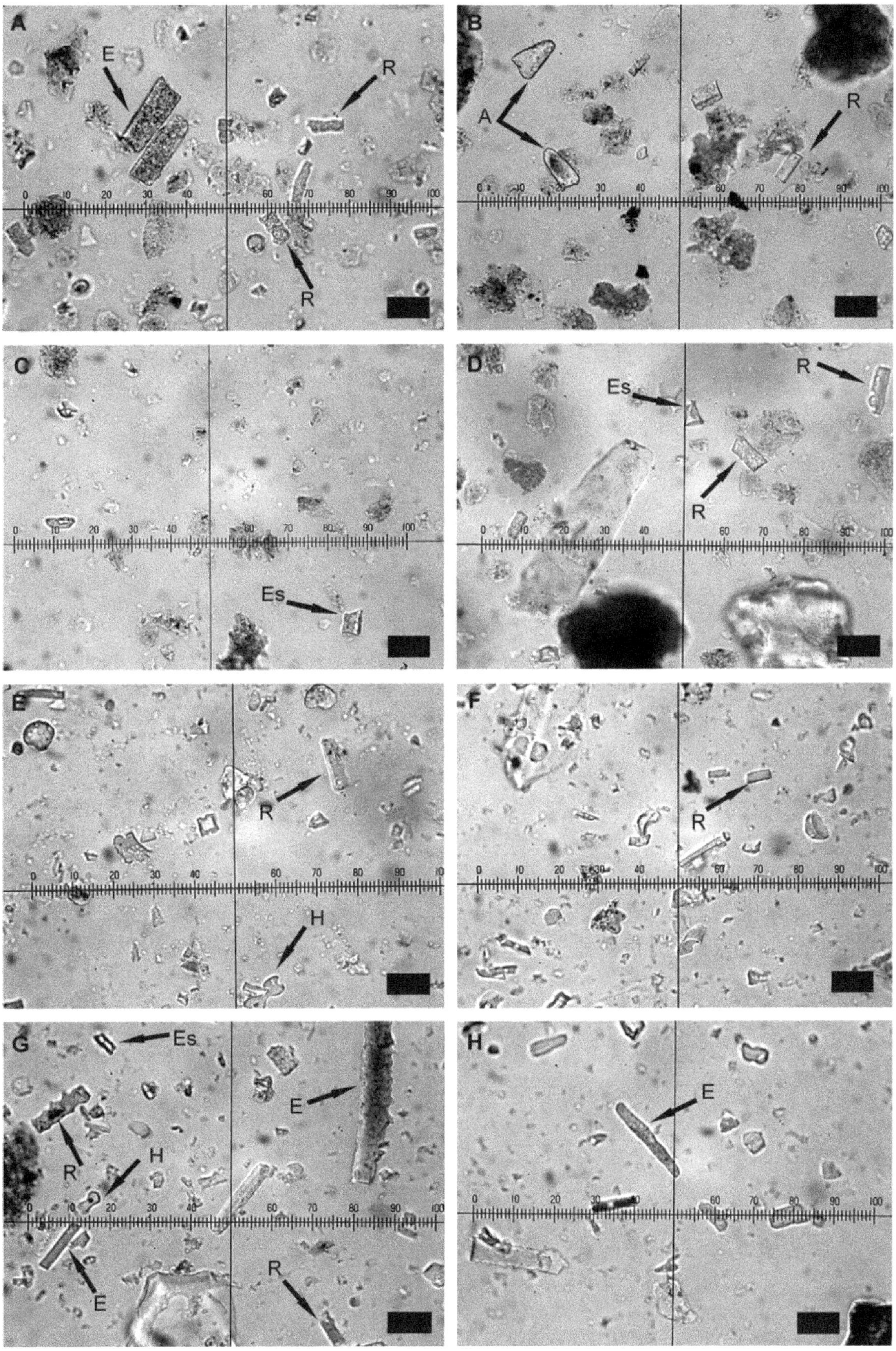

BIBLIOGRAFÍA

Bertoldi de Pomar, H.
1970 Fitolitos y Zoolitos. Su Significado Geológico en Sedimentos Continentales. *Boletín de la Asociación Geológica de Córdoba.* Tomo I (I):21-31.
1971 Ensayo de Clasificación Morfológica de los Silicofitolitos. *Ameghiniana.* Tomo 8: 317-327.
1973 Crisostomatáceas en Sedimentos de Fondo de la Laguna de Guadalupe. *Revista Asociación Ciencias Naturales Litoral.* Nro 4. 73-86.

Golyeva, A.
1999 Biomorphic Analysis as a Part of Soil Morphological. Investigations. *Catena* 43 (2001): 217-230.

Instituto Nacional de Tecnología Agropecuaria (INTA)
1987 *Unidad de Recursos de Suelos: Mapa Geomorfológico y de Suelos de la Provincia de Buenos Aires.* Escala 1:50.000. Castelar.

Kondo, R., T. Sase. and Y. Kato
1987 Opal Phytolith Analysis of Andisols with Regard to Interpretation of Paleovegetation. En: *Proceedings of the Ninth International Soil Classification Workshop*, editado por D.I. Kinloch, 520-534. Japón.

Madella, M.
1996 Phytoliths from a Central Asia loess-paleosol Sequence and Modern Soils: Their Taphonomical and Palaeoecological Implications. En: Centro de Ciencias Medioambientales. *Estado actual de los estudios de fitolitos en suelos y plantas,* editado por Pinilla, A.; Treserras, J. y M.J. Machado. 49-56.

Madella, M; Power-Jones, A. H. and M. K. Jones
1998 A Simple Method of Extraction of Opal Phytoliths from Sediments using a Non-Toxic Heavy Liquid. *Journal of Archaeological Science*: 801-803.

Martínez, G. A.
1998 Identificación de Paisajes Relictuales del Pleistoceno tardío – Holoceno con Imágenes Ópticas y de Radar en el Sudeste de la Provincia de Buenos Aires. *V Jornadas Geológicas y Geofísicas Bonaerenses*. Mar del Plata, 9-11 de diciembre. 103-109.
2001 La influencia de un paisaje heredado sobre el escurrimiento superficial en la Región Pampeana. En: *Manejo Integral de Cuencas Hidrográficas y Planificación Territorial, Workshop*, editado por Liliana Teruggi. Necochea.

Osterrieth, M. L. y G. A. Martínez
1992 Palaesols on late Cainozoic Loessic Sequences in the Nnortheastern Side of Tandilia Range, Buenos Aires, Argentina. *Quaternary International* Vol. XVII: 57-65.

Piperno, D.
1988 *Phytolith Analysis An Archaeological and Geological Perspective.* Academic Press, Inc.

Rovner, I.
1986 Plant opal phytolith analysis: Major Advances in Archaeobotanical Research. En: *Advances in Archaeological Method and Theory.* 6:225-266. New York.

Twiss, P. C.; E. Suess and R. Smith
1969 Morphological Classfication of the Grass Phytoliths. *Soil Science Society America Proc.* Vol 33: 109-115.

Twiss, P. C.
1992 Predicted world distributions of C_3 and C_4 grass phytoliths. En: *Phytoliths Systematics*, editado por Rapp, G. y S.C Mulholland , Plenum Press, Nueva York. 113-128.

Van der Plas, L.
1962 Preliminary Note on the Granulometric Analysis of Sedimentary Rocks. *Sedimentology*, 1: 145-157.

Zucol, A. y M. L. Osterrieth
2002 Técnicas de Preparación de Muestras para la Extracción de Fitolitos. *Ameghiniana* 39 (3): 379-382.

Zhao, Z. and D. M. Pearsall
1998 Experiments for Improving Phytolith Extraction from Soils. *Journal of Archaeological Science* 25: 587–598.

Matices Interdisciplinarios en Estudios Fitolíticos y de Otros Microfósiles
M. A. Korstanje y M. del P. Babot, Editoras. BAR International Series S1870, Capítulo 4, pp. 39-45

ANÁLISIS COMPARATIVO METODOLÓGICO Y ESTUDIO DE LA ABUNDANCIA FITOLÍTICA EN TÁRTARO DE DIENTES HUMANOS DE SITIOS ARQUEOLÓGICOS DE LA PROVINCIA DE BUENOS AIRES, ARGENTINA

COMPARATIVE ANALYSES OF PHYTOLITH EXTRACTION METHODS AND PHYTOLITH ABUNDANCE IN HUMAN DENTAL TARTAR SAMPLES FROM ARCHAEOLOGICAL SITES IN BUENOS AIRES PROVINCE, ARGENTINA

Zucol, Alejandro F. [1] y Daniel M. Loponte[2]
[1]Laboratorio de Paleobotánica, CICYTTP-Diamante (CONICET), Materi y España s/n, 3105 Diamante, Entre Ríos, Argentina, cidzucol@infoaire.com.ar
[2]Instituto Nacional de Antropología y Pensamiento Latinoamericano y Cátedra de Anatomía Comparada, Facultad de Ciencias Naturales (UNLP), dloponte@fibertel.com.ar

ABSTRACT

Dental tartar samples from 5 archaeological sites in the northeast of Buenos Aires province (La Bellarca site 2, Arroyo Malo, Garín, Arroyo Fredes and Guazunambí) were compared and analyzed. The samples were obtained from 7 isolated dental pieces and 2 semi-articulated half-mandibles with 7 pieces each. These analyses were carried out in three stages. The first stage aimed at determining the potential for recovering tartar from dental samples from different sites. For this purpose, the isolated dental pieces were utilized. In the second stage, based on the fact that one of the isolated pieces showed a relatively high abundance of remains, differing methodological processes were compared to establish the variety of remains that could be extracted, and the best methods to use for their recovery. The third stage was focused on qualitative and quantitative comparative analyses of the dental pieces from the same half-mandible in order to evaluate variability in the nature of remains according to the individual's masticatory mechanics. The results of the abundance analysis were different in each piece, from lack of remains entirely to the presence of phytoliths, other siliceous remains, and organic matter. In the methodological tests, processing that incorporated both acid and hydrogen peroxide treatments allowed for the best recovery of siliceous microremains. Extraction attempts using only acid treatment worked best for recovering organic components of tartar samples, while treatment with hydrogen peroxide caused problems with altering organic matter when attempting to extract it, and full dispersion of the matrix was not achieved. The analyses of the related dental pieces showed differences concerning tartar accumulation in each piece, as well as a certain degree of variability in abundance of micro-remains between each group of pieces. Overall, it was possible to find particular characteristics that could allow for differentiation between samples.

Key words: *Phytoliths, Human tartar, Methodology, Archaeological sites, Buenos Aires, Argentina*

RESUMEN

Se analizaron en forma comparativa muestras de tártaro dental provenientes de piezas de sitios arqueológicos del Noreste de la provincia de Buenos Aires (La Bellaca, Arroyo Malo, Garín, Arroyo Fredes y Guazunambí). Las muestras se obtuvieron de piezas dentales aisladas (7) y piezas vinculadas por restos óseos (dos hemimandíbulas con 7 piezas cada una). Estos análisis se realizaron en tres etapas. La primera, tendiente a establecer la abundancia potencial de microrrestos en los distintos sitios, para lo que se utilizaron las piezas aisladas; la segunda, sobre una de esas piezas aisladas que mostró elevada abundancia relativa, se ensayaron distintos procesos metodológicos con la finalidad de establecer qué tipos de restos se podrían concentrar y qué metodología resultaba más adecuada; la tercer etapa consistió en un análisis comparativo cuali-cuantitativo de las piezas dentales de una misma hemimandíbula con la finalidad de establecer la variabilidad de depositación de estos restos de acuerdo a la mecánica masticatoria del individuo. El análisis de abundancia, mostró una disparidad de resultados de acuerdo a la pieza, desde la ausencia de restos hasta la presencia de fitolitos, restos orgánicos y silíceos. En los ensayos metodológicos, el tratamiento ácido conjuntamente con el de peróxido de hidrógeno, permitieron obtener los micro-restos silíceos. En el tratamiento ácido se obtuvieron los restos orgánicos y se dispersó la matriz del tártaro. Mientras que con peróxido resultó muy difícil establecer el tiempo necesario para que la digestión liberara la materia orgánica sin alterarla, y no se logró la dispersión plena de la matriz. Los análisis de las piezas dentales asociadas, mostraron diferencias en lo referente a la acumulación de tártaro en cada pieza, como así también un cierto grado de variabilidad en la abundancia de microrrestos en cada conjunto de piezas. No obstante, en su conjunto, pudieron hallarse características particulares que servirían para diferenciarlas.

Palabras clave: *Fitolitos, Tártaro en dientes humanos, Metodología, Sitios arqueológicos, Buenos Aires, Argentina*

INTRODUCCIÓN

En la bibliografía fitolítica existen algunos ejemplos sobre el estudio de fitolitos incrustados en dientes de homínidos (Ciochon *et al.* 1990; Piperno y Ciochon 1990; Juan-Tresserras *et al.* 1997; Thompson y Staller 2001; Ramírez Ríos *et al.* 2005), en tártaro dental (Cummings y Magennis 1997; Buchet *et al.* 2001), en tártaro dental de animales herbívoros (Middleton 1990, Middleton y Rovner 1994, Gobetz y Bozarth 2001, Rovner inédito), y la relación de los fitolitos cálcicos (Finley 1999) y silíceos (Baker *et al.* 1961a, 1961b; Rovner 1988) con la ingesta de distintos herbívoros.

En Argentina no se han realizado investigaciones en esta temática en particular, si bien los análisis fitolíticos han sido implementados en distintos estudios arqueológicos (Babot 2005; Osterrieth *et al.* 2000; Würschmidt y Korstanje 1999; Zucol *et al.* 2000).

La presente contribución enumera los resultados obtenidos del ensayo comparativo-metodológico que se efectuó sobre tártaro depositado en piezas dentales procedentes de sitios arqueológicos de la provincia de Buenos Aires (Argentina), con la finalidad de establecer la presencia de fitolitos y material orgánico en los mismos (principalmente restos de tejidos), y las técnicas que más se adecuaban para su liberación y estudio.

Con posterioridad, se aplicaron los resultados metodológicos al análisis de tártaro dental proveniente del conjunto de piezas dentales de dos hemimandíbulas derechas halladas en los sitios arqueológicos Guazunambí y La Bellaca 2 (Figura 1).

Figura 1. Piezas dentales de hemimandibulas derechas. A) Sitio arqueológico Guazunambí, B) Sitio arqueológico La Bellaca 2, provincia de Buenos Aires, Argentina. Escala gráfica: 2 cm.

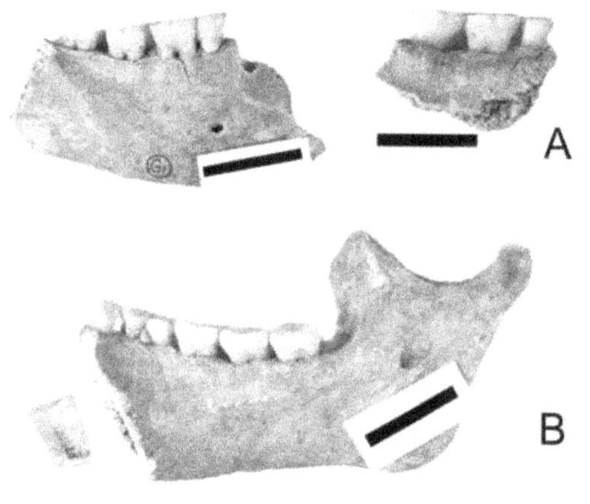

CARACTERÍSTICAS DE LOS MUESTREOS

Ambos depósitos, correspondientes al Holoceno tardío, se encuentran en el humedal asociado al río Paraná inferior. Es importante destacar que análisis isotópicos previos sobre restos óseos humanos, han demostrado que la dieta de las poblaciones prehispánicas del área incluían un alto porcentaje de productos vegetales en su dieta (Acosta y Loponte 2008).

El cribado y flotación de sedimentos provenientes de los sitios arqueológicos del área ha detectado la presencia de endocarpos carbonizados de *Syagrus romanzoffiana* (Cham.) Glassman. Un fechado sobre estos microvestigios recuperados en el sitio Las Vizcacheras ha arrojado la misma antigüedad que la ocupación arqueológica (Loponte 2006, Loponte *et al.* 2006). Asimismo, los valores isotópicos de $\delta^{13}C$ orgánico realizado en restos óseos humanos, sugieren el consumo de vegetales C_4 por parte de horticultores procedentes de los bosques tropicales de la cuenca (Loponte y Acosta 2003-2005).

Sin embargo, la posibilidad de precisar las especies vegetales efectivamente consumidas por las poblaciones prehispánicas se encuentra fuertemente limitada, debido a la nula preservación de macrovestigios vegetales y a la equifinalidad inherente a la información procedente de los estudios isotópicos. De esta forma, la determinación de los fitolitos y de los componentes orgánicos asociados a cálculos dentales, ofrece una vía metodológica de gran valor para avanzar en la determinación taxonómica de la dieta vegetal de estos grupos prehispánicos.

MATERIALES Y MÉTODOS

El material utilizado para este ensayo metodológico corresponde a los sitios arqueológicos La Bellaca sitio 2 -LBS2 A y B- (34° 22' LS, 58° 39' LO), Garín -Garin 3- (34° 22' LS, 58° 42' LO), Arroyo Malo Arroyo Malo 6628 A y B- y Arroyo Fredes -Arroyo Fredes 6865 A y B-. Los dos primeros se encuentran en el área de los bajíos ribereños y los restantes en el sector insular del Paraná inferior.

Para los ensayos metodológicos se utilizó la pieza LBS2/4 B, la cual contaba con una abundante cantidad de tártaro. Mientras que para la evaluación de la abundancia fitolítica y de fragmentos tisulares orgánicos de la totalidad de las piezas. Para su cuantificación se tuvo en cuenta la abundancia relativa de estos restos en cada una de las piezas analizadas.

Como consecuencia de la variada composición y de las características particulares del tártaro dental, se experimentaron distintas técnicas, tendientes a liberar los microrrestos de la matriz, para lo cual se consideró desde el punto de vista metodológico dos tipos de componentes químicos: los inorgánicos y los orgánicos. En lo referente a los componentes inorgánicos, los tipos más frecuente son: los cálcicos (con origen en la formación del tártaro o endógeno) o bien formados con anterioridad e incorporados en la ingesta (origen exógeno) y los silíceos (en su totalidad de origen exógeno).

El material dentario obtenido por separación mecánica de cada pieza previamente limpia, se trituró en mortero de modo suave con la finalidad de homogeneizar los fragmentos, sin llegar a una molienda del mismo, la cual pudiera producir la ruptura del material a estudiar.

Para el tratamiento con ácido, las muestras fueron procesadas con solución de ácido acético diluido (10%) por 5 horas, luego de lo que se lavó y neutralizó el material. En lo referente a la eliminación de materia orgánica, la misma se realizó con peróxido de hidrógeno en solución diluida, por un breve lapso de tiempo, con la finalidad de no atacar los restos orgánicos de origen exógeno. Por último, el material resultante de cada procesamiento fue montado para su observación al microscopio óptico en medio líquido (aceite de cedro).

Las pautas metodológicas experimentadas abarcan: 1. Experiencia testigo con material triturado, 2. Experiencia con tratamiento ácido, 3. Experiencia con liberación de materia orgánica, 4. Experiencia con tratamiento ácido y liberación de materia orgánica. Las cuales buscan en forma comparativa establecer la presencia de los distintos microelementos acorde a su composición química. Estas técnicas implementadas pueden resumirse en el protocolo graficado en la Figura 2.

Figura 2. Pautas metodológicas aplicadas al material recuperado de las piezas arqueológicas.

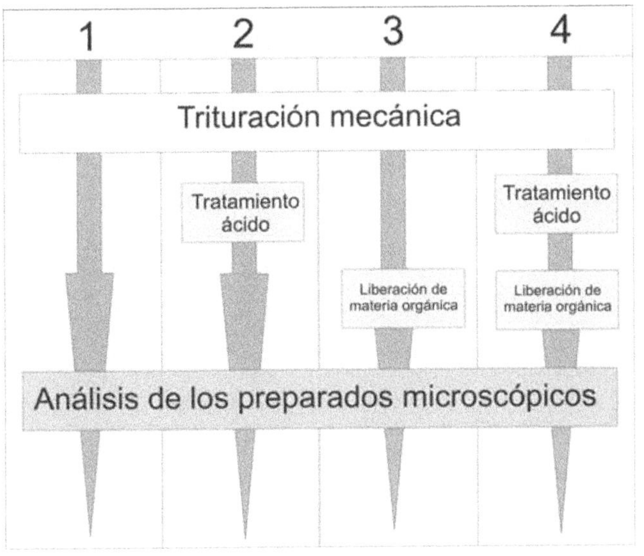

RESULTADOS

Resultados metodológicos

Los resultados obtenidos mediante este ensayo metodológico pueden ser enumerados en el siguiente orden:

1. Ensayo testigo: este procesamiento permitió la observación de material orgánico y fitolítico, los cuales se encontraban formando parte de la matriz de tártaro (Figura 3. A y B). Muchas veces el tártaro no pudo ser desagregado (Figura 4 M), si bien los microrrestos permanecían en la matriz, pudo evidenciarse la presencia de fitolitos y materia orgánica en cada una de las muestras.

2. Tratamiento con ácido: El tratamiento con una solución ácida diluida, permitió observar la presencia de fitolitos de variado tamaño, en especial se pudo comprobar que muchos fitolitos pequeños fueron liberados de la matriz mediante este procedimiento (Figura 4 E, F, G, H y L).
En estas pruebas pudo observarse también la presencia de restos de materia orgánica de diferente origen anatómico (Figura 4 B, C y J).

3. Tratamiento con liberación de materia orgánica: Este procedimiento, si bien permitió concentrar el material silíceo, mostró la elevada sensibilidad del material orgánico al ataque con peróxido de hidrógeno, lo cual resulta riesgoso debido a la variabilidad en la composición del tártaro; es por esta razón que no pudo establecerse dosificación y tiempo de acción de la droga. Lo que en algunos casos obligó a reiterar el procedimiento con variaciones en la dilución y tiempo de acción del reactivo químico.

Figura 3. A-B. Fragmentos de tártaro, C. Rosetas de cristales no silíceos Escala gráfica en B = 20 μm (válida para todas).

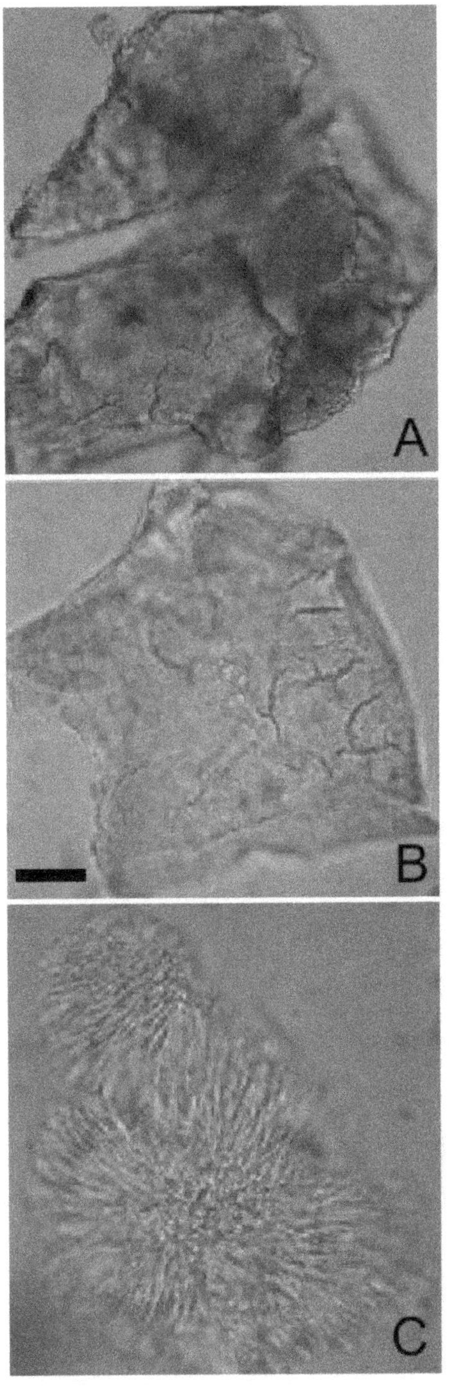

4. Tratamiento conjunto: El tratamiento con ácido sumado a la liberación de materia orgánica fue regido por los inconvenientes detallados en el apartado 3, lo que imposibilitó un buen resultado, con la perdida parcial y en algunos casos total de la materia orgánica, sin afectar los fitolitos.

Como observación de estos ensayos, debe también mencionarse que en el testigo (1), pudo evidenciarse la presencia de rosetas de cristales, presumiblemente de oxalato de calcio (Figura 3, C), los cuales no fueron observados en los otros tres ensayos.

RESULTADOS DE ABUNDANCIA

Piezas disociadas

En lo referente al análisis de abundancia fitolítica de las piezas estudiadas, puede resumirse los siguientes resultados:
1. LBS2/4 A. Presentó poco material tanto fitolítico como de restos tisulares, solo pudo observarse la presencia de cristales de naturaleza incierta.

2. LBS2/4 B. Su abundancia ha sido elevada, en especial en fitolitos. En esta pieza, es de hacer notar que se han hallado fragmentos de espículas de espongiarios (Figura 4 D). Por otra parte, en este ejemplar se halló la mayor variabilidad morfológica de fitolitos con la presencia de fitolitos poliédricos (Figura 4 A), en forma de abanico (Figura 4 M), prismáticos y esféricos (Figura 4 E, F y G); como así también, fitolitos articulados (Figura 4 I).

3. Arroyo Malo 6628 A. Este material presentó una elevada abundancia, en particular de material orgánico, con la presencia de vasos y traqueidas disgregados (Figura 4 B y J) o articulados.

4. Arroyo Malo 6628 B. Este material resultó estéril.

5. Garín 3. El material proveniente de este ejemplar permitió observar la presencia de material orgánico, en especial relacionados con tejidos de conducción vegetal (Figura 4 C), y fitolitos, los cuales se encontraban en elevado grado de alteración superficial, lo que impidió en muchos casos la determinación de sus tipos morfológicos.

6. Arroyo Fredes 6865 A. Este material resultó estéril.

7. Arroyo Fredes 6865 B. Se observó la presencia de fitolitos y fragmentos de tártaro en una proporción superior a la hallada en los ejemplares anteriores. Los fitolitos por su parte, presentaron su superficie bastante corroída.

Piezas asociadas

Con respecto a los resultados de los análisis de las piezas dentales asociadas, se observó una disparidad en la acumulación de tártaro en cada pieza, como así también un cierto grado de variabilidad en la abundancia de microrrestos. No obstante, las piezas dentarias de una misma unidad de muestreo presentaron similitudes en lo que respecta a su composición y abundancia de restos silíceos y orgánicos.

Por su parte, del análisis comparativo entre las dos unidades de muestreo (hemimandíbulas) se observó una dispar riqueza de restos de origen botánico, como así también, en otros restos tales como espículas de esponjas y estomatocistes que resultaron muy abundantes en la unidad de muestreo Guazunambí.

DISCUSIÓN Y CONCLUSIONES

Con posterioridad a estos análisis (Zucol y Loponte 2005) Piperno (2006) desarrolla una revisión de las distintas metodologías aplicadas al estudio de tártaro e incrustaciones dentales; y a modo de resumen de estas, plantea las etapas a seguir en esta metodología. Con fines comparativos de estos resultados, se tomará esta metodología planteada dado su carácter sintético.

En forma resumida ambas pautas metodológicas pueden diferenciarse en la utilización de distintos agentes químicos para una misma acción desagregante, tal es el caso de la solución diluida de ácido clorhídrico en reemplazo de la de ácido acético, o la solución de ácido nítrico / clorato de potasio en vez de la de peróxido de hidrógeno. Pero no existe variación en el orden de implementación de estas etapas.

Del ensayo metodológico comparativo puede concluirse que si bien el mejor procedimiento a realizarse sería idealmente el que combine una acción de disolución de la matriz inorgánica (tratamiento con ácido suave) y la liberación de la materia orgánica (tratamiento con peróxido de hidrógeno), la práctica demuestra que es más segura la pauta metodológica que incluye únicamente el tratamiento con ácido. Esta pauta, libera el material de la matriz, si bien en muchos casos no se logra disociar completamente estos materiales entre si, se evita la posible destrucción parcial o total de los restos orgánicos.

Piperno (2006) recomienda para el caso de estudio de almidones evitar estos agentes químicos y realizar las observaciones en crudo; mientras que estos resultados permiten añadir que si se busca preservar el material tisular, debe evitarse o bien disminuirse la acción del agente oxidante (tanto sea la mezcla ácido nítrico / clorato de potasio, como el peróxido de hidrógeno).

Para su implementación deberá tenerse en cuenta el propósito de las investigaciones entonces, ya que como es común en estos análisis vinculados a estudios paleoetnobotánicos, se busca recabar la mayor información posible a partir de las muestras. Para ello, el procedimiento más adecuado sería el procesamiento del material triturado con solución diluida de ácido acético únicamente (2). Ahora si el propósito del estudio es netamente fitolítico, el procesamiento combinado (4), permite la mayor concentración de los fitolitos presentes en el material con una mayor limpieza y desagregación del material resultante.

De este ensayo puede concluirse que de no contarse con antecedentes en el material a estudiar y poseer suficiente cantidad de muestra, es recomendable la implementación de estas cuatro pautas metodológicas con la finalidad de establecer la abundancia de los distintos microrrestos. La primer (ensayo en blanco) permite estimar la presencia de distintos cristales (como es el caso de los oxalatos cálcicos), almidón y sustancias fácilmente solubles. La segunda busca disolver la matriz de tártaro liberando así tanto restos tisulares de naturaleza orgánica como así también los fitolitos resistentes al tratamiento ácido. La tercera pauta, se aplica para el caso que el remanente orgánico sea preponderante del matriz, lo cual impediría en la pauta anterior la liberación de los microrrestos. Por último la cuarta pauta integra las dos anteriores y busca exclusivamente obtener los fitolitos resistentes al tratamiento ácido.

En lo que respecta al estudio comparativo de abundancia de material en las distintas piezas y su potencial utilización en la interpretación dietaria, debe considerarse que las piezas se encontraban relativamente limpias y no se contó con el material sedimentario de los niveles de recolección de las mismas. Razón por lo cual, caben ciertas reservas en las inferencias paleoetnobotánicas, como consecuencia de las posibles "contaminaciones" post-deposicionales, principalmente de la matriz sedimentaria del sitio arqueológico.

Los resultados muestran una elevada abundancia de restos orgánicos y fitolíticos en las piezas LBS2/4 B, Arroyo Malo 6628 A, Garín 3 y Arroyo Fredes 6865 B. Siendo digna de resaltar la abundancia observada en la pieza LBS2/4 B, en donde se reconocieron fitolitos de afinidad graminoide y arecoide. Si bien, es fácil vincular a las gramíneas con la ingesta humana, resulta más difícil establecer el vínculo de las palmeras, ya que este tipo de fitolitos se encuentran en mayor concentración en hojas y tallos, y en menor frecuencia, pueden encontrarse en sus frutos.

Figura 4. Restos de materia orgánica, principalmente originados en tejidos de conducción (A, B, C y J), asociados a material silíceo (I). Fragmento de espícula de espongiario (D). Fitolitos esféricos con ornamentación espinosa (E, F y G), fitolitos prismáticos (H y L), fitolitos poliédricos (K y M). Escala gráfica en I = 20 μm (válida para todas).

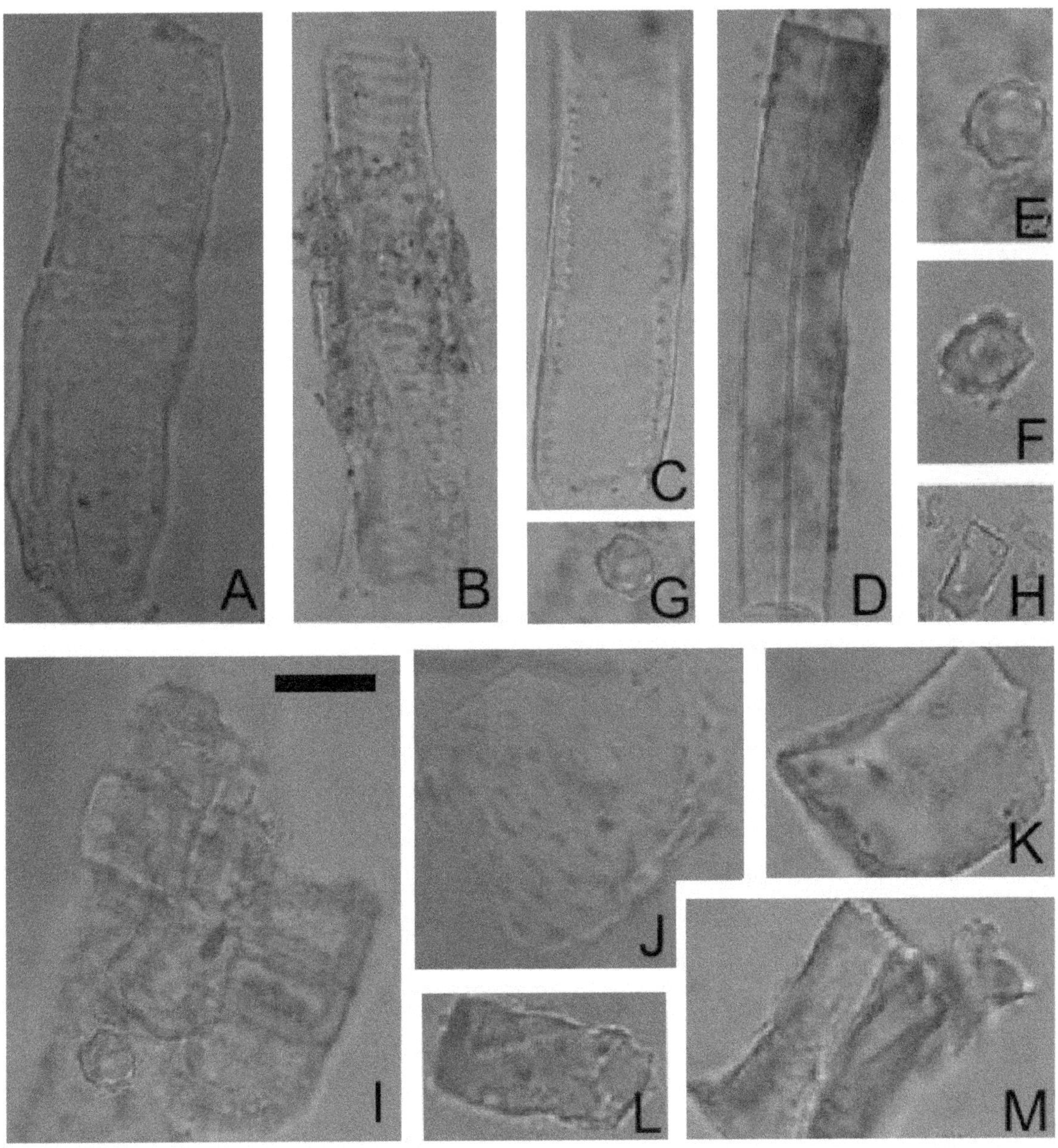

Por otra parte, la presencia de restos tisulares hallados (principalmente en Arroyo Malo 6628 A y Garin 3), permite estimar que este tipo de estudios puede ser un complemento válido de los análisis fitolíticos en la obtención de inferencias relacionadas con los hábitos alimentarios, ya que muchos de estos elementos celulares y tisulares permiten determinar su origen botánico con distinto poder diagnóstico.

Debe hacerse notar en estas conclusiones que además de haberse trabajado con material no vinculado con su contexto depositacional, no se trabajó con el mismo tipo de pieza dentaria; lo cual si se realizó en los análisis de Guazunambí y La Bellaca 2; al respecto se halló una baja variabilidad tanto en la acumulación del tártaro como en la abundancia de cada pieza, lo cual guarda relación principalmente con la mecánica masticatoria.

La comparación de ambas hemimandíbulas mostró una mayor diferenciación tanto en la acumulación de tártaro como en la abundancia y tipos de restos. Lo que si bien puede estar vinculado con el tipo de mecánica masticatoria de cada individuo, guarda mayor relación con lo hábitos alimentarios de cada individuo.

BIBLIOGRAFÍA

Acosta, A. y D. Loponte
2008 Presas y predadores: avances en la composición isotópica de la dieta de los grupos prehispánicos. *Revista de Arqueología* XII. Instituto de Ciencias Antropológicas, Facultad de Filosofía y Letras, Universidad de Buenos Aires. Buenos Aires.

Babot, M. P.
2005 Plant resource processing by Argentinean Puna hunter-gatherers (ca. 7000-3200 A.P.): microfossil record. *The Phytolitharien* 17 (2): 20-21.

Baker, G., Jones, L. H. P. y I. D. Wardrop
1961a Opal phytoliths and mineral particles in the rumen of the sheep. *Australian Journal of Agriculture Research* 12 (3): 462-473.

Baker, G., Jones, L. H. P. y A. A. Milne
1961b Opal uroliths from ram. *Australian Journal of Agriculture Research* 12 (3): 473-482.

Buchet, L., Cremoni, N., Rucker, C. y P. Verdin
2001 Comparison between the distribution of dental micro-striations and plant material included in the calculus of human teeth. En *Phytoliths: Applications in earth sciences and human history*, editado por J. D. Meunier y F. Colin. Balkema, pp. 107-117.

Ciochon, R. L., Piperno, D. R. y R. G. Thompson
1990 Opal phytolith found on the teeth of the extinct ape Gigantopithecus blacki: Implications for paleodietary studies. *Proc. Natl. Acad. Sci.* USA 87: 8120-8124.

Cummings, L. S. y A. Magennis
1997 A phytolith and starch record of food and grit in Mayan Human tooth tartar. En *Estado actual de los estudios de fitolitos en suelos y plantas*, editado por A. Pinilla, J. Juan-Tresserras y M. J. Machado. pp. 211-218. Monografía 4, Consejo Superior de Investigaciones Científicas. Madrid.

Juan-Tresserras, J., Lalueza, C., Albert, R. M. y M. Calvo
1997 Identification of phytoliths from prehistoric human dental remains from the Iberian Peninsula and the Balearic Islands. En: Pinilla, A.; Juan-Tresserras, J. y M. J. Machado (Eds.) *Estado actual de los estudios de fitolitos en suelos y planta,* pp. 197-203. Monografía 4, Consejo Superior de Investigaciones Científicas. Madrid.

Finley, D. S.
1999 Patterns of calcium oxalate crystals in young tropical leaves: A possible role as an anti-herbivory defense. *Tropical Biology On line* (Revista de Biología Tropical) 47 (1): 1-5.

Gobetz, K. E. y S. R. Bozarth.
2001. Implications for Late Pleistocene mastodon diet from opal phytoliths in tooth calculus. *Quaternary Research* 55: 115-122.

Loponte, D.
2006. *Arqueología del humedal del Paraná inferior, Bajíos Ribereños meridionales.* Tesis para optar al título de Doctor en Ciencias Naturales. Facultad de Ciencias Naturales y Museo, Universidad Nacional de La Plata.

Loponte, D. y A. Acosta
2003-2005 Nuevas Perspectivas para la Arqueología "Guaraní" en el Humedal del Paraná inferior y Río de la Plata. *Cuadernos de Antropología.* Publicación del Instituto Nacional de Antropología y Pensamiento Latinoamericano, 20: 179-197. Buenos Aires.

Loponte, D., Acosta, A. y J. Musali
2006 *Social Complexity Among Hunter-Gatherers from the Pampean Region, Argentina.* Oxbow Books Series. Editores: Jangsuk Kim, Colin Grier y Junzo Uchiyama: 106-125. Londres.

Middleton W. D.
1990. An improved method for extraction of opal phytoliths from tartar residues on herbivore. The Phytolitharien 6: 2-6.

Middleton W. D. y I. Rovner
1994. Extraction of Opal Phytoliths from Herbivore Dental Calculus, *Journal of Archaeological Science* 21 (4): 469-473.

Osterrieth, M. L., Zurro, D., Mazzanti, D. y A. F. Zucol
2000 The first study of silica phytoliths in an archaeological cave of the pampean plains of Argentina. "La Amalia" site: a case study. 3rd International Meeting on Phytolith Research. *Abstracts*: 7-8. Bélgica.

Piperno, D. R.
2006. *Phytolith. A comprehensive guide for archaeologist and paleoecologist.* Altamira Press. 238 pp.

Piperno, D. R. y R. L. Ciochon
1990 Scratching the surface of evolution. *New Scientist* 1742: 47-49.

Ramírez Ríos, D. C., Otálora Cascante, A. R. y R. Parra Giraldo
2005 Identificación de fitolitos en el cálculo dental de individuos prehispánicos del Valle del cauca – Colombia. *The Phytolitharien* 17 (2): 6.

Rovner, I.
Inédito *A pilot study of livestock management practices in archaeology: Analysis of phytolith assemblages in herbivore dental tartar*, pp. 1-7.

Rovner, I.
1988 Fitolitos en las plantas: Un factor probable en los orígenes de la agricultura. Estudios sobre la revolución neolítica y la revolución urbana, *Coloquio V. Gordon Childe*: 113-131. UNAM, Méjico.

Thompson, R. G. y J. E. Staller
2001 An analysis of opal phytoliths from food residues of selected sherds and dental calculus from excavations at the site of La Emerenciana, El Oro Province, Ecuador. *The Phytolitherian* 13 (2-3): 8-16.

Würschmidt, A. y M. A. Korstanje
1999 Maíz en la Cocina: primeras evidencias de fitolitos en sitios arqueológicos del NO Argentino. *Cuadernos del Instituto Nacional de Antropología y Pensamiento Latinoamericano*, 18: 457-468. Buenos Aires.

Zucol, A. F. y D. M. Loponte
2005. Phytolith fertility study and methodological comparative analysis in human teeth tartar of archaeological sites of Buenos Aires province (Argentina). *The Phytolitarien* 17(2):15.

Zucol, A. F., Brea, M., Osterrieth, M. L. y G. A. Martínez
2000 Análisis fitolítico de un horizonte sedimentario del sitio 2 de la Localidad Arqueológica Amalia, provincia de Buenos Aires. II Congreso de Arqueología de la Región Pampeana Argentina. *Libro de Resúmenes*: 27. Mar del Plata.

Matices Interdisciplinarios en Estudios Fitolíticos y de Otros Microfósiles
M. A. Korstanje y M. del P. Babot, Editoras. BAR International Series S1870, Capítulo 5, pp. 47-53

IMPACT OF FIRE ON PEATLANDS IN NORTHEASTERN NSW AUSTRALIA: IMPLICATIONS FOR THE INTERPRETATION OF MICROFOSSIL ASSEMBLAGES AND FIRE HISTORIES

EL IMPACTO DEL FUEGO EN TURBERAS DEL NORESTE DE NSW, AUSTRALIA: IMPLICANCIAS PARA LA INTERPRETACIÓN DE LOS CONJUNTOS DE MICROFÓSILES Y LAS HISTORIAS DE INCENDIOS

Parr, Jeffrey F.[1], Geoffrey Kerr, John Arthur and Kathryn H. Taffs
School of Environmental Science and Management, Southern Cross University
PO Box 157 Lismore, NSW 2480 Australia. [1]Email: Jeffrey.parr@scu.edu.au

ABSTRACT

Recent widespread drought in Australia has caused many peatland systems to become vulnerable to fire. Here we examine the process of fire and its impact on an acidic peatland at Bora Ridge in northeastern NSW, Australia. In particular, we focus on the taphonomic processes and the possible implications for microfossil assemblage interpretation. Changes in soil chemistry and loss of soil carbon are also discussed. Our results indicate that darkening occurred in some diatoms and phytoliths, however, there was no visible evidence of morphological damage such as warping resulting from the peat fire. There was substantial post fire subsidence of the peat layer causing the mixing of microfossil assemblages representing different periods, suggesting that this process needs careful consideration when reconstructing fire and environmental histories in areas predominantly comprised of peatland. Subsequently there is a need for more than one core sample to provide a reasonable picture of microfossil assemblages at any one site. In addition there was a significant loss of organic carbon from this peatland as a result of fire and we believe sulfur dioxide was probably released into the atmosphere caused by pyrite oxidation.

Key words: *Atmospheric CO_2, carbon, Diatoms, Fire, Peat, Phytoliths, Pyrite*

RESUMEN

Una sequía generalizada ocurrida recientemente en Australia ha provocado que varios sistemas de turberas se tornen vulnerables al fuego. En este trabajo examinamos el proceso de incendio y su impacto en una turbera ácida de Bora Ridge en el Noreste de NSW, Australia. En particular, nos centramos en los procesos tafonómicos y sus posibles implicancias para la interpretación de los conjuntos de microfósiles. También discutimos los cambios en la química del suelo y la pérdida de carbono del suelo. Nuestros resultados indican que tuvo lugar un oscurecimiento de algunas diatomeas y fitolitos, sin embargo, no hubo evidencia visible de que ocurrieran daños morfológicos, tales como deformaciones, a consecuencia del incendio de la turbera. Con posterioridad a los incendios, tuvo lugar una subsidencia sustancial del nivel de la turbera trayendo como consecuencia la mezcla de conjuntos de microfósiles que representaban diferentes períodos, lo que sugiere que este proceso debe ser cuidadosamente considerado al reconstruir los incendios y las historias ambientales, en áreas predominantemente constituidas por turberas. Subsecuentemente, se plantea la necesidad de utilizar más de una muestra de núcleo para proveer de un panorama razonable sobre los conjuntos de microfósiles en cada sitio. Adicionalmente, como resultado de los incendios en la turbera que analizamos, ocurrió una pérdida significativa de carbono orgánico, y consideramos que, probablemente, tuvo lugar una liberación de dióxido sulfúrico a la atmósfera como consecuencia de la oxidación de pirita.

Palabras clave: *CO_2 atmosférico, Carbono, Diatomeas, Incendio, Turbera, Fitolitos, Pirita*

INTRODUCTION

Australian peatlands are fragile systems under increasing pressure from a combination of climatic fluctuation and human infringement. Peat systems take thousands of years to form (Dodson 1977; Dodson and Wilson 1975; McGrath and Boyd 1998) and therefore cannot readily be replaced if allowed to deteriorate or be destroyed. Significantly, the nature of peat formation and the lack of oxidation of organic material in these systems make them ideal areas for palaeobotanical studies and significant sequesters of carbon. However, the manipulation of wetlands by drainage, other anthropogenic means by which the water table is changed and/or long term drought regimes may reverse this cycle accelerating the oxidation process and as a result the percentage of CO_2 release to the atmosphere. Fire may result in similar outcomes (Bridle *et al.* 2003). This paper examines the impact of fire on a peatland in northeastern NSW Australia, the implications for carbon storage, pyrite formation and in particular the interpretation of microfossils for palaeoenvironmental analysis.

Undisturbed peatlands act as filtration systems for waterways and assist in the reduction of atmospheric CO_2 by the sequestration of large amounts of organic carbon (Bolton and Warner 2002). However, studies on the ecological role of peatlands in Australia have been limited and it is only recently that they have started to receive the attention necessary to understand these complex systems. A number of palaeobotanical studies on peatland areas in Australia have indicated a general trend towards drying up of these environments from the mid-Holocene to the present (Dodson 1977; McGrath and Boyd 1998). This general drying of wetlands, particularly on the east coast of Australia, is being exacerbated by practices such as landfill for housing development and accelerated by drainage of large areas to reclaim land for agricultural purposes.

In addition, recent widespread drought in Australia has caused many of these systems to become vulnerable to fire. During the year of 2000, fires ignited by lightning strikes in

Tasmania Australia, resulted in over 1.5 million m^3 of peat being destroyed in a paper-bark swamp. It has been estimated that as a result of fire, and subsequent erosion, over 100,000 ha of peat has been lost from the southwest of Tasmania alone (Hannan *et al.* 1993). In the study area, the peatlands of northeast New South Wales, a combination of human induced and natural fires from lightning strike were initiated during December 2002.

The study area

The location of this study is the Bora Codrington peatland, which occupies an area of about 7 square km situated approximately 28 km southwest of Lismore and around 62 km southwest of Byron Bay the most easterly point of Australia in the mid Richmond flood plain (Figure 1). This site was of particular interest as the local landholders had complained about headaches and nausea resulting from fumes being emitted from the burning peat. A series of three major peatlands occur southwest of Lismore; the Cookermy, Bora Codrington and Haughwood. All three peatlands appear to have formed on top of brackish-water sediments partially infilling a former shallow embayment between a series of low rises of Kangaroo Creek sandstone. These underlying sediments are potential and actual acid sulphate soils and were deposited during the mid-Holocene high-stand (circa 5,000 yr BP; (McGrath and Boyd 1998). Subsequent deposition of more coarse-grained sediment, freshening of overlying waters and abundant vegetation growth has produced the present peatlands.

Figure 1. Map of the Richmond River Valley NSW, Australia showing the location of the study area Bora Ridge in relation to the nearest city Lismore and the Pacific Ocean.

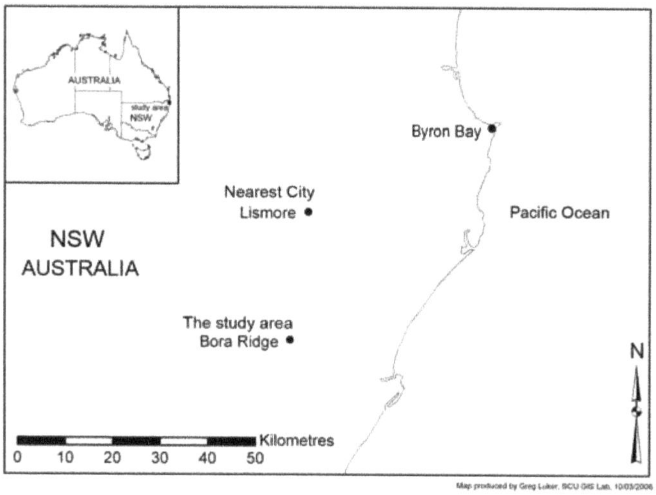

The majority of the Bora Codrington peat overlies acid sulphate material (Allery 2003) but at the point of sampling for fire damage, it is underlain by a sandy loam derived from weathering of the low sandstone ridge (Bora Ridge) at the edge of the peatland. The open portion of this peatland area is currently a monoculture of Grey Sedge *Lepironia articulata* (Cyperaceae), with sparse *Melaleuca quinquenervia* (Myrtaceae). At the periphery of the study area the presence of M. quinquenervia is much denser and becomes the dominant species. In this peripheral area the presence of the papery-sheathed roots of Melaleuca spp. carried fire down to the lower peat layers. As a result, the fires of the Bora Codrington peat and also the Tuckean peatlands to the northeast persisted burning underground for more than three months later.

This paper examines the impact of fire on the acidic peatland of the Bora Codrington, which is characteristic of other wetland areas in northeastern NSW. The aims of this study are thus threefold. First, to reveal any potential problems for microfossil interpretation as a result of fire. Diatoms and phytoliths were selected as suitable microfossils to monitor possible alterations in assemblage patters resulting from the burning of peat due to their abundance and resilience in these systems (Taffs *et al.* 2006). Phytoliths were considered to be particularly relevant due to their reputation for stability and stratigraphic integrity in soils (Piperno 1988). Secondly, to determine if the burning of peat in the study area exacebates the oxidation of pyrite and; thirdly to measure the loss of organic carbon.

METHODS

Two cores were extracted from the edge of the Bora Codrington peatland using a gouge auger (GA4820 Dormer Engineering P/L). One core was taken from an unburnt area (S1), the second from within extinguished and smoldering peat fire area (S2) (Figure 2). Each core was sectioned into 5cm thick portions and placed in zip top plastic bags. Previous studies have demonstrated that 5cm sections provide adequate resolution for carbon, diatom, phytolith and general chemical analysis of sediments (Parr 2002b; Parr and Boyd 2002; Parr *et al.* 2001, 2004).

Figure 2. Bora Codrington site showing burnt area and regrowth of *Lepironia articulata* in the foreground *and Melaleuca quinquinervia* tree line in the background. Arrows indicate approximate locations of sampling for cores S1 and S2.

Analysis of sediments

Samples were removed from the bags and sub samples were selected, weighed, dried at 70°C for 48 hr and reweighed to determine moisture content. The samples were then homogenised using the cone and quarter method outlined by (Powers 1986). Subsequent chemical analysis was performed on the dried sub samples including total carbon, sulphur and nitrogen using a Leco CNS 2000 analyser.

Additional sub samples were processed using a microwave digestion method, to examine fossil diatoms and phytoliths (Parr 2002a; Parr *et al.* 2004). This process involved placing 0.30 grams of sediment into Teflon digestion tubes followed by 3ml of concentrated nitric acid and 3ml of concentrated hydrochloric acid. The Teflon tubes were placed into microwave bombs and processed for 31 minutes in an OI-Analytical Microwave Sample Preparation System. An aliquot of the microwave digest was also used to determine total iron and sulphate by ICPOES (Perkin-Elmer DV4500). Additionally, chromium reducible sulphur was analysed using methods reported in (Sullivan *et al.* 2000). These chemical analyses were performed for the purpose of examining pyrite oxidation within the sediment.

Microfossil assessment, microscopy and counting assemblages

Phytoliths extracted from each sediment sample were mounted onto microscope slides using Benzyl Benzoate to allow their rotation and scanned at 400x magnification on an Olympus BH2 microscope. A total of 200 phytoliths were counted for each slide. Phytoliths were recorded using the International Code for Phytolith Nomenclature (Madella *et al.* 2003) and identified to genus level where possible, using a small phytolith database produced from the Centre for Geoarchaeology and Palaeoenvironmental Research (CGPR) plant reference collection for northern NSW. In this study the focus was to identify any changes in assemblages resulting from fire rather than a description of the vegetation history *per-se*.

Diatoms extracted from each sediment sample using the microwave digestion technique were mounted onto microscope slides using 700µl of solution, pippetted onto coverslips and left to dry (Parr *et al.* 2004). Coverslips were then mounted onto slides using the mounting medium Depex. Slides were examined at 400x magnification on a Olympus BH2 compound microscope. Three longitudinal transects were counted for each slide. Counts were made of the number of damaged frustules, and the genus of identifiable frustules. The relative abundance of each genus was then calculated. Genus with less that 2% total relative abundance were not included in the analysis. The focus of diatom analysis in this study was to determine if species were selectively damaged by fire rather than to provide data for environmental reconstruction.

RESULTS

Sediments and peatlayer

The peat layer at Bora Codrington is approximately 50 cm thick at site S1 (unburnt) and contains abundant root material. At the base of this layer is a thin lens of material that consists of undecomposed paperbark (Myrtaceae sp.) and lumps of charcoal. Underlying the peat layer is a 20cm section of iron stained loam (Figure 3 and 4). Thus Core S1, representing the unburnt area, has intact sediments from 0 cm to 70 cm in depth. Alternatively, Core S2 representing the burnt area has the section between 0 cm and 40 cm collapsed into a 10 cm thick concentrated layer as a result of fire (Figure 3). Below the 10cm concentrated layer is a 25cm section of iron stained loam (Figure 3 and 4). Total carbon content in S1 increased steadily from the surface to a maximum of over 50% (dry weight) at 45-50 cm then fell abruptly to 1% or less in the lower iron stained loam part of the profile (Figure 3 and 4). Thus the peat is clearly about half a metre thick where the fire occurred and the sampling took place. A result of about 50% moisture content was recorded for the peat layer in S1. This layer also contained an order of magnitude more sulphur than the underlying profile (about 0.5 – 2% Figure 4). The chromium reducible sulphur analysis provided an indicator of pyrite (iron disulphide) content. Around 10% of the sulphur present appears to have been pyritic, the rest probably occurs as sulphate salts and or organic sulphur (Figure 4).

Figure 3. Stratigraphy of the sampled cores S1 unburnt left and S2 burnt area right.

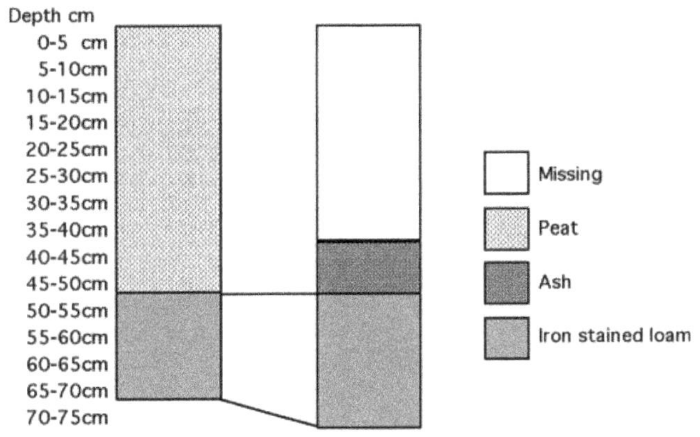

Microfossils

A comparison of the phytolith assemblages for S1 and S2 could not be made for the section between 0 cm and 40 cm as this portion is collapsed in the S2 core (Figure 1). For core S1 the first 15 cm of peat is dominated by the Cyperaceae species accounting for a mean 60% of the phytoliths counted (Figure 5). Based on comparative analysis with phytoliths from the reference material the above types most likely represent those of the Cyperaceae species Lepironia articulata ([Retz.]Domin.) which persist to the present. These phytolith types include papillate elongates as shown in Figure 6a and other n-lobate types with ornate orbicular nodulose patterning typical of those found in many Cyperaceae sp. The remaining phytolith counts for this section were represented by a mean 38% miscellaneous unidentified types and 2% resembling those of the Myrtaceae species, Melaleuca quinquenervia ([Cav.] S.T. Blake) currently found in the peripheral area of the Bora Codrington sample sites. From 15 cm to 40 cm there is a reduction in Cyperaceae type phytoliths to a mean 40% and an increase in miscellaneous unidentified types to 54% and Myrtaceae 6%

respectively (Figure 5). There was a significant difference in phytolith assemblages between cores S1 and S2 at 40cm to 55cm (Figure 5). For example, the mean percentages for this section of the S1 core can be summarized as 64% Cyperaceae, 33% unidentified and 3% Myrtaceae (Figure 5). Alternatively, for the 40cm to 55cm portion of the S2 core the mean phytolith percentages of Cyperaceae are lower than S2 at 44% of the total count with the unidentified types more dominant in this core at 54% with Myrtaceae similar to C1 at 2% (Figure 5). Thus comparatively at 40cm to 55cm there was a 31% decrease in Cyperaceae and a 39% increase in unidentified phytoliths from S1 to S2. There were no noticeable changes detected in phytolith morphology (e.g. warping from heat) within the 40cm to 55cm portion of the S2 peat layer as a result of fire. This may be an indicator that the heat of the fire may have been less than 700°C (c.f. Parr and Boyd 2002; Runge 1998). Surprisingly, in core S1 of the unburnt zone there is a significant number of charred phytoliths and silica particles at 40-55cm (Figure 6).

Figure 4. Represents the data for total carbon, iron, moisture and sulphur, from the peat layers of S1 unburnt area (black-left) and S2 the burnt area (grey-right). Data for S2 starts at 40cm as this profile collapsed due to fire into a concentrated area above the sandy loam.

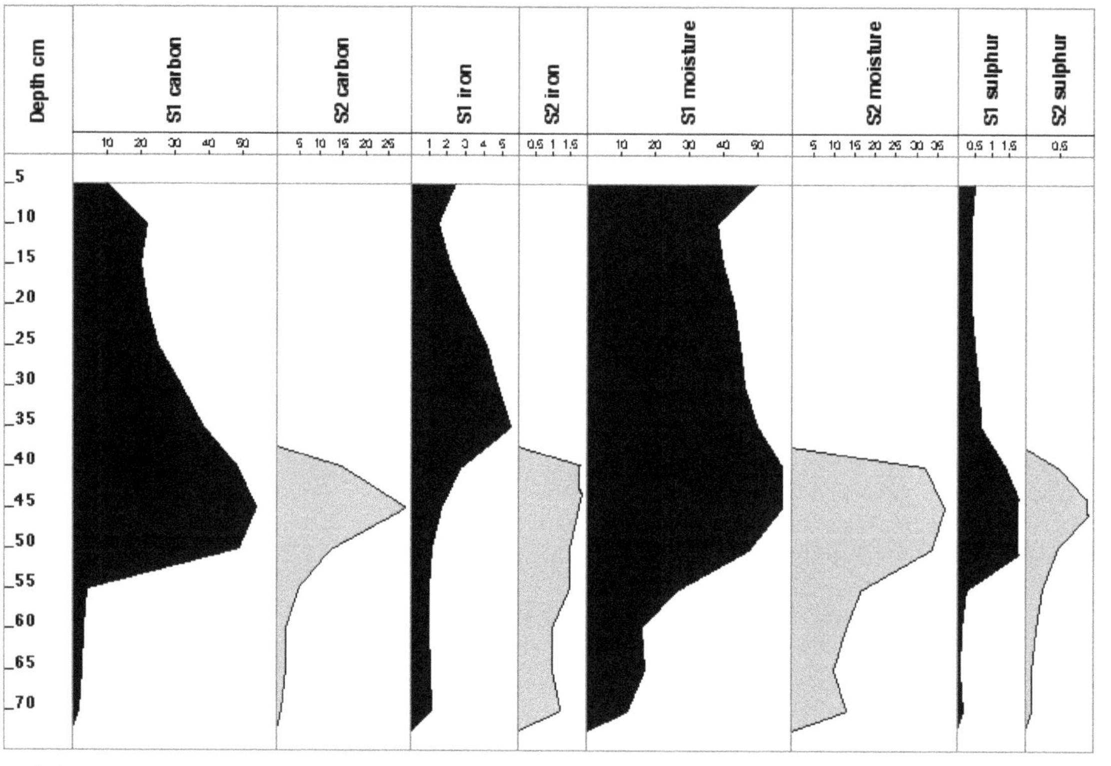

Figure 5. From left sample depth, number of Cyperaceae, Myrtaceae and types not identified in S1, number of Cyperaceae, Myrtaceae and types not identified in S2, number of phytoliths counted for each core, number of charcoal or charred phytoliths and diatoms counted and total numbers of diatoms recorded for each core.

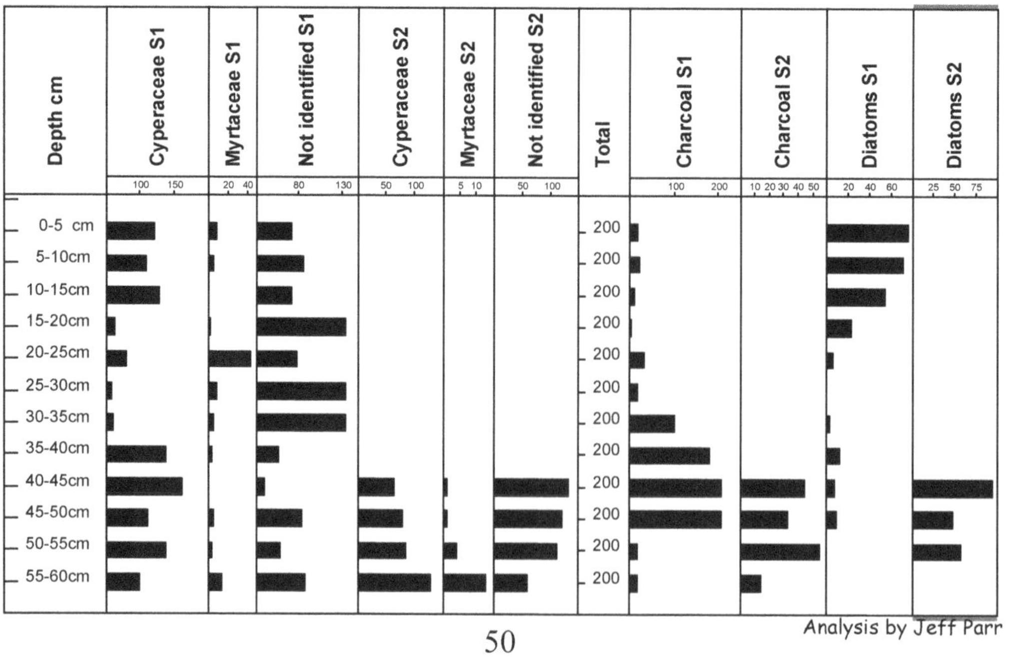

Diatoms were most abundant in the uppermost 10cm of sediment of S1 (Figure 5). Below the uppermost 10cm diatoms were present but in low numbers with dissolution of frustules beginning to occur. This is a common occurrence in peat swamps where biogenic silica cycling commonly occurs. At 35 to 50 cm in the unburnt core S1 odd diatom frustules were observed to be charred. Diatoms were not present in the iron stained loam layer indicating that this stratigraphic layer was deposited during a dry environment. In the uppermost sample 0-5 cm, 66% of frustules encountered were damaged to the point where identification was uncertain. The dominant genus present were Pinnularia, Euonotia and Navicula respectively. In sample 2 at 5-10 cm, 77.5% of frustules were damaged and the dominant species was Euonotia and Pinnularia.

Figure 6a and 6b. Left example of an unburnt long cell phytolith from *Lepironia articulata* and right charred plant material that incorporates long cells.

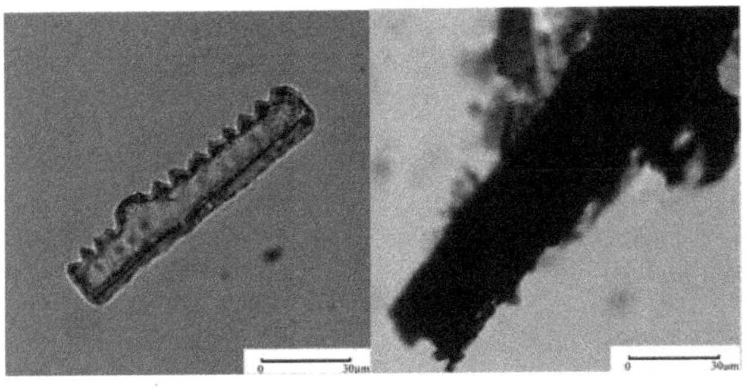

As a result of subsidence diatoms were present in the upper three samples of S2 only (Figure 5). Starting at a depth of 40 cm and finishing 60 cm these samples represented the entire peat layer post-subsidence. Diatoms were not present in the samples representing the Loam stratigraphic layer. In the uppermost sample 40-45 cm, 67% of frustules encountered were damaged and the dominant species were Euonotia, Pinnularia and Navicula respectively. In sample 2, at 45-50 cm, 80% of frustules were damaged and the dominant species was Euonotia and Pinnularia.

Organic carbon

The base of the peat layer for core S1 comprised for the most part undecomposed paperbark and lumps of charcoal. Thus, the lack of oxidation of organic material in the lower portion of the peat helps to explain why the carbon content is greatest at this point at roughly 50% on a dry weight basis (Figures 2, 4: Table 1). A comparison of the carbon content for S1 and S2 is restricted to the lower section between 40 cm and 50 cm as the upper portion of the S2 core is collapsed (Figure 4). The mean carbon content in this section of the profile for S1 is relatively high at 49% by comparison to 16% for the S2 core (Table 1). Assuming a bulk density of 0.2 g cm^{-3} for the peat sections of the S1 and S2 cores an estimated loss of carbon resulting from the recent fire may be calculated. For example, in the lower 40 cm to 50 cm where the carbon content of the S1 and S2 cores can be compared the mean estimated loss of carbon is 0.0647 C tonne m^{-3} (Figure 4:Table 1). Thus at around 66% of the total carbon this represents a significant loss of carbon as a result of peat fires.

Depth in cm	C tonne m^{-3} unburnt	C tonne m^{-3} burnt	C tonne m^{-3} lost
40 cm	0.0934	0.0318	0.0616
45 cm	0.1067	0.0466	0.0601
50 cm	0.0943	0.0218	0.0725
Mean	0.0981	0.0334	0.0647

Table 1. Carbon in cubic metres assuming a bulk density of 0.2 g cm^{-3} for cores S1 and S2 at 40 cm to 50 cm the estimated loss of carbon as a result of fire in the S2 core.

DISCUSSION

The results of this study indicate that the peat layer at the Bora Codrington site was approximately 50 cm thick across the sampled area (Figure 3). Visible iron mottles in the loam underlying this peat suggests that drying out of the peatland had occurred some time prior to the fire and had progressed to the establishment of oxic conditions down to one metre in the profile (Figures 2 and 4). A consequence of this process was the subsequent deposition of iron oxides. As oxygen penetrates the sediment dissolved ferrous ions precipitate as ferric substances, hence the orange mottling observed in the lower part of the cores. Despite the dryness of the lower profile the peat in the unburnt area (S1) was still around 50% moisture content (Figure 4). The peat fires continued to burn underground for some three months later thus the moisture content probably contributed to the slow burning rate of the peat in the sampling area.

The presence of charcoal together with charred phytoliths and diatoms at the base of the peat layer in the unburnt core S1 is indicative of a previous dry period and fire episode. Therefore, a relevant question to pose here is how can wide spread fire episodes in prehistory be differentiated from those of localised fires and what changes if any are to be found in fossil diatom and phytolith assemblages? Firstly, high incidents of site variability in both charred phytoliths counts and phytolith assemblages are not uncommon particularly in areas of past anthropogenic disturbance (cf. Parr *et al.* 2001). Thus, detecting wide spread burning as opposed to localised fires necessarily requires the analysis of more than one core for any study area. For example, the detection of charred diatoms or phytoliths in the same stratigraphic unit of well-spaced cores might be interpreted as widespread burning. The number of cores and the spatial distance they represent in metres or kilometers will indicate just how widespread previous fires have traveled.

While the concentration of microfossils is increased in the base of the S2 core peat layer, there was no distinctive signature found in diatom or phytolith assemblages that might be used to indicate previous fire episodes. In addition, our results indicate that fire has not damaged the diatom assemblage contained within the peat layer. The ratio of damaged to undamaged frustules remains similar in both S1 and S2 cores, as does the relative abundance of the dominant species. While there was a significant difference recorded in phytolith assemblages between the S1 and S2 cores at 40cm to 55cm the relevance of using this variation, as a proxy indicator of fire is not clear. For example despite the changes in abundances of phytolith types the consistent presence of types representing Cyperaceae, and Myrtaceae throughout the samples still provides a basic indicator of vegetation present throughout this period. However, what is clear is that during a peat fire both diatom and phytolith assemblages accumulate at the base of the burnt layer. In future studies it may be a useful exercise to conduct a statistical analysis on possible correlations between microfossil assemblage frequencies that can be used as proxy indicators of prehistoric fires. However, based on our current data the only true indicator of fire in prehistory remains the presence of charcoal and/or charred diatoms or phytoliths (Haberle and Ledru 2001; James 1989; Kirch 1996; Singh *et al.* 1981; Parr 2006).

CONCLUSION

In this study we have examined the nature of fire, its impact on the acidic peatlands at the Bora Codrington site in northeastern NSW, the implications for microfossil interpretation and loss of soil carbon contributing to atmospheric CO_2. Our results demonstrate that for the samples assessed in this study, fire has not visibly damaged diatoms or phytoliths. However, it was found that both diatoms and phytoliths show evidence of charring in the presence of fire. Thus, as with the presence of charcoal in stratigraphic layers, these microfossils provide proxy evidence of prehistoric fire when charred. The current study has demonstrated that as a peat profile burns it collapses, as do the microfossil assemblages they contain. This results in a mixed microfossil assemblage at the base of the peat profile. Thus the microfossil assemblages found in such layers may not necessarily represent the true nature of stratigraphic position in which they are found. Therefore, we suggest that this is an important issue that deserves further research. Moreover, it is has become apparent from this study that a number of cores need to be sampled to provide a more accurate picture of vegetation changes and fire histories in a study area. This research should be extended to include other microfossils such as pollen. Significantly, a fundamental understanding of the evolutionary processes resulting in the formation of peatlands through microfossil studies and the natural processes causing their stability and/or fragility is essential for their sustainable management.

Peatlands assist in the reduction of atmospheric CO_2 by the sequestration of large amounts of organic carbon. However, as we report in this study when fires occur in peatlands there is a significant loss of organic carbon resulting in a net increase in atmospheric CO_2. In this study it was shown that around 66% of the total carbon sequestered was lost as a result of peat fires. Acidic peatland fires also have the potential to produce sulfur dioxide, a toxic gas, where pyrite or macasite (FeS_2) is contained within the peat. Production of sulfur dioxide is one possible explanation for the headaches and nausea experienced by the local landholders. The draining of large areas of peatland in northern NSW to reclaim land for agricultural purposes and prolonged periods of drought has contributed to the vulnerability of these important ecosystems to fire. Thus it is imperative that we increase our research on these areas and begin to manage the remaining peatland and wetland systems in a sustainable manner.

ACKNOWLEDGMENTS

We wish to thank the Australian Institute of Nuclear Science and Engineering and the School of Environmental Science and Management for their support. In addition, we thank the landholders for access to their properties to collect samples and Greg Luker for the production of an area map.

BIBLIOGRAPHY

Allery, S.
2003 *Oxidation and acidification of peat acid sulphate soils*, Ecological Society of Australia, Armidale, pp. 27.
Bolton, K. G. E. and P. Warner
2002 Effluent reuse for acid sulfate soil management, wetland regeneration and carbon credits., *5th International Acid Sulfate Soils Conference.* August 25th-30th, Tweed Heads, NSW, Australia.

Bridle, K., P. Cullen and M. Russell
2003 Tasmanian blanket bogs - left high and dry. Peatland Extravaganza -Ecological Scociety of Australia, University of Tasmania, *Abstracts:* page 18.

Dodson, J. R.
1977 Late Quaternary palaeoecology of Wyrie Swamp, south-eastern South Australia. *Quaternary Research* 8: 97-114.

Dodson, J. R. and I. B. Wilson
1975 Past and present vegetation of Marshes Swamp in south-eastern South Australia. *Australian Journal of Botany* 23: 123-150.

Madella, M., A. Alexandre and T. Ball
2003 International Code for Phytolith Nomenclature 1.0. *The Phytolitharien* 15(1): 7-16.

McGrath, R. J. and W. E. Boyd
1998 Holocene Vegetation History of Bundjalung National Park and Bungawalbin Creek, North-eastern New South Wales. *Australian Geographer* 29(2): 205-221.

Parr, J. F.
2002a A comparison of heavy liquid floatation and microwave digestion techniques for the extraction of fossil phytoliths from sediments. *Review of Palaeobotany and Palynology* 120 (3-4): 315-336.
2002b *West Byron Wetland Vegetation History Report*, Southern Cross University, Unpublished report, Lismore.
2006 Effect of Fire on Phytolith Coloration. *Geoarchaeology* 21(2): 171-185.
Parr, J. F. and W. E. Boyd

2002 The Probable Industrial Origin of Archaeological Daub at an Iron Age Site in Northeast Thailand. *Geoarchaeology an International Journal* 17(3): 285-303.

Parr, J. F., C. J. Lentfer and W. E. Boyd
2001 Spatial analysis of phytolith assemblages at an archaeological site in West New Britain, Papua New Guinea. In: *The Archaeology of Lapita Dispersal in Oceania*, Edited by G. R. Clark, A. J. Anderson and T. Vunidilo. Pandanus Press, Australian National University, Terra Australis, pp. 125-134.

Parr, J. F., K. H. Taffs and C. M. Lane
2004 A microwave digestion technique for the extraction of fossil diatoms from coastal lake and swamp sediments. *Paleolimnology* 31(3): 383-390.

Piperno, D.R.
1988 *Phytolith Analysis: An Archaeological and Geological Perspective*. Academic Press, London.

Powers, A. H.
1986 *The Prospects for Environmental Discrimination in Coastal Sand Dunes on the basis of Studies of Phytolith Type and Abundance*. Unpublished MA thesis, University of Shefield, Shefield.

Runge, F.
1998 The effect of dry oxidation temperatures (500-800°C) and of natural corrosion on opal phytoliths. In: *Second International Meeting on Phytolith Research*, Edited by J. D. Meunier and L. Faure-Denard. Aix-en-Provence, Cerage, p. 73.

Sullivan, L. A., R. T. Bush, D. McConchie, G. Lancaster, M. W. Clark, N. Norris, R. Southon and P. Saenger
2000 Chromium reducible sulfur. In: *Acid Sulfate Soil Laboratory Methods Guidelines*. Queensland Department of Natural Resources, Mines and Energy. Dept. Nat Res, Mines & Energy, Indooroopilly, Queensland, 1-5 pp.

Taffs, K. H., J. F. Parr and K. G. E. Bolton
2006 Using Palaeobotany to resolve ecological disasters in East Australian peatlands. *Ecological Management and Restoration* 7(2): 132-135.

Estudios Actuales y de Taxonomía en Fitolitos

Current Research and Taxonomy of Phytoliths

Matices Interdisciplinarios en Estudios Fitolíticos y de Otros Microfósiles
M. A. Korstanje y M. del P. Babot, Editoras. BAR International Series S1870, Capítulo 6, pp. 57-63

CONTENIDO DE SÍLICE EN GRAMÍNEAS DEL PASTIZAL NATIVO DEL SUDESTE BONAERENSE, ARGENTINA

SILICA CONTENT IN GRASSES FROM NATIVE GRASSLAND OF SOUTHEASTERN BUENOS AIRES PROVINCE, ARGENTINA

Fernández Honaine[1,3], Mariana, Verónica Bernava Laborde[1,4], y Alejandro Zucol[2,3]
[1]Centro de Geología de Costas y del Cuaternario, FCEyN, UNMdP, Funes 3350, Mar del Plata (7600), Argentina. [2]Laboratorio de Paleobotánica, CICYTTP- Diamante, Materi y España SN, Diamante (3105), Entre Ríos, Argentina. [3]CONICET. [4]Comisión de Investigaciones Científicas. fhonaine@mdp.edu.ar

ABSTRACT

The process of silica accumulation in plants is influenced by edaphic, climatic and biotic conditions. Silica concentration in plants varies between 0.1 and 10% of dry weight. A silica content analysis was carried out as a component of a larger phytolith study involving native species found in *Paspalum quadrifarium* grassland communities. Silica content of 18 species was analyzed using individual grass samples collected in different locations in Buenos Aires province. From these samples, subfamily, interspecies and intraspecific comparisons were made. Phytoliths were concentrated by a dry ashing technique and silica content was calculated as a percentage of dry plant weight. Statistical analyses were applied to these results (Kruskal-Wallis test for interspecies and subfamily data and a t-Student test for intraespecific data). Average silica content values for species ranged between 3.91 and 13.93 percent. Significant differences were found in only three species (*Sorghastrum pellitum*, *Dactylis glomerata* and *Festuca arundinacea*) and two subfamilies (Pooideae and Panicoideae). The results showed a tentative pattern of silica accumulation, where Pooideae – Stipoideae had lower values than Arundinoideae – Panicoideae. Intraspecific differences were notable in only one of the species studied ($F = -2.52$; $df = 6$; $p = .04$), which could be caused by variability in edaphic and/or climatic conditions in the different locations where the individual samples were collected. This study represents the first analysis of silica content of grass species from southeastern Buenos Aires province in Argentina.

Key words: *Silica content, Poaceae, Paspalum quadrifarium grassland*

RESUMEN

El proceso de acumulación de sílice en las plantas depende de las condiciones edáficas, climáticas y biológicas. Su concentración en la planta, calculado como porcentaje de peso seco, varía entre .1 – 10 por ciento. Como complemento del estudio fitolítico realizado en especies del pajonal de *Paspalum quadrifarium*, se estudió comparativamente la concentración de sílice en 18 gramíneas. El objetivo fue determinar si existen diferencias a nivel de subfamilia, específico o intraespecífico entre individuos que crecen en distintas áreas del sudeste bonaerense. Los silicofitolitos se extrajeron mediante una técnica de calcinación y se calculó el contenido de sílice como porcentaje de peso seco. Se realizaron tests de Kruskal Wallis para analizar las diferencias entre subfamilias y especies y tests de t-Student para analizar las diferencias intraespecíficas. Los valores medios de las especies variaron entre 3.91 y 13.93 por ciento, pero sólo se hallaron diferencias significativas entre tres especies vegetales (*Sorghastrum pellitum*, *Dactylis glomerata* y *Festuca arundinacea*) y dos subfamilias (Pooideae y Panicoideae). Los resultados reflejaron un patrón tentativo de acumulación donde los valores disminuyen desde Pooideae – Stipoideae hasta Arundinoideae – Panicoideae. Sólo una de las especies elegidas para el estudio intraespecífico reflejó diferencias en el contenido de sílice ($F = -2.52$; $df = 6$; $p = .04$), las que pueden explicarse por variaciones en las condiciones edáficas o climáticas entre los sitios de recolección. El presente estudio constituye uno de los primeros análisis del contenido de sílice en gramíneas del sudeste de la provincia de Buenos Aires, Argentina.

Palabras clave: *Contenido de sílice, Poaceae, Pastizal de Paspalum quadrifarium*

INTRODUCCIÓN

Las plantas absorben ácido monosilícico (H_4SiO_4) de la solución del suelo a través de las raíces. El Si es depositado en forma de sílice amorfa hidratada ($SiO_2.nH_2O$) en los espacios intra o intercelulares de los tejidos vegetales (Epstein 1999; Parry y Smithson 1964). Los procesos a través de los cuales la sílice es depositada aún se discuten, existiendo dos hipótesis alternativas: depósito pasivo y depósito controlado por la planta. La primera incluye un proceso no selectivo, transporte pasivo, donde la absorción de sílice es consecuencia de la absorción de agua y su acumulación depende del proceso de transpiración (Epstein 1999; Jones y Handreck 1967; Richmond y Sussman 2003). Varios estudios han demostrado que las zonas de mayor acumulación en el tejido vegetal coinciden con las de mayor tasa de transpiración, apoyando la idea del transporte pasivo (Motomura *et al.* 2002; Richmond y Sussman 2003). La segunda hipótesis considera un mecanismo activo, regulado metabólica o fisiológicamente (Massey y Hartley, 2006; McNaughton *et al.* 1985; Motomura *et al.* 2004).

La absorción y acumulación de sílice en los órganos favorece la resistencia a la toxicidad de ciertos elementos (como Mg, Al, Zn), estimula el crecimiento, otorga mayor resistencia a los tejidos y contribuye a la protección frente a herbívoros, hongos y parásitos (Epstein 1999; Jones y Handreck 1967; Massey *et al.*, 2006; McNaughton *et al.* 1985).

La concentración de sílice en las plantas, calculado como porcentaje de peso seco, varía entre .1 – 10 por ciento, alcanzando en algunas especies casi el 20 por ciento (Jones y Handreck 1967; McNaughton *et al.* 1985). Dicha concentración depende de factores intrínsecos y/o extrínsecos o ambientales. Entre los primeros suelen citarse el taxón, el estado fenológico del ejemplar analizado, el órgano estudiado, la capacidad y el mecanismo de absorción y depositación de ácido monosilícico. Entre los factores extrínsecos que influyen a corto o largo plazo se mencionan el contenido y disponibilidad de ácido monosilícico en el suelo, el que a su vez depende del pH del suelo y presencia de óxidos de Fe y Al; la temperatura, ya que incrementa la tasa de transpiración, la que estaría asociada al proceso de depositación y/o absorción de sílice, y la herbivoría (Bertoldi de Pomar 1975; Epstein 1994; Jones y Handreck 1967; Massey *et al.*, 2006; McNaughton *et al.* 1985; Parry y Smithson 1964; Sangster y Parry 1971). Por otro lado, estudios recientes consideran que las características de las especies, adquiridas a través de la evolución resultan más determinantes en la capacidad de acumulación de sílice que el efecto de un factor ambiental (Hodson *et al.* 2005).

En la región pampeana, provincia de Buenos Aires, el pajonal de *Paspalum quadrifarium* ("paja colorada") representa un sistema relictual de gran importancia biológica y ecológica (Laterra y Maceira 1996). Esta comunidad está restringida a áreas correspondientes al pedemonte del Sistema Serrano de Tandilia, particularmente a sectores con afloramientos rocosos y suelos de escaso desarrollo. Estas características edáficas han evitado que dichas áreas sean utilizadas con fines agrícolas, actividad que domina el resto del paisaje. Sin embargo, prácticas de pastoreo y/o quemas controladas son frecuentemente observadas, las que ocasionan una variación florística y estructural de la comunidad.

En el marco del estudio de las asociaciones fitolíticas de las especies vegetales y del suelo asociado a este pastizal y sus variantes florísticas, se analizó el contenido de sílice de las principales gramíneas de esta comunidad. Debido a que ciertos géneros de gramíneas están en discusión este estudio sólo incluye los niveles de subfamilia y especie. El objetivo del trabajo fue determinar si existen diferencias a nivel de subfamilia, específico y/o intraespecífico en el contenido de sílice en gramíneas del pajonal de *Paspalum quadrifarium* del sudeste bonaerense, Argentina.

ÁREA DE ESTUDIO

Desde el punto de vista fitogeográfico el área corresponde a la Pampa Austral y se caracteriza por la dominancia de pastizales (Soriano 1991). El pajonal de *Paspalum quadrifarium* constituye una de las comunidades frecuentes en el área, la cual se alterna con el "flechillar" (compuesto principalmente por especies de los géneros *Stipa* y *Piptochaetium*) (Herrera 2007). Su distribución se restringe al pedemonte del Sistema Serrano de Tandilia, caracterizado por suelos de escaso desarrollo. Los principales tipos de suelo son Hapludoles líticos y Argiudoles líticos, los cuales han evolucionado a partir de sedimentos cuaternarios loéssicos depositados sobre ortocuarcitas paleozoicas (Instituto Nacional de Tecnología Agropecuaria [INTA] 1989). El clima del área es subhúmedo – húmedo mesotermal, con nula o pequeña deficiencia hídrica, con precipitaciones de 800 mm de promedio anual (Burgos y Vidal 1951).

MATERIALES Y MÉTODOS

Muestreo y análisis de datos

Se seleccionaron 18 especies de Poaceae (Tabla 1). Las subfamilias representadas en este estudio fueron Panicoideae (3 especies), Pooideae (7 especies), Stipoideae (7 especies) y Arundinoideae (1 especie). Algunos ejemplares estudiados procedían del herbario BAL (INTA Balcarce) y otros fueron recolectados en campos y cerros del SE de la provincia de Buenos Aires (Figura 1). Se muestrearon las dos hojas inmediatamente inferiores a la hoja bandera de individuos en estado de floración o fructificación indistintamente. Las muestras se colocaron en ultrasonido por 15 – 20 minutos y se lavaron con agua destilada, para eliminar posibles contaminantes. Se secaron en estufa y se pesaron, obteniéndose el peso inicial. Para la concentración de sílice se utilizó la técnica de calcinación de Labouriau (1983), que consiste en una carbonización inicial de las muestras a 200° C por 2 hs, eliminación de carbonatos con HCl 5N, lavado con agua destilada del ácido remanente y calcinación final a 760° C por 2 – 2.5 hs. Se pesaron las cenizas y se obtuvo el peso final. La cantidad relativa de sílice con respecto al peso de la materia seca de las muestras se calculó mediante la siguiente fórmula:

Cantidad relativa Si = (peso final/peso inicial)*100.

Para evaluar si existen diferencias en el contenido de sílice entre subfamilias y especies se realizaron tests no paramétricos de Kruskal – Wallis y tests de comparaciones múltiples no paramétricas, ya que no se cumplía con los supuestos de normalidad y homoscedasticidad que el ANOVA requiere (Zar 1984).

Para analizar la variación intraespecífica del contenido de sílice se utilizó el test de t-Student, aplicado a los valores de cinco especies recolectadas en dos lugares diferentes: *Bothriochloa laguroides* (sitios 5 y 10), *Dactylis glomerata* (sitios 6 y 10), *Festuca arundinacea* (sitios 6 y 9), *Sorghastrum pellitum* (sitios 3 y 4) y *Stipa neesiana* (sitios 5 y 6).

RESULTADOS

Los valores medios de contenido de sílice oscilaron entre 3.91 por ciento (*Sorghastrum pellitum*) y 13.93 por ciento (*Festuca arundinacea*) (Tabla 2).

El test de Kruskal - Wallis arrojó diferencias significativas en la cantidad relativa de sílice entre las subfamilias analizadas ($X^2 = 11.40$; df = 3; p < .01). Los análisis de comparaciones múltiples indicaron que las subfamilias significativamente diferentes fueron Pooideae y Panicoideae. La Figura 2 permite establecer un patrón tentativo de acumulación en estas subfamilias, donde se observa una disminución en los valores desde Pooideae – Stipoideae hasta Arundinoideae – Panicoideae.

Se obtuvieron diferencias significativas en el contenido de sílice entre las especies ($X^2 = 43.003$; df = 17; p < .01). Los resultados del test de comparaciones múltiples indicaron que las diferencias fueron significativas entre *Festuca arundinacea* y *Dactylis glomerata* y *Festuca arundinacea* y *Sorghastrum pellitum* (H: 3.46; df = 18; p < .05) (Figura 3).

Sólo *Bothriochloa laguroides* presentó diferencias intraespecíficas significativas estadísticamente (F = -2.52; df = 6; p = .04) en el contenido de sílice, siendo mayores los valores en los ejemplares recolectados en el sitio 10 que en el sitio 5 (Figura 4).

DISCUSIÓN

Los análisis realizados permitieron identificar patrones tentativos y cuantitativos de la acumulación de sílice a nivel de especie y subfamilia en gramíneas de la provincia de Buenos Aires. Los valores obtenidos se enmarcaron (3 – 13 por ciento) dentro de los valores hallados por otros autores (.1 – 10 por ciento) (Epstein 1994; Jones y Handreck 1967).

Especie	Contenido (% en peso seco)
Festuca arundinacea	13.93
Vulpia dertonensis	12.83
Piptochaetium bicolor	11.64
Briza subaristata	9.38
Bromus auleticus	8.76
Stipa trichotoma	8.63
Bothriochloa laguroides	8.33
Piptochaetium medium	6.95
Stipa papposa	6.95
Melica brasiliana	6.56
Bromus catharticus	6.53
Dactylis glomerata	6.52
Piptochaetium hackelii	6.22
Stipa neesiana	6.08
Danthonia montevidensis	5.17
Piptochaetium lasianthum	5.04
Paspalum quadrifarium	3.98
Sorghastrum pellitum	3.91

Tabla 2. Valores medios del contenido de sílice en las 18 especies analizadas.

Figura 1. Mapa de ubicación. Los números representan los sitios de recolección de ejemplares.

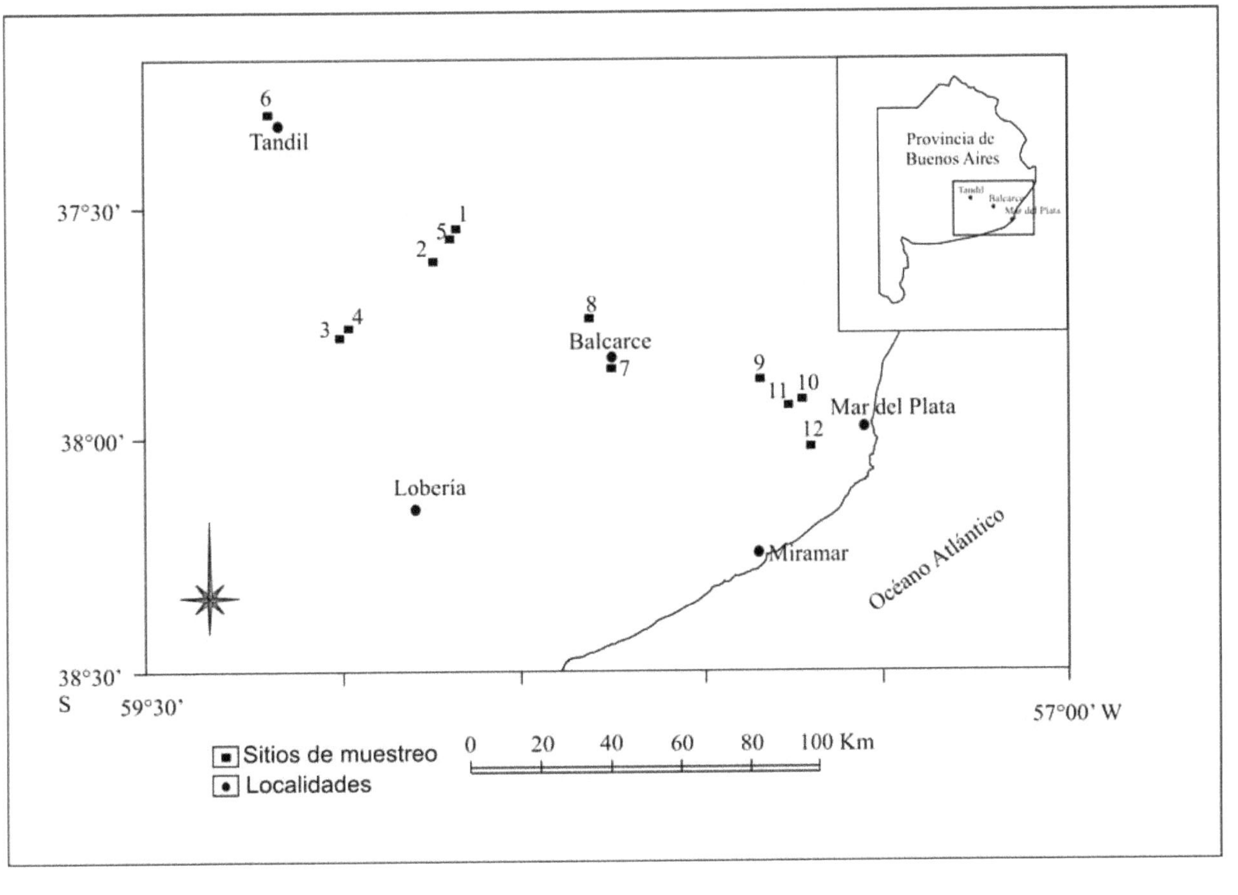

Subfamilia	Especies	Abrevia-turas	Sitios de recolección	N
Arundinoideae	*Danthonia montevidensis* DC. et Lam.	DM	5	4
Panicoideae	*Bothriochloa laguroides* (DC) Pilger	BL	5, 10	8
Panicoideae	*Paspalum quadrifarium* Lam.	PQ	1, 5, 7	5
Panicoideae	*Sorghastrum pellitum* (Hack.) Parodi	SOP	3, 4	8
Pooideae	*Briza subaristata* Lam.	BS	5, 6, 9	8
Pooideae	*Bromus auleticus* Trin.	BA	3, 8	8
Pooideae	*Bromus catharticus* Vahl.	BC	6, 8, 9, 10	8
Pooideae	*Dactylis glomerata* L.	DG	5, 6, 10	8
Pooideae	*Festuca arundinacea* Schreb.	FA	6, 8, 9	9
Pooideae	*Melica brasiliana* Ard.	MB	2, 5, 6	9
Pooideae	*Vulpia dertonensis* (All.) Gola	VD	2, 6, 10	7
Stipoideae	*Piptochaetium bicolor* (Vahl) Desv.	PB	7, 8	10
Stipoideae	*Piptochaetium hackelii* (Arech.) Parodi	PH	4, 7	5
Stipoideae	*Piptochaetium lasianthum* Gris.	PL	7	6
Stipoideae	*Piptochaetium medium* (Speg.) M. A. Torres	PM	2, 3, 5, 6	8
Stipoideae	*Stipa neesiana* Trin. et Rupr.	SN	5, 6, 11	10
Stipoideae	*Stipa papposa* Ness	SP	3, 5, 10	7
Stipoideae	*Stipa trichotoma* Nees	ST	12	5

Tabla 1. Especies vegetales estudiadas. n: número de ejemplares analizados. Los números de los sitios de recolección corresponden a los números marcados en el mapa de la Figura 1.

Figura 2. Media, desvío estándar (DE) y error estándar (EE) del contenido de sílice en las subfamilias Panicoideae (PAN), Pooideae (POO), Stipoideae (STI) y Arundinoideae (ARU). *: diferencias significativas p<.01.

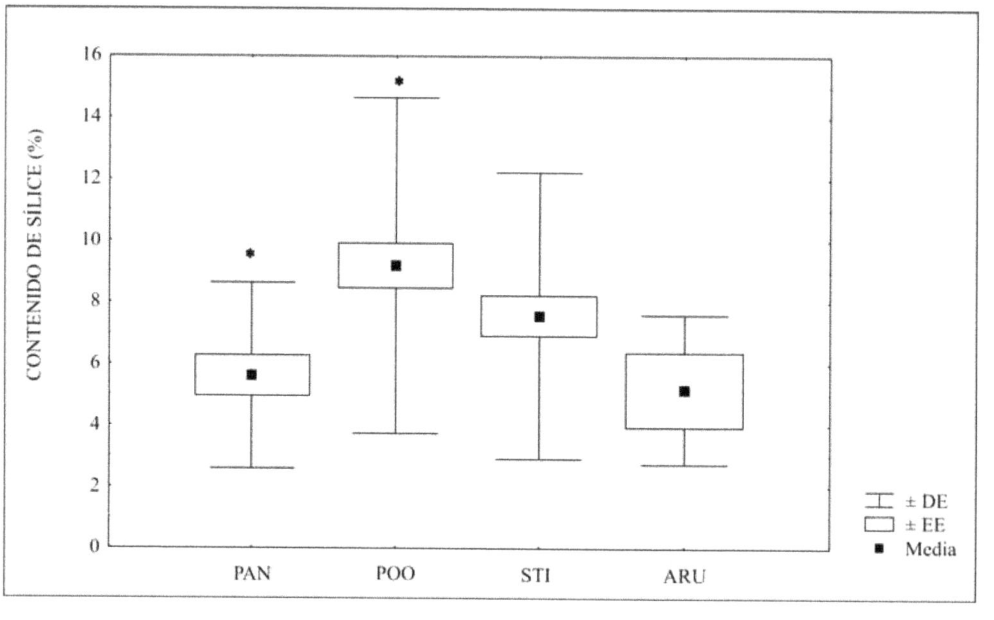

Son diversas las metodologías citadas en la bibliografía para las mediciones del contenido de sílice en plantas, por lo que éstas deben ser consideradas al realizarse las comparaciones entre los resultados. Marx *et al.* (2004), utilizando la técnica de *wet ashing* o digestión química para la obtención de silicofitolitos de especies del género *Festuca*, hallaron valores que oscilan entre .78 y 6.75 (calculado como porcentaje peso seco). Morton y Jutras (1974) hallaron para *Festuca arundinacea* valores de .76 – 2.52 y para *Dactylis glomerata* .49 – 2.2, utilizando la técnica antes mencionada. Los valores hallados en este trabajo superan ampliamente los obtenidos por dichos autores. *Festuca arundinacea* presentó un valor medio de 13.93 por ciento, mientras que *Dactylis glomerata* 6.52 por ciento. Gallego y Distel (2004) y Gallego *et al.* (2004) estudiaron los silicofitolitos de gramíneas del pastizal del SE de la provincia de la Pampa (Argentina), utilizando la misma metodología que la empleada en este trabajo. Los valores promedios para las especies de *Stipa* fueron 3.71 – 11.24 por ciento y para *Piptochaetium napostaense* fue de 11.67 por ciento. Si bien las especies no fueron las mismas, los valores de los ejemplares de *Stipa* de este estudio están incluidos dentro de los valores hallados por Gallego *et al.* (2004). *Piptochaetium bicolor* presentó valores similares a *P. napostaense* (Gallego *et al.* 2004), mientras que las otras tres especies del género analizadas oscilaron entre 5.04 y 6.95 por ciento.

Las subfamilias Pooideae y Panicoideae presentaron diferencias significativas en el contenido de sílice, las cuales pueden ser consecuencia de las características genéticas asociadas a los procesos de absorción y acumulación de sílice. Los sitios de recolección de especímenes de ambas subfamilias fueron los mismos, por lo que se descartan los factores microclimáticos o edáficos. Si bien estos análisis son preliminares y la inclusión de otras especies podrían corroborarlos o no, este nivel taxonómico sería un indicador de acumulación diferencial de sílice.

Los análisis estadísticos entre el contenido de sílice a nivel de especies evidenciaron una relativa homogeneidad, ya que sólo tres de ellas (*Festuca arundinacea*, *Sorghastrum pellitum* y *Dactylis glomerata*) presentaron diferencias significativas. Los factores intrínsecos, como los mecanismos de absorción y depositación de sílice y/o aspectos genéticos asociados a estos mecanismos, parecen ser los causantes de estas variaciones. Si bien se descartan diferencias en las condiciones microclimáticas de los sitios de recolección, ya que también fueron muestreadas otras especies que no presentaron diferencias significativas en el contenido de sílice, no pueden descartarse otros factores como la herbivoría. Son varios los estudios que han demostrado el efecto de los herbívoros sobre el contenido de sílice en gramíneas (Massey y Hartley, 2006; McNaughton *et al.* 1985).Dado que algunos individuos fueron recolectados en cerros con manejo de ganado, es posible suponer un efecto del pastoreo sobre el contenido de sílice en estos ejemplares.

A nivel intraespecífico sólo fueron detectadas diferencias significativas en una (*Bothriochloa laguroides*) de las cinco especies analizadas. Considerando que los sitios elegidos para la recolección de los especímenes son los que presentaban mayor distancia entre ambos, es posible suponer diferencias edáficas o microclimáticas, las cuales estarían condicionando el contenido de sílice de los individuos.

CONCLUSIONES

Este trabajo permitió establecer los primeros patrones tentativos del contenido de sílice en especies del SE de la provincia de Buenos Aires. Asimismo, constituye uno de los primeros trabajos en los cuales se analiza el contenido de sílice a nivel de subfamilia e intraespecífico en la región. Los valores obtenidos están incluidos dentro de los citados por la bibliografía para otras gramíneas de ésta y otras regiones (Gallego *et al.* 2004; Jones y Handreck 1967).

Figura 3. Valor medio, desvío estándar (DE) y error estándar (EE) de cada especie. Ver abreviaturas en tabla 1.*: diferencias significativas a p<.01.

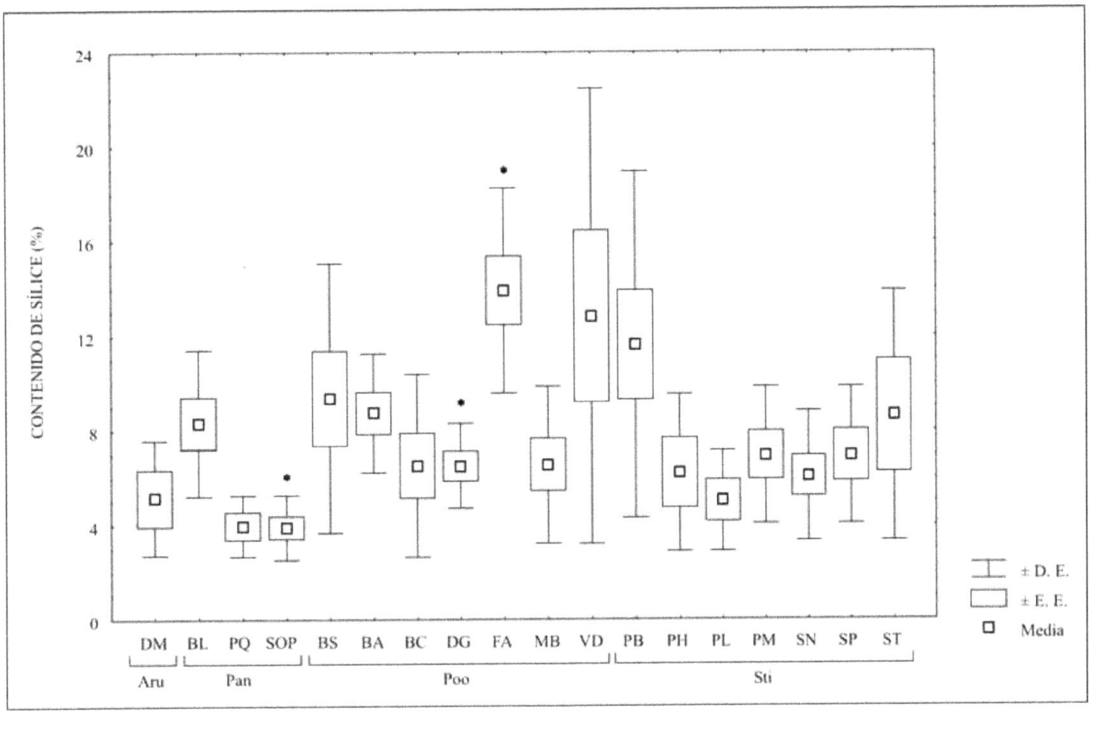

Figura 4. Valor medio, desvío estándar (DE) y error estándar (EE) de cinco especies recolectadas en sitios diferentes. Los números corresponden a los sitios de recolección ubicados en el mapa de la Figura 1.*: diferencias significativas a p< .01.

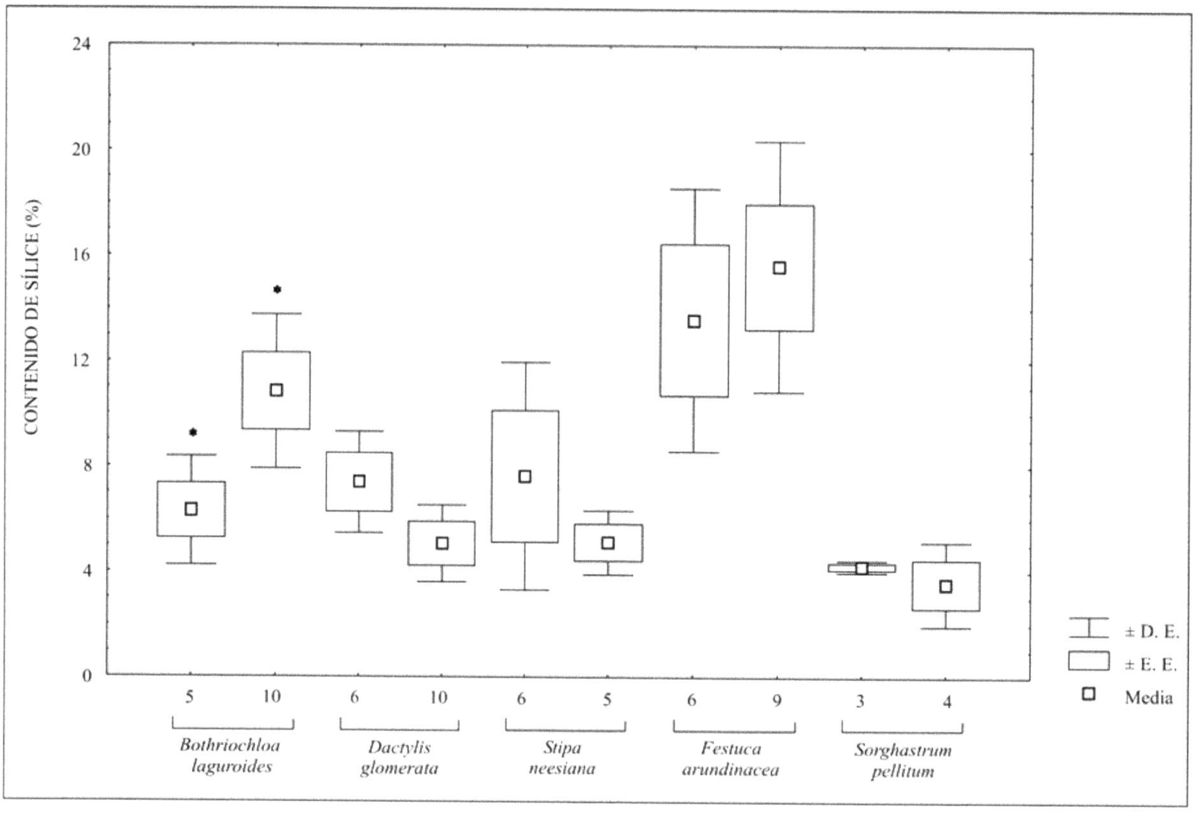

De acuerdo a los resultados obtenidos, los dos grupos de factores condicionantes en la concentración de sílice en las plantas (factores intrínsecos y extrínsecos) parecen influir en las especies analizadas, pero su importancia depende del nivel taxonómico estudiado. A nivel subfamilia y especie, los mecanismos de absorción y depositación de sílice y/o aspectos genéticos asociados a estos mecanismos, parecen ser más determinantes. En cambio, a nivel intraespecífico, las condiciones microclimáticas y/o edáficas influyen en mayor proporción.

La información generada en este tipo de trabajo, resulta de gran utilidad para estudios de incorporación de sílice biogénica al ambiente, los cuales incluyen estudios de biogeoquímica de suelos y agua, principalmente. Además, permite avanzar en el conocimiento sobre los procesos de acumulación y formación de fitolitos en plantas, así como los factores que influyen en estos.

AGRADECIMIENTOS

Este trabajo forma parte de la tesis doctoral de M. Fernández Honaine. Los autores desean agradecer a la Ing Agr. S. Alonso y al herbario BAL, INTA, Balcarce, por facilitar parte del material de herbario analizado.

BIBLIOGRAFÍA

Bertoldi de Pomar, H.
1975 Los silicofitolitos: sinopsis de su conocimiento. *Darwiniana*, 19: 173-206.

Burgos, J. J. y A. Vidal
1951 Los climas de la República Argentina según la nueva clasificación de Thornwhite. *Meteoros* 1: 3 – 32.

Epstein, E.
1994 The anomaly of silicon in plant biology. Proc. Natl. Acad. Sci. 91: 11-17.
1999 Silicon. *Annu. Rev. Plant Physiol. Plant Mol. Biol.* 50:641-664.

Gallego, L. y R. A. Distel
2004 Phytolith assemblages in grasses native to Central Argentina. *Ann. Bot.* 94: 865-874.

Gallego, L., R. A. Distel, R. Camina y R. M. Rodriguez Iglesias
2004 Soil phytoliths as evidence for species replacement in grazed rangelands of Central Argentina. *Ecography* 27: 1-8.

Herrera, L.

2007. *Impacto de la fragmentación del paisaje sobre la estructura comunitaria y el valor pastoril de pastizales pampeanos.* Tesis Doctoral inédita. Facultad de Ciencias Exactas y Naturales, Universidad Nacional de Mar del Plata, Argentina.

Hodson, M. J., P. J. White, A. Mead y M. R. Broadley
2005 Phylogenetic variation in the silicon composition of plants. *Ann. Bot.* 96: 1027–1046.

Instituto Nacional de Tecnología Agropecuaria
1989 *Mapa de suelos de la provincia de Buenos Aires.* Escala 1:500,000. SAG y P – INTA – Proyecto PNUD ARG 85/019. EDIPUBLI S.A., Buenos Aires, Argentina.

Jones, L. H. P y K. A Handreck
1967 Silica in soils, plants and animals. *Adv. In Agronomy* 19:107-149.

Labouriau, L. G.
1983 Phytolith work in Brazil: a minireview. *The Phytolitharien Newsletter* 2 (2): 6-10.

Laterra, P. y N. Maceira
1996 Ecología de pajonales de paja colorada. En *Biodiversidad y funcionamiento de pastizales y sabanas en América Latina,* G. Sarmiento y M. Cabido Eds., pp. 37-58. Venezuela.

Marx, R., Daphne E. L., Kelvin M. L. y W. G. Lee
2004 Phytolith morphology and biogenic silica concentrations and abundance in leaves of *Chionochloa* (Danthonieae) and *Festuca* (Poeae) in New Zealand. New Zealand *Journal of Botany* 42: 677-691.

Massey, F. P., Ennos A. R. y S. E. Hartley
2006 Silica in grasses as a defence against insect herbivores: contrasting effects on folivores and a phloem feeder. *Journal of Animal Ecology* 75: 595-603.

Massey, F. P. y S. E. Hartley
2006 Experimental demonstration of the antiherbivore effects of silica in grasses: impacts on foliage digestibility and vole growth rates. *Proc. R. Soc. B* doi: 10.1098/rspb.2006.3586

MacNaughton, S. J., J. L. Tarrants, M. M. MacNaughton y R. H. Davis
1985 Silica as a defense against herbivory and a growth promotor in african grasses. *Ecology* 66: 528-535.

Morton, B. C. y M. W. Jutras
1974 Silica concentrations in grazed and ungrazed forage species. *Agronomy Journal* 66: 10-12.

Motomura, H., T. Fuji y M. Suzuki
2004 Silica deposition in relation to ageing of leaf tissues in *Sasa veitchii* (Carrière) Rehder (Poaceae: Bambusoideae). *Ann. Bot.* 93: 235-248.

Motomura, H., N. Mita y M. Suzuki
2002 Silica accumulation in long-lived leaves of *Sasa veitchii* (Carrière) Rehder (Poaceae: Bambusoideae). *Ann. Bot.* 90: 149-152.

Parry, D. W. y F. Smithson
1964 Types of opaline silica depositions in the leaves of British grasses. *Ann. Bot.* 28: 169-185.

Richmond, K. E. y M. Sussman
2003 Got silicon? The non-essential beneficial plant nutrient. *Current Opinion in Plant Biology* 6: 268-272.

Sangster, A. G. y D. W. Parry
1971 Silica deposition in the grass leaf in relation to transpiration and the effect of dinitrophenol. *Ann. Bot.* 35: 667-677.

Soriano, A.
1991 Río de la Plata Grasslands. En *Natural Grasslands: Introduction and Western Hemisphere. Ecosystem of the world 8A*, Coupland R. T. Ed. pp 367-407. Amsterdam.

Zar, J. H.
1984 *Biostatistical Analysis.* 2nd Edition. Prentice – Hall, INC, New Jersey, USA.

Ambientes Regionales y Paleoecología

Regional Environments and Palaeoecology

Matices Interdisciplinarios en Estudios Fitolíticos y de Otros Microfósiles
M. A. Korstanje y M. del P. Babot, Editoras. BAR International Series S1870, Capítulo 7, pp. 67-76

PHYTOLITHS AS INDICATORS OF PALEOSOLS AND GRASSLAND VEGETATION IN THE TEOTIHUACAN VALLEY, MEXICO

FITOLITOS COMO INDICADORES DE PALEOSUELOS Y VEGETACIÓN DE PASTIZAL DEL VALLE DE TEOTIHUACAN, MÉXICO

McClung de Tapia, Emily[1], Héctor Cabadas-Báez[2], Ernestina Vallejo-Gómez[3], Jorge Gama-Castro[3], Elizabeth Solleiro-Rebolledo[3] y Sergey Sedov[3]
[1]Instituto de Investigaciones Antropológicas, Universidad Nacional Autónoma de México, Cd. Universitaria, 04510 México, D.F., mcclung@servidor.unam.mx
[2]Posgrado en Ciencias de la Tierra, Instituto de Geología, Universidad Nacional Autónoma de México, Cd. Universitaria, 04510 México, D.F.
[3]Instituto de Geología, Universidad Nacional Autónoma de México, Cd. Universitaria, 04510 México, D.F.

ABSTRACT

Phytoliths recovered from pedological profiles in the Teotihuacan Valley, Mexico, as part of a paleoenvironmenal study of the region, are indicators of paleosols as well as fluctuations in the spatial distribution of soils and vegetation through time. In this analysis, grass (Poaceae) phytoliths represented by the subfamilies Pooideae, Panicoideae and Chloridoideae, are considered. A two-stage study included a cross-valley sampling transect undertaken to establish a topographic sequence of soils and to correlate soils in different positions on the landscape: (1) higher elevations; (2) piedmont; (3) alluvial plain; and (4) transition to the lacustrine zone. In the second stage, counts of 1200 phytoliths and mineral grains from these profile were used to calculate the proportion of phytoliths in terms of percentages in each horizon. Twenty-one additional locations were also analyzed to study spatial variability of Holocene soils, with 200 phytoliths counted by horizon in these profiles. Morphotypes in the Pooideae subfamily (C3) include carinate, trapeziform, pyramidal, and crenate forms; in the Panicoideae (C3 and C4), bilobates and crosses; and saddles in the Chloridoideae (C4). Ratios of these types, as well as and an aridity index based on chloridoid abundance, were calculated for samples representing the last 22000 years. Chloridoid phytoliths are predominant from 20000-2000 yrs. BP. A notable decline in the proportion of chloridoid phytoliths, together with an increase in panicoid types, is evident in samples from 2000-1500 yrs BP., and this shift intensifies further between 1500-1000 yrs. BP. Between 1000 yrs. BP and the present, chloridoid phytoliths are once again predominant, with aridity index claculations helping to affirm these trends.

Key Words: *Phytolith analysis, Teotihuacan, Vegetation change, Human impact*

RESUMEN

Los fitolitos recuperados de perfiles pedológicos del Valle de Teotihuacan, México conforman parte de un estudio paleoambiental, en el que son considerados como buenos registros de paleosuelos y de la distribución espacial de los suelos y la vegetación a través del tiempo. Este estudio considera el análisis de fitolitos de pastos (Poaceae) representados por las subfamilias Pooideae, Panicoideae y Chloridoideae. El estudio se realizó en dos etapas: la primera incluyó un transecto a través del valle, para establecer la secuencia topográfica de los suelos y realizar correlaciones de acuerdo a la posición que ocupan en el paisaje: (1) zonas elevadas; (2) piedemonte; (3) planicie aluvial; y (4) transición a zonas lacustres. En dichos perfiles, 1200 partículas (fitolitos y granos minerales) fueron contadas para calcular la proporción relativa de fitolitos presentes (en porcentaje) por horizonte de suelo. Fueron analizadas localidades adicionales (21) para estudiar la variabilidad espacial de los suelos del Holoceno; contando en este caso 200 fitolitos por horizonte. Los morfotipos Pooideae (C3) incluyeron carinados, trapeziformes, piramidales, y formas crenadas; en los Panicoideae (C3 y C4), bilobados y en cruces; así como en silla en los Chloridoideae (C4). Las relaciones de los morfotipos presentes y el índice de aridez basado en la abundancia de chloridoides fueron calculados para los últimos 22000 años. Los fitolitos chloridoides fueron predominantes entre los 20000 y 2000 años AP. Una disminución notable en la proporción de chloridoides junto con un incremento en los tipos panicoides es muy evidente entre los 2000 y 1500 años A.P., intensificándose entre los 1500 y 1000 años A.P. En los últimos 1000 años los chloridoides han sido predominantes, el índice de aridez calculado reafirma dicha tendencia.

Palabras clave: *Fitolítica, Teotihuacan, Cambio de vegetación, Impacto humano*

INTRODUCTION

Phytoliths were recovered from pedological profiles in the Teotihuacan Valley, Mexico, Central Mexico (Figure 1), as part of a paleoenvironmenal study of the region. In this analysis we focus on phytoliths, particularly from grasses, as indicators of paleosols and of fluctuations in the spatial distribution of vegetation types related to landscape change through time. The study area is located in the northeastern sector of the Basin of Mexico (19º 34' N, 99º 40' W) between 2240-3100 masl, in the Transvolcanic Axis which stretches from west to east across central Mexico. The total area covers approximately 900 km^2. The Teotihuacan area is important because it was the location of the one of the earliest prehispanic cities in the New World and the center of a state that dominated Mesoamerica over at least 500 years, between AD 100-600.

Figure 1. Teotihuacan Valley, Mexico, Central Mexico showing locations of soil profiles.

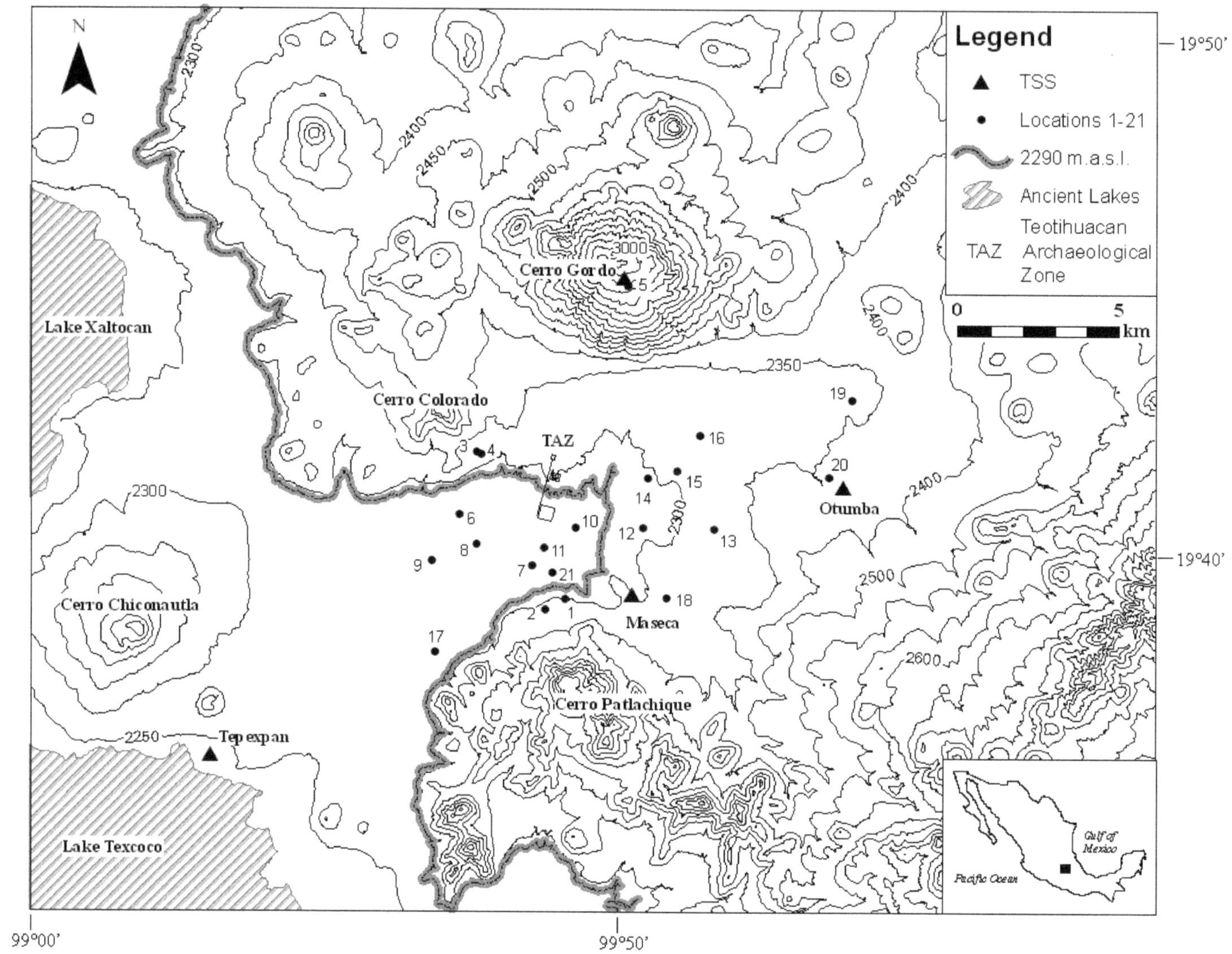

Basic research on prehistoric environmental conditions in the region is quite recent although archaeological investigation has been going on for over a century.

PHYTOLITHS AS INDICATORS OF PALEOSOLS AND REGIONAL ENVIRONMENTAL CONDITIONS

The recovery and analysis of phytoliths were included in order to detect the presence of paleosols on one hand and the spatial variability of soils and regional vegetation trends on the other. Different methodological approaches were employed in a two-stage study to develop hypotheses for future research in the region.

Gol´yeva (1996, 1997) and Piperno (2006), among others, refer to the concentration of phytoliths in A horizons in pedological profiles as indicators of buried paleosols, based on the assumption that these were exposed surfaces in the past. Evaluation of changes in the proportions of phytoliths and mineral grains in the horizons contributes to an understanding of the formation of soils in a region a well as to the reconstruction of past vegetation (Gol'yeva *et. al.* 1995).

The potential of phytoliths as indicators of environmental conditions is also considered by other authors (e.g., Dinan and Rowlett 1993; Fredlund 1986, 1993; Fredlund and Tieszen 1994, 1997; Piperno 1988, 2006; Twiss 1986, 1992). Pollen is poorly preserved in most of the soils and sediments studied from the Teotihuacan Valley. Phytoliths on the other hand are relatively well represented and permit a general picture of changes in the distributions of grasses through time.

Where plants characterized by C3 and C4 photosynthetic pathways occur together naturally, fluctuations among the proportions of both types are expected to occur with temperature changes and variations in the amount of available atmospheric CO_2 (Gates 1993). Twiss (1992) suggested the use of ratios of "regular grass phytoliths" (corresponding to the subfamilies Pooideae, Panicoideae and Chloridoideae of the Poaceae family) in an assemblage to interpret regional paleoclimatic conditions based on an evaluation of the present worldwide distribution of C3 and

C4 grasses, together with reference to the types of phytoliths generally associated to them. A number of distinctive, short-celled phytoliths, or silica bodies, are generally diagnostic of C3 and C4 grasses, although some exceptions have been noted (Dinan and Rowlett 1993; Fredlund and Tieszen 1994; Piperno 1988, 2006; Twiss 1992).

The subfamily Pooideae is comprised of C3 grasses adapted primarily to high-latitude/high altitude regions, in cool zones with localized moisture. Their presence in subtropical areas is generally restricted to the coolest period of the year. The subfamily Chloridoideae, on the other hand, consists of C4 grass genera, adapted mainly to low/intermediate elevations with relatively low soil humidity and is characteristic of warm, semiarid or arid zones (short grass savanna). The subfamily Panicoideae includes both C3 and C4 grasses as well as by those that share characteristics of both photosynthetic pathways, adapted to warm, humid conditions characteristic of tall-grass savanna (Dinan and Rowlett 1993; Gould and Shaw 1983; Twiss 1992). Although some have adapted to temperate conditions, none occur in mountainous or pollar regions.

The relative abundance of different types of grasses can be estimated by taking the ratio of the total of each type with respect to the sum of phytoliths associated with the subfamilies Pooideae (F), Panicoideae (P) and Chloridoideae (C) in a given assemblage (total "regular grass phytoliths", indicated throughout as "FPC"). Accordingly, Twiss (1992) argued that high values of the ratio for relative abundance of pooid (C3) grasses indicate cool climatic conditions appropriate to high latitudes or high altitudes in zones where C3 grasses prevail. In contrast, low values suggest warm, humid to arid climatic conditions associated with lower latitudes and elevations. High values of the ratio for relative abundance of chloridoid grasses (C4) suggest the predominance of semi-arid conditions. Fredlund and Tieszen (1994, 1997) and Trombold and Israde-Alcantara (2005) among others have shown that the general Pooideae-Panicoideae-Chloridoideae subfamily typology of phytolith types can provide a useful framework for broad characterization of regional grassland composition through time and can be employed as the base for outlining hypothetical changes in vegetation, temperature and environmental humidity.

Environment of the Teotihuacan Region

The principal geological features of the region include Miocene geoforms (Cerros Patlachique, Malinalco and Colorado) surrounded by soils derived from the weathering of volcanic tuff and pumice from Plio-Pleistocene ash flows; Cerro Gordo and Cerro Chiconautla are Late Pliocene-Early Pleistocene structures (Departamento del Distrito Federal 1975; Mooser 1968). Most of the remaining area is comprised of Quaternary alluvial deposits, lavas and basalts, stratovolcanos and cineritic cones.

The region is located in the transition zone between semi-arid (BS) and subhumid (C) climatic conditions (García 1968, 1974). Average annual temperatures fall between 12 ^{o} and 18 ^{o}C below 2800 masl and 5-12 ^{o}C for the surrounding slopes between 2800-3100 masl Total annual precipitation in the region today falls between 500-600 mm (García 1968), reaching 700 mm on the summit of Cerro Gordo and 800 mm in the Sierra Patlachique (Castilla-Hernández and Tejero-Diez 1983; Evans 1980). 80-94% of the annual precipitation occurs between May and October.

Phaeozems (48%), Vertisols (16%), Cambisols (13%) and Lithosols (13.5%) comprise the main soil types in the region today (Secretaría de Programación y Presupuesto 1982a, 1982b). With the exception of Lithosols (now called Leptosols, WRB 2006), all are potentially fertile soils, suitable for agriculture. Vertisols in the southwestern sector of the Teotihuacan region are probably related to lacustrine and alluvial deposits and a considerable part of this area is irrigated today. Cambisols may have supported pine-oak forests in the region, whereas Phaeozems are more likely to have been covered with diverse communities including oak scrub, xerophytic vegetation and grassland (FitzPatrick 1980). Modern irrigation includes small areas of Phaeozems and Cambisols but these soils are mainly utilized for rainfall-dependent crops and, especially the cultivation of "nopal" (*Opuntia* spp.), barley (*Hordeum* spp.) and to a lesser extent, "maguey" (*Agave* spp.). Because of the importance of soils in prehistoric economies as well as a source of climatic information, field research was directed towards a detailed study of soil formation and geomorphological processes in the region (Cabadas 2004; McClung de Tapia *et. al.* 2003, 2005).

Patches of primary vegetation are scarce in the region today (Castilla-Hernández and Tejero-Diez 1983; Rzedowski *et al.* 1964), including a small stand of oak forest (*Quercus* spp.) on the upper north slope of Cerro Gordo (3050 masl). Pine forest is no longer present. Most of the higher slopes, 2800-3000 masl, are populated with oak scrub (*Q. frutex;* Castilla-Hernández and Tejero-Diez 1983), considered as an indicator of human intervention (Departamento del Distrito Federal 1975). Other communities represented in the region include xerophytic scrub (*Opuntia, Zaluzania and Mimosa*) up to about 2750 masl and small extensions of grasslands between 2400-3050 masl. Poaceae in the region are represented by the subfamilies Pooideae, Panicoideae and Chloridoideae (Castilla-Hernández and Tejero-Diez 1983; Gould and Shaw 1983).

Prehispanic land use

Early sedentary communities in the Teotihuacan region mainly occupied the piedmont rather than the deep soil alluvium in the central part of the valley where the risk of frosts is an important limiting factor. Steeper ground is less affected by frosts because of greater evaporation in addition to runoff of both surface humidity and soil water, and is thus more suitable for rainfall based cultivation. However, cultivation of slopes requires some kind of protection against soil gravity transport and gully and sheet erosion during torrential seasonal showers as well as wind erosion in the dry season. The use of techniques for the conservation of soil and humidity such as channeling of runoff was probably carried out from an early period on slopes to enhance humidity concentrations for rainfall dependent cultivars; however, available evidence for such techniques is difficult to date, mainly because of the mixture of cultural and sedimentary materials contained in channels. The earliest indications of such techniques are dated to the Terminal Formative period (Tzacualli-Miccaotli phases, approximately AD 100-250; Charlton 1990; Nichols and Frederick 1993), associated with the development of the prehispanic urban center of Teotihuacan. The construction of terraces may be as late as AD 1300-1500, corresponding to the Aztec occupation of the region, although evidence for this period would mask earlier deposits.

METHODOLOGY

A regional approach was adopted for the selection of soil profile (pedon) locations in which cross-valley transects represented the major topographic features, to establish a topographic sequence of soils and to correlate soils in different positions in the landscape (Figure 1): (1) higher elevations of volcanos (Cerro Gordo, 2948 masl, 19° 44' 55" N; 98° 49' 24'' W); (2) piedmont (Maseca, 2320 masl, 19° 39' 55'' N; 98° 49' 16.07' 'W); (3) alluvial plain (Otumba, 2314 masl, 19° 41' 32'' N; 98° 45' 49'' W); and (4) transition to the lacustrine zone (Tepexpan, 2255 masl, 19° 36' 52" N; 98° 56' 47" W). In these profiles, phytoliths were recorded as percentages per horizon.

Soil characteristics that are not affected by burial were evaluated (such as texture, microstructure, etc.), and phytoliths were recovered from the silt fraction. Silt was separated from the total soil by gravity sedimentation following the destruction of cementing agents: carbonates (HCl 3N), organic matter (H_2O_2 10%) and iron oxides (dithionate-citrate-bicarbonate extraction) based on Mehra and Jackson (1960).

The silt fraction of each horizon of these profiles was observed under a petrographic microscope and described; 1200 phytoliths and mineral grains were counted in order to calculate their relative proportions (Gol'yeva 1997). Glycerin was employed as an immersion medium because its refractive index (1.48) is intermediate between phytoliths (1.41-1.45) and volcanic glass (1.48-1.61), thus facilitating differentiation between the two.

Complementary locations for pedological profiles were selected to evaluate spatial variability in soils and study changes in vegetation during the Holocene (Locations 1-21, Figure 1). In this case, the extraction technique described by Pearsall (2000) and Piperno (1988, 2006) was employed for the recovery of phytoliths, including the use of $ZnBr_2$ as a heavy liquid. Glycerin was also used as a mounting medium and 200 phytoliths were counted by horizon. Phase contrast was employed to enhance visibility using traditional light microscopy at magnifications of 100-400X.

The taxonomy of phytoliths in Mexican Poaceae and the taphonomy of assemblages from soils has received little attention (for a preliminary attempt, see Zurita 1987). Consequently, phytolith determinations in this study were based largely on published results (Gallego and Distel 2004; Fredlund and Tieszen 1994; Pearsall 2000; Piperno 1988, 2006; Piperno and Pearsall 1998; Prychid *et al.* 2004). Principal morphotypes recognized in the Pooideae (C3) include carinate, trapeziform, pyramidal, and crenate forms; in the Panicoideae (C3 and C4), bilobates and crosses; and saddles in the Chloridoideae (C4) (Figure 2). These morphotypes are combined in the categories "F" (Pooid), "P" (Panicoid) and "C" (Chloridoid). Ratios of "Regular Grass Phytoliths" (Pooid [F/FPC] Panicoid [P/FPC], and Chloridoid [C/FPC] types) and an aridity index based on Chloridoid abundance ([C/PC], Twiss 1992) were calculated for each period between 22000 BP – present in the Teotihuacan Valley (Table 1). In this analysis, only phytoliths from radiocarbon-dated horizons are considered, with the exception of the period 500 BP-present in which all superficial horizons are included.

Phytoliths were not dated directly; total humates from organic sediment were subjected to conventional radiocarbon dating owing to the absence of charcoal in the profiles and dates are interpreted in this paper to indicate mean residence times. A detailed description of the pedological profiles and dating results is available elsewhere (McClung de Tapia *et. al.* 2005).

RESULTS

The topographic sequence of soils (TSS, Figure 1) in the Teotihuacan Valley (Cabadas 2004) indicates Pleistocene argid paleosols with ages of 22000 yrs BP and 18000 yrs BP (Chromic Luvisols, according to WRB, 2006) at high elevations (Cerro Gordo). In the piedmont (Maseca) a paleosol with an age of approximately 11000 yrs BP was observed (Stagnic Luvisols according to WRB 2006). Soils in the alluvial plain (Otumba and Tepexpan) are more recent and are generally poorly developed (Mollic Fluvisols, WRB 2006). At the edge of the former Lake Texcoco (Tepexpan), the sequence includes a pedosediment developed in a swamp environment overlain by three paleosols (Fluvisols, and soils with fluvic material, WRB 2006). The sequence from approximately 5000 BP to the present is the most complete as well as being the most relevant from the perspective of human occupation in the Teotihuacan region. Varying degrees of soil formation is evident depending upon location (McClung de Tapia *et. al.* 2003, 2005).

In the Cerro Gordo profile, the percentage of phytoliths varies between 4.90% and 5.20% in the Ap and Ah horizons respectively, with 14.68% in the AB horizon and falling to 8.22% in AB. Few phytoliths were recovered from 2A (1.55%), 2B/E (0.66%) and 2Bt (1.69%). 3Bt registered 19.57% while 3BtC 0.25%. C4 grasses predominate in all horizons (Figure 2A) with the exception of 3Bt where C3 slightly outnumber C4.

In the Maseca profile, the surface Ap horizon contains 13.62% phytoliths, Bk (3.96%), C (2.26 %), 2 Btg1 (6.74%), 2Btg2 (9.77%) and 2C (4.52%). C4 grasses represented by saddle-shaped phytoliths (Chlorideae) predominate in all horizons (Figure 2B).

In Otumba, preservation was improved and the Ap horizon contained 14.23% phytoliths, AB (19.52%), 2Ah (19.31%), 2AB (13.31%), and 2C (4.05%). In all cases, C4 grasses were predominant, represented by saddle-shaped phytoliths (Figure 2E).

A preliminary view of the Tepexpan sequence indicates that diatoms and sponge spicules are more abundant than phytoliths (1-5%). Diagnostic phytoliths were not observed.

The ratios of grass phytoliths from the radiocarbon-dated horizons Locations 1-21 indicate changes over time in the predominance of grasses pertaining to the subfamilies Pooideae, Panicoideae and Chloridoideae. In Table 1 the total phytoliths recovered from horizons dating to each period are indicated, followed by the total of "Regular Grass Phytoliths" (FPC) as described previously. An aridity index was also calculated based on the proportion of phytoliths corresponding to grasses of the Chloridoideae subfamily with respect to the sum of Panicoideae and Chloridoideae (Twiss 1992). The period designated as 500 yrs. BP-present refers to modern conditions (2 radiocarbon-dated surface horizons were dated to ca. 300 BP while others were clearly modern (McClung de Tapia *et. al.* 2005). Finally, the complementary pedological profiles (Locations 1-21) with horizons corresponding to these periods are indicated in the last column of Table 1.

Chloridoid phytoliths are predominant in the period between approximately 20000-5000 yrs. BP (50.52%). Between 5000-3500 BP a slight increase in chloridoids is apparent (53.19%), declining again to 50.51% during 3500-3000 BP. A slight decline follows between 3000-2500 BP (49.68%), returning to 51.87% between 2500-2000 BP. During the period between 2000-1500 yrs BP a notable decline is seen in the proportion of Chloridoid phytoliths (36.74%) together with a slight increase in Panicoid types (44.87%). This trend is intensified in the following period, between 1500-1000 yrs. BP, during which time panicoid-type phytoliths are at their peak (67.90) as compared to 17.49% for chloridoids. Finally, between 1000-500 yrs. BP chloridoid phytoliths are once again predominant (50.36%) while the proportions of pooid and panicoid types decline. From the Colonial period to the present (500 BP-present) chloridoid phytoliths continue to predominate in the record (47.10%) although panicoid types comprise 32.83%. Throughout the sequence, fluctuations in the relative proportions of Pooideae and Panicoideae are evident, suggesting to us that subregional variation should be considered in the characterization of the region. Pooideae ratios range from a high of 24.91% (22000-5000 BP) to a low of 5.96% (2500-2000 BP) and considerable variability is evident in Table 1. Panicoideae on the other hand are consistently more abundant than Pooideae and fluctuate between a maximum of 67.90% (1500-1000 BP) and a minimum of 30.36% (5000-3500 BP).

The aridity index reaffirms the trends described previously. Maximum aridity is indicated between 20000-5000 BP (67.28%) followed by a gradual decline through time. Between 5000-3500 BP a slight decline (63.66%) is evident, which is maintained between 3500-3000 BP (63.57%). Ratios decline to 57.93% between 3000-2500 BP, 55.16% between 2500-2000 BP, 45.02% between 2000-1500 BP, reaching a low of 20.48% between 1500-1000 BP. Between 1000-500 BP the index increases to 57.17%, reaching 58.93% which describes modern conditions.

In either case, it is clear that a reduction in chloridoid phytoliths (from 36.74% to 17.49% of "total regular phytoliths") together with an increase in panicoid types (from 44.87% to 67.90%) characterizes the region between 2000-1000 BP. In the subsequent period, however, between 1000-500 BP, both groups return to their prior ratios.

DISCUSSION

Regional trends

The earliest paleosols (22000 yrs BP) were formed in relatively humid conditions, as suggested by the presence of phytoliths from C3 plants (mainly pyramidal, trapeziform and carinate forms) together with the presence of kaolinite clay minerals, although the predominance of chloridoid phytoliths in another profile on Cerro Gordo (Location 5) at a slightly lower elevation reflects semi-arid conditions at this time. Towards 18000 yrs. BP conditions became less humid based on the increased frequency of C4 plants. In the Maseca profile, the paleosols corresponding to about 11670 yrs BP show discontinuous infillings of calcium carbonate, indicating changes in the evapotranspiration rate. This site shows evidence for polygenesis based on other indicators for more humid conditions (clay cutans) prior to the onset of drier conditions (Figure 2C).

The most recent period of soil formation, during the Holocene, is represented by the profiles at Otumba in the alluvial plain and Tepexpan at the edge of the lakeshore, both of which are characterized by relatively dry conditions. Tepexpan in particular, shows evidence for a lacustrine zone in transition.

Based on the relative abundance of phytolith types in the samples studied from the perspective of spatial and temporal variability during the Holocene (Locations 1-21), changes are evident in grasses through time on a regional scale. A general trend from semi-arid conditions between *ca.* 5000-3500 BP (based on the predominance of chloridoid phytoliths) towards increased humidity and cooler conditions between *ca.* 3500-3000 BP (based on a slightly greater proportion of pooid and panicoid types together) is apparent. A return to warmer temperature and, perhaps, slightly wetter conditions appears to have been underway around the time when the region was first settled by sedentary farming communities, between 3000 BP and 2500 BP. Between 2500 and 2000 BP increased humidity with slightly warmer temperatures is indicated. Higher humidity but probably somewhat lower temperatures characterized the period between 2000 and 1500 BP. Increased humidity and warmer conditions prevailed during the period between 1500-1000 BP. A return to essentially semi-arid conditions began around 1000 BP, with a slight increase in humidity accompanied by possibly cooler temperature after about 500 BP.

Phytolith evidence from horizons corresponding to 1500-1000 BP indicates *relatively high humidity* throughout the study region during this interval. However, some investigators have argued for notably drier conditions between *ca.* 1500-900 BP in the lake basins of the Transvolcanic Belt that stretches across central Mexico (Arnauld *et al.* 1994; García 1974; Metcalfe 1994; Metcalfe and O'Hara 1992; Metcalfe *et al.* 1989; O'Hara *et al.* 1993, etc.), while others suggest that conditions may have been more humid in some parts of central Mexico during at least part of the same period (Cordova 1997; Frederick 1997; Heine 1987).

Figure 2. Phytoliths from the Teotihuacan Valley: A. and B. Phytoliths saddle type from Cerro Gordo and Maseca; C. Micromorphological evidence for more humid conditions (clay cutans) in Cerro Gordo; D. Panicoideae type; E. Chloridoideae (saddle) type; F. Rondel type.

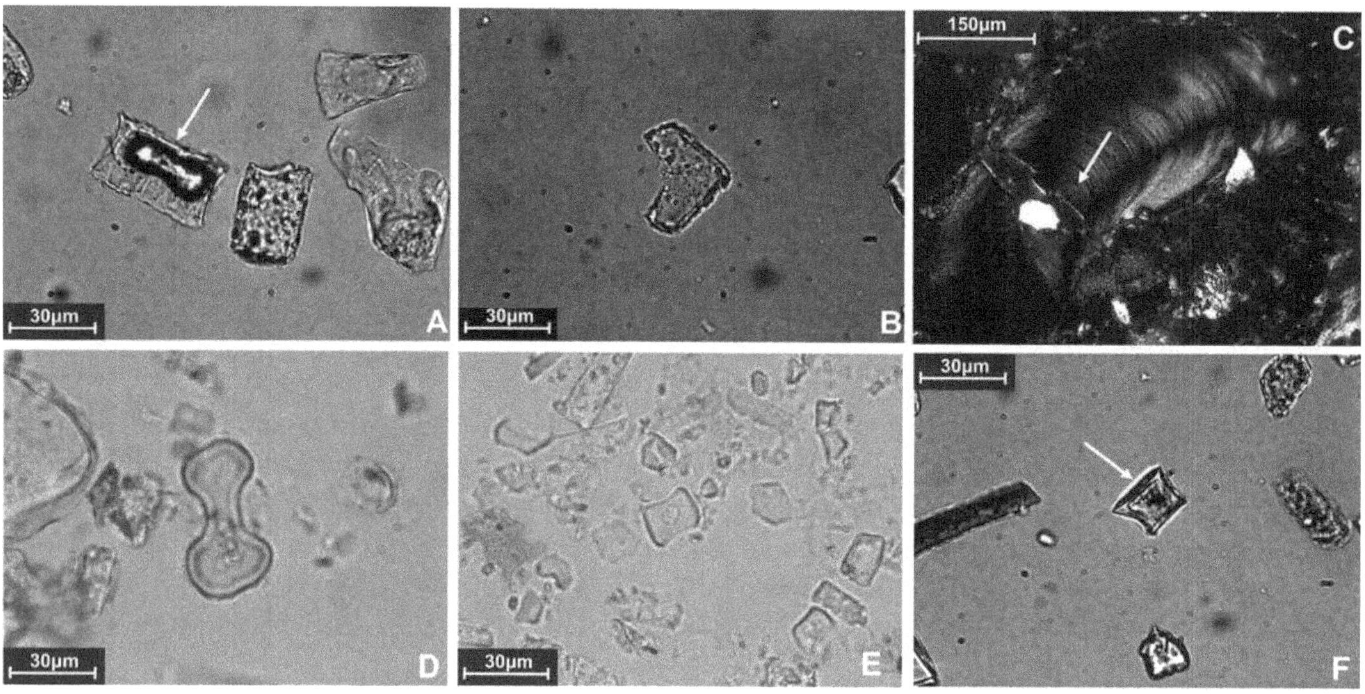

^{14}C Years BP	FPC	Total phytoliths	F/FPC	P/FPC	C/FPC	C/PC	Profile Locations
22000-5000	574	1245	24.91	24.56	50.52	67.28	5,12, 13
5000-3500	517	1298	16.44	30.36	53.19	63.66	1,12,9
3500-3000	677	1382	20.53	28.95	50.51	63.57	2,16,9
3000-2500	316	686	14.24	36.07	49.68	57.93	2,16,6,15
2500-2000	453	1072	5.96	42.16	51.87	55.16	2,1,4,8,16,6
2000-1500	332	706	18.37	44.87	36.74	45.02	11,16, 7
1500-1000	726	1332	14.60	67.90	17.49	20.48	13,2,6,10,11,8, 14
1000-500	554	911	11.91	37.72	50.36	57.17	16,13,12,15,7
500-present	2193	4180	20.06	32.83	47.10	58.93	1-21

Table 1. Ratios of Regular Grass Phytoliths (Pooid [F/FPC] Panicoid [P/FPC], and Chloridoid [C/FPC] types) and an aridity index based on Chloridoid abundance [C/PC] for the period 22000 BP – present in the Teotihuacan Valley (Locations 1-21). Phytoliths from radiocarbon-dated horizons are considered in all periods with the exception of 500 BP-present in which all superficial horizons are included.

Subregional diversity

The analysis of spatial variability, subregional similarities in the soil characteristics, environmental humidity regimes and paleoethnobotanical evidence among profiles permitted a further subdivision of the alluvial plain into two sectors, above and below 2290 masl (Figure 1).

Analyses of the distribution of phytolith types in the horizons associated with each period based on ^{14}C dates suggests that the regional trends evident in Table 1 mask subregional diversity. In almost all cases higher soil humidity represented by panicoid and, to some extent, pooid phytoliths, is associated with horizons from profiles located below 2290 masl or in the Cerro Patlachique area (Figure 1).

On the other hand, most of the horizons from profiles above this contour are characterized by predominantly chloridoid phytoliths, generally indicative of grasses adapted to semi-arid conditions.

In the lower sector of the alluvual plain (≤ 2290 masl), the natural high humidity associated with springs and a high water-table is clearly reflected in the predominance of panicoid phytoliths. On the other hand, in the sector above 2290 masl more semi-arid conditions are confirmed by the high relative abundance of chloridoid grasses.

Figure 3. A. Relative abundance of "Regular Grass Phytoliths" (FPC) from ^{14}C dated horizons in the alluvial plain (<2290 masl, Locations 6, 7, 8, 9, 10) of the Teotihuacan Valley. B. Relative abundance of "Regular Grass Phytoliths" (FPC) from ^{14}C dated horizons in the alluvial plain (>2290 masl, Locations 12, 13, 14, 15, 16) of the Teotihuacan Valley. Circles indicate reversal of trends evident around 1400 years BP. Radiocarbon dates from McClung de Tapia *et. al.* 2005.

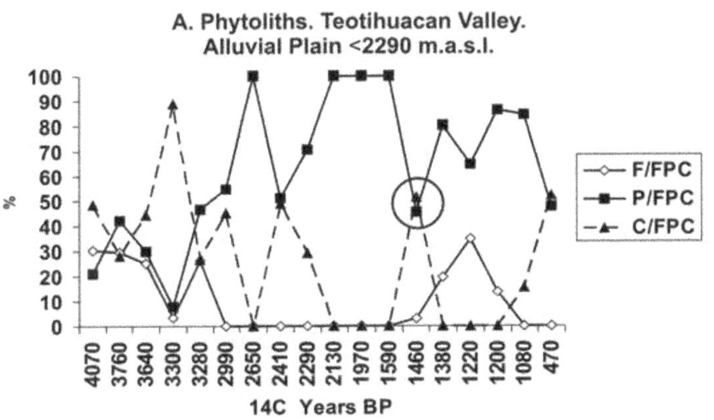

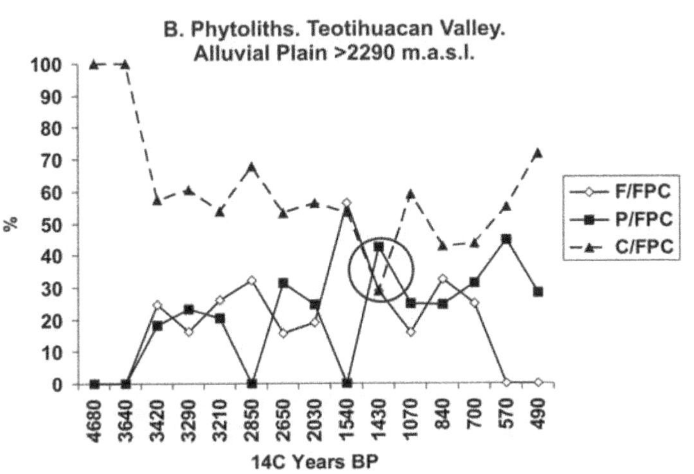

The phytolith evidence for local vegetation at different periods does not indicate that increased drought affected the Teotihuacan region between ca. 1500-900 BP (cf. McClung de Tapia *et al.* 2003). However, around 1400 yrs. BP, a simultaneous and proportional decline in panicoid grasses with respect to chloridoid grasses in the lower sector of the alluvial plain (≤ 2290 m), concurrent with an increase in panicoid grasses at the expense of chloridoid grasses in the upper sector (2290 masl), points to a dramatic change in the landscape of the Teotihuacan Valley (Figure 3). This may be related to the abandonment of the systematic practice of drainage and canalization associated with the permanent irrigation system in the lower sector during the prehispanic period. A generalized increase in soil humidity in this zone may also have affected the lower reaches of the sector above 2290 m, as a result of uncontrolled seasonal flow from higher slopes that were no longer maintained as part of the piedmont agricultural system. Another hypothesis is that erosion related to torrential precipitation events was responsible for the redeposition of phytoliths corresponding to earlier, more humid conditions in higher slopes. More precise dating would be required in order to relate either process with specific prehispanic occupations.

CONCLUSION

Anthropic disturbance may affect the preservation of phytoliths in modern agricultural soils. Micromorphological characteristics such as the mixing of microstructures, re-worked clay films, and "dirty" clay cutans characteristic of agricultural horizons, together with remains of ceramics on the surface indicate that this is an ongoing process. Potential infiltration of microbotanical remains will have to be evaluated systematically and detailed phytolith counts from all horizons are available even though only radiocarbon-dated horizons have been considered here; therefore, it will be possible to consider this problem in future stages of the research. The tendency for phytoliths to be clearly concentrated in A horizons suggests that translocation is not a significant problem for interpretation at the regional and temporal scale employed at this stage of the research.

Chronological control is insufficient at present to permit a conclusive evaluation of specific changes in vegetation through time. Further soil analyses and radiocarbon assays are necessary to provide a better understanding of geomorphic processes and human impact in the region (McClung de Tapia *et al.* 2003), and to situate this information within a chronological framework. Finally, future analyses of phytoliths in securely dated cultural contexts will be fundamental in order to test the hypotheses presented here.

ACKNOWLEDGMENTS

Financial support for this research has been provided by CONACYT (Consejo Nacional de Ciencia y Tecnología, Mexico), DGAPA-PAPIIT (Dirección General de Asuntos del Personal Académico, UNAM), the Instituto de Investigacions Antropológicas, UNAM and the Instituto de Geología, UNAM. Physical-chemical analyses of soils were coordinated by Ernestina Vallejo-Gómez (Laboratorio de Edafología, Instituto de Geología, UNAM) and Irma Domínguez-Rubio (Laboratorio de Fertilidad de Suelos, Colegio de Posgraduados, Chapingo and the Departamento del Hombre y su Ambiente, Universidad Autónoma Metropolitana-Xochimilco). Conventional and AMS radiocarbon dates were obtained from Beta Analytic, Inc. Analyses of botanical materials were carried out in the Laboratorio de Paleoetnobotánica y Paleoambiente, Instituto de Investigaciones Antropológicas, UNAM. Phytoliths were identified by Judith Zurita-Noguera, Concepción Herrera-Escobar and Hector Cabadas-Báez; pollen was identified by Emilio Ibarra-Morales and Mónica Moguel-Bernal. Rodrigo Tapia prepared Figure 1.

BIBLIOGRAPHY

Arnauld, C., P. Carot y M. F. Fauvet-Berthelot
1994 8000 Años de la Cuenca de Zacapu: Evolución de los Paisajes y Primeros Desmontes In: *Cuadernos de Estudios Michoacanos* Vol. 6, editado por P. Pétrequin, pp 9-28. Centre d'Études Mexicaines et Centraméricaines, México.

Cabadas-Báez, H.
2004 *Paleosuelos como indicadores de cambio ambiental en el Cuaternario Superior: El caso del Valle de Teotihuacan.* Unpublished Undergraduate Thesis in Geology, Facultad de Ingenieria, Universidad Nacional Autónoma de México, México.

Castilla-Hernández, M. E. y J. D. Tejero-Díez
1983 *Estudio Florístico del Cerro Gordo (Próximo a San Juan Teotihuacan) y Regiones Aledañas.* Unpublished Undergraduate Thesis, Escuela Nacional de Estudios Profesionales-Iztacala, Universidad Nacional Autónoma de México, México.

Charlton, T.
1990 Operation 12, Field 20, Irrigation System Excavations. In: *Preliminary Report on Recent Research in the Otumba City-State.* Volume 1, edited by T. H. Charlton and D. L. Nichols. Research Report Number 3, Mesoamerican Research Colloquium, Department of Anthropology, The University of Iowa, Iowa City, Iowa, pp 201-212.

Cordova, C.
1997 *Landscape transformation in Aztec and Spanish Colonial Texcoco, Mexico.* Unpublished PhD. Dissertation, University of Texas, Austin.

Departamento del Distrito Federal
1975 *Memoria de las obras del sistema de drenaje profundo del Distrito Federal,* Tomo I. Departamento del Distrito Federal, México.

Dinan, E. H. and R. M. Rowlett
1993 Vegetational changes at the Shriver Paleo-Indian site, N.W. Missouri: Phytolith analysis as an aid to environmental reconstruction. In: *Current research in phytolith analysis: applications in archaeology and paleoecology*, edited by D. M. Pearsall y D. R. Piperno. MASCA Research Papers in Science and Archaeology, Vol. 10, University Museum of Archaeology and Anthropology. Philadelphia, University of Pennsylvania, pp 73-82.

Evans, S. T.
1980 *A settlement system analysis of the Teotihuacan region, Mexico, A.D. 1350-1520.* Unpublished Ph.D. Dissertation, Pennsylvania State University.

FitzPatrick, E. A.
1980 *Soils: Their Formation, Classification and Distribution.* Longman, London and New York.

Frederick, C.
1997 Landscape change and human settlement in the Southeastern Basin of Mexico. Department of Archaeology and Prehistory, University of Sheffield, Sheffield, United Kingdom.

Fredlund, G. G.
1986 A 620,000 year opal phytolith record from Central Nebraskan loess. In: *Plant opal phytolith analysis in archaeology and paleoecology. Proceedings of the 1984 Phytolith Research Workshop, North Carolina State University, Raleigh, North Carolina,* edited by I. Rovner. Occasional Papers No. 1 of The Phytolitharien, pp 12-21.
1993 Paleoenvironmental interpretations of stable carbon, hydrogen and oxygen isotopes from opal phytoliths, Eustis Ash Pit, Nebraska. In: *Current research in phytolith analysis: applications in archaeology and paleoecology*, D. M. Pearsall and D. R. Piperno. MASCA Research Papers in Science and Archaeology, Vol. 10, University Museum of Archaeology and Anthropology. University of Pennsylvania, Philadelphia, pp 37-46

Fredlund, G. G. and L. T. Tziesen
1994 Modern phytolith assemblages from the North American Great Plains. *Journal of Biogeography* 21: 321-335.
1997 Calibrating grass phytolith assemblages in climatic terms: application to late Pleistocene assemblages from Kansas and Nebraska. *Palaeogeography, Palaeoclimatology, Palaeoecology* 136: 199-211.

Gallego, L. and R. A. Distel
2004 Phytolith assemblages in grasses native to central Argentina. *Annals of Botany* 94: 865-874.

García, E.
1968 Clima actual de Teotihuacan. In: *Materiales para la Arqueología de Teotihuacan,* edited by J. L. Lorenzo. Instituto Nacional de Antropología e Historia, México, pp 11-28.
1974 Situciones climáticas durante el auge y la caída de la cultura teotihuacana. *Boletín del Instituto de Geografía UNAM* 5: 35-69.

Gates, D. M.
1993 *Climate change and its biological consequences.* Sinauer Associates, New York.

Gol'yeva, A. A.
1996 Experience in using phytolith analysis in soil science. Eurasian Soil Science 28: 248-256.
1997 Biomorph analysis as a component of the genetic and morphological study of soil. Eurasian Soil Science 30: 927-936.

Gol'yeva, A. A., A. L. Aleksandrovskiy and L. K. Tselishcheva
1995 Phytolithic analysis of Holocene Paleosols. *Eurasian Soil Science* 27: 46-56.

Gould, F. W. and R. B. Shaw
1983 *Grass Systematics*. Second Edition. Texas A&M University Press, College Station.

Heine, K.
1987 Anthropogenic sedimentological changes during the Holocene in Mexico and Central America. *Striae* 26: 51-63.

McClung de Tapia, E., E. Solleiro-Rebolledo, J. Gama-Castro, J. L. Villalpando and S. Sedov
2003 Paleosols in the Teotihuacan Valley, México: evidence for paleoenvironment and human impact. *Revista Mexicana de Ciencias Geológicas* 20: 270-282.

McClung de Tapia, E., I. Domínguez-Rubio, E. Solleiro-Rebolledo, J. Gama-Castro and S. Sedov
2005 Radiocarbon dates from soil profiles in the Teotihuacan Valley, Mexico: indicators of goemorphological processes. *Radiocarbon* 47(1): 159-175.

Mehra, O. P. and M. L. Jackson.
1960 Iron oxide removal from soils and clays by a dithionite-citrate system buffered with sodium bicarbonate. *Clay and Clay Minerals* 7: 317-327.

Metcalfe, S. E.
1994 *Changing environments of the Zacapu Basin, Central Mexico: a diatom-based history spanning the last 30,000 years.* Research Paper 48, School of Geography, University of Oxford, Oxford.

Metcalfe, S. E. y S. L. O'Hara
1992 Sensibilidad de los lagos mexicanos a alteraciones en el medio ambiente: ejemplos del Eje Neovolcánico. *Ingeniería Hidráulica en México* Mayo-Diciembre: 107-121.

Metcalfe S. E., F. A. Street-Perrott, R. B. Brown, P. E. Hales, R. A. Perrott and F. M. Steininger
1989 Late Holocene human impact on the lake basins in Central Mexico. *Geoarchaeology* 4: 119-141.

Mooser, F.
1968 Geología, naturaleza y desarrollo del valle de Teotihuacan. In: *Materiales para la Arqueología de Teotihuacan*, edited by J. L. Lorenzo. Instituto Nacional de Antropología e Historia, México, pp 31-37.

Nichols, D. L. and C. D. Frederick
1993 Irrigation canals and chinampas: recent research in the northern Basin of Mexico. *Research in Economic Anthropology*, 7 Suppl.: 123-150.

O'Hara S. L., F. A. Street-Perrott and T. P. Burt
1993 Accelerated soil erosion around a Mexican highland lake caused by prehispanic agriculture. *Nature* 362: 48-51.

Pearsall, D. M.
2000 *Paleoethnobotany: a Handbook of Procedures*. Academic Press, San Diego.

Piperno, D. R.
1988 *Phytolith Analysis: an archaeological and geological perspective*. Academic Press, San Diego.
2006 *Phytoliths: A comprehensive guide for archaeologists and paleoecologists*. Altamira Press, Lanham.

Piperno, D. R. and D. M. Pearsall
1998 The silica bodies of tropical American grasses: morphology, taxonomy and implications for grass systematics and fossil phytolith identification. *Smithsonian Contributions to Botany* 85: 1-40.

Prychid, C. J., P. J. Rudall and M. Gregory
2004 Systematics and biology of silica bodies in Monocotyledons. *The Botanical Review* 69(4): 377-440.

Rzedowski, J., G. Guzmán, A. Hernández and C. Muñiz
1964 Cartografía de la vegetación de la parte norte del valle de México. *Anales de la Escuela Nacional de Ciencias Biológicas* 13: 31-57.

Sanders, W. T.
1976 The agricultural history of the Basin of Mexico, In: *The Valley of Mexico*, edited by E. R. Wolf. University of New Mexico Press, Albuquerque, pp. 101-159.

Secretaría de Programación y Presupuesto
1982a *Carta edafológica (E14B21, Texcoco) 1: 50000.* Secretaría de Programación y Presupuesto, Coordinación General de los Servicios Nacionales de Estadística, Geografía e Informática, México.
1982b *Carta edafológica (E14B11, Tizayuca) 1: 50000.* Secretaría de Programación y Presupuesto, Coordinación General de los Servicios Nacionales de Estadística, Geografía e Informática, México.

Trombold, C. D. and I. Israde-Alcantara
2005 Paleoenvironment and plant cultivation on terraces at La Quemada, Zacatecas, Mexico: the pollen, phytolith and diatom evidence. *Journal of Archaeological Science* 32: 341-353.

Twiss, P. C.
1986 Morphology of opal phytoliths in C_3 and C_4 grasses. In: *Plant opal phytolith analysis in archaeology and paleoecology: Proceedings of the 1984 Phytolith Research Workshop, North Carolina State University, Raleigh, North Carolina*, edited by I. Rovner. Occasional Papers No. 1 of The Phytolitharien, pp 4-8.
1992 Predicted world distribution of C3 and C4 grass phytoliths. In: *Phytolith Systematics: emerging issues*, edited by G. Jr. Rapp and S. C. Mulholland. Plenum Press, New York, pp. 113-128.

WRB, IUSS Working Group
2006 *World reference base for soil resources*. 2nd Edition. World Soil Resources Report No. 103. FAO, Roma.

Zurita-Noguera, J.

1987 *Análisis de fitolitos de Guachimonton, Teuchitlan, Jalisco.* Unpublished Undergraduate Thesis in Archaeology, Escuela Nacional de Antropología e Historia, México.

Matices Interdisciplinarios en Estudios Fitolíticos y de Otros Microfósiles
M. A. Korstanje y M. del P. Babot, Editoras. BAR International Series S1870, Capítulo 8, pp. 77-90

BIOMORFOS DE SÍLICE EN LA SECUENCIA PEDOSEDIMENTARIA DEL SITIO ARQUEOLÓGICO PASO OTERO 5, BUENOS AIRES, ARGENTINA

SILICA BIOMORPHS IN THE PEDOSEDIMENTARY SEQUENCE FROM PASO OTERO 5 ARCHAEOLOGICAL SITE (BUENOS AIRES PROVINCE, ARGENTINA)

Osterrieth[1], Margarita, Gustavo Martínez[2,3], María A. Gutiérrez[2,3] y M. Fernanda Alvarez[1,3]
[1] Centro de Geología de Costas y del Cuaternario. FCEyN – UNMdP. CC 722 Correo Central. 7600-Mar del Plata. mosterri@mdp.edu.ar; mfer_alvarez@yahoo.com.ar
[2] INCUAPA, Facultad de Ciencias Sociales, UNCPBA. Avda. del Valle 5737, Olavarría. Buenos Aires. gmartine@soc.unicen.edu.ar; mgutierr@soc.unicen.edu.ar
[3] Consejo Nacional de Investigaciones Científicas y Tecnológicas-CONICET

ABSTRACT

Archaeological and paleoenvironmental studies has been carried out in Paso Otero 5 site. Faunal remains of both extinct and modern species associated to "fish-tail" projectile points were found in the archaeological component (*ca.* 10,450 - 10,200 years BP). The stratigraphic sequence ranges from the Pleistocene-Holocene transition to the Late Holocene. The aim of this paper is to study the assemblage of silica biomorphs (poriferous, diatoms, chrysophyseae cysts), specifically the silicophytoliths. The results allowed to recognise two major groups: I) bottom of the sequence (*ca.* 12,000 - 10,450 years BP) represented only by silicophytoliths (less than 10%) which are indicative of a scarce vegetal cover under arid to semi-arid conditions; II) top of the sequence (*ca.* 10,450 - present) whereas the silicobioliths are dominant (>50%), indicating an increase in the vegetal cover developed under more humid conditions. During *ca.* 10,450/9400 years BP warm-humid conditions were registered followed by a hydric restriction which it lasted to *ca.* 8800 years BP. A change to environmental stability is recorded during this time. Hydric restrictions have been inferred towards *ca.* 7800 years BP and dry conditions continued and incremented between *ca.* 6600 - 4200 years BP. A rapid change towards more humid environments is registered *ca.* 2500 years BP and finally, a brief pulse of intense hydric restriction is identified at the top of the sequence. The analysis of the phytoliths would indicate rapid environmental changes in the plains during the Pleistocene-Holocene transition and the Late Holocene.

Key Words: *Silicobioliths, Silicophytoliths, Pampean region, Pleistocene-Holocene transition, Paleoenvironment*

RESUMEN

El sitio Paso Otero 5 ha sido objeto de estudios arqueológicos y paleoambientales. En el componente arqueológico (*ca.* 10.450 - 10.200 años AP) se recuperaron restos óseos de fauna extinta y actual, asociados con puntas de proyectil "cola de pescado". La secuencia estratigráfica abarca desde la transición Pleistoceno-Holoceno al Holoceno tardío. El objetivo del trabajo es estudiar los biomorfos de sílice, específicamente silicofitolitos. Los resultados obtenidos permitieron definir dos grupos: I) base de la secuencia (*ca.* 12.000 - 10.450 años AP) representada sólo por silicofitolitos (<10%) que indican escasa cobertura vegetal bajo condiciones climáticas áridas a semiáridas; II) parte superior de la misma (*ca.* 10.450 - actualidad) donde los silicobiolitos superan el 50%, indicando mayor cobertura vegetal evolucionada en condiciones más húmedas. En *ca.* 10.450/9400 años AP se registraron condiciones ambientales templado-húmedas seguidas por una restricción hídrica que perduró hasta *ca.* 8800 años AP. Aquí se produce un cambio hacia condiciones de estabilidad ambiental. Hacia *ca.* 7800 años AP se infirieron condiciones de restricción hídrica y entre *ca.* 6600 - 4200 años AP persisten y se incrementan condiciones secas. En *ca.* 2500 años AP se produce una modificación rápida hacia ambientes más húmedos y, finalmente, en el tope de la secuencia se registra un pulso breve de intensa restricción hídrica. El análisis fitolítico indicaría cambios ambientales rápidos en las llanuras durante la transición Pleistoceno-Holoceno y en el Holoceno Tardío.

Palabras Claves: *Silicobiolitos, Silicofitolitos, Región pampeana, Transición Pleistoceno-Holoceno, Paleoambiente*

INTRODUCCIÓN

El sitio arqueológico Paso Otero 5 se ubica en el curso medio del río Quequén Grande (38° 12' 08'' S / 59° 06' 58'' O), en la llanura interserrana bonaerense, en el SE de la región pampeana. Forma parte de la Localidad Paso Otero donde se han detectado y estudiado varios sitios (Martínez 1999). Es un yacimiento de referencia para los estudios arqueológicos y paleoambientales desde la transición Pleistoceno-Holoceno al Holoceno tardío (Figuras 1a, 1b). La importancia arqueológica del mismo radica en el registro conjunto de restos óseos de fauna extinta y especies actuales con evidencias de combustión asociados contextualmente a puntas de proyectil "cola de pescado" (Martínez 1997, 1999, 2001, 2000-2002). En una segunda etapa de investigación iniciada en el año 2002, además de la continuidad en los estudios arqueológicos, el sitio fue objeto de un abordaje interdisciplinario (Grill *et al.* 2007; Martínez y Gutiérrez 2007; Martínez *et al.* 2003). En este sentido, se estudiaron aspectos geológicos y geoarqueológicos (Holliday *et al.* 2003; Martínez *et al.* 2004a), cronológicos (Holliday *et al.* 2003; Martínez y Gutiérrez 2007), el conjunto faunístico y lítico (Armentano *et al.* 2007; Joly *et al.* 2005; Martínez y Gutiérrez 2007; Martínez *et al.* 2004b; Prado *et al.* 2005),

Figura 1. a) Mapa de ubicación del área de estudio y sitio arqueológico Paso Otero 5. b) Vista panorámica del río Quequén Grande.

procesos de formación de sitio y diagénesis (Gutiérrez *et al.* 2001; Martínez y Gutiérrez 2007), palinofacies (Grill *et al.* 2007), isótopos estables a partir de moluscos dulceacuícolas (Gutiérrez *et al.* 2005), entre otros.

Las secuencias pedoestratigráficas de los distintos ambientes de la llanura interserrana están caracterizadas por suelos que se intercalan con sedimentos eólicos, fluvioeólicos y fluviales, producto de las oscilaciones climáticas acaecidas durante el Cenozoico tardío. Se definieron para la zona distintas unidades formacionales eólicas (Tapia 1937; Rabassa 1973; Fidalgo y Tonni 1981) con equivalentes estratigráficos en áreas fluviales y lacustres que han sido denominados formalmente como Lujanense y Platense (Ameghino 1908) o Miembros Guerrero y Río Salado de la Formación Luján, con los paleosuelos Puesto Callejón Viejo y Puesto Berrondo (Fidalgo *et al.* 1973). El sitio en estudio se asocia a estas últimas unidades formacionales y el componente arqueológico se localiza principalmente en el límite Pleistoceno-Holoceno, en el suelo Puesto Callejón Viejo (Martínez y Gutiérrez 2007).

La superficie excavada es de 98 m^2 (Figura 2a). La cronología de esta secuencia se obtuvo a través de fechados C^{14} realizados sobre materia orgánica de sedimentos provenientes de superficies de estabilización del paisaje (suelos enterrados) y de colágeno de hueso. Los primeros están distribuidos a lo largo de la secuencia, mientras que los segundos se obtuvieron del componente cultural (Figura 2b). Como consecuencia de la intensa alteración diagenética experimentada en todos los sitios de la localidad (Gutiérrez 2004; Gutiérrez *et al.* 2001; Martínez y Gutiérrez 2007), los restos óseos recuperados presentan escasa preservación de colágeno y, en consecuencia, las dataciones radiocarbónicas han sido difíciles de obtener (Johnson *et al.* 1998). En Paso Otero 5, ocho muestras óseas no arrojaron resultados, tres fueron anómalas y tres proporcionaron edades esperadas según el contexto estratigráfico (suelo Puesto Callejón Viejo), tipos de artefactos registrados (puntas "cola de pescado") y especies faunísticas asociadas (megamamíferos extintos). En consecuencia, las edades aceptadas son 10.440 ± 100 años AP, 10.190 ± 120 años AP y 9560 ± 50 años AP (ver discusión y Tabla 5 en Martínez y Gutiérrez 2007). Todas ellas fueron obtenidas de restos faunísticos recuperados del Suelo Puesto Callejón Viejo o del horizonte denominado Ab6 definido en el sitio. En la Figura 2b se encuentran detalladas las edades aproximadas obtenidas de materia orgánica de suelos. Las edades absolutas de las fracciones residuales y húmicas de las mismas pueden ser consultadas en Martínez y Gutiérrez 2007 (Tabla 1). Como ha sido discutido en otras contribuciones (Holliday *et al* 2003; Martínez y Gutiérrez 2007) las edades C^{14} obtenidas de la materia orgánica de suelos siempre otorgan edades más jóvenes que las "reales" y deben, en consecuencia, ser interpretadas como edades mínimas. Esto es claro en el caso del sitio ya que las edades más confiables obtenidas de colágeno de hueso (*ca.* 10.450-10.200 años AP) y de materia orgánica del suelo (*ca.* 9400 años AP) que contiene al componente cultural presentan este patrón (Figura 2b).

El tipo de sustrato es un control importante en la preservación de las evidencias arqueológicas y paleoambientales. En general, las características sedimentológicas de los materiales que cubren este sector de la llanura pampeana indican un predominio de tamaños de granos entre arenas finas y arcillas con preponderancia de la fracción limosa. La composición mineralógica de los mismos es mayoritaria en minerales livianos (feldespatos calcosódicos y potásicos, cuarzo, vidrios volcánicos, fragmentos volcaniclásticos, moscovitas, etc.) y en menor proporción, minerales pesados (piroxenos, anfíboles, minerales opacos, biotitas, circón y turmalinas). Dentro de los minerales de la denominada fracción liviana, los constituidos por sílice amorfo de origen orgánico e inorgánico llegan a porcentajes que superan el 20% (Osterrieth 2000).

La mineralogía de los sedimentos pampeanos es muy homogénea y no permite distinguir entre materiales de origen eólico o fluvial y es poco sensible a las transformaciones pedológicas. Por esta razón, la fracción sílice amorfa de origen orgánico (SiO_2nH_2O), principal agente mineralizador en los organismos continentales, conforma una parte sustancial y puede constituirse en un sensible indicador ambiental. Estas biomineralizaciones son el resultado del funcionamiento metabólico de los organismos y se denominan silicobiolitos o biomorfos de sílice dentro de los cuales se incluyen poríferos, tecamébidos, diatomeas, lóricas de crisostomatáceas y células de plantas (silicofitolitos) (Bertoldi de Pomar 1975).

La vegetación predominante en la llanura pampeana es y ha sido de tipo graminosa (Cabrera 1976) la que se ubica entre las mayores productoras de silicofitolitos. Por lo tanto, su presencia indica una clara evidencia de procesos pedogenéticos e intensidad de los mismos. La caracterización de las asociaciones fitolíticas de las comunidades vegetales permite evaluar el comportamiento de las paleocomunidades en paleosuelos y sedimentos y definir subgrupos de gramíneas con diferentes rutas metabólicas, tipo C_3 y C_4, las cuales tienen definiciones ecológicas muy precisas (Twiss 1992; Fredlund y Tieszen 1994). Además, estas asociaciones permiten evaluar la vinculación con asentamientos humanos y/o sus evidencias (Osterrieth *et al*. 2002).

Los antecedentes sobre estudios fitolíticos en secuencias sedimentarias del sudeste de la llanura pampeana son considerables, habiéndose definido los contenidos y tipos preponderantes que caracterizan a los sedimentos loéssicos, fluvioeólicos, suelos actuales, paleosuelos hidromórficos, paleosuelos continentales y paleolagunares (Osterrieth 2000; Osterrieth y Martínez 1993; González y Osterrieth 1996; Osterrieth *et al*. 2000, 2002, 2004). El estudio de la presencia de silicofitolitos en secuencias pedoarqueológicas bonaerenses es objeto de trabajos recientes tanto en cuevas (Osterrieth *et al*. 2000, 2002; Zucol *et al*. 2002) como en ambientes fluviales. En este último caso solo hay antecedentes para las márgenes del arroyo Chocorí, en la Localidad arqueológica Amalia (Osterrieth *et al*. 1999) y para sedimentos del cauce del río Quequén Grande (Sabatino y Osterrieth 2005).

El objetivo de este trabajo es analizar la presencia de biomorfos de sílice y específicamente caracterizar cuali y cuantitativamente los silicofitolitos presentes en la secuencia, a fin de aportar datos que contribuyan a una mayor comprensión de las condiciones paleoambientales desde el límite Pleistoceno-Holoceno a la actualidad. Dadas las características cronológicas y contextuales del sitio, se infiere el escenario paleoambiental bajo el cual se produjo la colonización humana de la llanura bonaerense.

CARACTERÍSTICAS GENERALES DEL ÁREA DE ESTUDIO

El sitio arqueológico está emplazado en la margen derecha del curso medio del río Quequén Grande. Este río tiene una disposición general NNO-SSE desde el sistema orográfico de Tandilia hasta el mar argentino. Es una de las cuencas autóctonas del sureste de la provincia de Buenos Aires que se destaca por su extensión respecto de otras de la zona, con un área aproximada de 10.000 km^2. Posee el mayor caudal de la región con valores entre 10 a 17m^3/s (el máximo caudal registrado es de 758,5m^3/s y mínimo de 1,6m^3/s; Varela y Teruggi 2002). En algunos sectores se observan acumulaciones de agua en forma de lagunas y pantanos y en trechos, como el que caracteriza al sitio Paso Otero 5, presenta un gran encajonamiento donde se observan sedimentos antiguos (Formación Pampeano; Ameghino 1908) para discurrir entre barrancas de varios metros de altura. Como la mayoría de los ríos y arroyos de la llanura pampeana abre su cauce en los sedimentos cuaternarios, principalmente loess y limos loéssicos, sobre los que se implantó el drenaje actual (Nágera 1932; Frengüelli 1956). La excavación del cauce actual del río Quequén Grande es un proceso relativamente reciente, posterior a los 2500 años AP y se estima que la depositación fluvial cesó alrededor de los 2700 años AP, cuando el curso comenzó a excavar los sedimentos. Este proceso habría estado relacionado a una reversión en un corto plazo hacia condiciones climáticas secas (Zárate *et al*. 2000).

El clima de la región es subhúmedo seco, mesotermal, con nulo o pequeño exceso de agua a los efectos agronómicos según los registros obtenidos en Tres Arroyos para el periodo 1901-1990. Sin embargo, se han reconocido variaciones de la disponibilidad hídrica, con alternancia entre períodos de escasas y abundantes precipitaciones. Entre los años 1941-1960 se define la instalación de un periodo seco, mientras que en los últimos decenios (1980-1990) se destaca en el registro pluviométrico un periodo muy lluvioso (Kruse *et al*. 1997).

El tipo de vegetación dominante para la zona está estrechamente vinculado a las actividades agropecuarias. Son muy escasos los sectores representativos de la denominada estepa de gramíneas (Cabrera 1976). Desde el punto de vista fitogeográfico el área corresponde a la Pampa Austral, caracterizada por la dominancia de especies de los géneros *Stipa* (C_3), *Festuca* sp. (C_3), *Piptochaetium y Paspalum quadrifarium* (C_4) (Soriano 1992). Las especies autóctonas más abundantes son la cebadilla criolla (*Bromus unioloides*), la flechilla (*Stipa neesiana*), la paja brava (*Melica macra*), la paja vizcachera (*Stipa brachychaeta*) y arbustales (*Eryngium* spp.). En las zonas más bajas y húmedas denominadas cañadas prosperan los pastos tiernos como *Poa* sp. (C_3) y *Lolium* sp. (C_4) (Cabrera 1976). Ante la existencia de una mayor humedad del suelo es típica la presencia de juncales (*Scirpus riparius*), totorales (*Typha* sp.) y cortaderas (*Cortaderia argentea*). Cuando los suelos incrementan su salinidad evoluciona una flora de características halófilas con *Atriplex* sp. y *Salicornia* sp. Todas las especies mencionadas a excepción de algunas halófitas son grandes productoras de silicofitolitos. Uno de los pocos árboles nativos de la región está representado por *Celtis tala* (Celtidaceae), el cual forma pequeños bosques distribuidos actualmente en la franja costera bonaerense, hasta las cercanías de Mar Chiquita, Laguna Nahuel Rucá, Laguna y Sierra de los Padres y sector serrano de Tandilia. Además se presentan en forma aislada, pero recurrente, individuos asociados a los alambrados que delimitan los campos. Esta especie se caracteriza por tener tipos fitolíticos particulares y en especial cistolitos silíceos y silíceo-cálcicos diagnósticos (Fernández Honaine *et al.* 2005). En bordes de ríos y arroyos se registra el denominado sauce criollo o colorado (*Salix humboltiana*) (Cabrera 1976).

Los suelos dominantes para la zona de estudio son Argiudoles típicos en lomas, pendientes y bajos de las planicies onduladas. Las fases someras de ellos se hallan con mayor frecuencia en las partes altas donde la tosca está más cercana a la superficie. En las márgenes de ríos y arroyos se encuentran Argiudoles ácuicos y Udifluventes típicos (INTA, 1985).

MATERIALES Y MÉTODOS

La secuencia pedosedimentaria (Figura 2b) analizada en este trabajo fue definida por Holliday (1998) (ver también Holliday *et al.* 2003; Martínez *et al.* 2003; Martínez *et al.* 2004a; Favier Dubois 2006). Se reconocieron 6 niveles pedosedimentarios (incluyendo el suelo actual). Se estudiaron 57 muestras continuas, tomadas cada 5 cm, del techo a la base, en concordancia con muestras tomadas para estudios pedológicos, micropaleontológicos y arqueológicos (Martinez *et al.* 2003; Figuras 2a, 2b). A partir de 5 gramos de muestra, mediante decantación y centrifugado (Zucol y Osterrieth 2002) se analizaron los silicobiolitos en:

a) Muestra total diferenciándose zoolitos, diatomeas, quistes de crisostomatáceas y silicofitolitos del resto de los componentes minerales totales (livianos y pesados).
b) Muestra concentrada con politungstato de sodio (a densidad 2,3) donde solo se presentan aquellos componentes formados por sílice amorfo (vidrios volcánicos, fragmentos de vulcanitas, zoolitos, diatomeas, quistes de crisostomatáceas y silicofitolitos). A partir de los silicofitolitos se definieron los morfotipos presentes sobre la base de lo establecido por Bertoldi de Pomar (1971), Twiss (1992) y Fredlund y Tieszen (1994, 1997). Definidos los morfotipos se agruparon según su afinidad con los principales subgrupos de gramíneas de rutas metabólicas de 3 y 4 carbonos (C_3 y C_4). Se contó una media de 400 granos usando microscopía óptica bajo luz normal y polarizada.

De modo exploratorio se analizaron muestras provenientes del nivel de la ocupación arqueológica (Ab6). Las mismas no provienen del muestreo del perfil estratigráfico sino de un bloque de sedimento (36 cm x 25 cm x 15 cm) extraído del componente cultural. Dicho bloque está formado por una alta concentración de huesos con evidencias de combustión (quemado, calcinado, etc.) contenidos en sedimentos. Las muestras para el análisis de fitolitos fueron extraídas de la parte superior del bloque. Se tomaron tres réplicas a distancias crecientes (cada 10 cm) desde la mayor concentración de los restos óseos en el centro del bloque hacia a la periferia del mismo.

RESULTADOS Y DISCUSIÓN

Silicobiolitos y silicofitolitos en muestra total y concentrada

Los resultados obtenidos a partir del conteo de los silicobiolitos en función de la mineralogía total permitieron definir dos grandes grupos (I y II; ver Figuras 3, 4 y 5), que se delimitan a partir del horizonte de transición (ACb6) correspondiente al paleosuelo Puesto Callejón Viejo:

Figura 2. a) Detalle de la excavación del sitio arqueológico Paso Otero 5. b) Secuencia pedoestratigráfica. Unidades formacionales (Fidalgo *et al.* 1973). S45-S-12 muestreo fitolítico y edades absolutas (tomado y modificado de Martínez y Gutiérrez 2007).

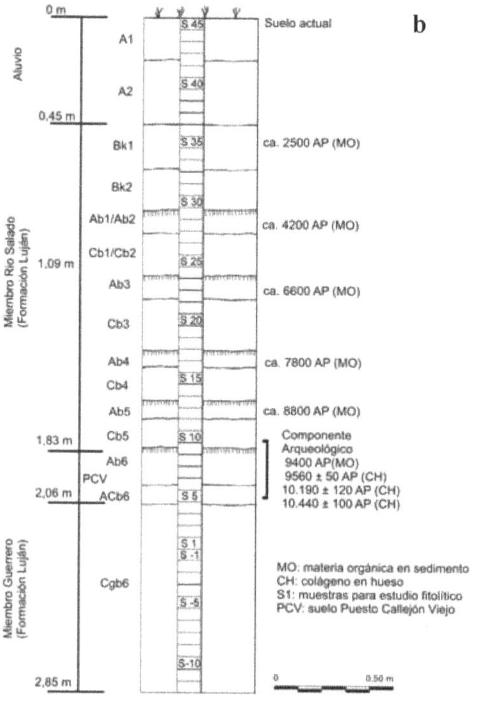

Grupo I: definido para la base de la secuencia, involucra el material parental (Cgb6) y horizonte de transición (ACb6) del paleosuelo Puesto Callejón Viejo (Ab6; PCV) (Fidalgo *et al.* 1973). En este sector los silicobiolitos en la muestra total (Figura 3a), representados casi exclusivamente por silicofitolitos, poseen una media que no supera el 10%. Se observan escasas diatomeas y/o sus restos en el sedimento limoarenoarcilloso de colores castaño verdoso a gris azulado (Cgb6). Estos contenidos de silicofitolitos indican escasa cobertura vegetal con predominio de condiciones no saturadas. Los silicobiolitos en la muestra concentrada (Figura 3b) confirman lo observado en la muestra total, con valores medios levemente superiores al 10% del total de las partículas presentes, aunque en la base de la secuencia no superan el 2% (Figuras 6a, 6b).

Los silicofitolitos predominantes son los definidos como macrosilicofitolitos mayores a 40µm (Bertoldi de Pomar 1971) representados casi exclusivamente por *Prismatolitas* y *Flabelolitas*, ambos indicadores de la presencia de gramíneas en general (Figura 6a). Una vez definidos los fitolitos menores a 40µm los morfotipos se compatibilizaron y asignaron según lo definido por Twiss (1992) en los tipos dominantes de gramíneas de rutas metabólicas de 3 y 4 carbonos (Figuras 6b-6c). En este grupo dominan los *Estrobilolitas* con valores próximos al 30% (Figuras 4, 6e) y los chloridoides representados por los *Doliolitas* (Figura 6c) que muestran los mayores contenidos de toda la secuencia (>15%). También son relevantes aquí algunas morfologías Panicoideas especialmente las atribuidas a *Halteriolitas* de bordes lisos o cóncavos, típicas de gramíneas C_4, que coexisten con otras morfologías panicoides de tipo C_3. Esto evidencia un tenor poco común de fitolitos típicos de células cortas de gramíneas de ruta metabólica de 4 carbonos (C_4), indicadores de condiciones pedológicas con déficit hídrico y/o presencia de sales y/o pulsos de alta insolación (Twiss 1992; Fredlund y Tieszen 1994). Las morfologías atribuibles a pooideas (C_3) son el grupo dominante.

El estado de alteración que presentan los fitolitos es variable: aproximadamente un tercio de las morfologías se encuentran muy alteradas y se incluyen dentro de los denominados tipos indefinidos, otro tercio presenta degradación media que permite reconocer claramente los morfotipos y el resto posee buena preservación (Figura 6). Este es un rasgo bastante común en la mayoría de los sedimentos cuaternarios (Fredlund y Tieszen 1994; Osterrieth 2004). En estos horizontes se midió una reacción del suelo (pH) mayor a 9, que supera el límite establecido para la disolución de la sílice amorfa (Dixon y Schulze 2002). Si esta hubiera sido una condición química preponderante, significaría que una parte de los silicofitolitos podrían haberse destruido, o sea que el contenido pudo haber sido originalmente mayor. Además, en este grupo es donde los contenidos de biomorfos indefinidos por su nivel de alteración o fracturamiento son máximos. Lo cual podría asociarse a la inestabilidad ambiental, tanto desde el punto de vista dinámico como biogeoquímico. Ello estaría dado por la presencia de ciertos componentes de la materia orgánica, más hierro, aluminio y calcio, que son elementos condicionantes de la alteración de los silicofitolitos (Knoll 1985).

Figura 3. a) % de silicobiolitos respecto de los componentes minerales totales. b) % de silicobiolitos respecto de componentes inorgánicos de sílice amorfo (vidrios volcánicos y clastos de vulcanitas) en muestra concentrada.

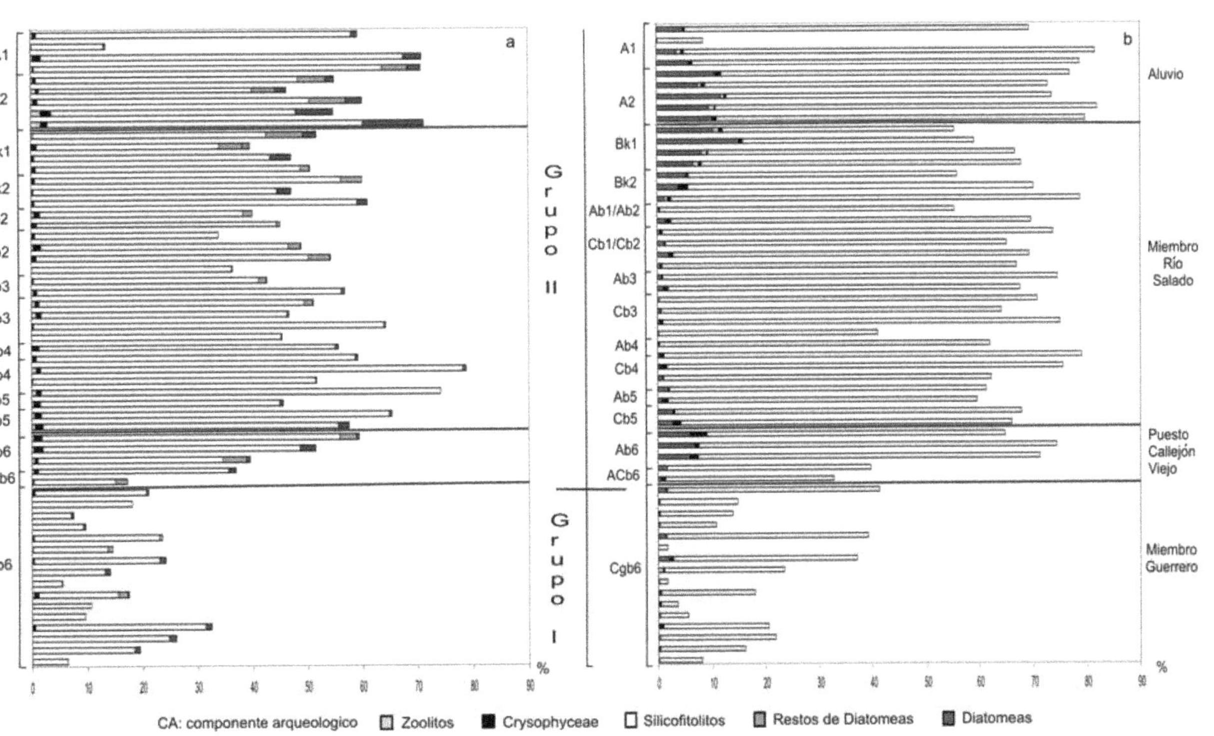

Figura 4. Morfotipos mayoritarios según lo definido por Bertoldi de Pomar (1971) y Twiss (1992). G: gramíneas. C_3-C_4: rutas metábolicas de gramíneas de 3 y 4 carbonos.

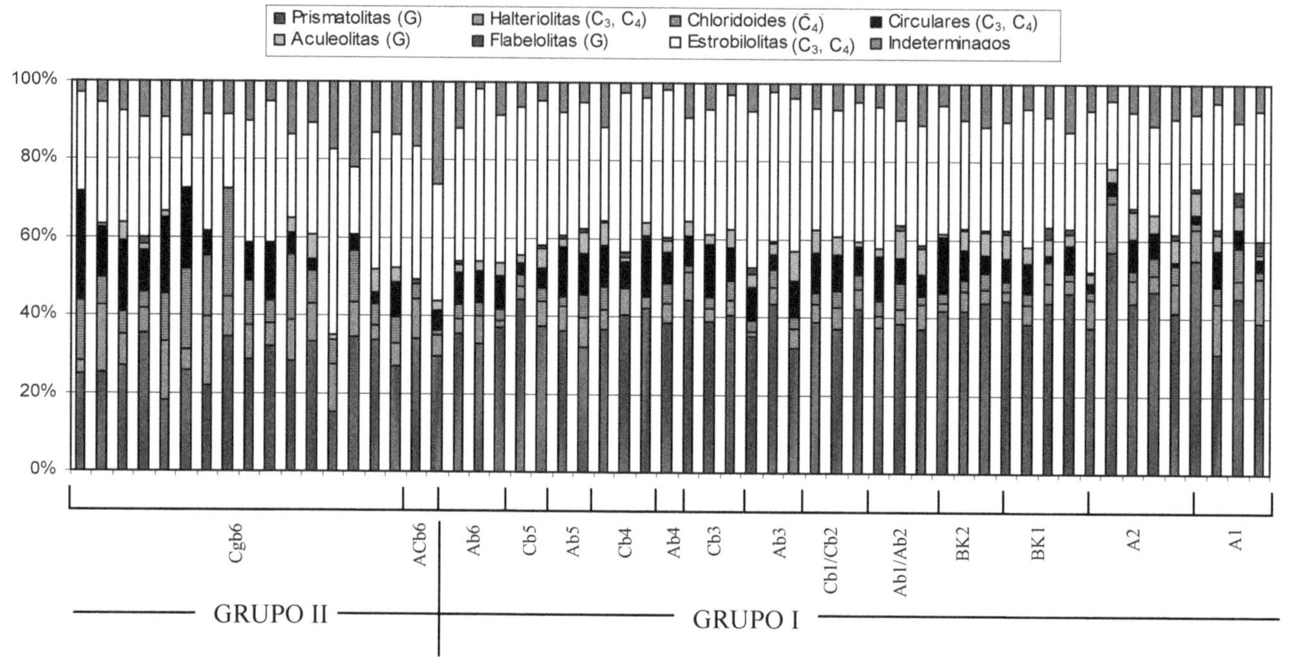

Figura 5. Silicofitolitos en muestra total (a) y en muestra concentrada (b) agrupados según gramíneas de rutas metabólicas de 3 y 4 carbonos (C_3 y C_4).

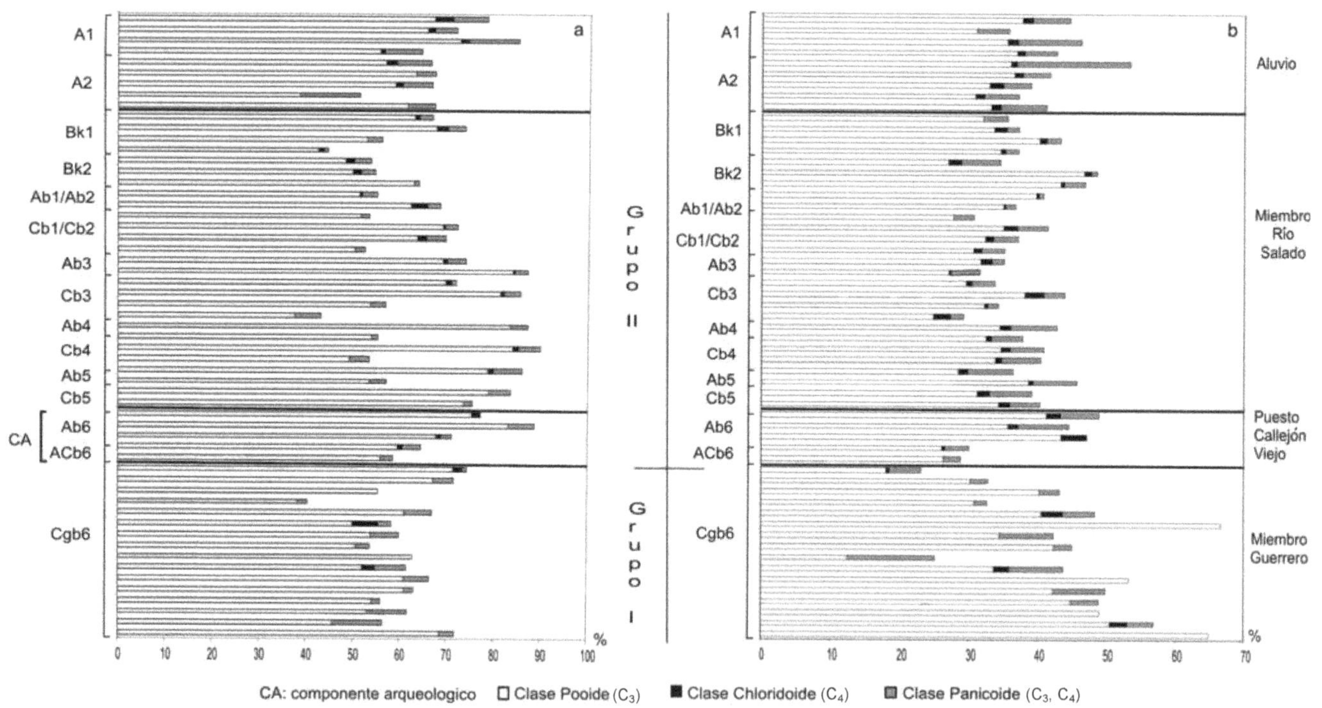

Las evidencias de la vegetación a través del contenido fitolítico muestran que en el área la cobertura vegetal fue escasa pero continua, con dominio de gramíneas pooides para el lapso *ca.* 12.000-10.450 años AP (Cgb6 y ACb6). Estas gramíneas son típicas representantes de ambientes húmedos, desde frescos a templados, alternando con condiciones donde fue relevante la presencia de morfotipos atribuidos a panicoides y chloridoides, gramíneas C_4, indicadoras de condiciones ambientales extremas, áridas a semiáridas (Twiss 1992).

Figura 6. Microfotografías a) Silicobiolitos en muestra total del Grupo I (Cgb6). b) Silicofitolitos en muestra concentrada de AC6. c) Detalle de *Doliolitas* de ACb6 y d) Detalle de *Doliolitas* de Ab6. e) *Estrobilolita* (Ab5). f) *Halteriolitas* de bordes cóncavos, típicas de gramíneas C_4 (Ab6). g) muestra total en horizonte Ab5. h) Detalle de quiste (Ab6). i) Detalle de quiste de horizonte Bk1. j) *Aculeolita* con punta intacta (Ab5). k) Detalle de prismatolitos articulados (Ab5) y l) detalle de prismatolitos articulados (Ab4). m) *Halteriolita* de gramíneas pooides (Ab3). P: *Prismatolita*; A: *Aculeolita*; F: *Flabelolita*; H: *Halteriolita*; E: *Estrobilolita*; D: *Doliolita*; Q: Quiste de crisostomatáceas; V: Vidrio volcánico.
c, d, f, h, i, m: barra= 10 µm, restantes: barra= 25 µm.

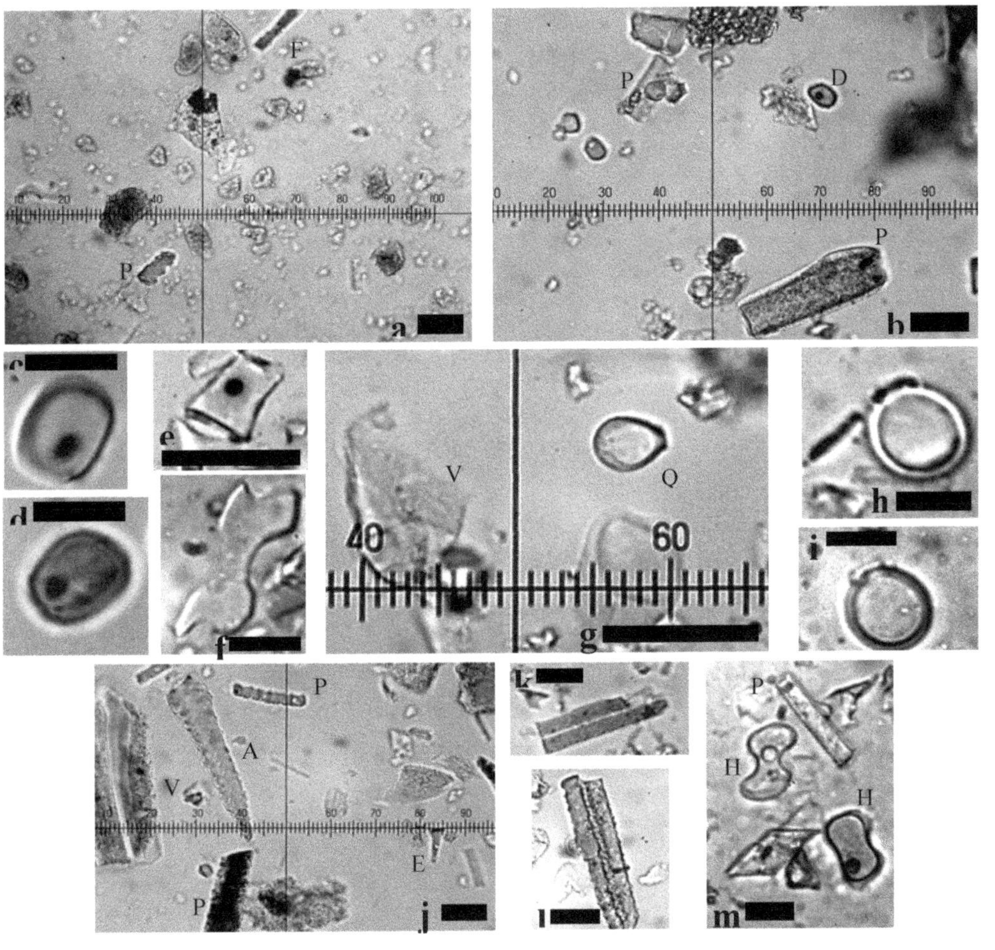

Grupo II. Este grupo comprende desde el paleosuelo Puesto Callejón Viejo (Ab6, *ca.* 10.450/9400 años AP) hasta el suelo actual (A1). En todos los horizontes de este grupo hay un notable incremento de los silicobiolitos, con una media que supera el 50%. También aquí dominan los silicofitolitos (Figuras 3a, 3b) con más del 90% del total de los silicobiolitos. Estos resultados indican un aumento de la cobertura vegetal respecto del Grupo I. Sobre la base de los contenidos totales de silicobiolitos en muestra total y concentrada se diferencian dos pulsos de mayor saturación de los suelos donde hay importantes cantidades de diatomeas, sus restos, poríferos y quistes de crisostomatáceas (Figuras 3a, 3b, 6g-6i, 7a, 7b, 7e). Esto ocurre en los horizontes Ab6 y Ab5/Cb5 y en la parte superior de la secuencia, horizontes A1/A2/Bk1/Bk2. La presencia de biomorfos de sílice no fitolíticos es clara evidencia de momentos de saturación persistente del suelo que coexisten con una densa cobertura vegetal, marcada por el alto tenor de silicofitolitos. Los morfotipos definidos a partir de las muestras concentradas de este Grupo II (Figura 4) indican dentro de los macrosilicofitolitos un incremento de *Prismatolitas* del piso al techo. También son más abundantes los *Aculeolitas* que además se presentan con sus extremos o puntas intactas, indicando la estabilidad ambiental imperante durante el desarrollo de esos suelos (Figura 6j). Los *Flabelolitas* son muy escasos. Asimismo se destaca en este grupo, especialmente en el horizonte Ab5, la presencia común de *Prismatolitas* articulados, incrementando las evidencias de una marcada estabilidad ambiental (Figuras 6k, 6l). En menor proporción, también se observan silicofitolitos articulados en algunos de los paleosuelos suprayacentes. Es común la presencia de macrosilicofitolitos muy oscuros, como indicadores de la persistencia de materia orgánica en la secuencia, intensidad de la pedogénesis y persistencia de condiciones reductoras que restringen la oxidación de los componentes húmicos (Figuras 6j, 7e).

Los microsilicofitolitos predominates en el Grupo II están representados por morfotipos de pooideas. Los Chloridoideas representados por los *Doliolitas* presentan una disminución respecto del Grupo I pero están en casi todos los horizontes. Continúan en abundancia las *Halteriolitas* con mayor diversidad morfológica que en el Grupo I, en su mayoría los atribuidos a pooideas y panicoideas, dentro de las cuales son escasas las atribuidas a panicoideas C_4 (Figuras 6e, f, m, 7c, 7e).

El estado de alteración que presentan los fitolitos en este grupo también es variable pero domina la buena preservación (Figuras 6j-6m) y es menor la proporción de los tipos indefinidos por degradación acentuada. Los valores de pH medidos en este grupo en general oscilan alrededor de 8 (debajo del límite de disolución de la sílice amorfa) pero en este sector de la secuencia los contenidos de materia orgánica y de calcio son mayores, siendo la primera un posible amortiguador de la degradación y el segundo, un elemento que incrementa la inestabilidad de la sílice amorfa (Osterrieth 2004). De haber persistido este pH y la biogeoquímica mencionada se esperaría una menor degradación de los fitolitos. Se destaca en este grupo en el horizonte superficial (A1) la presencia de *Globulolitas* (Figura 7f), formas asignadas mayoritariamente a palmáceas, comunidades exóticas para la zona, introducidas en momentos postconquista. En las muestras correspondientes al bloque proveniente del nivel de ocupación arqueológica se hallaron silicofitolitos similares en cantidades y tipo a los del horizonte que los contiene (Ab6) (Figuras 6a-6d, 8a, 8b), con un leve incremento de los silicofitolitos en el sector central del bloque y también un alto tenor de morfologías indefinidas. En los sedimentos de este bloque se registraron además, por única vez en toda la secuencia, morfologías atribuibles a cistolitos silíceos de Talas (*Celtis tala*). Éstas son similares a las descriptas por Fernández Honaine *et al.* (2005) en la caracterización fitolítica de hoja, tallo y fruto de individuos de *Celtis tala* actuales. Las morfologías fitolíticas halladas se corresponden a cistolitos, estructuras de sílice formadas por una base, un cuerpo y un pie que une a ambos (Figuras 7g, 7h).

Figura 7. Microfotografias a) Silicobiolitos en muestra total del Grupo II (Bk1). b) Silicofitolitos en muestra concentrada de A2. c) *Halteriolita* (Bk1). d) *Estrobilolitas* (Cb1/Cb2). e) Silicobiolitos en muestra concentrada en Hz (Ab1/Ab2). f) Detalle de *Globulolita* (A1). g) y h) Detalle de cistolito de *Celtis tala*, en horizonte Ab6, asociado a huesos quemados en el nivel de ocupación. P: *Prismatolita*; B: *Braquiolita;* E: *Estrobilolita*; Q: Quiste de crisostomatáceas; DT: Diatomeas; RD: restos de diatomeas; Po: Porífero; c: barra= 10 µm, restantes: barra= 25 µm.

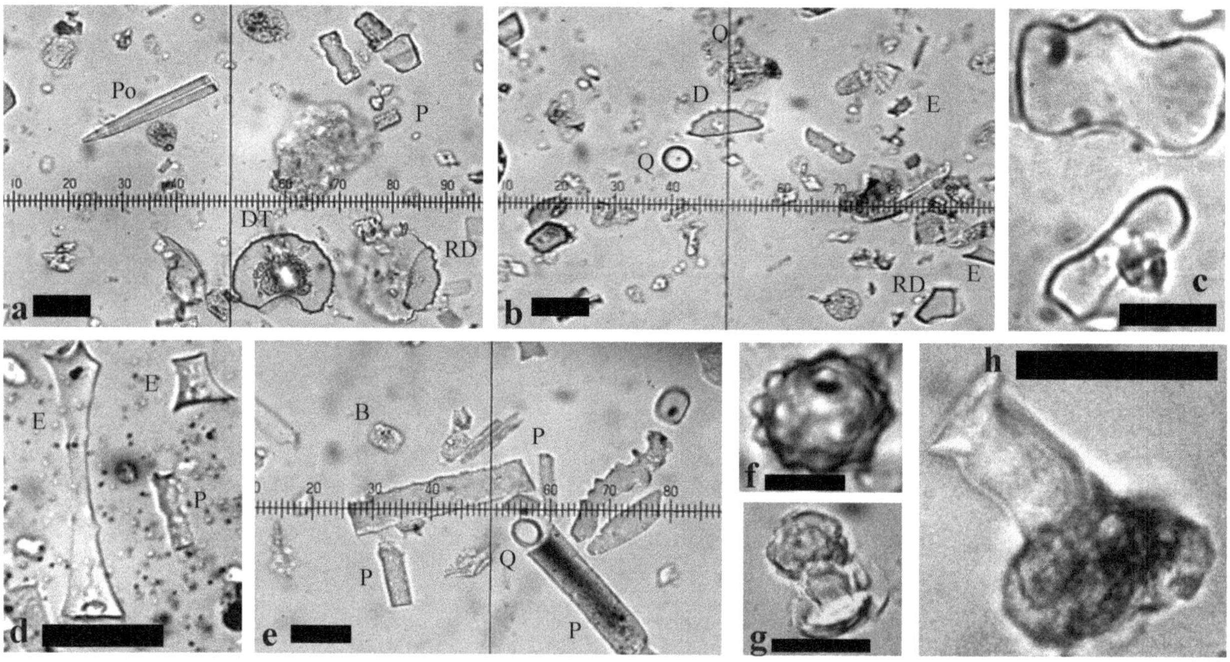

Figura 8: a) Silicobiolitos en muestra total. b) Morfotipos fitolíticos en muestra total obtenidos del muestreo del bloque localizado en el nivel de ocupación Ab6 (G: gramíneas. C_3-C_4: rutas metabólicas de gramíneas de 3 y 4 carbonos).

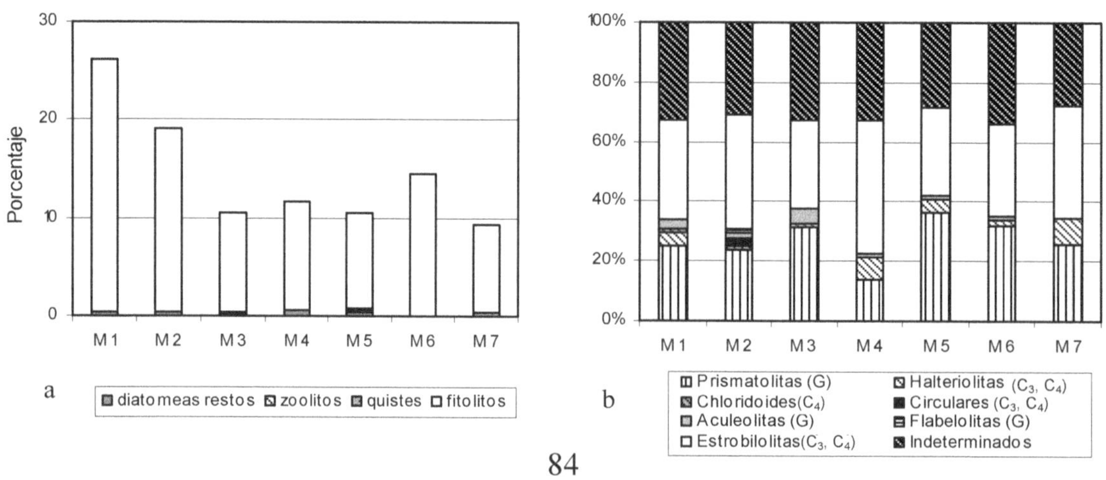

Evolución paleoambiental de la secuencia pedosedimentaria

La secuencia se inicia con el depósito de sedimentos francoarenosos, fluviolacustres del Miembro Guerrero de la Formación Luján definido como horizonte Cgb6, en momentos previos a los 10.450 años AP (*ca.* 12.000-10.450 años AP; ver Grill *et al.* 2007). Estos sedimentos han sido pedogenizados en condiciones redoximórficas, es decir con alternancia en la saturación del suelo y episodios oxidantes y reductores, aunque con predominio de condiciones semiáridas, templadas a frías. Situaciones paleoambientales que habrían limitado el desarrollo de la vegetación, expresado en contenidos de silicofitolitos entre el 2 y 30% del total de la mineralogía.

La escasa cubierta vegetal estuvo dominada por gramíneas pooideas, típicas C_3, y las chloridoideas y panicoideas de rutas metabólicas de 4 carbonos que presentan la máxima expresión de toda la secuencia y evidencian alternancia de períodos con déficit hídrico y presencia de sales y/o pulsos de alta insolación. En niveles arqueológicos estudiados en cuevas de Tandilia también se describieron mayores concentraciones de gramíneas C_4 para un período comprendido entre los 10.400 y 7700 años AP (Osterrieth *et al.* 1999, 2002; Zucol *et al.* 2002). En general, tanto por su cantidad como por los morfotipos presentes, este sector de la secuencia presenta fitolitos con valores similares a los definidos en sedimentos eólicos, loéssicos y paleosuelos loéssicos de la zona (Osterrrieth 2000; Alvarez *et al.* 2005).

Hacia el tope de este paleosuelo y donde se encuentra el componente cultural, evolucionó un suelo pantanoso (Puesto Callejón Viejo; horizontes ACb6-Ab6, *ca.* 10.450/9400 años AP). En el horizonte Ab6 de textura limoarenosa a limosa, diminuye el porcentaje de arena y aumenta la proporción de limo, lo cual indicaría que se desarrolló bajo condiciones más benignas e hidromorfismo persistente con presencia de diatomeas, poríferos y crisomonadales. A partir de este momento se instala una densa cubierta vegetal que arroja una incorporación al suelo de un 40 a 60% de silicofitolitos como parte de los componentes mineralógicos totales. Las comunidades de gramíneas están representadas por microsilicofitolitos de afinidad pooidea (C_3), panicoideas de tipo C_3 indicadoras de condiciones ambientales templado-húmedas y escasas chloridoideas (C_4). El estado de preservación de los silicofitolitos es, en general, bueno a moderado. Sólo en el horizonte asociado a la concentración de huesos quemados se hallaron cistolitos silíceos de *Celtis tala*.

Los depósitos basales del Miembro Río Salado de la Formación Luján se caracterizan también por texturas limoarenososas a limosas de color gris a blanquecino (*e.g.*, Ab5), con disminución de arena y una mayor proporción de limo respecto de Cgb6. Desde el nivel Cb5, que cubre al suelo PCV, se observa una restricción en la disponibilidad de agua del suelo, condiciones que continúan durante la pedogénesis del mismo hacia Ab5 (*ca.* 8800 años AP). De esta unidad se infiere una cobertura vegetal intensa dominada por asociaciones fitolíticas típicas de pooides y escasas panicoides. Es marcada la condición de estabilidad ambiental durante este ciclo pedológico y, posteriormente, durante su sepultamiento, ya que es donde se presenta la mayor cantidad de silicofitolitos articulados y *Aculeolitas* con sus puntas aguzadas intactas.

Durante la evolución del paleosuelo Cb4/Ab4 (*ca.* 7800 años AP) cuya textura pasa gradualmente de francolimosa-franca a francolimosa, se habría intensificado la restricción hídrica con leve disminución de la cobertura vegetal, manifiesta solo por la presencia de silicofitolitos de gramíneas, en general mayoritariamente pooideas y escasas chloridoides y panicoides. Entre los 7800 y 4200 años AP los contenidos fitolíticos indican condiciones edáficas episódicas de menor saturación con disminución de la cubierta vegetal y desarrollo de comunidades de gramíneas C_4, indicando pulsos de condiciones edáficas secas y/o salinas relacionados con eventos áridos. Es decir, durante el desarrollo de los horizontes pedológicos Cb3/Ab3 (*ca.* 6600 años AP) y Cb1/Cb2-Ab1/Ab2 (texturas francolimosas a limosas; *ca.* 4200 años AP) las condiciones de sequía persisten y se incrementan.

Las condiciones hídricas del suelo se habrían modificado rápidamente luego de los 4200 años AP e incrementado durante la evolución de los horizontes Bk2 y Bk1. Estas condiciones de hidromorfismo permitieron la evolución de comunidades de diatomeas con las máximas frecuencias de toda la pedosecuencia y, en menor proporción, poríferos con un 15% en el horizonte Bk1 (*ca.* 2500 años AP). Estas condiciones ambientales estables y persistentes permitieron el desarrollo de más de 60 cm de suelo que podrían vincularse al aumento de lluvias y/o modificación del curso. Estas características habrían generado condiciones microtopográficas con la formación de microrelieves diferentes en momentos próximos a los 2500 años AP (Zárate *et al.* 2000) durante y posteriormente a la excavación del curso actual del río.

En general, los contenidos de silicofitolitos de la pedosecuencia en el Grupo II son similares a los que presentan los suelos y paleosuelos hidromóficos analizados en otros sectores de la llanura pampeana y sensiblemente mayores que los que presentan las secuencias loéssicas y paleosuelos asociados de la zona (Osterrieth 2000; Osterrieth *et al.* 1998). Esta sucesión de períodos de anegamiento con presencia de diatomeas, quistes de crisostomatáceas y poríferos han sido descriptos en la región en niveles arqueológicos de cuevas (Osterrieth 2001; Martínez y Osterrieth 2003) y también en ambientes de marismas costeras del Holoceno medio a tardío (Osterrieth *et al.* 1998; Osterrieth 2004).

Se destaca en la última etapa de evolución del horizonte superficial (A1), de textura franca, la evidencia de un pulso breve de intensa restricción hídrica, con una marcada retracción de la cubierta vegetal, evidenciada por sólo el 10% de silicofitolitos en ambas muestras estudiadas (Figuras 3a, 3b). Esta disminución es solo comparable por su tenor de silicobiolitos a los definidos en la base del Grupo I, la que podría asimilarse a la *Pequeña Edad de Hielo* (Rabassa *et al.* 1989) que coincide con lo detectado en secuencias de la llanura interserrana y ámbito costero del sudeste bonaerense (Martínez *et al.* 2000).

A pesar de las condiciones variables en la saturación del suelo, que condicionan la cobertura vegetal, las asociaciones de fitolitos de la secuencia pedosedimentaria, deducidas en base a sus grupos morfológicos dominantes, indican al grupo de las pooides como las más abundantes. Estas son típicas gramíneas altas (C_3) de suelos húmedos a saturados durante extensos lapsos, desarrollados en condiciones húmedas y templadas a frías. Siguen en abundancia las panicoides, gramíneas con rutas metabólicas tanto C_3 como C_4.

Los morfotipos chloridoides son escasos y representan a gramíneas bajas, típicas C_4, desarrolladas en suelos con déficit hídrico acentuado y/o presencia de sales que poseen los máximos valores en el Grupo I y evidencian pulsos episódicos durante la evolución del Grupo II. Las variaciones observadas en esta secuencia pedosedimentaria indicarían cambios ambientales rápidos en las llanuras durante la transición Pleistoceno-Holoceno, resultados que coinciden con lo definido sobre la base de estudios fitolíticos en los suelos de las praderas de Estados Unidos realizados por Fredlund y Tieszen (1997). A este cambio, se sumarían otros de naturaleza rápida hacia los *ca.* 4200 y 2500 años AP. El diseño de drenaje actual del río Quequén Grande, que presenta sectores meandriformes y amplias variaciones del caudal (desde 1,6 a más de 700 m^3/s; Varela y Teruggi 2002), responde a las condiciones paleoambientales definidas para la zona por Zárate *et al.* (2000). Esto, sumado a la morfodinámica propia del curso, explicarían parte de las variaciones observadas en los contenidos de silicobiolitos como reflejo de las coberturas vegetales y desarrollo pedológico del entorno de Paso Otero 5. La variabilidad en la amplitud de lluvias medidas para lo últimos 60 años (Kruse *et al.* 1997) conducen a oscilaciones en la disponibilidad de agua del suelo que condicionan las coberturas vegetales en diversidad e intensidad. Condiciones similares a éstas podrían explicar las modificaciones observadas en el sector superior del perfil (A1).

Aunque la secuencia indica una sedimentación episódica con discontinuidades o interrupciones menores en el registro sedimentario (como ocurre en otros ambientes fluvioeólicos y palustres cuaternarios), la misma ha sido afectada por una pedogénesis continua. Esto es evidente al considerar los elevados contenidos de silicofitolitos presentes a lo largo de toda la secuencia, coincidentes con los descriptos para suelos y paleosuelos loéssicos e hidromórficos en la llanura pampeana (Osterrieth 1998, 2000, 2004; Alvarez *et al.* 2005).

CONCLUSIONES

El contenido, la diversidad y el estado de los silicobiolitos y en particular de los silicofitolitos permiten deducir una pedogénesis continua desde el límite Pleistoceno-Holoceno a la actualidad. Las variaciones observadas en esta secuencia pedoarqueológica indicarían tres cambios ambientales rápidos en las llanuras, uno durante la transición Pleistoceno-Holoceno, otro durante el Holoceno medio y el último en el Holoceno tardío. En el Grupo I (Cgb6-ACb6), las evidencias de la vegetación a través del estudio fitolítico muestran que en el área de estudio, durante el lapso *ca.*12.000-10.450 años AP, la cobertura vegetal fue escasa, con periodos de déficit hídrico, y dominio de gramíneas pooides, típicas representantes de ambientes húmedos a subhúmedos, desde frescos a templados. A su vez, la presencia relevante de morfotipos atribuidos a panicoides y chloridoides, gramíneas C_4, indicarían condiciones edáficas con déficit hídrico, bajo condiciones ambientales áridas-semiáridas variables, en coincidencia con la interpretación paleoclimática regional.

En el Grupo II, desde *ca.* 10.450/9400 años AP a la actualidad, la presencia de una densa cobertura vegetal, marcada por el alto tenor de silicofitolitos evidencian condiciones generales de mayor disponibilidad de humedad en los suelos, con preponderancia de gramíneas pooides (C_3). Las gramíneas chloridoides y panicoides (C_4) son escasas y se desarrollaron en suelos con déficit hídrico acentuado y/o presencia de sales, durante pulsos breves pero recurrentes que se asociarían a modificaciones en el caudal y diseño del río Quequén Grande relacionado, a su vez, a cambios climáticos regionales. El horizonte donde se registra el componente arqueológico (Ab6; 10.450-9400 años AP) se desarrolló bajo condiciones ambientales templado-húmedas más benignas, hidromorfismo e instalación de una cubierta vegetal moderada. Inmediatamente se registró una restricción en la disponibilidad de agua que perdura hasta Ab5 (*ca.* 8800 años AP), donde se produce un cambio hacia condiciones de estabilidad ambiental y cobertura vegetal intensa.

Durante la evolución del paleosuelo Cb4-Ab4 (*ca.* 7800 años AP) se infirieron condiciones de restricción hídrica y disminución de la cobertura vegetal. Cuando se desarrollan los paleosuelos Cb3-Ab3 (*ca.* 6600 años AP) y Cb1/Cb2-Ab1/Ab2 (*ca.* 4200 años AP) persisten y se incrementan las condiciones secas. A partir de aquí, incluyendo el horizonte Bk1 (2500 años AP) hasta el sector medio del horizonte mólico (A2) se detecta una mayor saturación del sistema pedológico que podría estar asociada al incremento de las precipitaciones y/o a un cambio en el diseño del curso. Finalmente, durante la evolución del horizonte superficial A1, se verifica un pulso breve de intensa restricción hídrica y retracción de la cubierta vegetal.

En el nivel de ocupación arqueológica, en el material sedimentario vinculado con huesos que presentan evidencias de combustión, se observa un incremento de silicofitolitos y la presencia de morfologías de cistolitos silíceos de *Celtis tala*. Al considerar la utilización del hueso como combustible (Martínez 1999), surge el problema del encendido del mismo utilizándose, en algunos casos, materiales leñosos para tal fin (ver discusión en Joly *et al.* 2005 y Martínez y Gutiérrez 2007). Es posible que la presencia de morfologías asimilables a especimenes de tala (*Celtis tala*) hayan cumplido con esta función, ya que sólo están asociadas al componente arqueológico. Así, su presencia podría deberse a actividades humanas y no al desarrollo de esta comunidad florística en cercanías del sitio, ya que esto es difícil de sostener a la luz de las evidencias de las asociaciones fitolíticas antes mencionadas. De todas formas, la presencia de tala por actividades antrópicas permanece aún a modo de hipótesis.

Paso Otero 5 forma parte de una serie de ocupaciones arqueológicas tempranas ubicadas en el Área Interserrana Bonaerense y en el Sistema Serrano de Tandilia. La cronología de estas ocupaciones presenta un rango que va desde *ca.* 12.000-9500 años AP (ver Politis *et al.* 2004). Dada la cronología de la ocupación humana de Paso Otero 5 (*ca.* 10.450-10.200 años AP) y la reconstrucción paleoclimática inferida de la secuencia, las condiciones bajo las cuales los grupos humanos ingresaron a la región hacia el final del Pleistoceno (*ca.* 12.000-10.000 años AP) habrían sido áridas-semiáridas, escenario paleoambiental inferido también a nivel regional por varios autores de diferentes disciplinas (Grill *et al.* 2007; Quattrocchio y Borromei 1998; Quattrocchio *et al.* 1995; Tonni *et al.* 1999, 2003, entre otros). Considerando las características propias de la incorporación de los biomorfos de sílice y, en particular, de los silicofitolitos al suelo por procesos pedológicos biogeoquímicos complejos y naturales, los resultados obtenidos mediante este análisis coinciden en líneas generales con las inferencias paleoambientales obtenidas a partir de los distintos registros proxy (paleontología, micropaleontología, palinofacies, isótopos), para el sudeste de la sub-región Pampa Húmeda.

AGRADECIMIENTOS

Este trabajo se realizó en el marco de los proyectos UNMDP, EXA15E-239/04 (M. O.) y "Archaeology and ancient environment in the Pampean region of Argentina" (Grant #7181-01) otorgado por *National Geographic Society* (G. M.) e INCUAPA (FACSO-UNCPBA, Olavarría).

BIBLIOGRAFÍA

Álvarez, M. F., N. Borrelli y M. Osterrieth
2005 Extracción de biominerales silíceos en distintos sedimentos utilizando dos técnicas básicas. *Actas III Encuentro de Investigaciones Fitolíticas del Cono Sur* 8-10. Tafí del Valle, Tucumán.

Ameghino, F.
1908 Las formaciones sedimentarias de la región litoral de Mar del Plata y Chapadmalal. *Anales del Museo Nacional de Buenos Aires* (3)10: 343-428.

Armentano, G., G. Martínez y M. A. Gutiérrez
2007 Revisión del sitio Paso Otero 5: aspectos tecnológicos y fuentes de aprovisionamiento. En: *Arqueología en las Pampas*, editado por C. Bayón; A. Puppio; M.I. González; N. Flegenheimer y M. Freire. Tomo II, pp. 535-548. Sociedad Argentina de Antropología. Buenos Aires.

Bertoldi de Pomar, H.
1971 Ensayo de clasificación morfológica de los silicofitolitos. *Ameghiniana* 8: 317-327.
1975 Los silicofitolitos. Sinopsis de su conocimiento. *Darwiniana* 19: 173- 206.

Cabrera, A. L.
1976 *Regiones fitogeográficas argentinas*. Editorial ACME, Saci, Buenos Aires.

Dixon, J.y D. Schulze
2002 *Soil Mineralogy with Environmental Application*. SSSA Book Series 7. USA.

Favier Dubois, C.
2006 Dinámica fluvial, paleoambientes y ocupaciones humanas en la localidad Paso Otero, Río Quequén Grande, Provincia de Buenos Aires. *Intersecciones en Antropología* 7: 109-127.

Fernández Honaine, M., A. Zucol y M. Osterrieth
2005 Biomineralizaciones de sílice en Celtis tala (Celtidaceae). *Boletín Sociedad Argentina Botánica* 40 (3-4): 229-239.

Fidalgo, F. y E. Tonni
1981 Sedimentos eólicos del Pleistoceno tardío y reciente en el área interserrana bonaerense. *Actas del VIII Congreso de Geología Argentina* 3: 33-39. San Luis.

Fidalgo, F., F. De Francesco y U. Colado
1973 Geología superficial de las Hojas Castelli, J.M. Cobo y Monasterio (Prov. de Buenos Aires). *Actas del V Congreso de Geología Argentina* 4: 27-39. Córdoba.

Fredlund, G. y L. Tieszen
1994 Modern phytolith assemblages from the North American Great Plains. *Journal of Biogeography* 21: 321-335.
1997 Calibrating grass phytolith assemblages in climatic terms: application to late Pleistocene assemblages from Kansas and Nebraska. *Palaeo* 136: 199-211.

Frengüelli, J.
1956 Rasgos generales de la Hidrografía de la Provincia de Buenos Aires. *LEMIT* 2 (62): 19 pp.

González, G. y M. Osterrieth
1996 Silicobiolitos en suelos, paleosuelos y sus materiales parentales, Buenos Aires, Argentina. En: *Estado Actual de los Estudios de Fitolitos en Suelos y Plantas*, editado por Pinilla, A.; Tresserras, J. y J. Machado Vol. I: 83-92. España.

Grill, S., A. Borromei, G. Martínez, M. A. Gutiérrez, M. E. Cornou y D. Olivera
2007 Palynofacial analysis in alkaline soils -Paso Otero 5 archaeological site- (Necochea district, Buenos Aires province, Argentina). *Journal of South American Earth Sciences* 24:34-47.

Gutiérrez, M. A.

2004 *Análisis Tafonómicos en el Area Interserrana (Pcia. de Buenos Aires).* Tesis Doctoral inédita. Facultad de Ciencias Naturales y Museo (UNLP), La Plata.

Gutiérrez, M. A., G. Martínez y C. Nielsen-Marsh
2001 Alteración diagenética y preservación diferencial de los conjuntos óseos de la localidad arqueológica Paso Otero (Provincia de Buenos Aires, Argentina). *Estudios Geológicos* 56 (5-6): 291-299.

Gutiérrez, M. A., G. Martínez y P. Steffan
2005 *Paleoclimatic evidences from the late Pleistocene-middle Holocene at Paso Otero 5 site (Pampean region, Argentina).* Trabajo presentado en el Holocene environmental catastrophes in South America: From the Lowlands to the Andes. Miramar, Córdoba. Ms.

Holliday, V.
1998 *Geoarchaeological studies in the Paso Otero Locality (Río Quequén Grande, Necochea District, Argentina).* INCUAPA/UNCPBA, Olavarría. Ms.

Holliday, V., G. Martínez, E. Johnson y B. Buchanan
2003 Geoarchaeology of Paso Otero 5 (Pampas of Argentina). En: *W*here the South Winds Blow: Ancient Evidence for Paleo South Americans, editado por L. Miotti, M. Salemme y N. Flegenheimer, pp. 37-43. Center for the Studies of the First Americans (CSFA) y Texas A&M University Press, College Station.

INTA
1985. *Cartas de Suelos de la República Argentina* PNUD 85/019.

Johnson, E., G. Politis, G. Martínez, T. Hartwell, M. A. Gutiérrez y H. Haas
1998 The radiocarbon chronology of Paso Otero 1 in the Pampean Region of Argentina. *Quaternary of South America ad Antarctic Peninsula* 11 (1995): 15-25.

Joly, D., R. March y G. Martínez
2005 Les os brûlés de Paso Otero 5: un témoignage possible de l'utilisation de l'os comme combustible par des chasseurs-cueilleurs de la fin du Pléistocène en Argentine. ArcheoSciences, *Revue d'archéometrie* 29: 83-93.

Knoll, A.
1985 Exceptional preservation of photosynthetic organisms in silicifaied carbonates and silicified peats. *Royal Society London Phylosophycal Tranlation*, Serie B. 311: 111-122.

Kruse, E., P. Deluchi y L. Varela
1997 Caracterización de la red de drenaje para la evaluación hidrológica en la región interserrana (Provincia de Buenos Aires). *Actas del I Congreso Nacional de Hidrogeología y III Seminario Hispano-Argentino sobre temas actuales de Hidrología Subterránea*, pp. 133-145. Bahía Blanca.

Martínez, G.
1997 A Preliminary Report of the Late Pleistocene Site of Paso Otero 5 in the Pampean Region of Argentina. *Current Research in the Pleistocene* 14: 53-55.
1999 *Tecnología, subsistencia y asentamiento en el curso medio del Río Quequén Grande: Un enfoque arqueológico.* Tesis Doctoral inédita. Facultad de Ciencias Naturales y Museo (UNLP), La Plata.
2001 Archaeological research in Paso Otero 5 site. "Fish-tail" projectile points and megamammals in the Pampean region of Argentina. *Antiquity* 75 (289): 523-528.
2000-2002 Análisis preliminar del sitio Paso Otero 5 (área interserrana bonaerense). Implicancias para las ocupaciones tempranas de la región pampeana. *Cuadernos del Instituto Nacional de Antropología y Pensamiento Latinoamericano* 19: 401-419.

Martínez, G. y M. A. Gutiérrez
2007 Paso Otero 5: integración de los resultados interdisciplinarios y estado actual de las investigaciones En: *INCUAPA 10 años. Perspectivas contemporáneas en la Arqueología Pampeana y Norpatagónica*, editado por G. Politis. Serie Monográfica del INCUAPA Nro 5, FACSO-UNCPBA, Olavarría. En prensa.

Martínez, G. y M. Osterrieth
2003 The Pleistocene-Holocene stratigraphical record from early archeological sites in caves and rockshelters of eastern Tandilia, Pampean region, Argentina. *Current Research in the Pleistocene* 20: 63-69.

Martínez, G., M. Osterrieth y N. Borrelli
2000 Registro de la "Pequeña edad de Hielo" en ambientes sedimentarios del sudeste bonaerense, Argentina. *II Congreso Latinoamericano de Sedimentología y VIII Reunión Argentina de Sedimentología* I: 113-114. Mar del Plata.

Martínez, G., M. A. Gutiérrez, S. Grill, A. Borromei, M. Osterrieth, P. Steffan y C. Favier Dubois
2003 *Paleonvironmental reconstruction and human colonization at Paso Otero 5 site. Implications for the Pampean region (Argentina).* Trabajo presentado en el XVIth INQUA Congress. Reno, Nevada. Ms.

Martínez, G., M. A. Gutiérrez, C. Favier Dubois, D. Frink y P. Steffan
2004a *Nuevas evidencias del sitio Paso Otero 5 (Pdo. de Necochea, Pcia. de Buenos Aires).* Trabajo presentado en el XV Congreso Nacional de Arqueología Argentina. Río Cuarto, Córdoba. Ms.

Martínez, G., M. A. Gutiérrez y J. L. Prado
2004b New archaeological evidences from the late Pleistocene/early Holocene Paso Otero 5 site (Pampean region, Argentina). *Current Research in the Pleistocene* 21: 16-18.

Nágera, J. J.
1932 *Primera Carta Geológica general de Tandilia.* Escala 1:500000.

Osterrieth, M.

1998 Paleosols and their relation to sea level cahnges during the Late Quaternary in Mar Chiquita. Buenos Aires, Argentina. *Quaternary International*. 52:43-44.

2000 Silicofitolitos una herramienta para la comprensión de procesos pedológicos del Cuaternario. *Actas del XVII Congreso Argentino de la Ciencia del Suelo.* CDR: 4 pp. Mar del Plata.

2001 Silicobiolitos/Silicofitolitos su rol en la matriz de suelos y paleosuelos de ambientes costeros de Buenos Aires, Argentina. *Actas Segundo Encuentro de Investigaciones Fitolíticas del Cono Sur*, 1: 20-22. Mar del Plata.

2004 Mineralogía y micromorfología de suelos y paleosuelos de la llanura fluvioeólica bonaerense. *Actas del XIX Congreso Argentino de la Ciencia del Suelo.* 1:351. Paraná, Entre Ríos.

Osterrieth, M. y G. Martínez
1993 Paleosols on late Cainozoic loessic sequences in the northeastern side of Tandilia Range, Buenos Aires, Argentina. *Quaternary International* 17: 57-65.

Osterrieth, M., A. Zucol y A. Lopez de Armentia
1998 Presencia de restos vegetales carbonizados en secuencias sedimentarias costeras del Holoceno Tardío de Mar Chiquita, Buenos Aires Argentina. *V Jornadas Geológicas Bonaerenses* 2: 251-255. Mar del Plata, Buenos Aires.

Osterrieth, M., D. Mazzanti, C. Quintana, G. Martínez y V. Bernasconi
1999 Evolución de Molisoles en la llanura pampeana de Argentina analizado desde una perspectiva arqueológica, Sitio "Amalia", un caso de estudio. *Actas del XIV Congreso Latinoamericano de la Ciencia del Suelo.* CDR: 6 pp. Chile.

Osterrieth, M., D. Zurro, D. Mazzanti y A. Zucol
2000 The first study of silica phytoliths in an archaeological cave of the Pampean plains of Argentina. "La Amalia" site: a case study. *Actas 3rd I.M.P.R. Man and the (palaeo) environment. The phytolith evidence* I: 45-46. Tervuren, Bélgica.

Osterrieth, M. y A. Zucol
2000 Palaeoenvironmental reconstruction in Late Quaternary paleosoils of the Pampean plain (Argentina). *3rd I.M.P.R. Man and the (palaeo) environment. The phytolith evidence. Internacional.* 10 pp. Tervuren, Bélgica.

Osterrieth, M., G. Martínez, A. Zucol, M. Brea y D. Mazzanti
2002 Procesos de formación del Sitio 2 de la Localidad Arqueológica Amalia, provincia de Buenos Aires. En: *Del Mar a los Salitrales. Diez mil años de Historia en el Umbral del Tercer Milenio*, editado por D. Mazzanti, M. Berón y F. Oliva, pp. 344-344. Facultad de Humanidades (UNMP), Mar del Plata.

Osterrieth, M., M. F. Álvarez y M. Madella
2004 Paleosuelos loéssicos en secuencias sedimentarias del Cuaternario Tardío de la planicie fluvioeólica bonaerense. *Resúmenes X Reunión Argentina de Sedimentología.* 1:123-124. San Luis.

Politis, G., P. G. Messineo y C. A. Kaufmann
2004 El poblamiento temprano de las llanuras pampeanas de Argentina y Uruguay. *Complutum* 15: 207-224.

Prado, J. L., M. Alberdi, G. Martínez y M. A. Gutiérrez
2005 Equus (Amerhippus) neogeus Lund 1840 (Equidae, Perissodactyla) at Paso Otero 5 site (Argentina): Its implication for the horses extinction. *Neues Jahrbuch für Geologie und Paläontologie* 8: 449-468.

Quattrocchio, M. y A. Borromei
1998 Paleovegetational and paleoclimatic changes during the late Quaternary in southwestern Buenos Aires province and southern Tierra del Fuego (Argentina). *Palynology* 22: 67-82.

Quattrocchio, M., A. Borromei y S. Grill
1995 Cambios vegetacionales y fluctuaciones paleoclimáticas durante el Pleistoceno tardío-Holoceno en el sudeste de la provincia de Buenos Aires (Argentina). *Actas del VI Congreso Argentino de Paleontología y Bioestratigrafía,* pp. 221-229. Trelew.

Rabassa, J.
1973 Geología superficial en la Hoja "Sierras de Tandil", provincia de Buenos Aires. *LEMIT*, serie II, 240: 115-150, La Plata.

Rabassa, J., A. Brandani, M. Salemme y G. Politis
1989 La "Pequeña Edad del Hielo" (Siglos XVII a XIX) y su Posible Influencia en la Aridización de la Pampa Húmeda (Provincia de Buenos Aires). *Actas de las Primeras Jornadas Geológicas Bonaerenses* (1985), pp. 559-577. Tandil.

Sabatino, M. y M. Osterrieth
2005 Análisis fitolítico de los sedimentos del cauce del Río Quequén Grande. *Actas III Encuentro de Investigaciones Fitolíticas del Cono Sur* 54-55. Tafí del Valle, Tucumán.

Soriano, A.
1992 Río de la Plata Grasslands. En: *Natural grasslands. Introduction and western hemisphere. Ecosystems of the world 8A*, editado por R. T. Coupland, pp. 367-407. Elsevier, The Netherlands.

Tapia, A.
1937 Las cavernas de Ojo de Agua y Las Hachas. Dirección Nacional de Geología y Minería. *Boletín* N° 43. Buenos Aires.

Teruggi, M. y J Kilmurray
1980 Sierras Septentrionales de la provincia de Buenos Aires. *II Simposio de Geología Regional Argentina.* Academia Nacional de Ciencias, II: 359-372. Córdoba.

Tonni, E., A. Cione y A. Figini
1999 Predominance of arid climates indicated by mammals in the Pampas of Argentina during the Late Pleistocene and Holocene. Palaeogeography, Palaeoclimatology, *Palaeoecology* 147: 257-281.

Tonni, E., R. Huarte, J. Carbonari y A. Figini
2003 New radiocarbon chronology for the Guerrero Member of the Luján Formation (Buenos Aires, Argentina): paleoclimatic significance. *Quaternary International* 109-110: 45-48.

Twiss, P. C.
1992 Predicted world distributions of C_3 and C_4 grass phytoliths. En: *Phytoliths Systematics*, editado por Rapp, G. y S.C Mulholland, Plenum Press, Nueva York. 113-128.

Varela, L. B. y L. Teruggi
2002 Caracterización Hidrológica de la Cuenca del Río Quequén Grande, Provincia de Buenos Aires. *Workshop de Manejo Integral de Cuencas Hidrográficas y Planificación territorial*. pp.19-29. Necochea, Buenos Aires.

Zárate, M., R. Kemp, M. Espinosa y L. Ferrero
2000 Pedosedimentary and palaeoenvironmental significance of a Holocene alluvial sequence in the Southern Pampas, Argentina. *The Holocene* 10 (4): 481-488.

Zucol, A. y M. Osterrieth
2002 Técnicas de preparación de muestras sedimentarias para la extracción de fitolitos. *Ameghiniana* 39(3): 379-382.

Zucol, A., M. Brea, M. Osterrieth y G. Martínez
2002 Análisis fitolítico de un horizonte sedimentario del Sitio 2 de la Localidad Arqueológica Amalia, provincia de Buenos Aires. En: *Del Mar a los Salitrales. Diez mil años de Historia en el Umbral del Tercer Milenio*, editado por D. Mazzanti, M. Berón y F. Oliva, pp. 355-365. Facultad de Humanidades (UNMP), Mar del Plata.

Matices Interdisciplinarios en Estudios Fitolíticos y de Otros Microfósiles
M. A. Korstanje y M. del P. Babot, Editoras. BAR International Series S1870, Capítulo 9, pp. 91-108

RECONSTRUCCIÓN DE PALEOCOMUNIDADES ARBÓREAS MEDIANTE ANÁLISIS FITOLÍTICOS EN SEDIMENTOS DEL PALEOCENO SUPERIOR-EOCENO? (FORMACIÓN LAS FLORES), CHUBUT, ARGENTINA

RECONSTRUCTION OF PAST VEGETATION THROUGH PHYTOLITH ANALYSIS OF SEDIMENTS FROM THE UPPER PALEOCENE-EOCENE? (LAS FLORES FORMATION), CHUBUT, ARGENTINA

Brea, Mariana [1], Alejandro Fabián Zucol [1], María Sol Raigemborn[2] y Sergio Matheos[2]
[1]Laboratorio de Paleobotánica, Centro de Investigaciones Científicas, Diamante, Dr. Materi y España s/n, Diamante (E3105BWA), Argentina. cidmbrea@infoaire.com.ar; cidzucol@infoaire.com.ar
[2]Centro de Investigaciones Geológicas, calle 1 N° 644, La Plata 1900, Argentina. msol@cig.museo.unlp.edu.ar y smatheos@cig.museo.unlp.edu.ar

ABSTRACT

In the Golfo San Jorge basin (Chubut, Central Patagonia, Argentina), during the Upper Paleocene-Eocene?, an important fluvial cycle was developed, whose sediments have been called the Rio Chico Group. This Group consists of three formations: Peñas Coloradas, Las Flores and Koluél Kaike. The sedimentary samples analyzed in this study come from Lake Colhué Huapi in the Gran Barranca area (45° 43' 26'' S and 68° 37' 14'' W). Two phytolith zones were identified in core samples from Upper Paleocene-Eocene? sediments, with phytolith assemblages characterized by an abundance of dicotyledons phytoliths and palm phytoliths, in association with Poaceae, Cyperaceae and Podostemaceae phytoliths. Siliceous sponge spicules, Chrysostomataceae stomatocycts and diatoms also occured in these assemblages. Nine plant families and one order were recognized: Arecaceae, Chrysobalanaceae, Mimosaceae, Magnoliaceae, Annonaceae, Burseraceae, Zingiberales, Poaceae, Cyperaceae y Podostemaceae. The two phytolith zones reflect palaeovegetation patterns consisting of humid tropical and subtropical forests, with one dominated by woody dicotyledoneous taxa and the other by palms, and which were developed under warm and humid climatic conditions. These interpretations of past climatic conditions are supported by other lines of evidence, including the nature of the sediments in the sequences studied and wood identification data.

Key words: *Phytoliths, Las Flores Formation, Upper Paleocene-Eocene?, Arboreal paleocomunities, Chubut, Argentina*

RESUMEN

En la cuenca del Golfo San Jorge (Chubut, Patagonia central, Argentina) durante el Paleoceno superior-Eoceno?, se desarrolla un importante ciclo fluvial cuyos sedimentos han sido denominados como Grupo Río Chico (conformado por tres formaciones: Peñas Coloradas, Las Flores y Koluél Kaike). Las muestras provienen de la Gran Barranca del lago Colhué Huapi (45° 43' 26'' LS y 68° 37' 14'' LO), cercano a la localidad de Sarmiento, provincia del Chubut. Se reconocieron dos zonas fitolíticas en sedimentos del Paleoceno superior-Eoceno? con asociaciones fitolíticas caracterizadas por la abundancia de fitolitos de angiospermas y palmeras, asociados a fitolitos de Poaceae, Cyperaceae y Podostemaceae. También han sido encontradas en esta asociación espículas de esponjas, quistes de Chrysostomataceae y diatomeas. Se reconocieron nueve familias y un Orden: Arecaceae, Chrysobalanaceae, Mimosaceae, Magnoliaceae, Annonaceae, Burseraceae, Zingiberales, Poaceae, Cyperaceae y Podostemaceae. La paleovegetación habría conformado bosques tropicales a subtropicales húmedos, uno dominado por angiospermas leñosas y el otro por palmeras. Estos bosques se habrían desarrollado bajo condiciones climáticas cálidas y húmedas. La existencia de estas condiciones climáticas para el Paleoceno superior-Eoceno? está avalada también por los registros paleoxilológicos y las características sedimentológicas de estos depósitos

Palabras clave: *Fitolitos, Formación las Flores, Paleoceno superior-Eoceno?, Paleocomunidades arbóreas, Chubut, Argentina*

INTRODUCCIÓN

Existen dos momentos críticos para comprender la radiación, adaptación y diversificación de las tempranas angiospermas. El primero, corresponde a la transición Cretácico-Terciario (K-T) y el segundo, al Terciario temprano (Paleoceno). En estos dos momentos ocurren marcados cambios de la composición florística, que van a producir el pool ancestral que dará origen posteriormente a la vegetación moderna. Este rango de tiempo geológico coincide con la mayor actividad tectónica y volcánica asociada con la ruptura del supercontinente de Gondwana (Poole 2000).

La mayor evolución de las plantas con flores ocurre después de la ruptura de Gondwana; la cual tiene un especial significado sobre la biogeografía de los trópicos, debido a que esta evolución continúa sobre los diferentes fragmentos originados a partir del desmembramiento continental (Whitmore 1990).

Durante el Paleoceno inferior se produce en la cuenca del Golfo San Jorge (provincia del Chubut, Patagonia, Argentina) la primera transgresión marina terciaria. Los sedimentos depositados por ésta, se conocen con el nombre de Formación Salamanca (Ihering 1907). Luego de este evento marino, durante el Paleoceno superior-Eoceno?, se desarrolla un importante ciclo fluvial cuyos sedimentos han sido denominados como Grupo Río Chico, que se compone por tres unidades formacionales, siendo de base a techo, Formación Peñas Coloradas, Las Flores y Koluél Kaike (Legarreta y Uliana 1994).

El Grupo Río Chico es portador de una paleoflora preservada en forma de palinomorfos, fitolitos y troncos permineralizados (Romero 1973; Lema *et al.* 1999; Ruiz *et al.* 1999; Brea y Zucol 2000, 2006; Brea *et al.* 2004; Zucol *et al.* 2004; Andreis 2006).

Figura 1. A. Ubicación de la Gran Barranca, Chubut, Argentina. B. Mapa geológico esquemático.

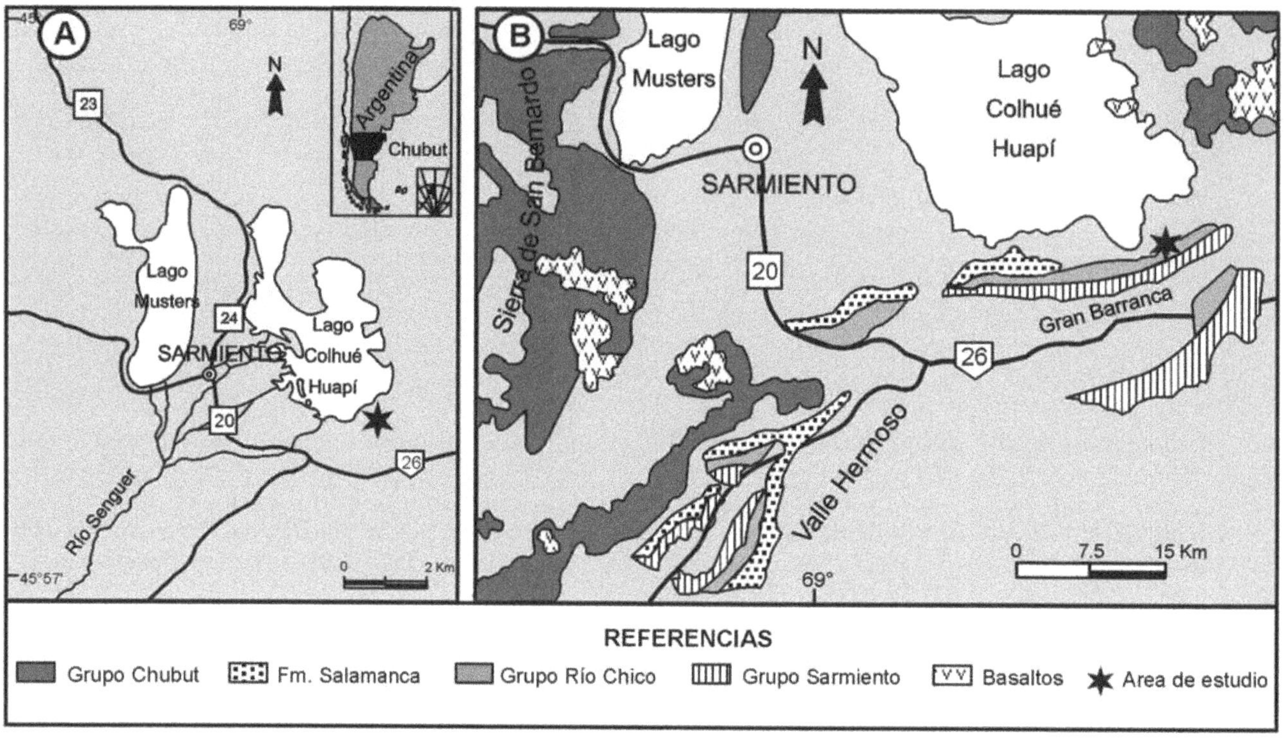

En el marco de los estudios multidisciplinarios que se están realizando en el Paleoceno superior-Eoceno?, se hallaron sedimentos con abundantes restos fitolíticos en las formaciones Las Flores y Koluél Kaike. En este trabajo nos referiremos al análisis de los fitolitos presentes en la Formación Las Flores.

En la presente contribución se dan a conocer los silicofitolíticos hallados, como así también, se plantea la importancia de los morfotipos afines a angiospermas en la reconstrucción paleoecológica de paleocomunidades del Terciario inferior, y la posibilidad de que estos sean utilizados en el análisis comparativo de las especies arbóreas/no arbóreas como herramienta para la reconstrucción fisonómica de las paleocomunidades y sus características paleoclimáticas.

MATERIALES Y MÉTODOS

Las muestras sedimentarias estudiadas provienen del perfil Gran Barranca que está ubicado en el extremo más oriental de la localidad Gran Barranca del lago Colhué Huapi (BCH - 45° 43' 26'' LS y 68° 37' 14'' LO) localizado unos 40 km al E de la localidad de Sarmiento, provincia del Chubut (Figura 1, A).

El análisis fitolítico se realizó sobre 8 muestras consecutivas fértiles de 20 gr las cuales se procesaron siguiendo el protocolo descripto por Zucol y Osterrieth (1992). Esta técnica incluye un tratamiento preliminar con la eliminación de sales solubles, materia orgánica y carbonatos, y posterior desagregación del material clástico con hexametafosfato sódico. Una separación granulométrica, por tamizado en húmedo (con tamiz N° 60 y 270), lo que permitió obtener una fracción de partículas superior en diámetro a los 250 µm, otra de 250 - 53 µm de diámetro y una tercer fracción con partículas de diámetro inferior a los 53 µm.

La última fracción, fue separada por sifonado en una fracción con partículas entre 53 - 8 µm de diámetro y otra con partículas de menos de 8 µm de diámetro. La concentración densimétrica se realizó sobre las fracciones 250-53 y 53-8 µm, utilizando solución acuosa de politungstato de sodio (Peso específico 2,3). Dada la composición de estos sedimentos (principalmente pelitas y tobas), la fracción fina fue testeada previamente, observándose escaso material organógeno y abundantes fragmentos pequeños presumiblemente de vidrio volcánico. Es por esta razón y por considerar escasa la pérdida de material que con la finalidad de obtener un concentrado límpido se optó por establecer el límite inferior de la fracción fina en 8 µm. Los concentrados fueron montados en Bálsamo de Canadá (preparados microscópicos fijos) y en Aceite de cedro (preparados microscópicos líquidos). La muestra representativa de recuento se estableció en 450 fitolitos, lo cual de acuerdo a lo testeado se encuentra por encima de la unidad muestral mínima para este material sedimentario.

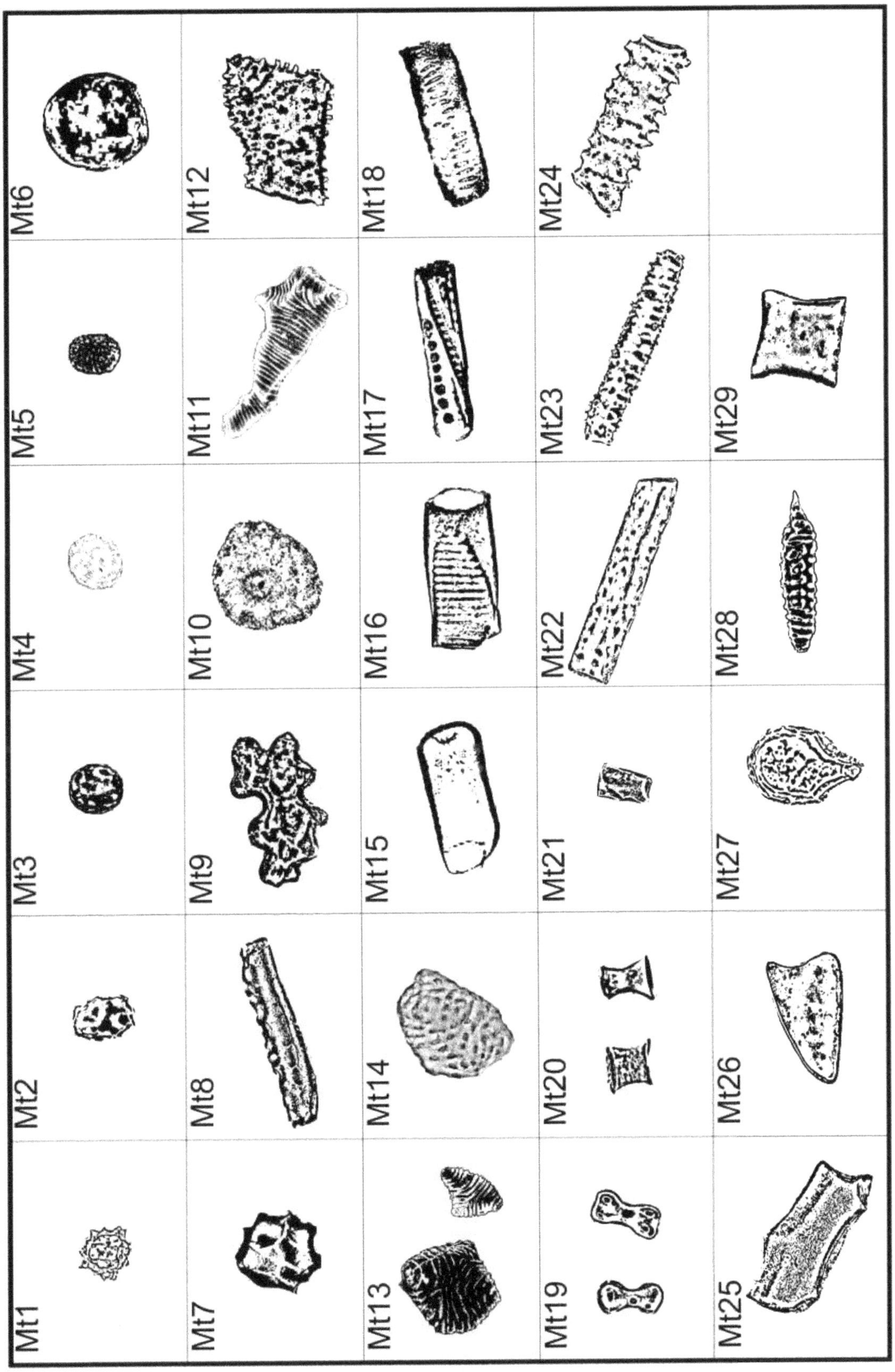

Tabla 1. Cuadro ilustrativo del esquema clasificatorio de morfotipos fitolíticos utilizado para referenciar los análisis.

Como consecuencia de los recientes avances en la clasificación y denominación de los morfotipos fitolíticos, para la determinación de los morfotipos estudiados, se utilizaron los descriptores y las pautas clasificatorias y nomenclaturales de Twiss *et al.* (1969), Bertoldi de Pomar (1971), Piperno (1988, 1989), Bozarth (1992), Rapp y Mulholland (1992), Twiss (1992), Kondo *et al.* (1994), Piperno y Becker (1996), Runge (1999), Zucol (1999), Wallis (2003), Madella *et al.* (2005), Zucol y Brea (2005) y Pearsall (2006). Mediante estas pautas, se creó una clasificación provisoria en donde se designó a cada morfotipo con un acrónimo (Tabla 1). Mientras que con la finalidad de evitar ambigüedades nomenclaturales se establecieron las equivalencias clasificatorias (Tabla 2), tanto de los morfotipos que han sido válidamente definido, como los que no, de acuerdo a las normas del ICBN (Greuter *et al.* 2000).

Para las determinaciones de los estomatocistos de Chrysostomataceae se utilizaron las descripciones de Rull y Vegas-Vilarrúbia (2000) y Coradeghini y Vigna (2001).

El procesamiento de la información y su graficación en diagramas fitolíticos se realizaron con el programa POLPA, *Numerical Análisis* (Walanus y Nalepka 1999a, 1999b, 2002; Nalepka y Walanus 2003).

Los preparados microscópicos y las muestras sedimentarias se encuentran depositadas en la Colección del Laboratorio de Paleobotánica del Centro de Investigaciones Científicas de Diamante, bajo el acrónimo, CDPalbo-mic y en el Repositorio del Laboratorio de Procesamiento de material sedimentológico-paleontológico.

ANTECEDENTES Y ASPECTOS GEOLÓGICOS

Previamente a los trabajos de la década de 1990, los depósitos paleocenos de la Cuenca del Golfo San Jorge eran conocidos en la literatura geológica como Formación Río Chico. Dicha unidad había sido propuesta por Simpson (1933, 1935) para sustituir el término de Pehuenche utilizado por Döering (1882) y Ameghino (1906) (Andreis *et al.* 1975).

En los últimos años, Legarreta y Uliana (1994), dieron a conocer un nuevo esquema litoestratigráfico donde elevan a la categoría formal de Formación Río Chico al rango de Grupo, debido a la presencia de importantes discontinuidades estratigráficas dentro de la unidad. De esta manera el Grupo Río Chico queda conformado por tres unidades formacionales, siendo desde la más antigua a la más moderna, Peñas Coloradas, Las Flores y Koluél Kaike.

En el perfil de la Gran Barranca Colhué Huapi (BCH) se exponen los términos cuspidales de la sucesión cretácica del Grupo Chubut y la casi totalidad de las unidades paleógenas y neógenas que conforman el relleno cenozoico de la Cuenca del Golfo San Jorge (Figura 1, B). Aquí el Grupo Río Chico se presenta aflorando con sus dos unidades superiores: Formación Las Flores y Formación Koluél Kaike, con un espesor total de 80 metros. La primera se dispone sin contacto visible sobre los niveles conglomerádicos del tramo superior de la Formación Salamanca, y es seguida por la sucesión volcaniclástica edafizada de la Formación Koluél Kaike (Figura 2), diferenciándose ambas unidades por un cambio litológico y de coloración.

Figura 2. Perfil esquemático de la Formación Las Flores en el área de la Gran Barranca (Chubut).

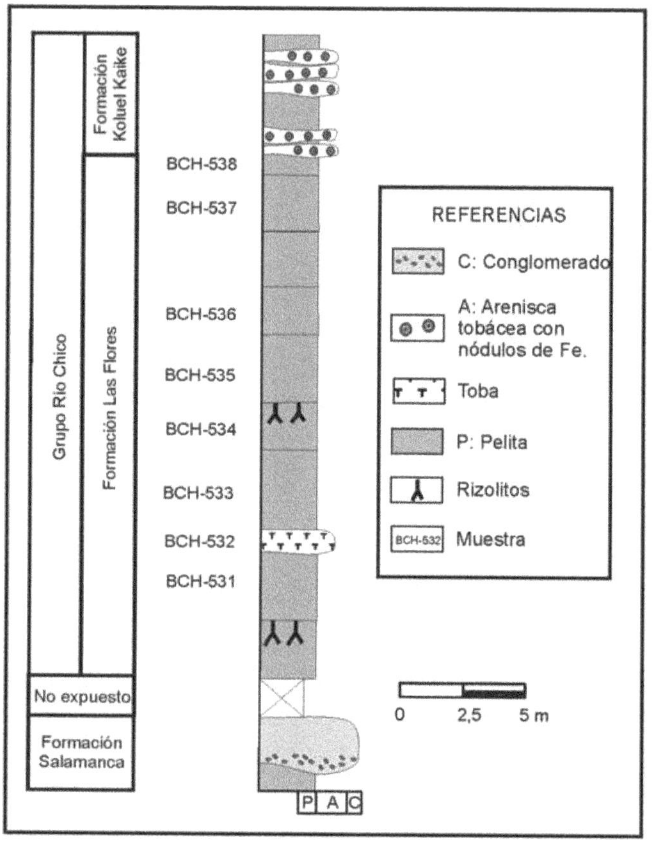

En este sector de la cuenca la Formación Las Flores se expone con una potencia máxima de 30 metros, diferenciándose del resto de las unidades por su aspecto de *bad lands* y por sus coloraciones gris-verdosas hasta violáceas. Se encuentra constituida por una sucesión muy homogénea de sedimentos limosos de naturaleza volcaniclástica, con al menos un banco de toba arenosa intercalada en la sucesión. Es frecuente en esta unidad la presencia de rizoconcreciones, nódulos de óxidos e hidróxidos de hierro y moteados.

Composicionalmente dicha unidad se caracteriza por presentar altos contenidos de sílice, especialmente ópalo y argilominerales como esmectitas y caolinitas. En menor medida se observan feldespatos y zeolitas del tipo de la clinoptilolita. Este tipo de asociación indica, por un lado la presencia de una importante contribución de cenizas volcánicas al sistema, y por otro, condiciones climáticas cálidas y húmedas capaces de promover una intensa meteorización química que de lugar a la formación de esmectita y caolinita (Robert y Kennett 1994). La abundancia tan marcada en esta unidad de caolinita respecto a la esmectita, atestigua la presencia de áreas tropicales, con altas precipitaciones, y altas tasas de percolación. Dicha condición podría reflejar la tendencia general al incremento de las temperaturas (Zachos *et al.* 2001) y/o al aumento en las precipitaciones (Thiry 2000), ocurrido globalmente durante el paleoceno terminal.

Morfotipo	Denominación	Equivalencias clasificatorias	
MT1	***Globulolithum sphaeroechinulathum*** Zucol & Brea 2005	Lithodontium p.p. (Ehrenberg 1841 y 1854); Spherical (Tomlinson 1961); morfotribu Globulolita (Bertoldi de Pomar 1971); Globulolithus Bert. (Taugourdeau-Lantz *et al.* 1976); *Irregular sphere or oval shaped opals* (Kondo y Peason 1981); clase V.B. *Spherical to aspherical* (Piperno 1988); categoría B. *Spherical phytoliths* (Runge 1999); categoría 80. *Spherical* (Pearsall y Dinan 1992; Pearsall 2000); Globulolita (Parra y Flórez, 2001). ***Globulolithum*** (Zucol y Brea 2005)	Globulolita esferoequinulata (Bertoldi de Pomar 1971; Zucol y Bonomo 2008); *Spiky star shaped* (Kondo 1977); V.B.1.a. *Spherical to aspherical, with spinulose surface. Spinules well defined, many in number* (Piperno 1988); *Spherical spinulose class* (Kondo *et al.* 1994); B 3. *Palmae phytoliths* (Runge 1999); *Circular crenate -Palmae type-* (Bardoni *et al.* 1999); *Spherical spinulose* (Shulmeister *et al.* 1999); Mamillated spheroid (Vrydaghs *et al.* 2001); Echinate sphere (Wallis 2003); Globular echinate p.p.(*sensu* Madella *et al.* 2005; Barboni *et al.* 2006.); Crenate spherical (Bremond *et al.* 2005); ***Globulolithum sphaeroechinulathum*** (Zucol y Brea 2005)
MT2	***Globulolithum*** sp 1		Globulolita elipsoequinulata (Bertoldi de Pomar 1971; Zucol y Bonomo 2008); Globular echinate p.p. (*sensu* Madella *et al.* 2005)
MT3	***Globulolithum sphaeropsilathum*** Zucol & Brea 2005		V.B.4.b. Spherical to aspherical, with smooth surface. Less than 12 µm in diameter (Piperno 1988); Spherical smooth class p.p. (Kondo *et al.* 1994); B1. Spherical phytoliths with smooth or slightly rough surface p.p. (Runge 1999). Globular smooth p.p. (*sensu* Madella *et al.* 2005) ***Globulolithum sphaeropsilathum*** (Zucol & Brea 2005).
MT4	***Globulolithum*** sp 2		Globular granulate (*sensu* Madella *et al.* 2005; Barboni *et al.* 2006); Rough spherical (Bremond *et al.* 2005).
MT5	***Globulolithum*** sp 3		Globular smooth p.p. (*sensu* Madella *et al.* 2005; Barboni *et al.* 2006); Smooth spherical (Bremond *et al.* 2005).
MT6	Globulares lisos de más de 12 µm de diámetro	V.B.4.b. Spherical to aspherical, with smooth surface. More than 12 µm in diameter (Piperno 1988); Spherical smooth class p.p. (Kondo *et al.* 1994); B1. Spherical phytoliths with smooth or slightly rough surface p.p. (Runge 1999). Globular smooth p.p. (*sensu* Madella *et al.* 2005).	
MT7	Isodiamétricos facetados	VI.A.1. Multifaceted bodies, spherical to aspherical (Piperno 1988); B4. Spherical faceted phytoliths (Runge 1999); Facetate (*sensu* Madella *et al.* 2005).	
MT8	Elongados facetados	VI.A.3. Multifaceted bodies, elongated thin (Piperno 1988); A4. Elongate faceted phytoliths (Runge 1999) Elongate facetate (*sensu* Madella *et al.* 2005)	
MT9	Lobulados	Jigsaw shaped (Kondo 1977); Puzzle piece-shaped (Runge 1999) –como formas articuladas- Lobulado sp1 (Zucol y Bonomo 2008).	
MT10	Base de elementos aguzados	Lithodontium p.p. (Ehrenberg 1841 y 1854); *Hook-shaped phytoliths* p.p. (Baker 1960); *silification of hairs and hairs bases* (Parry y Smithson 1964); *silicified hairs* p.p. (Parry y Smithson, 1966); morfotribu Aculeolita p.p. (Bertoldi de Pomar 1971); Aculeolithus Bert. p.p. (Taugourdeau-Lantz *et al.* 1976); tipo II Trichomes p.p. (Brown 1984 y 1986); *Point-shaped class* p.p. (Kondo y Sase 1986; Kondo *et al.* 1987 y 1994); *Trichome - hairs and papillae* p.p. (Mulholland y Rapp 1992); *Point-shaped phytolith* p.p. (Twiss 1992); categoría 40. *Dermal appendages* p.p. (Pearsall y Dinan 1992; Pearsall 2000); Scalloped sphere (Pearsall 1993); *Point-shaped* p.p. (Bardoni *et al.* 1999); Type G3 *Different types of trichomes, including prickles, hairs and prickles bases* (Runge 1999); *Point class*, p.p. (Hart *et al.* 2000); Aculeolita p.p. (Parra y Flórez 2001). Unciform (*sensu* Madella *et al.* 2005); ***Aculeolithum*** *p.p.* (Zucol y Brea 2005)	
MT11	Traqueidas	Straited oblong form from xylem cell (Kondo 1977);Tracheid p.p. (Kondo *et al.* 1994), Tracheid (*sensu* Madella *et al.* 2005)	

Tabla 2. Denominaciones y equivalencias clasificatorias de los morfotipos del esquema clasificatorio aplicado.

Morfotipo	**Denominación**	**Equivalencias clasificatorias**
MT12	Cuerpos prismáticos laminares de superficie columelada o equinada	VI.I. Epidermal with a fainttly stippled surface and a small protuberance Echinate platelets (Bozarth 1992) si bien el morfotipo aquí encontrado varía en su forma y características con el descripto por el autor para las ulmáceas, por sus características generales pueden considerarse en un mismo grupos.
MT13	Cuerpos irregulares con ornamentaciones estriadas	Tracheid p.p. (Kondo *et al.* 1994); Irregular body with striate ornamentation (Wallis 2003).
MT14	Cuerpos irregulares con ornamentaciones verrucosas espaciadas	Tracheid p.p. (Kondo *et al.* 1994); Irregular body with widely spaced verrucate nodes (Wallis 2003).
MT15	Elementos vasculares con placa de perforación simple	Vascular cell or tissue p.p. (*sensu* Madella *et al.* 2005).
MT16	Elementos vasculares con placa de perforación escalariforme	Vascular cell or tissue p.p. (*sensu* Madella *et al.* 2005).
MT17	Elementos vasculares con punteaduras areoladas	Vascular cell or tissue p.p. (*sensu* Madella *et al.* 2005).
MT18	Elementos vasculares con punteaduras escalariformes	Vascular cell or tissue p.p. (*sensu* Madella *et al.* 2005).
MT19	Halterios	Lithomesites Ehrenberg (1841 y 1854); Halteriolita p.p. (Bertoldi de Pomar, 1971; Zucol y Bonomo 2008); Halteriolithus Bert. (Taugourdeau-Lantz *et al.* 1976); Panicoid form (Kondo 1977); Bilobate (Brown, 1984 y 1986, *sensu* Madella *et al.* 2005); Dumbdell (Alexandre *et al.* 1997, Shulmeister *et al.* 1999, Bremond *et al.* 2005); Panicoid type – dumbbell (Fredlund y Tieszen 1994, Barboni *et al.* 1999); Bilobate (Barboni *et al.* 2006).
MT20	Cónicos	Lithodontium p.p. (Ehrenberg 1841 y 1854); Estrobilolita p.p. (Bertoldi de Pomar 1971; Zucol y Bonomo 2008); Estrobilolithus Bert. (Taugourdeau-Lantz *et al.* 1976); Chionochloid, spool shaped (Shulmeister *et al.* 1999); Rondel (Barboni *et al.* 1999, *sensu* Madella *et al.* 2005); Conical (Fredlund y Tieszen 1994, Bremond *et al.* 2005); Rondel short cell (Barboni *et al.* 2006).
MT21	Prismáticos de menos de 30 µm de largo	Lithodontium p.p. (Ehrenberg 1841 y 1854); Braquiolita p.p. (Bertoldi de Pomar 1971; Zucol y Bonomo 2008); Braquiolithus Bert. (Taugourdeau-Lantz *et al.* 1976); Elongate smooth p.p. (*sensu* Madella *et al.* 2005).

Tabla 2. Denominaciones y equivalencias clasificatorias de los morfotipos del esquema clasificatorio aplicado.

<table>
<tr><th>Morfotipo</th><th>Denominación</th><th colspan="2">Equivalencias clasificatorias</th></tr>
<tr><td>MT22</td><td>Macroprismatolithum psilaristathum Zucol & Brea 2005</td><td rowspan="4">Lithostylidium p.p. (Ehrenberg 1841 y 1854); Elongate class (Twiss et al. 1969; Kondo y Sase 1986; Kondo et al. 1987 y 1994); morfotribu Prismatolita (Bertoldi de Pomar 1971); Prismatolithus Bert. (Taugourdeau-Lantz et al. 1976); Elongate (Kondo 1977); Type I. Plates (Brown 1984 y 1986); Elongate phytolith (Twiss 1992); categoría 10. Epidermal quadrilaterals (Pearsall y Dinan 1992; Pearsall 2000); Elongate phytoliths, p.p. (Runge 1999); Elongate: rectangular (Shulmeister et al. 1999); Elongate (Bardoni et al. 1999); Prismatolita (Parra y Flórez 2001); Elongate types (Bremond et al. 2005).</td><td>Elongate, smooth, p.p. (Twiss et al. 1969); Prismatolita psilaristata (Bertoldi de Pomar 1971; Zucol y Bonomo 2008); sub-categoría A 3. Smooth elongate phytoliths (Runge 1999). Macroprismatolithum psilaristathum (Zucol y Brea 2005). Elongate smooth p.p. (sensu Madella et al. 2005; Bremond et al. 2005); Elongate (Barboni et al. 2006).</td></tr>
<tr><td>MT23</td><td>Macroprismatolithum sp.1</td><td>Prismatolita serrata (Bertoldi de Pomar 1971; Zucol y Bonomo 2008); Elongate p.p. (sensu Madella et al. 2005) Macroprismatolithum p.p.(Zucol y Brea 2005).</td></tr>
<tr><td>MT24</td><td>Macroprismatolithum denticulathum Zucol & Brea 2005</td><td>Elongate, spiny, p.p. (Twiss et al. 1969); Prismatolita denticulata (Bertoldi de Pomar 1971; Zucol y Bonomo 2008). Macroprismatolithum denticulathum (Zucol y Brea 2005); Elongate p.p. (sensu Madella et al. 2005) Sinuous elongate type (Bremond et al. 2005).</td></tr>
<tr><td>MT25</td><td>Macroprismatolithum sp. 2</td><td>Prismatolita isocornisata y Prismatolita anisocornisata (Bertoldi de Pomar 1971; Zucol y Bonomo 2008); Elongate p.p. (sensu Madella et al. 2005) Macroprismatolithum p.p. (Zucol y Brea 2005).</td></tr>
<tr><td>MT26</td><td>Aculeolithum sp.1</td><td colspan="2">Lithodontium p.p. (Ehrenberg 1841 y 1854); Hook-shaped phytoliths (Baker 1960); Silification of hairs and hairs bases (Parry y Smithson 1964); silicified hairs, p.p. (Parry y Smithson 1966); morfotribu Aculeolita (Bertoldi de Pomar 1971); Aculeolithus Bert. (Taugourdeau-Lantz et al. 1976); Point-shape from prickle hair (Kondo 1977); Type II Trichomes (Brown 1984 y 1986); Point-shaped class (Kondo y Sase 1986; Kondo et al. 1987 y 1994); Trichome - hairs and papillae, p.p. (Mulholland y Rapp 1992); Point-shaped phytolith (Twiss 1992); Categoría 40. Dermal appendages, p.p. (Pearsall y Dinan 1992; Pearsall 2000); Point-shaped (Bardoni et al. 1999); Type G3 Different types of trichomes, including prickles, hairs and prickles bases (Runge 1999); Point class, p.p. (Hart et al. 2000); Aculeolita (Parra y Flórez 2001). Unciform (sensu Madella et al. 2005) Aculeolithum p.p. (Zucol y Brea 2005); Point-shaped (Bremond et al. 2005).</td></tr>
<tr><td>MT27</td><td>Flabelolithum sp1</td><td colspan="2">Lithodontium p.p (Ehrenberg 1841 y 1854); Flabelolita (Bertoldi de Pomar, 1971); Flabelolithus Bert. (Taugourdeau-Lantz et al. 1976); Fan-shaped from bulliform cell (Kondo 1977); Silicified bulliform cells (Parry y Smithson 1958 y 1964); Fan-shaped class (Kondo y Sase 1986; Kondo et al. 1987 y 1994); Fan-shaped phytolith (Twiss 1992); Bulliform cells -Enlarged thin-walled epidermal cells. Keystone shaped (Mulholland y Rapp 1992); Categoría 50. Bulliform cells, p.p. (Pearsall y Dinan 1992; Pearsall, 2000); Motor cells silica bodies (Fujiwara 1993); Bulliform: fan-shaped (Shulmeister et al. 1999); Fan-shaped (Bardoni et al. 1999); G2. Bulliform phytoliths. 1. Fan-shaped (Runge 1999); Flabellulita (Parra y Flórez, 2001). Flabelolithum p.p. (Zucol y Brea 2005); Fan-shaped (Alexandre et al. 1997, Barboni et al. 1999, Bremond et al. 2005); Cuneiform bulliform cell (Barboni et al. 2006).</td></tr>
<tr><td>MT28</td><td>Fusiformes</td><td colspan="2">Lithostylidium p.p. (Ehrenberg 1841 y 1854); Longolita p.p. (Bertoldi de Pomar 1971); Longolithus Bert. (Taugourdeau-Lantz et al. 1976).</td></tr>
<tr><td>MT29</td><td>Poliédricos</td><td colspan="2">Parallepipedal (sensu Madella et al. 2005); Poliédrico sp1 (Zucol y Bonomo 2008).</td></tr>
</table>

Tabla 2. Denominaciones y equivalencias clasificatorias de los morfotipos del esquema clasificatorio aplicado.

Los depósitos de la Formación Las Flores corresponden a un sistema sedimentario de baja energía, donde el material aportado era retrabajado y depositado en cursos de agua somera en un ambiente de planicie. Posiblemente la inexistencia de estructuras mecánicas, la gran homogeneidad de la sucesión y los caracteres pedogenéticos descriptos se deban a fenómenos paleoedáficos que afectaron a la unidad.

La Formación Las Flores no sólo es portadora de microfósiles silíceos, sino que también posee un importante contenido de mamíferos fósiles correspondientes a la SALMA (*South American Land Mammal Age*) Itaboraiense. Estos taxones revelan haberse desarrollado bajo condiciones climáticas de tipo tropical a subtropical.

RESULTADOS

El perfil sedimentario BCH (35 m de potencia) en la sección de la Formación Las Flores mostró la presencia de fitolitos a lo largo de todas sus muestras (BCH531-538, Figura 2). La composición de microfósiles silíceos se describe de acuerdo a los morfotipos presentes, su asociación y sus afinidades.

Descripción de los morfotipos fitolitos

El perfil sedimentario BCH muestra la presencia de fitolitos globulares (MT1-MT5), tanto esféricos y elipsoidales con numerosas espinas bien definidas (MT1 y MT2, Figura 3, J1-J3), como así también, globulares esféricos de superficies lisas cuyo diámetro no supera los 12 μm (MT3 y MT5, Figura 3, K1-K2) o con ornamentaciones rugosas e irregulares (MT4, Figura 3, K3). Entre los fitolitos facetados pueden encontrarse los isodiamétricos (MT7, Figura 3, H1-H3) y los prismáticos (MT8, Figura 3, G1). Los fitolitos elongados presentes, fueron abundantes los de lados más o menos paralelos y contorno liso (MT22), aserrado (MT23) o denticulado (MT24) (Figura 3, A1-A5) y los de sección transversal variable a lo largo de su cuerpo (MT25). Fitolitos elongados prismáticos de menos de 30 μm de longitud (MT21).

Por otra parte se encuentran presentes fitolitos de contorno lobulado (MT9, Figura 3, I1-I3), bases de pelos (MT10, Figura 3, E1-E3) y aguijones (MT26), células cortas de los tipos halteriformes (MT19) y en conos truncados (MT20), elementos fitolíticos con forma de abanico (MT27, Figura 3, B1-B2) y poliédricos (MT29). Fitolitos fusiformes ornamentados de forma irregular (MT28) y los de forma variada, generalmente prismáticos laminares, con superficie de ornamentación columelada o equinada (MT12, Figura 3, F1-F3). Mientras que en forma escasa se observaron fitolitos de contorno hexagonal (Figura 3, C) que no han sido descriptos mediante morfotipo debido a su escasez.

Entre los elementos vinculados por su origen a tejidos de conducción y sostén, se observaron fitolitos de cuerpos con formas irregulares y ornamentaciones estriadas o verrucosas espaciadas de forma irregular (MT13 y MT14), como así también otros tipos de traqueidas (MT11), elementos de conducción con placa de perforación simple (MT15) o escaleriforme (MT16) y punteaduras areoladas (MT17) o escaleriformes (MT18).

Entre los fitolitos derivados de tejido vascular se pudieron establecer dos grandes grupos de acuerdo a sus características morfológicas. El primero, que denominaremos como EC tipo 1, con morfotipos derivados de elementos de conducción delgados, largos, de paredes finas, ausencia de engrosamientos espiralados (Figura 3, D1) y tabiques oblicuos. Morfotipos con punteaduras intervasculares escalariformes, transicionales y opuestas, y morfotipos derivados de elementos vasculares con placas de perforación escalariformes, que pueden tener de 6-8 barras y de 12-16 barras (Figura 3, D2-D3).

El segundo, (EC tipo 2), se caracteriza por presentar morfotipos derivados de elementos de conducción medianos a anchos, cortos y tabiques oblicuos a rectos. Morfotipos con punteaduras intervasculares pequeñas, opuestas a alternas y morfotipos derivados de elementos vasculares con placas de perforación simple (Figura 3, D5).

Asociaciones fitolíticas

La distribución de los morfotipos a lo largo del perfil (Figura 4) y el análisis comparativo de la composición de las asociaciones fitolíticas de las muestras sedimentarias permitieron establecer dos zonas, que de base a techo pueden caracterizarse como:

Zona I. Esta zona está caracterizada por la presencia de fitolitos globulares lisos, espinosos y rugosos y elipsoidales espinosos, fitolitos de cuerpos irregulares con ornamentaciones estriadas e irregulares con ornamentaciones verrucosas espaciadas, halterios y en forma de cono truncado (Figura 4).

El sector basal de esta zona (BCH531-532) se encuentra dominado por la presencia de fitolitos globulares espinosos y rugosos, fitolitos elipsoidales espinosos, fitolitos de cuerpos irregulares con ornamentaciones estriadas e irregulares con ornamentaciones verrucosas espaciadas y en forma de conos truncados (Figura 4).

La presencia de fitolitos originados a partir de elementos de conducción con placas de perforación simples y las bases de pelos, son característicos del sector superior de la zona I (BCH533).

Zona II. En forma integral esta zona se encuentra caracterizada por la abundancia de fitolitos que provienen de elementos de conducción con placas de perforación escalariformes, elementos vasculares con punteaduras areoladas y escalariformes, fitolitos elongados facetados, elongados de contorno liso y serrado, flabeliformes y poliédricos; si bien también se encuentran presentes fitolitos globulares y elipsoidales espinosos, placas equinadas, aguijones y elongados de sección transversal variable a lo largo de su cuerpo (Figura 4).

A partir de la composición de cada muestra de la zona II se puede establecer un sector basal (BCH534-535) caracterizado por la abundancia de fitolitos originados en elementos de conducción con placas de perforación escalariformes, elementos vasculares con punteaduras areoladas y escalariformes, globulares lisos tipo MT2 y elongados de sección transversal variable a lo largo de su cuerpo y elongados de contorno serrado. El sector medio (BCH536-537) está dominado por fitolitos globulares y elipsoidales espinosos, placas equinadas, aguijones, flabelos y elongados de contorno liso. El sector superior (BCH538) se caracteriza por la abundancia de fitolitos de elementos de conducción con placas de perforación escalariformes, elementos vasculares con punteaduras areoladas y escalariformes.

Descripción de los microfósiles no fitolíticos

La asociación de microrrestos silíceos de la Formación las Flores está compuesta además por otros tipos de microfósiles silíceos entre los que son abundantes las espículas de espongiarios de agua dulce, principalmente del tipo de las macroscleras lisas con extremos aguzados y canalículo axial (Figura 5, A-B) y macroscleras espinosas (Figura 5, C-D) (Ezcurra de Drago 1975).

Se registraron también diversos tipos de diatomeas, las cuales comparativamente han presentado una menor abundancia para el conjunto de microrrestos no fitolíticos, encontrándose algunas formas de simetría radial como así también bilateral (Figura 5, E), de las cuales no se realizó su estudio sistemático debido a la baja abundancia relativa de estos microfósiles.

Figura 3. A1-A5. Fitolitos elongados (MT22-MT24). B1-B2. Flabelos (MT27). C. Fitolito de contorno hexagonal. D1. Fitolito con engrosamientos espiralados (MT11). D2-D3. Fitolitos de elementos de conducción con placas de perforación escalariformes (MT16). D4. Fitolitos de elementos de conducción con punteaduras areoladas (MT17). D5. Fitolitos de elementos de conducción con placa de perforación simple y punteaduras escalariformes. E1-E3. Bases de pelos (MT10). F1-F3. Placas equinadas (MT12). G1. Elongado facetado (MT8). H1-H3. Isodiamétricos facetados (MT7). I1-I3. Lobulados (MT9). J1-J3. Globulares espinosos (MT1-MT2). K1-K2. Globulares lisos (MT3). K3. Globulares rugoso (MT4). Escala gráfica en D5 = 20 µm.

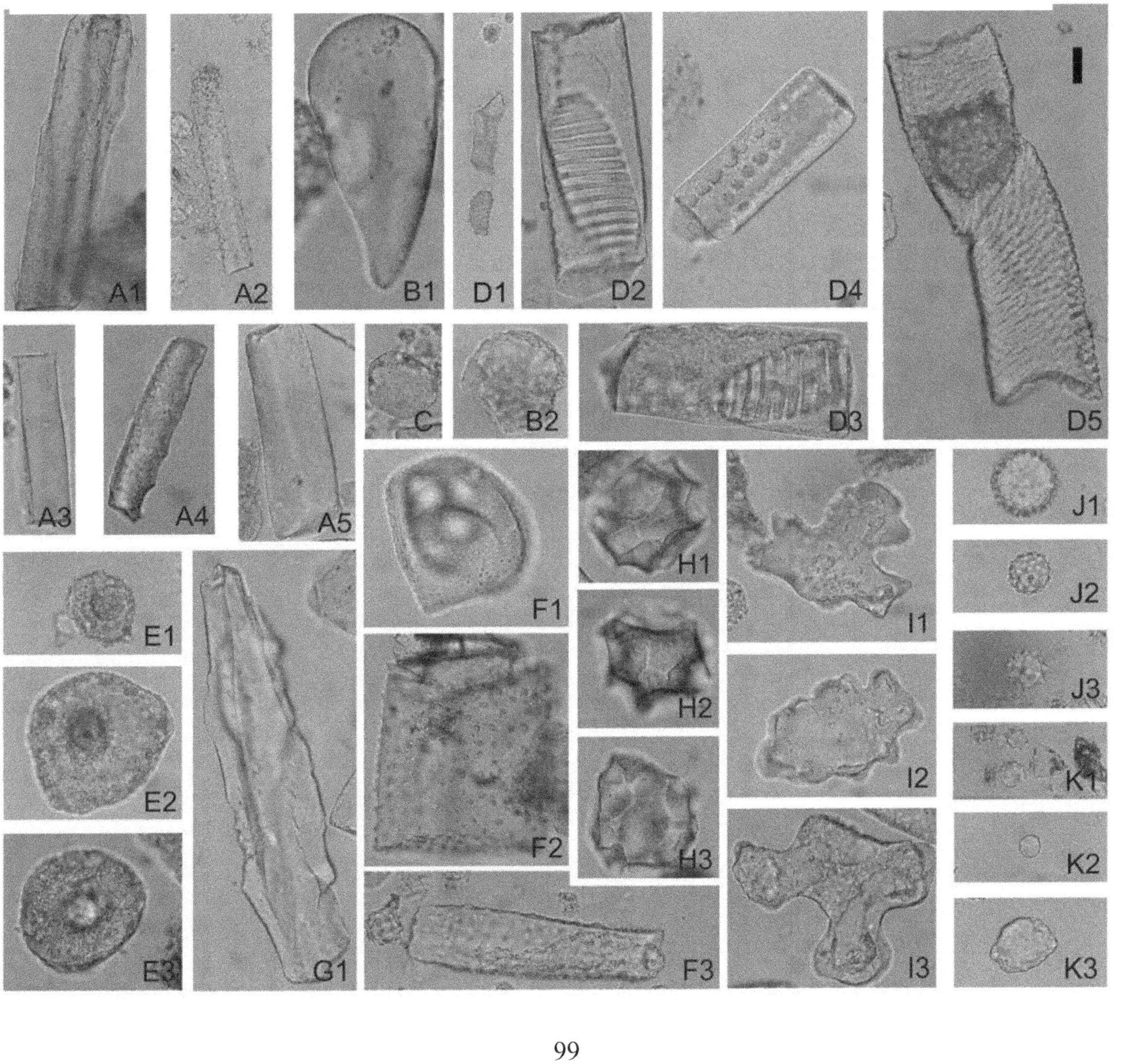

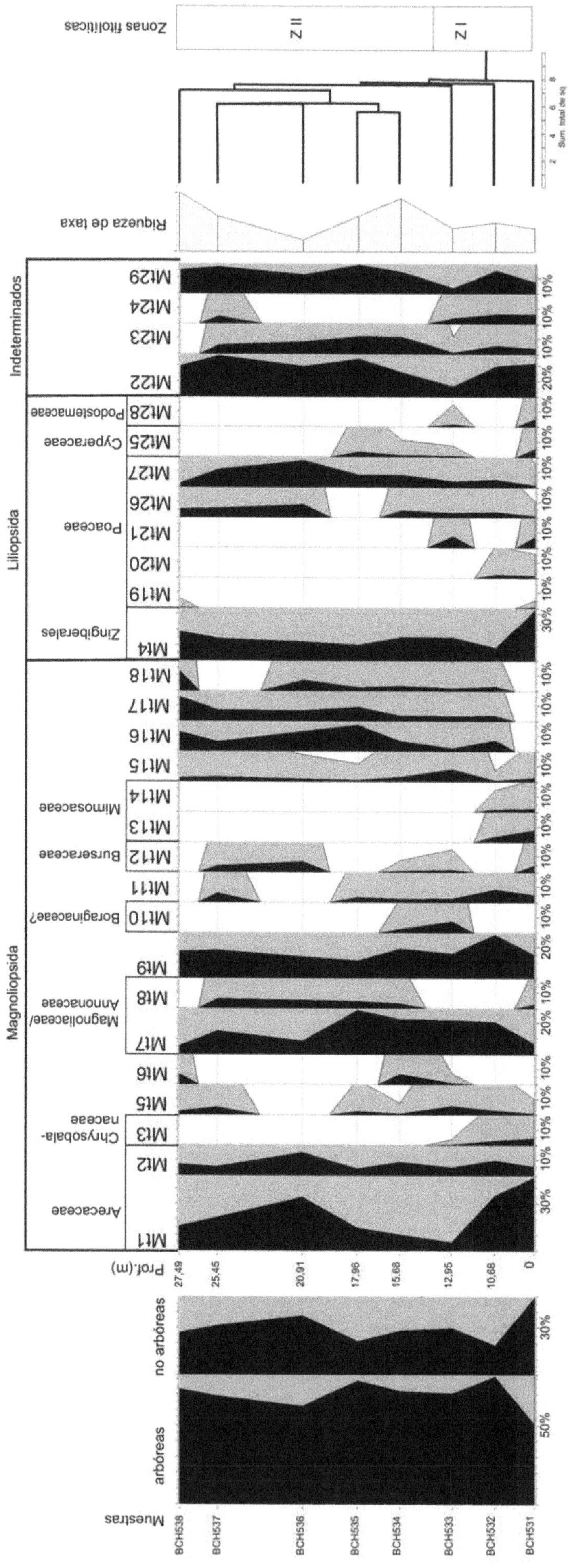

Figura 4. Diagrama fitolítico de la Formación Las Flores.

Figura 5. A-D. Espículas de espongiarios de agua dulce, A-B. Macroscleras lisas con canalículo axial. C-D. Macroscleras de contorno espinoso E. Diatomea. F-G. Estomatocistes de Crysostomataceae. F. Estomatociste esférico con superficie lisa y apertura sin una clara delimitación, G. Estomatociste oval con ornamentaciones espinosas, H. Estomatociste esférico a oval con superficies lisas y apertura compleja. Escala gráfica: En C (A-C, D-E) = 40 µm; en F (G-H) = 20 µm.

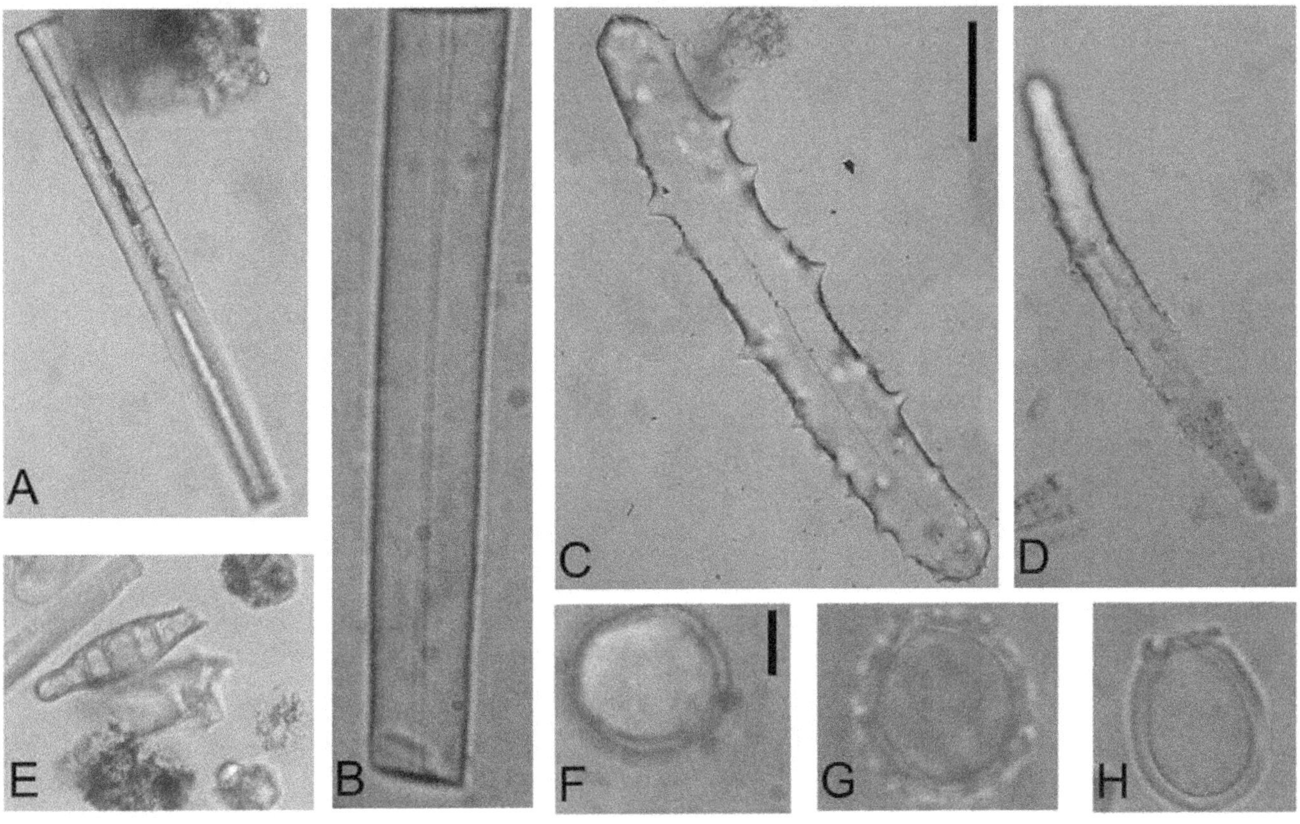

Las algas crisófitas o "algas amarillo-doradas" pertenecientes a las Clases Chrysophyceae y Synurophyceae producen quistes silíceos de formación endógena llamados estomatocistos. Estas algas son estacionales y de agua dulce, sus poblaciones están relacionadas con el pH y la conductividad del ambiente; resultando de este modo ser buenos indicadores biostratográficos y paleoecológicos (Siver y Vigna 1997; Coradeghini y Vigna 2001).

En la Formación Las Flores se registraron tres tipos morfológicos de quistes de Crysostomataceae. El primero de cuerpo esférico con superficie lisa, apertura regular superficial o en suave depresión sin una clara delimitación (Figura 5, F); corresponde al tipo estomatocisto N°1 *sensu* Coradeghini y Vigna (2001) y probablemente al tipo estomatocisto N° 64 de Rull y Vegas-Vilarrúbia (2000).

El segundo con cuerpo esférico a oval de paredes lisas y apertura compleja formada por dos collares (Figura 5, H) que rodean al poro; corresponde al tipo estomatocisto N° 10 (Coradeghini y Vigna 2001).

El tercer tipo de quiste tiene forma oval con paredes ornamentadas con espinas (Figura 5, G), asignado al tipo estomatocisto N° 22 (Coradeghini y Vigna 2001).

En lo referente a sus abundancias, de modo general son más frecuentes en el sector medio e inferior del perfil, con una clara preponderancia en los niveles sedimentarios inferiores (muestras BCH531-533); para el caso particular de las diatomeas si bien con una baja frecuencia relativa mostraron una mayor abundancia en el sector (muestra BCH532) como así también en el medio (muestra BCH355). Las espículas se caracterizaron por una elevada abundancia en el sector inferior, en especial las espículas lisas, si bien con menor frecuencia se encuentran presentes en el sector medio. Por último, los estomatocistes de Crysostomataceae resultaron los más ubicuos, ya que se encontraron con una abundancia relativa similar desde el sector inferior hasta el límite del sector superior.

Origen y afinidad botánica de los morfotipos

De acuerdo a los morfotipos fitolíticos observados en las muestras del perfil sedimentario BCH el origen anatómico de los mismos se encuentra acorde a los distintos tejidos vegetales productores (Piperno 1988, 2006), si bien sus abundancias relativas varían de acuerdo a las zonas del perfil.

Entre los fitolitos epidérmicos se hallaron los de afinidad graminoides y ciperoides como los elementos elongados (MT22-MT25), halteriformes (MT19), en forma de cono truncado (MT20) y aguzados (MT10 y MT26); mientras que de afinidad dicotiledónea están representados principalmente por los fitolitos lobulados (MT9). Fitolitos de origen epidérmico/subepidérmicos o del mesófilo como es el caso de los globulares (MT1-MT3), los flabeliformes (MT27) y poliédricos (MT29) y posiblemente algunos de los morfotipos facetados (tales como el MT7) y fusiformes (MT28).

En lo referente a los fitolitos originados a partir de elementos celulares de tejidos de sostén y/o conducción se encuentran las traqueidas (MT11, MT13 y MT14) y los elementos de conducción (MT15-MT18), si bien a este grupo pueden vincularse también fitolitos facetados (tales como los MT8) que en algunos casos se los vincula con estos tejidos.

De acuerdo a trabajos previos, las afinidades sistemáticas de estos morfotipos hallados posibilitan también el agrupamiento de estas formas en: *Fitolitos de angiospermas dicotiledóneas.* Los morfotipos afines a angiospermas dicotiledóneas incluyen: fitolitos esféricos de superficies lisas, esféricos con ornamentaciones rugosas e irregulares, elipsoidales de superficies lisas, esféricos facetados, pieza de *puzzles* o lobulados, bases de pelos, elongados derivados de células epidérmicas, elementos de traqueidas con engrosamientos helicoidales, placas equinadas (Figura 3, F1-F3), elongados facetados y cuerpos irregulares con ornamentaciones estriadas e irregulares con ornamentaciones verrucosas espaciadas (Piperno 1988; Bozarth 1992; Rapp y Mulholland 1992; Kondo *et al.* 1994; Piperno y Becker 1996; Runge 1999; Wallis 2003; Madella *et al.* 2005; Zucol y Brea 2005; Pearsall 2006).

Dentro de este grupo de fitolitos con neta afinidad angiospérmica dicotiledónea debe mencionarse los elementos vasculares, los cuales han sido muy abundantes en gran parte del perfil, y en algunos casos, caracterizaron asociaciones fitolíticas de algunos sectores del mismo.

Fitolitos de palmeras. En esta asociación están presentes dos morfotipos afines a las Arecaceae. Fitolitos esféricos con numerosas espinas bien definidas (MT1) (Figura 3, J1-J3) y fitolitos elipsoidales con ornamentación espinosa muy demarcadas (MT2).

Fitolitos de gramíneas. Los fitolitos de gramíneas presentes en esta asociación están representados por halterios y elementos cónicos truncados, originados a partir de células epidérmicas cortas. Fitolitos elongados con superficies lisas, serradas y denticuladas originados por células epidérmicas largas y elongados cortos con superficies lisas. Fitolitos de cuerpos aguzados o *Point-shaped* (originados por pelos y/o aguijones) y flabelos o *Fan-shaped* (originados a partir de células buliformes) (Twiss *et al.* 1969; Bertoldi de Pomar 1971).

Fitolitos de ciperáceas. Entre los fitolitos no-graminoides se observó la presencia de elementos elongados afines a las ciperáceas (Bertoldi de Pomar 1971; Piperno 1988), de cuerpo prismático aplanado y contornos laterales no paralelos que presenta dos o más concavidades, en forma simétrica o no en ambos lados.

Fitolitos de podostemáceas. Los fitolitos de la Familia Podostemaceae se caracterizan por presentar un cuerpo proteiforme, generalmente tendiendo a ovoide, y ornamentación en forma de protuberancias digitiformes bífidas en todo su contorno. Estos cuerpos silíceos derivan de las células mesodérmicas (Bertoldi de Pomar 1971; Tur 1997, 2001, 2006).

Fitolitos de afinidad incierta o de escaso valor diagnóstico. Dentro de este grupo de morfotipos se pueden incluir los fitolitos derivados de traqueidas, elongados cortos, fitolitos con formas irregulares, espinosos, con formas de "Y" y hexagonales (Figura 3, C).

DISCUSIÓN Y CONCLUSIONES

Todas las muestras analizadas a lo largo del perfil BCH presentaron un predominio de fitolitos de angiospermas dicotiledóneas arbóreas y palmeras, mientras que los morfotipos asignados a monocotiledóneas herbáceas han sido comparativamente menos frecuentes.

Teniendo en cuenta las características fisionómicas de los vegetales hallados, se puede considerar tres componentes: uno herbáceo y dos leñosos formados por un elemento arbóreo (que en algunos casos puede ser arbustivo, ya que en algunas familias resulta difícil distinguir ambos portes mediante sus características fitolíticas) y otro formado por estípites. El análisis de los mismos en esta localidad (figura 4) permite definir la preponderancia de los componentes leñosos a lo largo de todo el perfil, si bien la zona I se caracteriza por la abundancia de estípites en su sector basal, mientras que en su sector superior estos decrecen en su abundancia en comparación con los elementos arbóreos evidenciados por la presencia de fitolitos de elementos de conducción con placas de perforación simples.

El sector basal de la zona II, por su parte, también se caracteriza por la abundancia de elementos arbóreos, pero en este caso, evidenciados por la presencia de fitolitos de elementos de conducción con placas de perforación escalariformes, elementos vasculares con punteaduras areoladas y escalariformes, los cuales decrecen en el sector medio frente a un incremento del componente herbáceo y en algunos niveles el de los estípites. El sector cuspidal presenta nuevamente un predominio del componente arbóreo con similares características composicionales que las del sector basal.

En lo referente a las características particulares de los morfotipos hallados, los fitolitos esféricos de superficies lisas con diámetros menores a 12 µm han sido vinculados con las Chrysobalanaceae, derivando de frutos y semillas de estas plantas (Piperno 1988; Zucol y Brea 2005; Pearsall 2006). Esta familia con representantes arbóreos se desarrolla sobre tierras bajas subtropicales a tropicales (Heywood 1993). El registro de morfotaxa de esta familia ha sido vinculado a la presencia de bosques tropicales húmedos (Piperno 1993; Pearsall 1993; Piperno y Becker 1996).

Los fitolitos esféricos con ornamentaciones rugosas e irregulares han sido citados para tres familias de monocotiledóneas (Marantaceae, Cannaceae y Zingiberaceae) pertenecientes al Orden Zingiberales (Piperno 1988), los cuales poseen en su totalidad representantes herbáceos y perennes (Heywood 1993), que crecen principalmente en áreas húmedas y pantanosas de los trópicos y subtrópicos; si bien otros autores asignan también este morfotipo a leños de árboles y arbustos de dicotiledóneas tropicales (Scurfield *et al.* 1974, Bremond *et al.* 2005).

Los fitolitos esféricos facetados, han sido descriptos como silicificaciones de células epidérmicas observados en las familias Magnoliacae, Annonaceae, Burseraceae y Cucurbitaceae (Kondo y Peason 1981; Bozarth 1987; Piperno 1988; Runge 1999), en particular estos fitolitos desarrollarían en contacto con la pared de las células del mesófilo adyacentes o en espacios intercelulares, las cuales le darían su forma característica. Mientras que los fitolitos elongados facetados se podrían originar a partir de diferentes tejidos y/o ubicación, tales como silicificación de las traqueidas terminales, silicificaciones de esclereidas o silicificaciones acumuladas en el mesófilo de las hojas donde las células o los espacios intercelulares pueden mineralizarse (Piperno 1988; Runge 1999).

Los fitolitos del tipo esférico facetados y elongados facetados no ha sido observado en representantes herbáceos ni lianas de estas familias, por este motivo pueden ser considerados como indicadores de vegetación arbórea (Piperno 1988).

Las Burseraceae producen fitolitos diagnósticos derivados de células principalmente epidérmicas de sus frutos y semillas, los cuales tienen forma laminar con ornamentaciones o protuberancias equinadas. Esta familia tropical tiene representantes arbóreos y arbustivos, que conforman bosques tropicales húmedos o bosques de tierras bajas (Pearsall 1993). *Bursera* y *Protium* son dos géneros muy bien representados en Sudamérica (Piperno 1988, 1989).

Las Leguminosae de regiones tropicales incluyen árboles, arbustos, hierbas y trepadoras, que vegetan tanto en zonas húmedas como en secas (Wadsworth 2000). En la región Amazónica las leguminosas suelen ser especialmente abundantes en los bosques de planicies de inundación y en bosques con suelos arenosos (Steege *et al.* 2000). Las Mimosaceae en particular, son una familia de árboles y arbustos ampliamente distribuida en regiones de clima árido a semi-árido y producen fitolitos de cuerpos irregulares con ornamentaciones estriadas o irregulares con ornamentaciones verrucosas espaciadas, que se originan en los tejidos de conducción de hoja, semillas y flores (Kealhofer y Piperno 1998; Wallis 2003). Los fitolitos con ornamentaciones estriadas e irregulares son también producidos por la familia Sapindaceae (Wallis 2003); sin embargo los taxones americanos de la familia Sapindaceae raramente producen fitolitos (Piperno 1988). Bowdery (1998) limita la producción de fitolitos a los miembros australianos de esta familia. Por este motivo la afinidad botánica de estos tipos morfológicos fue acotada en este trabajo a la familia Mimosaceae.

Los fitolitos elipsoidales de superficies lisas y elementos de traqueidas con engrosamientos helicoidales, fueron asignados a angiospermas *sensu lato*, mientras que los fitolitos lobulados o del tipo *puzzle* se vinculan a las angiospermas dicotiledóneas.

Los fitolitos derivados de bases de pelos son muy comunes en las dicotiledóneas, y pueden ser utilizados para discriminar algunos taxones, estos morfotipos no se observan en monocotiledóneas, ni en plantas vasculares inferiores (Piperno 1988). Los morfotipos hallados en esta unidad sedimentaria poseen una marcada afinidad con los descriptos para los integrantes de la familia Boraginaceae (Pearsall 2006).

Por otra parte, los caracteres anatómicos de los leños de dicotiledóneas no solo pueden ser utilizados para establecer las líneas de especialización del xilema secundario (Frost 1930a, 1930b, 1931; Carlquist 1975), sino también para reconstruir el clima y los cambios climáticos en el pasado geológico (Wheeler y Baas 1991, 1993; Wiemann *et al.* 1998; Poole 2000).

Desde el punto de vista evolutivo los caracteres anatómicos de los morfotipos EC tipo 1 son indiscutiblemente rasgos primitivos en la evolución del xilema secundario (Frost 1930a, 1930b, 1931). La asociación registrada en los sedimentos del Paleoceno superior-Eoceno? demuestra que la paleoflora presente en este lapso estaba conformada por dicotiledóneas leñosas que tenía un gran número de caracteres ancestrales en la composición de sus leños.

Estudios realizados sobre los aspectos ecológicos de los caracteres anatómicos del leño en diferentes tipos de vegetación y áreas geográficas (Van der Graaff y Baas 1974; Baas 1976; Wheeler y Baas 1991), sugieren que los géneros con elementos de conducción con placas de perforación escalariformes tienen frecuencias relativas bajas en los bosques tropicales de tierras bajas, y que se incrementan en los bosques montanos tropicales y en la comunidades templadas, templadas-frías y árticas. También se encuentran en muy bajas frecuencias en regiones áridas, con estación seca.

Desde el punto de vista adaptativo las asociaciones fitolíticas de la Formación Las Flores demuestran que las familias presentes poseen por lo general elementos vasculares con placas de perforación simples (EC tipo 2) y/o simples y escalariformes, y en menor medida con placas de perforación escalariformes exclusivamente (EC tipo 1). La abundancia de placas de perforación simple indica el desarrollo de condiciones cálidas y estacionalidad climática y/o cambios fenológicos (Wheeler y Baas 1991, 1993).

Los integrantes de las Arecaceae suelen desarrollarse en suelos arenosos más o menos ácidos, a veces con subsuelo rocoso a poca profundidad. En las zonas tropicales secas, las palmeras suelen encontrarse muy dispersas; pero en las zonas pantanosas crecen en densos rodales (Wadsworth 2000). En lo referente a los tipos de comunidades que pueden integrar, las palmeras de acuerdo a las condiciones ambientales pueden conformar comunidades arbóreas pluriestratificadas como elemento subordinado, o bien, comunidades del tipo sabana en donde resultan predominantes del estrato arbóreo/arbustivo, en asociación con el estrato herbáceo.

Según la clasificación de Twiss (1992), entre los fitolitos graminoides hallados en estas asociaciones se evidencia un marcado predominio de los morfotipos tipo panicoide. La subfamilia Panicoideae comprende dos subtribus, las Andropogonodae y las Panicoidae. La mayoría de sus representantes son plantas C_4, aunque existen algunos géneros que poseen ambos patrones fotosintéticos. Esta subfamilia esta mayormente concentrada en las regiones tropicales y subtropicales, y especialmente se desarrolla en ambientes húmedos (Twiss 1992). En lo referente a los conos truncados, según los distintos autores (Twiss 1992, Kondo *et al.* 1994) se vincularían con el grupo de las Arundinoideae s.l., este grupo de acuerdo a los recientes estudios filogenéticos de la familia (GPWG 2001) no presenta características monofiléticas en sentido amplio, por lo cual cabrían ciertas reservas al momento de establecer su afinidad botánica.

Mediante estas premisas puede inferirse entonces que la zona I, tendría una paleocomunidad conformada por bosques tropicales a subtropicales húmedos de tierras bajas, con suelos bien drenados, dominados por palmeras, leguminosas, chrysobalanaceas y escasas gramíneas en su sector inferior; mientras que en su sección superior varía en composición con una menor proporción de los componentes de estípites y herbáceas, frente a un incremento del componente arbóreo con caracteres EC tipo 2.

La zona II, se encuentra caracterizada por diversos grupos arbóreos: Magnoliaceae, Annonaceae, Burseraceae, Boraginaceae? y Arecaceae, mientras que el componente herbáceo estaría representado principalmente por las Zingiberales y Poales. A diferencia de la zona I, esta paleocomunidad conformaría bosques mixtos tropicales húmedos multiestratificados, con predominio en su sección basal de un componente arbóreo con caracteres EC tipo 1. Estos bosques se habrían desarrollado bajo condiciones climáticas más húmedas y probablemente con suelos húmedos a moderadamente anegados. En esta asociación, se observa un marcado enriquecimiento florístico en relación a la asociación del término inferior de la secuencia. Esta asociación conformaría bosques tropicales multiestratificados húmedos de tierra bajas con drenaje libre a moderadamente impedido.

De lo cual se pueden concluir que la aplicación de los análisis fitolíticos en sedimentitas paleocenas resulta una buena herramienta para reconstruir paleocomunidades vegetales, inferir sus condiciones paleoclimáticas a la vez determinar la historia vegetacional de un área de estudio.

El análisis comparativo con los análogos modernos fue utilizado para reconstruir la paleovegetación y el paleoclima (Jordan 1997), si bien cabe aclarar que este análisis debió ser realizado con ciertas precauciones ya que debido a la edad de estos sedimentos resulta conveniente su comparación con análogos vinculados espacialmente a las paleocomunidades estudiadas; pero en ninguno de los casos se puede establecer la integridad de los patrones de analogías como los que se utilizan por ejemplo en estudios de paleocomunidades cuaternarias.

Hallándose asociaciones fitolíticas con un alto porcentaje de componentes arbóreos en asociación con elementos herbáceos. Lo cual contrariamente con la tendencia general de este tipo de análisis, que es su aplicación al estudio de paleocomunidades predominantemente herbáceas, ha permitido reconocer en el registro fosilífero de la Formación Las Flores taxones asignados a las Arecaceae, Chrysobalanaceae, Mimosaceae, Magnoliaceae, Annonaceae, Burseraceae, Zingeberales, Poaceae, Cyperaceae, Podostemaceae y Boraginaceae. Como así también el registro de otros tipos de microfósiles silíceos como espículas de espongiarios, estomatocistos de Chysostomataceae y diatomeas.

En lo referente a su paleoecología, se reconocieron dos tipos de paleocomunidades arbóreas, que se habrían desarrollado bajo condiciones climáticas cálidas y húmedas (Whitmore 1984; Adam 1992). El término inferior dominado por una paleoecomunidad pauciestratificada, mientras que hacia los términos medios y superiores de la secuencia se observó un claro enriquecimiento florístico. Mientras que debido al carácter local de estos estudios resulta imposible establecer lineamientos tafonómicos sin considerarlos en un estudio a nivel de cuenca, trabajo este que se está realizando por uno de los autores (MSR) en la actualidad.

Estudios de leños fósiles (Brea *et al.* 2004; Raigemborn *et al.* 2008) provenientes de la Formación Peñas Coloradas y de la sección inferior del Grupo Río Chico en las localidades Punta Peligro Norte y Bosque petrificado José Ormaechea respectivamente, avalan la postura del registro de géneros primitivos dentro de las familias de dicotiledóneas registradas para el Paleoceno superior-Eoceno? de la Patagonia argentina. Las Styracaceae, Araliaceae, Cunoniaceae y Boraginaceae son familias leñosas registradas para el Grupo Río Chico. Por lo cual, puede concluirse que tanto los registros paleoxilológicos, las asociaciones fitolíticas y las inferencias climáticas obtenidas a partir de las características sedimentológicas y composicionales de estos depósitos avalan la existencia de paleocomunidades arbóreas tropicales húmedas para el Paleoceno superior-Eoceno? en la Cuenca del Golfo San Jorge.

AGRADECIMIENTOS

Los autores agradecen a las autoridades de la Subsecretaria de Cultura del Chubut el apoyo brindado en el marco del convenio-tipo para trabajos de colección e investigación en yacimientos paleontológicos de la provincia. Este trabajo fue subsidiado por el proyecto PICT 07-08671 (ANPCyT) y en parte por el PICT 07-13864 (ANPCyT).

Los autores agradecen las críticas, sugerencias y comentarios realizados por los árbitros, los que permitieron mejorar sustancialmente el presente trabajo.

BIBLIOGRAFÍA

Ameghino, F.
1906 Les formations sédimentaires du Crétacé superieur et du Tertiaire de Patagonie avec un parallele entre leurs faunes mammalogiques et celles de l'anciente continent. *Anales del Museo Nacional Historia Natural Buenos Aires* 15: 1-568.

Adam, P.
1992 Australian Rainforests. *Oxford Biogeography Series* 6, Oxford University Press. pp. 308.

Alexandre, A., Meunier, J.D., Lezine, A.M., Vicens, A. y D. Schwartz
1997 Phytoliths indicators of grasslands dynamics during the late Holocene in intertropical Africa. *Palaeogeography, Palaeoclimatology, Palaeoecology* 136: 213-229.

Andreis, R. R.
2006 Silicofitolitos en las formaciones Río Chico (Paleoceno superior) y Sarmiento (Eoceno inferior-Oligoceno superior), Laguna Payahilé, Provincia del Chubut, Argentina. En *Fitolitos. Estado actual de sus conocimientos en América del Sur*, editado por A. F. Zucol, M. L. Osterrieth, y M. Brea, pp. 37-47. En prensa. Mar del Plata, Argentina.

Andreis, R. R., Mazzoni M. M. y L. A. Spalletti
1975 Estudio estratigráfico y paleoambiental de las sedimentitas terciarias entre Pico Salamanca y Bahía Bustamante, provincia de Chubut, República Argentina. *Revista de la Asociación Geológica Argentina* 30: 85-103.

Baas, P.
1976 Some functional and adaptative aspects of vessel member morphology. En *Wood Structure in Biological and Technological Research.*, editado por P. Baas, A. J. Bolton y D. M. Catling, Leiden Botanical Series, N° 3: 157-181.

Baker, G.
1960 Hook-shaped opal phytoliths in the epidermal cells of oats. *Australian Journal of Botany* 8: 69-74.

Barboni, D., Bremond L. y R. Bonnefille
2006 Comparative study of modern phytoliths assemblages from inter-tropical Africa. *Palaeogeography, Palaeoclimatology, Palaeoecology* en prensa.

Bardoni, D., Bonnfille, R., Alexandre, A. y J. D. Meunier
1999 Phytoliths as paleoenvironmental indicators, West Side Middle Awash Valley, Ethiopia. *Palaeogeography, Palaeoclimatology, Palaeoecology* 152: 87-100.

Bertoldi de Pomar, H.
1971 Ensayo de clasificación morfológica de los silicofitolitos. *Ameghiniana* 8 (3-4): 317-328.

Bozarth, S.R.
1987 Diagnostic opal phytolith from rinds of selected *Cucurbita* species. *American Antiquity* 52: 607-615.
1992 Classification of opal phytoliths formed in selected dicotyledons native to the Great Plains. En *Phytolith Systematics, Emerging Issues,* Advances in Archaeological and Museum Science, Vol. 1 editado por G. Rapp y S. Mulholland, pp. 193-214. Plenum Press, Nueva York.

Bowdery, D.
1998 Phytolith analysis applied to Pleistocene-Holocene archaeological sites in the Australian arid zone. *BAR International Monograph Series* 695, Hadrian Books, Oxford.

Brea, M. y A. F. Zucol
2000 Leños fósiles en la Formación Río Chico (Paleoceno superior), Puerto Visser, Chubut. *Ameghiniana* resúmenes 37 (4-suplemento): 6R. Buenos Aires.
2006 Leños fósiles de Boraginaceae de la Formación Peñas Coloradas (Paleoceno superior), Puerto Visser, Chubut, Argentina. *Ameghiniana* 43(1): 139-146.

Brea, M, Zucol, A. F., Raigemborn, M. S. y S. D. Matheos
2004 Leños fósiles del Paleoceno superior (Grupo Río Chico), provincia del Chubut, Argentina. *Ameghiniana* Resúmenes 41(4-suplemento): 7R-8R.

Bremond, L., Alexandre A., Hély C. y J. Giot
2005 A phytoliths index as a proxy of tree cover density in tropical areas: Calibration with leaf area index along a forest-savanna transect in southeastern Cameroon. *Global and Planetary Changes* 45: 277-293.

Brown, D. A.
1984 Prospects and limits of a phytolith key for grasses in the Central United States. *Journal of Archaeological Science* 11: 345-368.
1986 Taxonomy of Midcontinent grasslands phytolith key. En *Plant opal phytolith analysis in Archaeology and Paleoecology*, Occasional papers N°1 of The Phytolitharien, North Carolina State University, editado por I. Rovner, pp. 67-85.

Coradeghini, A. y M. S. Vigna
2001 Flora de quistes crisofíceos fósiles en sedimentos recientes de Mallín Book, Río Negro (Argentina). *Revista Española de Micropaleontología* 33(2): 163-181.

Carlquist, S.
1975 *Ecological Strategies of Xylem Evolution.* University of California Press, Berkeley.

Döering, A.
1882 Informe oficial de la comisión científica agregada al Estado Mayor General de la expedición al Río Negro (Patagonia), Expedición al Río Negro Inferior. *Geología* 3: 300-530.

Ehrenberg, C. G.
1841 Über verbreitung und einfluss des mikroskopischen lebens in Süd und Nordamerika. *Monatsbericht der Koiglich Preussischen Akademie der Wissenschaften*: 139-144.
1854 Mikrogeologie. Bd. I: text. Bd. II: *Atlas*. Leopold Voss, Leipzig. pp. 374.

Ezcurra de Drago, I.
1975 El género *Ephydatia* Lamouroux (Porifera, Spongillidae). Sistemática y distribución. *Physis* 34 (89): 157-174.

Fredlund, G.G. y L.T. Tieszen
1994 Modern phytoliths assemblages from North American Great Plains. *Journal of Biogeography* 21: 321-335.

Frost, F. H.
1930a Specialization in secondary xylem of Dicotyledons. I. Origin of vessel. *Botanical Gazette* 89: 67-94.

1930b Specialization in secondary xylem of Dicotyledons. II. Evolution of end wall of vessel segment. *Botanical Gazette* 90: 198-212.
1931 Specialization in secondary xylem of Dicotyledons. III. Specialization of lateral wall of vessel segment. *Botanical Gazette* 91: 88-96.

Fujiwara, H.
1993 Research into the history of rice cultivation using plant opal analysis. En *Current research in phytolith analysis: Applications in archaeology and paleoecology.* Museum Applied Science Center for Archaeological, Research papers 10 editado por D. M. Pearsall y D. R. Piperno, pp. 147-158.
GPWG.
2001 Phylogeny and subfamilial classification of the grasses (Poaceae). *Annals of the Missouri Botanical Garden* 88: 373-457.

Greuter, W., Barrie, F.R., Burdet, H.M., Chaloner, W.G., Demoulin, V., Hawksworth, D.L., Jorgensen, P.M., Nicolson, D.H., Silva, P.C. y P. Trehane
2000 *International Code of Botanical Nomenclature. Regnum Vegetabile* 138. Koeltz Scientific books, Königstein, 474 pp.

Hart, D. M., Lentfer, C., Wallis, L. A. y D. Bowdery
2000 A universal phytolith key: Point class. Third International Meeting on phytolith Research, *Abstract*: 13-14.

Heywood, V. H.
1993 *Flowering plants of the world.* Oxford University Press, New York, pp. 1-335.

Ihering, H. von.
1907 Les mollusques fosiles du Tertiaire et du Crétacé supérieur de l'Argentine. *Anales Museo Nacional de Buenos Aires* 3: 1-611.

Jordan, G. J.
1997 Contrasts between the climatic ranges of fossil and exyant taxa: causes and consequences for paleoclimatic estimates. *Australian Journal of Botany* 45: 465-474.

Kealhofer, L. y D. R. Piperno
1998 Opal phytoliths in South-east Asian Flora. *Smithsonian Contributions to Botany* 88. Smithsonian Institution Press, Washington, DC.

Kondo, R.
1977 Opal phytoliths, inorganic, biogenic particles in plants and soils. *Japan Agricultural Research Quarterly* 11(4): 198-203.

Kondo, R. y T. Peason
1981 Opal phytoliths in tree leaves (Part 2): Opal phytolith in dicotyledon angisperm tree leaves. *Research Bulletin of Obihiro University Series* 1 12: 217-230.

Kondo, R. y T. Sase
1986 *Opal phytoliths, their nature and application.* Daiyonki Kenkyu 25: 31-63.

Kondo, R., Childs, C. y I. Atkinson
1994 *Opal phytoliths of New Zealand.* Manaaki Whenua Press, pp. 85.

Kondo, R., Sase, T. y Y. Kato
1987 Opal phytolith analysis of andisols with regard to interpretation of paleovegetation. En *Proceedings of the Ninth International Soil Classification Workshop*, editado por D. I. Kinloch, pp. 520-534. Japon.

Legarreta, L. y M. A. Uliana
1994 Asociaciones de fósiles y hiatos en el supracretácico-neógeno de Patagonia: una perspectiva estratigráfica-secuencial. *Ameghiniana* 31 (3): 257-281. Buenos Aires.

Lema, H., Busteros, A., Papú, O. y E. Sepúlveda
1999 Litología y palinoestratigrafía de la Formación Río Chico en la Localidad de Estancia El Sauce, provincia de Chubut, Argentina. Simposio Paleógeno de América del Sur, Actas. Servicio Geológico Minero Argentino, *Anales* 33: 33: 51-58.

Madella, M., Alexandre A. y T. Ball
2005 International Code for Phytolith Nomenclature 1.0. *Annals of Botany* 96: 253-260.

Mulholland, S.M. y G. Rapp
1992 A morphological classification of grass silica-bodies. En: *Phytolith Systematics, Emerging Issues*, Advances in Archaeological and Museum Science Vol. 1, editado por G. Rapp y S. Mulholland, pp. 65-89. Plenum Press, New York.

Nalepka, D. y A. Walanus
2003 Data processing in pollen analysis. *Acta Palaeobotanica* 43 (1): 125-134.

Parra, L. N. S. y M. T. M. Flórez
2001 Propuesta de clasificación morfológica para los Fitolitos altoandinos colombianos. *Crónica forestal y del medio ambiente* 16: 35-66.

Parry, D.W. y F. Smithson
1958 Silicification of bulliform cells in grasses. *Nature* 181: 1549-1550.
1964 Types of opaline silica depositions in the leaves of british grasses. *Annals of Botany* 28 (109): 169-185.
1966 Opaline silica in the inflorescences of some British grasses and cereals. *Annals of Botany* 30 (119): 524-538.

Pearsall, D.M.
1993 Contribution of phytoliths analysis for reconstructing subsistence: Examples from research in Ecuador. En *Current research in phytolith analysis: Applications in archaeology and paleoecology.* MASCA Research Papers in Science and Archaeology, Volume 10, editado por D. M. Pearsall y D.R. Piperno, pp. 108-122.
2000 *Paleoethnobotany. A handbook of procedures.* 2° Ed. Academic Press. pp. 700. San Diego.
2006 *Phytoliths in the Flora of Ecuador: the University of Missouri Online Phytolith Database.* [http://www.missouri.edu/~phyto/]. With contributions by A. Biddle, Dr. K. Chandler-Ezell, S. Collins, N. Duncan, S. Stewart, C. Vientimilla, Dr. Zhijun Zhao, and B. Grimm, page designer and editor. February, 2006.

Pearsall, D. M. y E. H. Dinan
1992 Developing a phytolith classification system. En *Phytolith Systematics, Emerging Issues*, Advances in Archaeological and Museum Science Vol. 1, editado por G. Rapp y S. Mulholland, pp. 37-64. Plenum Press, New York.

Piperno, D. R.
1988 *Phytolith analysis: an archaeological and geological perspective*. San Diego, Academic Press. pp 280.
1989 The occurrence of phytoliths in the reproductive structures of selected topical angiosperms and their significance in tropical paleoecology, paleoethnobotany and systematics. *Review of Palaeobotany and Palynology* 61: 147-173.
1993 Phytolith and charcoal records fron deep lake cores in the American Tropics. En *Current Research in Phytolith Analysis: Applications in Archaeology and Paleoecology*, MASCA 10, editado por D. M. Pearsall y D. R. Piperno, pp. 73-82.
2006 *Phytolith. A comprehensive guide for archaeologist and paleoecologist*. Altamira Press. 238 pp.

Piperno, D. R., y P. Becker
1996 Vegetational history of a site in the central Amazon basin derived from phytolith and charcoal records from natural soils. *Quaternary Research* 45: 202-209.

Poole, I.
2000 Fossil angiosperm Wood: its role in the reconstruction of biodiversity and palaeoenvironment. *Botanical Journal of the Linnean Society* 134: 361-381.

Raigemborn, M.S., Brea, M., Zucol, A. F. y S. Matheos
2008. Early Paleogene climatic conditions at mid latitude Southern Hemisphere: Mineralogical and paleobotanical proxies from continental sequences in Golfo San Jorge basin (Chubut, Patagonia, Argentina). Climate and Biota of the Early Paleogene Special Volume. *Geological Acta*.

Rapp, G. y S. C. Mulholland
1992 *Phytolith Systematics. Emerging Issues*. Advances in Archaeological and Museum Science. Vol 1. pp. 350. Ed. Plenum.

Robert, C. y J. Kennett
1994 Antarctic subtropical humid episodes at the Paleocene-Eocene boundary: Clay-mineral evidence. *Geology* 22: 211-214.

Romero, E. J.
1973 Polen fósil de "Nothofagus" (Nothofagidites) del Cretácico y Paleoceno de Patagonia. *Revista del Museo de La Plata (Nueva Serie), Paleontología* 6 (47): 290-305

Ruiz, L., Quattrocchio, M., Guerstein, R. G. y W. Volkheimer
1999 Rangos estratigráficos de palinomorfos del Paleógeno de Argentina, Antártica y Chile. Simposio Paleógeno de América del Sur, Actas. Servicio Geológico Minero Argentino, *Anales* 33: 89-103.

Rull, V. y T. Vegas-Vilarrúbia
2000 Chrysophycean stomacysts in a Caribbean mangrove. *Hydrobiologia* 428: 145-150.

Runge, F.
1999 The opal phytolith inventory of soils in central Africa- quantities, shapes, classification, and spectra. *Review of Palaeobotany and Palynology* 107: 23-53.

Scurfield, G., Anderson, C.A. y E. R. Segnit
1974 Silica in woody stems. *Australian Journal of Botany* 22, 211– 229.

Shulmeister, J., Soons, J. M., Berger, G. W., Harper, M., Holt, S., Moar, N. y J. A. Carter
1999 Environmental and sea-level changes on Banks Peninsula (Canterbury, New Zealand) through three glaciation-interglaciation cycles. *Palaeogeography, Palaeoclimatology, Palaeoecology* 152: 101-127.

Simpson, G. G.
1933 Stratigraphic nomenclatura of the Early Tertiary of Central Patagonia. *American Museum Novitates* 644: 1-13.
1935 Occcurrence and relationships of the Río Chico fauna of Patagonia. *American Museum Novitates* 644: 1-13.

Siver, P. A. y M. S. Vigna
1997 The distribution of scaled chrysophytes in Delta region of the Paraná River (Argentina). *Novo Hedwigia* 64 (3-4): 421-453.

Steege, H. ter, D. Sabatier, H. Castellano, T. van Andel, J. Duivenvoorden, A. Adalarda de Oliveira, R. Ek, R. Lilwah, P. Maas y S. Mori
2000 A regional perspective: analysis of Amazonian floristic composition and diversity that includes the Guiana Shield. En: *Plant diversity in Guyana*, editado por H. Steege. Tropenbos Series 18, pp. 19-34. Wageningen, Tropenbos Foundation.

Taugourdeau-Lantz, J., Laroche, J., Lachkar, G. y D. Pons
1976 La silice chez les vegetaux: Probleme des Phytolithaires (I). *Travaux du Laboratoire de Micropaléontologie*, Université Pierre-et-Marie Curie, Paris 5: 255-303.

Thiry, M.
2000 Paleoclimatic interpretation of clay minerals in marine deposits: an outlook from the continental orogin. *Earth Science Reviews* 49: 201-221.

Tomlinson, P. B.
1961 *Anatomy of the Monocotyledons. II. Palmae*. Oxford University Press. Londres.

Tur, N. M.
1997 Taxonomy of Podostemaceae in Argentina. *Aquatic Botany* 57: 213-241.
2001 Células silíceas en géneros argentinos de la familia Podostemaceae. *Ameghiniana* 38 (4) Suplemento, Resúmenes: 49R.
2006 Células silíceas en géneros argentinos de la familia Podostemaceae. En *Fitolitos en suelos, sedimentos y sitios arqueológicos: Estado actual de sus conocimientos en*

América del Sur, editado por A. F. Zucol, M. L. Osterrieth y M. Brea. En prensa. Mar del Plata, Argentina.

Twiss, P.C.
1992 Predicted world distribution of C_3 and C_4 grass phytoliths. En *Phytolith Systematics, Emerging Issues*, Advances in Archaeological and Museum Science Vol. 1, editado por G. Rapp y S. Mulholland, pp. 113-128. Plenum Press. Nueva York.

Twiss, P.C., E. Suess y R. M. Smith
1969 Morphological classification of grass phytoliths. *Soil Science of America, Proceeding* 33: 109-115.

Van der Graaff, N. A y P. Baas
1974 Wood anatomical variation in relation to latitude and altitude. *Blumea* 22: 101-121.

Vrydaghs, L., Doutrelepont H., Beeckman H. y E. Haerinckl
2001 Identification of a morphotype association of Phoenix dactylifera L. lignified tissues origin at E-Dur (1st AD), Umm Al-Qaiwain (U.A.E.). En *Phytoliths: Applications in Earth Sciences and Human history*, editado por J. D. Meunier y F. Colin, pp. 239-250. Ed. Balkema Publishers.

Wadsworth, F. H.
2000 *Producción Forestal para América Tropical*. USDA, Departamento de Agricultura de los EE.UU, Texbook Project N° 3. pp 603.

Walanus, A., y D. Nalepka
1999a POLPAL. Program for counting pollen grains, diagrams plotting and numerical analysis. *Acta Palaeobotanica Suppl.* 2: 659-661.
1999b *POLPAL. Numerical analysis*. W. Szafer Institute of Botany. Polish Academy of Sciences. Poland. pp. 10.
2002 *POLPAL. Counting pollen, tables storage and diagrams plotting. System manual*. W. Szafer Institute of Botany. Polish Academy of Sciences. Poland. pp. 25.

Wallis, L.
2003 An overview of leaf phytolith production patterns in selected northwest Australian flora. *Review of Palaeobotany and Palynology* 125: 201-248.

Whitmore, T. C.
1990 *An Introduction to Tropical Rain Forests*. Oxford University Press. pp. 226.

Wiemann, M. C., Wheeler, E. A., Manchester, S. R. y K. M. Portier
1998 Dicotyledonous wood anatomical characters as predictors of climate. *Palaeogeography, Palaeoclimatology, Palaeoecology* 139: 83-100.

Wheeler, E. A. y P. Baas
1991 A survey of the fossil record for dicotyledonouns wood and its significance for evolutionary and ecological wood anatomy. *IAWA Bulletin* n.s. 12: 275-332.
1993 The potencials and limitations of dicotyledonous wood anatomy for climatic reconstructions. *Paleobiology* 19: 487-498.

Zachos, J., Pagani, M., Sloan, L., Thomas, E. y K. Billups
2001 Trends, rhytms, and aberrations in global climate 65 Ma to present. *Science* 292: 686-693.

Zucol, A. F.
1999 Fitolitos: Hacia un sistema clasificatorio. Primer Encuentro de Investigaciones Fitolíticas, *Actas:* 9 – 10.

Zucol, A. F. y M. Bonomo
2008. Estudios arqueobotánicos del sitio Nutria Mansa 1 (partido de General Alvarado, provincia de Buenos Aires): II. Análisis fitolíticos comparativos de artefactos de molienda. *En este volumen*.

Zucol, A. F. y M. Brea
2005 Sistemática de fitolitos, pautas para un sistema clasificatorio. Un caso en estudio en la Formación Alvear (Pleistoceno inferior). *Ameghiniana* 42 (4): 685-704.

Zucol, A. F. y M. L. Osterrieth
2002 Técnicas de preparación de muestras sedimentarias para la extracción de fitolitos. *Ameghiniana* 39 (3): 379-382.

Zucol, A. F., Brea, M., Raigemborn, M. S. y S. D. Matheos
2004 Asociación fitolítica en las formaciones Las Flores, Koluél Kaike y Sarmiento en Gran Barranca, lago Colhué Huapi (Chubut, Argentina). *Ameghiniana* Resúmenes 41(4-suplemento): 25R-26R.

Matices Interdisciplinarios en Estudios Fitolíticos y de Otros Microfósiles
M. A. Korstanje y M. del P. Babot, Editoras. BAR International Series S1870, Capítulo 10, pp. 109-117

SILICOFITOLITOS EN SEDIMENTOS DE TESTIGOS MARINOS DE LA REGIÓN NORTE DE LA PLATAFORMA CONTINENTAL ARGENTINA

SILICOPHYTOLITHS IN SEDIMENTS FROM MARINE CORES IN THE NORTHERN REGION OF ARGENTINA'S CONTINENTAL SHELF

Osterrieth, Margarita[1], Roberto Violante[2] y Natalia Borrelli[1,3]
[1]Centro de Geología de Costas y del Cuaternario. Facultad de Ciencias Exactas y Naturales, Universidad Nacional de Mar del Plata. CC 722 Correo Central 7600 Mar del Plata. 54-0223-4754060. mosterri@mdp.edu.ar
[2]División Geología y Geofísica Marina, Servicio de Hidrografía Naval, Buenos Aires
[3]Consejo Nacional de Investigaciones Científicas y Técnicas (CONICET)

ABSTRACT

Incorporation of silicophytotlih studies is a relatively new approach in the geological sciences, and only very recently have researchers started to apply these techniques in Argentina. The present study involves stratigraphic samples taken from three piston cores, which were recoved from the northern part of the Argentina Continental Shelf between 34° 55'S - 37° 45'S and 54° 45'W - 57° 15'W, at water depths between 20 and 84m. Laboratory methods allowed evaluation of silicophytolith assemblages from different levels along the cores. During the sea-level lowstands that occurred during the last glacial period, the Argentinean Continental Shelf became a subaerial plain, with similar morphological and climatic characteristics as those of adjacent regions. As a result, continental sedimentary sequences including paleosols developed over time. These sequences remained partially preserved in the geological record when the surfaces were later flooded during the Holocene transgression, and covered by coastal and marine deposits. The study of the paleosoils is related to the Pleistocene-Holocene boundary is of significant importance for understanding processes and events that occurred during the evolutionary stages of the continental shelves under these conditions. The study of silicophytoliths from such sequences in terms of presence, features, and biogeochemisty, can not only serve to identify submerged paleosols, but also allows evaluation of the magnitude of pedogenesis, erosion and other morphodynamic processes in specific areas. Phytotlith data serves as evidence of pedogenesis in continental Pleistocene sediments as well as in coastal Holocene sediments that developed before the transgression.

Key words: *Submarine shelf, Aerial exposition, Paleosoils, Phytoliths, Pleistocene-Holocene*

RESUMEN

La Plataforma Continental Argentina se comportó en las épocas de nivel del mar bajo, durante la última glaciación, como una llanura subaérea cuyas características morfológicas y climáticas eran similares a las de las regiones continentales adyacentes. Como resultado, se desarrollaron allí ambientes continentales en los que se depositaron secuencias sedimentarias que incluyen niveles de paleosuelos. Esas secuencias quedaron posteriormente parcialmente preservadas en el registro geológico cuando la superficie fue inundada durante la trangresión del Holoceno y cubierta por sedimentos litorales y marinos. El estudio de los paleosuelos incluidos en el límite Pleistoceno-Holoceno es de significativa importancia para la comprensión de los procesos y eventos evolutivos de las plataformas continentales bajo condiciones de exposición subaérea. La presencia, características, estados y biogeoquímica de silicofitolitos (biominerales silíceos de origen vegetal) permiten evaluar la magnitud de procesos pedogenéticos, erosivos y morfodinámicos. Su presencia representa una evidencia de paleosuelos sumergidos. Este es un nuevo aspecto dentro de las ciencias geológicas globales que ha comenzado a ser considerado por los investigadores muy recientemente, en consecuencia, no hay estudios disponibles sobre esta temática en Argentina. Para este trabajo, fueron seleccionados tres testigos submarinos en la porción norte de la Plataforma Continental Argentina, entre 34° 55' S - 37° 45' S y 54° 45' O - 57° 15' O, a profundidades entre 20 y 84 m. Análisis de laboratorio permitieron la identificación de silicofitolitos en diferentes niveles a lo largo de los testigos. Los resultados revelan evidencias de pedogénesis sobre sedimentos continentales pleistocenos y sobre sedimentos costeros holocenos formados antes de la transgresión.

Palabras clave: *Plataforma submarina, Exposición subaérea, Paleosuelos, Fitolitos, Pleistoceno-Holoceno*

INTRODUCCIÓN

La plataforma submarina argentina guarda evidencias de la exposición subaérea que sufrió, durante la última glaciación, mientras era una llanura emergida cuando aún no había sido invadida por el mar en respuesta a la transgresión holocena (Parker y Violante 1993; Parker *et al.* 1999; Violante y Parker 2000, 2004). Las condiciones continentales debieron caracterizarse por la ocurrencia de procesos tales como pedogénesis, desecación, oxidación, evolución de la cubierta vegetal y actividad fluvial, eólica y lacustre.

El hallazgo de evidencias de pedogénesis en las secuencias sedimentarias pre y post-transgresivas del subsuelo de las plataformas submarinas es de significativa importancia para comprender los procesos y eventos ocurridos durante las últimas etapas de la evolución geológica de las regiones hoy sumergidas, así como también provee marcadores estratigráficos para la correlación interregional entre secuencias marinas y continentales. Esta temática es relativamente nueva a nivel mundial (Lim *et al.* 2004; Tovey y Yim 2002; Yim 1997; Yim y Tovey 1995), y particularmente en Argentina no hay antecedentes sobre estos aspectos. En cuanto al significado paleoclimático de los paleosuelos hoy sumergidos, éstos habrían jugado un rol relevante en la producción de gases de invernadero (dióxido de carbono y metano) que incidieron en el clima del planeta (Yim 2002).

Los silicofitolitos (biominerales de sílice generados por las plantas) son indicadores de niveles edáficos y paleoedáficos (Osterrieth 2000, 2004), por lo que su presencia en los sedimentos de las secuencias que forman parte de la superficie de discordancia transgresiva en el límite Pleistoceno-Holoceno en plataforma señala evidencias preliminares de exposición a las condiciones atmosféricas (Osterrieth *et al.* 2005).

En la plataforma continental argentina, la discordancia Pleistoceno-Holoceno representa la última evidencia de exposición subaérea en tiempos del último máximo glacial. En consecuencia, en esa superficie quedaron registros de procesos continentales, en muchos lugares incompletos y discontinuos por haber sido interrumpidos por el retroceso de la línea de costa que acompañó a la transgresión. Debido a que el presente trabajo no fue planteado desde una perspectiva estratigráfica, no se realizó la descripción detallada de los cambios ocurridos en la discordancia Pleistoceno-Holoceno. Tales cambios en el substrato, según estudios previos (Osterrieth *et al.* 2005; Parker *et al.* 1977, 1999; Parker y Violante 1993; Violante y Parker 2000, 2004), se manifiestan a través de contrastes faciales, litológicos y geotécnicos de los sedimentos por debajo y por encima de la discordancia.

Las condiciones climáticas que imperaron en la plataforma durante esa época pueden aproximarse a las propias de la región pampeana en aquellos tiempos, caracterizadas por un clima subhúmedo-seco en una estepa psammófila herbácea en transición hacia el suroeste a una estepa psammófila y halofítica arbustiva-xerófila (Groot *et al.* 1967; Iriondo 1999; Iriondo y García, 1993; Quattrocchio y Borromei, 1998; Osterrieth 2005; Zárate y Blasi, 1993, entre otros).

Este trabajo constituye un primer aporte de evidencias pedológicas en un sector de la plataforma continental argentina adyacente a la región pampeana, en el noreste de la Provincia de Buenos Aires (Figura 1), y es una contribución a los Proyectos IGCP 464 "Continental shelves during the Last Glacial Cycle", IGCP 495 "Quaternary Land-Ocean Interactions: driving mechanisms and coastal responses", e INQUA "Sub-aerially exposed continental shelves since the Middle Pleistocene climatic transition".

El estudio de los niveles afectados por pedogénesis

La identificación de evidencias de pedogénesis en niveles sedimentarios es compleja, ya que dependerá de la intensidad con la que fueron afectados los materiales parentales, los procesos erosivos, diagenéticos o variación de condiciones de saturación que obliteran las características morfológicas a medida que el tiempo transcurrido es mayor, o si la pedogénesis fue incipiente. Estas consideraciones se hacen aún mucho más evidentes al trabajar con sedimentos de la plataforma submarina, donde las modificaciones inducidas por procesos litorales y fluctuaciones del nivel del mar han sumado muchas más variables a aquellas propias de las alteraciones de cualquier paleosuelo. Hallar parámetros o evidencias que indiquen esa variedad de situaciones, es difícil siendo a veces necesario recurrir al análisis de características no tan evidentes y que requieren mayor detalle en los estudios, como así también a la utilización de herramientas originadas en estudios pedosedimentarios y mineralógicos interdisciplinarios; donde la actividad biótica es condicionante de procesos pedológicos de adiciones, transformaciones, transferencias y pérdidas en suelos y también en sedimentos. La búsqueda de indicadores mineralógicos y biológicos válidos que aporten a las interpretaciones paleoambientales de secuencias sedimentarias continentales y/o marinas es de difícil aplicación cuando la pedogénesis afecta y/o afectó a materiales retransportados por acción ácuea y/o eólica, como los que caracterizan las secuencias sedimentarias cuaternarias de la llanura pampeana. Dificultades que se incrementan en la medida que se consideran mayores intervalos de tiempo y/o las secuencias han pasado a formar parte de ambientes litorales.

La mineralogía de los suelos y sedimentos del Cuaternario tardío de la llanura pampeana, muestra que los minerales livianos son preponderantes y, dentro de ellos, los constituidos por sílice amorfa de origen orgánico e inorgánico llegan a porcentajes que superan el 20 por ciento. La vegetación que predomina y predominó en esta región es de tipo graminosa, la cual se ubica entre las mayores productoras de silicofitolitos. La presencia de estas biomineralizaciones es importante con valores variables, pero recurrentes (Borrelli y Osterrieth 2001, 2004; Osterrieth 2000; Osterrieth y Martínez 1993).

La sílice amorfa se presenta en varios estados de hidratación y es utilizada por un gran número de plantas para fabricar cuerpos duros llamados "silicofitolitos", los cuales persisten en el registro geológico como microfósiles y han sido utilizados en numerosos estudios de sedimentos y suelos desde Frenguelli (1930) a la actualidad. Su presencia en suelos y paleosuelos del sureste de la llanura pampeana ha sido probada en numerosos estudios. Las familias donde la producción de fitolitos es común a abundante comprenden gramíneas y ciperáceas. El perfil de fitolitos puede indicar la evolución del suelo y/o degradación y/o truncamiento (Osterrieth 2000, 2001, 2005; Osterrieth *et al.* 1998).

La presencia de silicofitolitos es una de las evidencias más conspicuas de la existencia de procesos pedológicos. Las características, cantidades, estados y biogeoquímica de los mismos permiten evaluar la intensidad de los procesos pedogenéticos actuantes, así como la magnitud de procesos erosivos y morfodinámicos en los distintos ambientes estudiados.

MATERIALES Y MÉTODOS

Varios testigos submarinos recolectados en la región a profundidades de agua entre 30 y 80 metros penetraron a través del límite Pleistoceno-Holoceno. Cuando este límite separa facies diferentes, éstas muestran un marcado contraste sedimentológico.

El estudio detallado de esos niveles está comenzando a ser llevado a cabo a fin de comprender los procesos y productos asociados a la última exposición subaérea de la plataforma.

En una primera etapa se estudiaron tres testigos (Figura 1) en los que se preservan niveles loéssicos y arcillosos pleistocenos cubiertos por sedimentos litorales holocenos: el testigo A8, en la desembocadura del Río de la Plata vecino a la costa de la República Oriental del Uruguay, y los testigos LB13 y C16 en un sector de plataforma alejado de la influencia del río.

Figura 1. Mapa de ubicación, posición y línea de conexión (A-B) entre los testigos submarinos A8-C16.

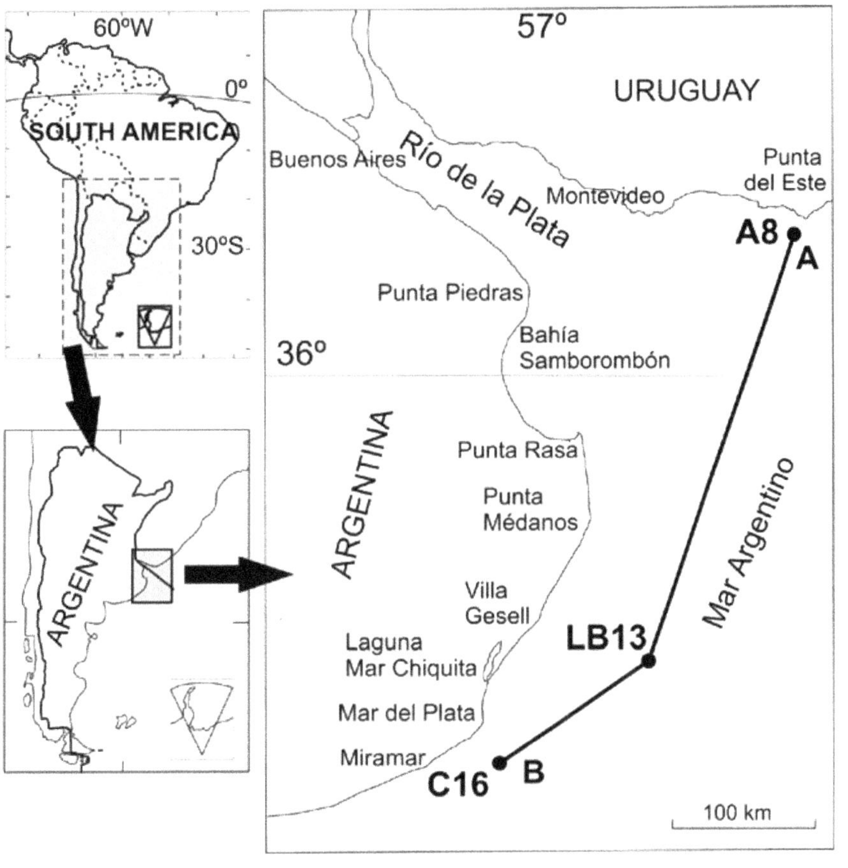

Figura 2. Corte esquemático mostrando la posición de los paleosuelos sumergidos dentro de la secuencia pleistocena-holocena (basado en la figura 6 de Parker y Violante 1993).

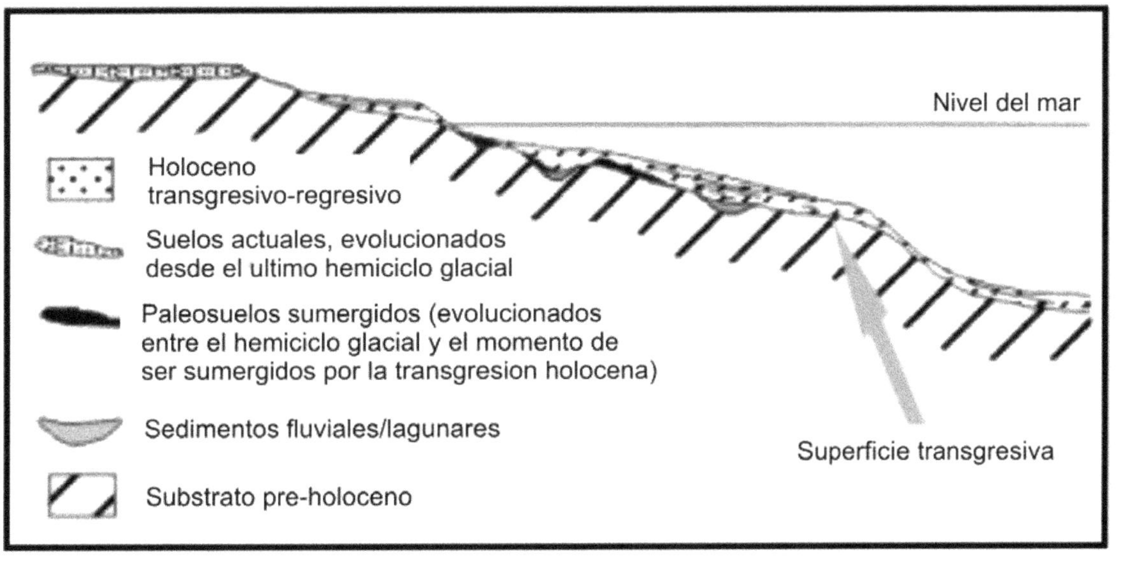

En primer lugar se realizó la descripción y análisis sedimentológico de los testigos. Estos estudios, apoyados en la interpretación sísmica y geológica regional (Parker *et al.* 1999), permitieron establecer el límite entre las secuencias pleistocena y holocena. Para estudiar en detalle los niveles por encima y por debajo del límite se obtuvieron 10 muestras en el testigo A8, 4 en el C16 y 10 en el LB13 (Figuras 3, 4 y 5). Si bien se determinaron niveles con abundante contenido de materia orgánica, en esta etapa de trabajo no se realizaron aún fechados por radiocarbono. Para el análisis fitolítico se procesaron 5 gramos de muestra de cada nivel. Para realizar el recuento de la fracción sílice amorfa respecto del total de los componentes mineralógicos del suelo, se eliminó la materia orgánica con agua oxigenada concentrada (100 volúmenes) a 70 °C y los minerales de arcilla mediante repetidas centrifugaciones a 1000 rpm durante 3 minutos. Se realizaron preparados definitivos de la muestra total en Bálsamo de Canadá y se contaron 500 granos bajo microscopio de polarización. Para el análisis de la fracción sílice amorfa específicamente, se realizó la concentración de la muestra total mediante repetidas centrifugaciones a 1500 rpm durante 3 minutos con politungstato de sodio (densidad 2,3 g/cm^3). El sobrenadante se lavó con agua destilada y alcohol. Se realizaron preparados temporarios en aceite de inmersión y se contaron 500 granos bajo microscopio óptico (MO) Leit Wetzlar D.35780. Los morfotipos presentes se definieron en base a lo establecido por Bertoldi de Pomar (1971), Frendlung y Tieszen (1994, 1997) y Twiss (1992).

RESULTADOS

El Testigo A8, ubicado en la desembocadura del Río de la Plata se encuentra a una profundidad de 20 m y tiene 1,43 m de longitud. Sus características sedimentológicas revelan la presencia (Figura 3A) de un nivel superior de 28 cm de espesor de fango castaño grisáceo oscuro con materia orgánica (hasta 13 por ciento), blando, (nivel A). Estos sedimentos se apoyan sobre 11 cm del mismo material pero que contiene abundantes rodados de cuarzo y líticos de hasta 1 cm de diámetro (nivel B). A 39 cm de profundidad (límite Pleistoceno-Holoceno) aparece un nivel de arcillas verde amarillentas (nivel C) de pocos centímetros de espesor que pasa a otro de limos ocre-amarillentos (nivel D), ambos plásticos y muy duros en seco. El porcentaje de silicofitolitos (Figura 3B) oscila entre 3 y 16 por ciento respecto del total de los componentes mineralógicos. Se hallaron cuatro niveles enriquecidos que evidencian buena cobertura vegetal y buen desarrollo pedológico. El más conspicuo se presenta en el nivel arcilloso ubicado por encima del límite (nivel A), señalando un alto desarrollo pedológico. La pedogénesis es moderada en los sedimentos limosos o arcillo-arenosos y en los limoarenosos oscuros del nivel D (muestras 6, 7 y 9). El menor desarrollo pedológico se presenta en el nivel B por encima de la paleosuperficie, donde hay un cambio textural marcado.

El Testigo LB13, ubicado fuera del área de influencia del Río de la Plata, en la transición de la plataforma interior a la exterior, se encuentra a una profundidad de 84 m y tiene una longitud de 2,65 m. Está formado (Servicio de Hidrografía Naval, inédito) (Figura 4A) por 26 cm superiores de arena fina castaño amarillenta con escasa conchilla (nivel A). A esa profundidad se halla el límite Pleistoceno-Holoceno, por debajo del cual se continúa un paquete de arcillas y arcillas arenosas con intercalaciones de arenas (nivel B). Este testigo presenta entre 0,5 y 6,5 por ciento de silicofitolitos (Figura 4B) como parte de la mineralogía total. Los mayores contenidos se hallan hacia la base de la secuencia (muestras 6 y 8, en los niveles sedimentarios más finos del nivel B), y contenidos próximos al 2 por ciento en los niveles 3 a 5, areno-bioclásticos texturalmente más gruesos intercalados en las arcillas. Este perfil es el que presenta por su contenido fitolítico el menor desarrollo pedológico pues se trata de sedimentos litorales de ambientes más energéticos.

El Testigo C16, se halla en la plataforma interior del sector litoral vecino a Mar del Plata, el testigo C16 se halla a una profundidad de 40 m y tiene una longitud de sólo 21 cm. Su descripción (Servicio de Hidrografía Naval, inédito) señala el desarrollo (Figura 5A) de un nivel superior de 7 cm de espesor de arenas castaño amarillentas con conchilla (nivel A), que pasa, en marcado contraste litológico que señala la posición del límite Pleistoceno-Holoceno, a 12 cm de arenas limoarcillosas verde grisáceas muy oscuras, compactas, con escasa conchilla y rodados de toscas y abundante materia orgánica (nivel B), por debajo de las cuales aparecen 2 cm de limo arenoarcilloso amarillo muy compacto (nivel C). El nivel superior de conchillas (nivel A) no presenta material fino ni silicofitolitos; mientras que en el nivel infrayacente de arenas arcillosas y arcillas (nivel B) por debajo del límite, los silicofitolitos llegan al 5 por ciento (Figura 5B), indicando un desarrollo pedológico moderado, con el máximo contenido en el nivel inferior C, casi 8 por ciento (Figura 5B), el cual señala una pedogénesis de moderada a alta.

En general, no se han encontrado diferencias en el análisis de las morfologías de silicofitolitos entre los niveles de los distintos perfiles analizados (Figuras 3C, 4C y 5C). Los que se encuentran mayormente representados son los silicofitolitos no identificados (27-46 por ciento) y los de tamaño menor a 8 micrones (12-40 por ciento), evidenciando la exposición a procesos de alteración y/o fracturamiento (Figuras 3C, 4C, 5C, 6A y 6B). Dentro de las morfologías reconocidas, los silicofitolitos rectangulares (4-18 por ciento) y las estrobilolitas (1-14 por ciento) son preponderantes en todos los casos (Figuras 3C, 4C, 5C, 6C y 6D). En general, en todas las muestras se han observado restos de espículas de poríferos (1-9 por ciento) y globulolitas (0,3-5 por ciento) (Figuras 3C, 4C, 5C, 6E, 6F, 6G y 6H), lo cuál estaría estrechamente relacionado con la vegetación asociada al curso del Río de la Plata, ya que esta morfología es característica del grupo de las palmáceas. Fuera de este caso puntual, debido al avanzado estado de alteración encontrado en los silicofitolitos, no es posible realizar un análisis de la vegetación asociada.

Los valores de silicofitolitos hallados se corresponderían con los definidos para suelos de ambientes costeros actuales (marismas, llanuras de mareas, interdunas) y paleosuelos degradados (Osterrieth 1998, 2000, 2001, 2004; Osterrieth y Martínez 1993; Osterrieth *et al.* 1998).

La existencia de altos porcentajes de partículas de sílice amorfo y de silicofitolitos de tamaño menor a 8 micrones, como así también la alta densidad de silicofitolitos con elevados grados de degradación, indicarían condiciones biogeoquímicas típicas de ambientes de marismas saladas a salobres con pHs extremos que justificarían dicha alteración y/o procesos de transporte y fracturamiento. Estudios más detallados mediante microscopia electrónica son necesarios para dilucidar dichas situaciones.

Figura 3. A) Segmento de interés del Testigo A8. El límite Pleistoceno-Holoceno se indica con la línea blanca. B) Porcentaje de la fracción sílice amorfa respecto del total de los componentes mineralógicos. C) Porcentaje de las morfologías representativas de fitolitos.

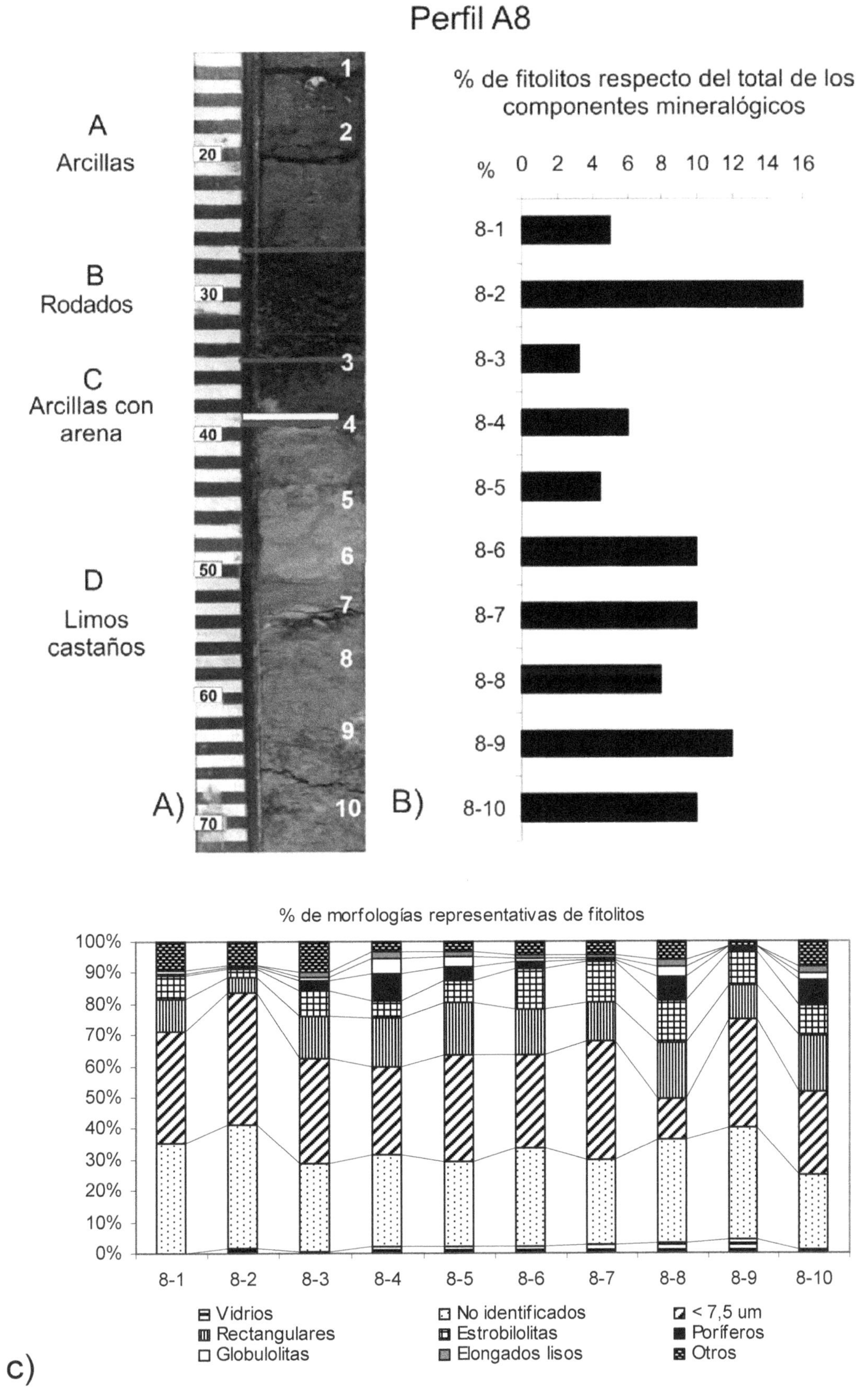

Figura 4. A) Segmento de interés del Testigo LB13. El límite Pleistoceno-Holoceno se indica con la línea blanca. B) Porcentaje de la fracción sílice amorfa respecto del total de los componentes mineralógicos. C) Porcentaje de las morfologías representativas de fitolitos.

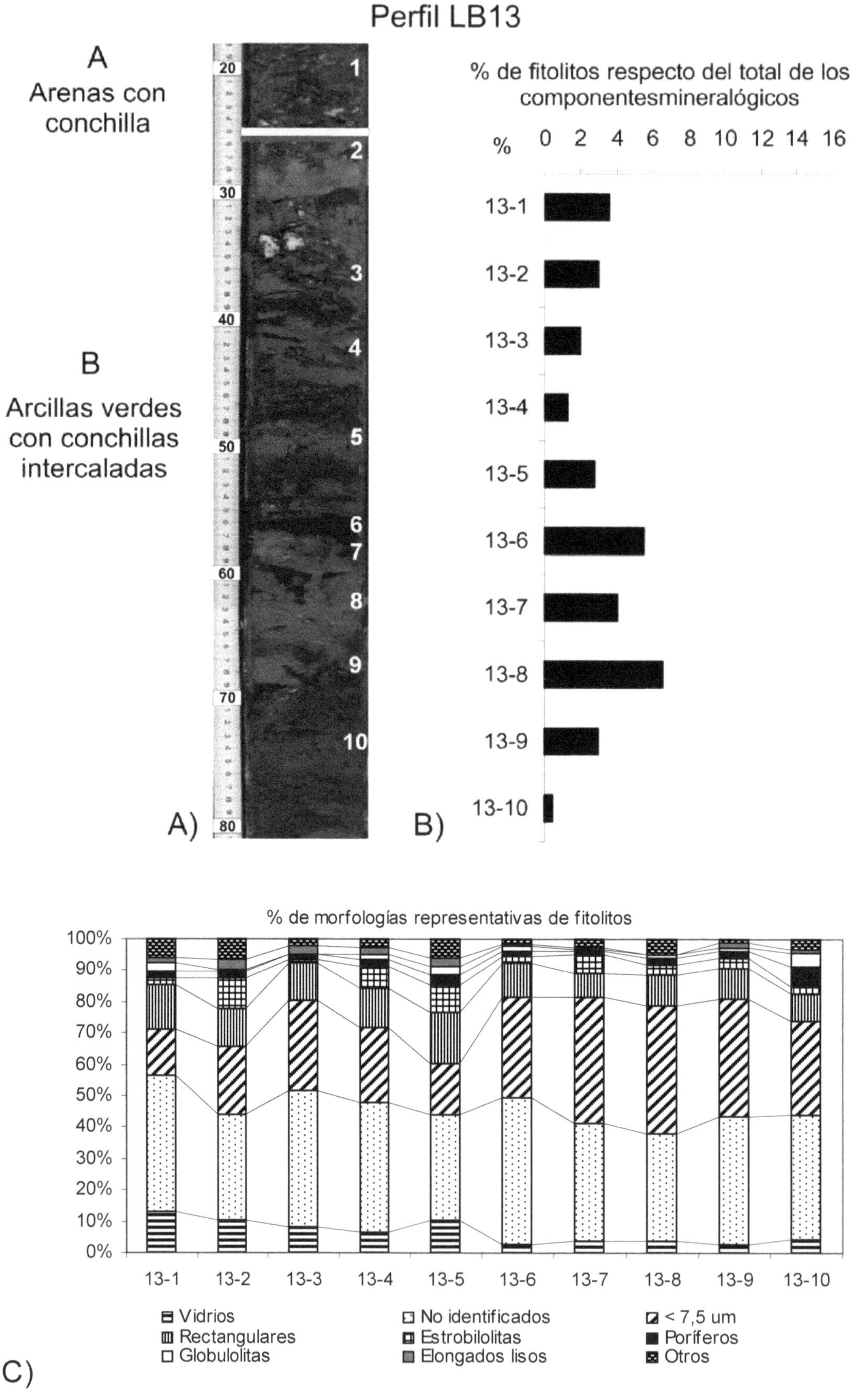

Figura 5. A) Segmento de interés del Testigo C16. El límite Pleistoceno-Holoceno se indica con la línea blanca. B) Porcentaje de la fracción sílice amorfa respecto del total de los componentes mineralógicos. C) Porcentaje de las morfologías representativas de fitolitos.

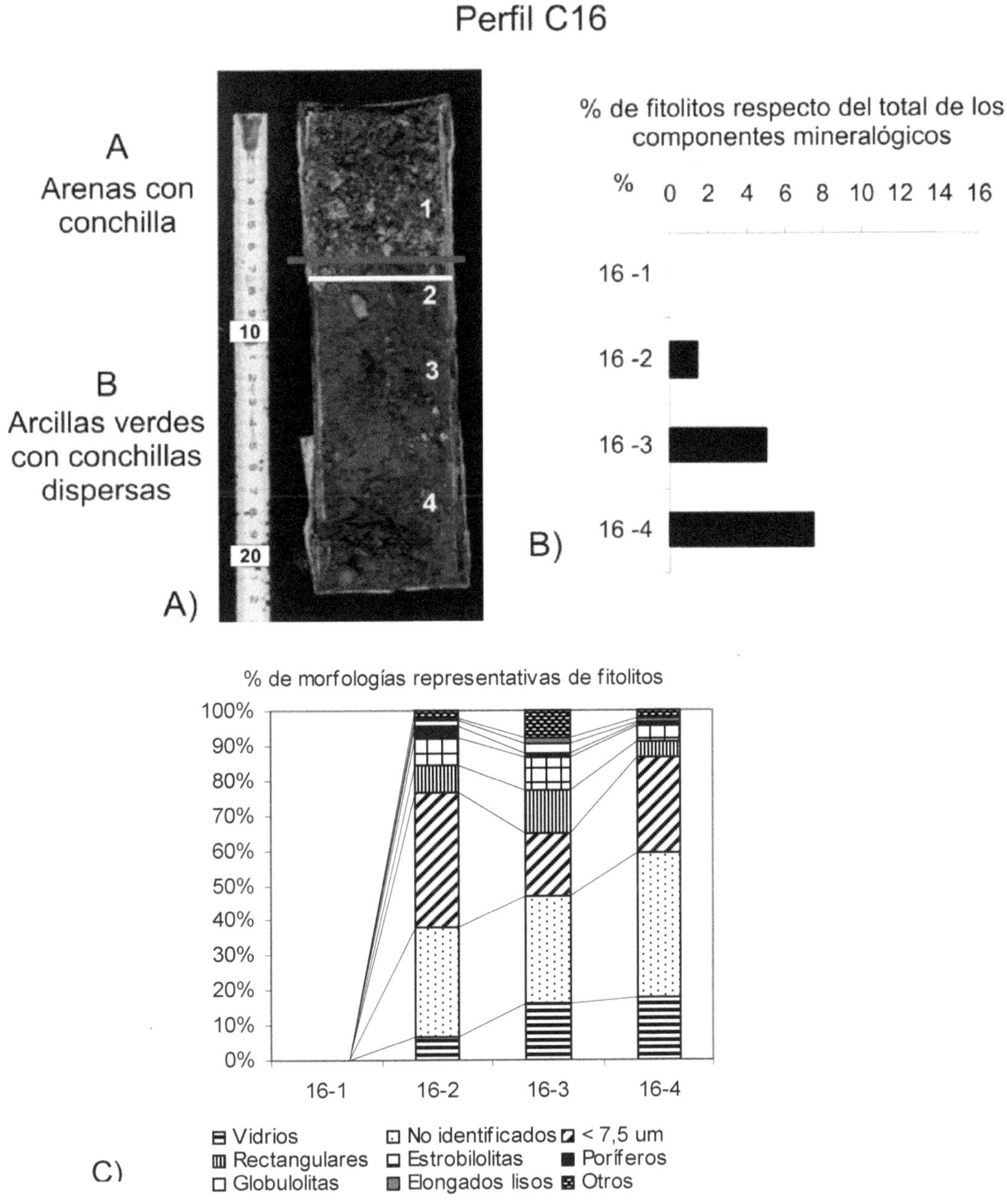

Figura 6. MOs de silicofitolitos hallados en los tres testigos submarinos. A y B) No identificados – C) y D) Rectangulares – E) y F) Poríferos – G) y H) Globulolitas. Barra: 10 µm.

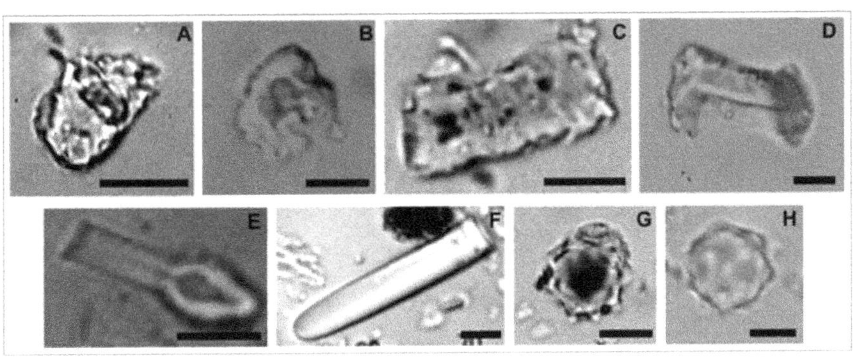

La caracterización fitolítica reveló la presencia de sedimentos de ambientes costeros a continentales intercalados entre secuencias marinas, afectados por una pedogénesis de leve a alta. Unos, típicos de estos ambientes costeros inestables y de condiciones biogeoquímicas cambiantes. Otros, se podrían corresponder con paleosuperficies donde los paleosuelos han sido erodados y sólo se han conservado endopediones inferiores u horizontes de transición a materiales parentales loéssicos.

CONCLUSIONES

La presencia de silicofitolitos en los testigos submarinos se constituye en la primera evidencia de pedogénesis en niveles asociados al límite Pleistoceno-Holoceno de las secuencias sumergidas en la plataforma continental argentina. Lo cual evidencia la exposición subaérea del área durante el período que precedió a la transgresión holocena. El clima que habría acompañado la evolución de estos paleosuelos sería más frío y seco que el presente, similar a las condiciones climáticas que imperaron durante la transición del último glacial a la interglacial.

La pedogénesis habría afectado tanto a sedimentos continentales pleistocenos (testigos LB13 y C16) como a sedimentos costeros holocenos formados antes del paso de la transgresión (testigo A8). Ello indicaría el hallazgo de dos paleosuelos de diferente edad.

Esta línea de trabajo constituye un aspecto novedoso y prometedor para futuras investigaciones del ámbito submarino, las que deben continuarse a través de un estudio más exhaustivo de los niveles que fueron expuestos a las condiciones atmosféricas antes que el nivel del mar alcanzara su posición actual.

AGRADECIMIENTOS

Este trabajo se realizó mediante los proyectos de la UNMDP, EXA15E-292/04 y del Grupo de Geología y Geofísica Marina, Servicio de Hidrografía Naval, PID-CONICET 301890-088 y PICT97-ANPCYT 07-00000-889. Los testigos submarinos fueron obtenidos por el B.O.A.R.A. Puerto Deseado durante campañas para los proyectos del SHN. La descripción litológica y mediciones geotécnicas de testigos fueron realizadas por la Lic. S. Marcolini del mencionado Grupo. La preparación de muestras para los estudios mineralógicos fue efectuada por la Lic. V. Bernava Laborde de la UNMDP.

BIBLIOGRAFÍA

Bertoldi de Pomar, H.
1971 Ensayo de clasificación morfológica de los silicofitolitos. *Ameghiniana* 8: 317-327.

Borrelli, N. y M. Osterrieth
2001 Sílice amorfo de origen orgánico e inorgánico en suelos de agroecosistemas y campos naturales de Laguna de Los Padres, Buenos Aires. Evaluación preliminar. *Natura Neotropicalis* 32(1): 27-32.

Fredlund, G. G. y L. Tieszen
1994 Modern phytolith assemblages from the North American Great Plains. *Journal of Biogeography* 21: 321-335.
1997 Calibrating grass phytolith assemblages in climatic terms: application to late Pleistocene assemblages from Kansas and Nebraska. *Palaeo* 136: 199-211.

Frenguelli, J.
1930 Partículas de sílice organizadas en el loess y en limos pampeanos. Células silíceas de Gramíneas. *Anales de la Sociedad Científica de Santa Fe* 2: 64-109.

Groot, J. J., C. R. Groot, M. Ewing, L. Burckle y J. R. Connolly
1967 Spores, pollen, diatoms and provenance of Argentine Basin sediments. En: *The Quaternary history of the oceans basins: progress in Oceanography*, pp 179-216. Elmsford, N.Y., Pergamon Press.

Iriondo, M. H.
1999 Climatic changes in the South American plains: Record of a continental-scale oscillation. *Quaternary International* 57/58: 93-112.

Iriondo, M. H. y N. O. García
1993 Climatic variations in the Argentine plains during the last 18,000 years. *Palaeogeography, Palaeoclimatology, Palaeoecology* 101: 209-220.

Lim, D. I., H. S. Jung, B. O. Kim, J. Y. Choi y H. N. Kim
2004 A buried paleosol and late Pleistocene unconformity in coastal deposits of the eastern Yellow Sea, East Asia. *Quaternary International* 121: 109-118.

Osterrieth, M.
1998 Paleosols and their relation to sea level changes during the Late Quaternary in Mar Chiquita, Buenos Aires, Argentina. *Quaternary International* 51-52: 43-44.
2000 Silicofitolitos una herramienta para la comprensión de procesos pedológicos del Cuaternario. En: *Actas del XVII Congreso Argentino de la Ciencia del Suelo*, CD. Mar del Plata, Argentina.
2001 Silicobiolitos/silicofitolitos: su rol en la matriz de suelos y paleosuelos de ambientes costeros de Buenos Aires, Argentina. En: *Resúmenes del II Encuentro de Investigaciones Fitolíticas del Cono Sur,* pp. 20-22. Mar del Plata, Argentina.
2004 Mineralogía y micromorfología de suelos y paleosuelos de la llanura fluvioeólica bonaerense. En: *Actas del XIX Congreso Argentino de la Ciencia del Suelo*, CD. Paraná, Argentina.
2005 Biomineralizaciones de hierro y calcio, su rol en procesos biogeoquímicos de secuencias sedimentarias del sudeste bonaerense. En: *Actas del XVI Congreso Geológico Argentino*, CD. La Plata, Argentina.

Osterrieth, M. y G. Martínez

1993 Paleosols on Late Cainozoic Sequences in the Northeastern side of Tandilia Range, Buenos Aires Argentina. *Quaternary International* 17: 57-65.

Osterrieth, M., A. Zucol y A. López de Armentia
1998 Presencia de restos vegetales carbonizados en secuencias costeras del Holoceno tardío de Mar Chiquita, Buenos Aires, Argentina. En: *Actas de las V Jornadas Geológicas y Geofísicas Bonaerenses*, pp. 235-239. Mar del Plata, Argentina.

Osterrieth, M., R. Violante, N. Borrelli y V. Bernava Laborde
2005 Silicofitolitos en sedimentos de testigos marinos de la plataforma submarina del litoral atlántico bonaerense. *En: Resúmenes del III Encuentro de Investigaciones Fitolíticas del Cono Sur*, pp. 46-47. Tafí del Valle, Argentina.

Parker, G. y R. Violante
1993 Río de la Plata y regiones adyacentes. En: *El Holoceno en la Argentina*, editado por M. Iriondo, pp 163-229. Argentine Commission of INQUA 2.

Parker, G., G. M. E. Perillo, G. E. Rives y H. C. Martínez
1977 *Geología costera de superficie y subsuelo*. Servicio de Hidrografía Naval-COPUAP, Informe Técnico N° 6, Buenos Aires: 41 pp.

Parker, G., C. M. Paterlini, R. Violante, I. P. Costa, S. Marcolini y J. L. Cavallotto
1999 Descripción geológica de la Terraza Rioplatense (Plataforma interior norbonaerense). *Servicio Geológico Minero Argentino (SEGEMAR), Boletín* N° 273, Buenos Aires, Argentina: 86 pp.

Quattrocchio, M. E. y A. M. Borromei
1998 Paleovegetational and paleoclimatic changes during the late Quaternary in Southwestern Buenos Aires province and Southern Tierra del Fuego (Argentina). *Palynology* 22: 67-82.

Servicio de Hidrografía Naval
Inédito. Archivo de testigos submarinos, Carpetas T 188, 226 y 278, Sección Geología Marina, Departamento Oceanografía, Servicio de Hidrografía Naval.

Tovey, K. N. y W. W. S. Yim
2002 Desiccation of Late Quaternary inner shelf sediments: microfabric observations. *Quaternary International* 92: 73-87.

Twiss, P.
1992 Morphology of opal phytoliths in C3 and C4 grasses. En: *Plant opal phytolith analysis in archaeology and paleoecology*, editado por I. Rovner. Occasional Papers of The Phytolitharien, pp 4-11. North Carolina State University, Raleigh 1.

Violante, R. y G. Parker
2000 El Holoceno en las regiones marinas y costeras del nordeste de la Provincia de Buenos Aires. *Revista de la Asociación Geológica Argentina* 55 (4): 337-351.
2004 The post-Last Glacial Maximum transgression in the de la Plata river and adjacent inner continental shelf, Argentina. *Quaternary International* 114 (1): 167-181.

Yim, W. W. S.
1997 Pedogenesis as a stratigraphical marker in siliciclastic shelves. En: *Abstracts of 2nd. Conference of the IGCP 396 Project*, Durham, U.K.: 41.
2002 Pedogenesis of subaerially exposed continental shelves during the Last Glacial Maximum and the production of atmospheric greenhouse gases. En: *Abstracts of the 2nd. Conference of the IGCP Project 464*, San Pablo, Brasil: 101.

Yim, W. W. S. y K. N. Tovey
1995 Desiccation of inner continental shelf sediments during Quaternary low sea-level stands. *Geoscientist* 5(4): 34-35.

Zárate, M. y A. Blasi
1993 Late Pleistocene-Holocene eolian deposits of the southern Buenos Aires province, Argentina: a preliminary model. *Quaternary International* 17: 15-20

Matices Interdisciplinarios en Estudios Fitolíticos y de Otros Microfósiles
M. A. Korstanje y M. del P. Babot, Editoras. BAR International Series S1870, Capítulo 11, pp. 119-129

RECONSTRUCCIÓN PALEOAMBIENTAL PARA EL HOLOCENO MEDIO Y TARDÍO EN LA CUENCA DE LA LAGUNA NEGRA: EL APORTE DE LOS INDICADORES BIOSILÍCEOS

MIDDLE AND LATE HOLOCENE PALEOENVIRONMENTAL RECONSTRUCTION IN THE BASIN OF LAGUNA NEGRA: EVIDENCES FROM BIO SILICEOUS REMAINS

del Puerto, Laura [1] Hugo Inda[2] y Felipe García-Rodríguez[3]
[1] Museo Nacional de Historia Natural y Antropología – MEC. Montevideo, Uruguay. lau2phy@yahoo.com
[2] LEQ-Facultad de Ciencias. Iguá 4225. Piso 11 Ala Sur. Montevideo, Uruguay. CP.11400. unciep@fcien.edu.uy
[3] Nelson Mandela Metropolitan University, Botany Department, P.O. Box 77000, P.E. 6031, Republic of South Africa. felipe.garciarodriguez@gmail.com

ABSTRACT

Paleolimnological data are presented on trophic development, climate change, and sea level variation at Laguna Negra, a 142 km^2 coastal lagoon in southern Uruguay. Analyses of organic matter, carbonates, diatoms, and opal phytoliths were conducted using samples from a 280 cm sediment core that extended chronologically from the middle Holocene to the present. Results allowed evaluation of changes in trophic state and paleosalinity levels, which were closely related to variations in Holocene sea level, temperature, and humidity. Diatom Association Zones (DAZ) were identified in the sediment core. Those DAZ corresponding to transgressive events were dominated by marine/brackish taxa and relatively low organic matter values, while those DAZ corresponding to regressive events showed increases in brackish/freshwater diatoms and organic matter. Opal Phytolith Association Zones (OPAZ) were also identified using grass short-cell phytoliths. Temperature and humidity indices were calculated, and climate trends were inferred. During the middle Holocene (~5000-4000 yrs BP), cool-dry climatic conditions were established. After ~ 4000 yr BP a transition from cool to warm-humid conditions was observed, but fully warm humid conditions established only after ~1700 yrs BP, and contributed to a marked increase in trophic state. The results of this study suggest that combined analysis of diatoms and phytoliths can be a method with great potential for identifying paleoenvironmental changes in aquatic systems

Keywords: *Paleoenvironment, paleolimnology, Negra Lagoon, Uruguay, opal phytoliths*

RESUMEN

Se presenta información paleolimnológica referente al desarrollo trófico, cambio climático y variaciones del nivel marino en la Laguna Negra, una laguna costera de 142 km^2 en el sudeste del Uruguay. Análisis de materia orgánica, carbonatos, diatomeas y silicofitolitos efectuados sobre un testigo sedimentario de 280 cm de potencia, que se extiende cronológicamente desde el Holoceno Medio hasta el presente, permitieron identificar cambios en el estado trófico y en los niveles de paleosalinidad, los cuales se hallan estrechamente relacionados con las variaciones holocénicas del nivel del mar, la temperatura y la humedad. Se identificaron cuatro Zonas de Asociación de Diatomeas (ZAD). Aquellas correspondientes a eventos transgresivos están dominadas por taxones marinos/salobres y valores relativamente bajos de materia orgánica, mientras que las ZAD correspondientes a eventos regresivos exhiben incrementos en diatomeas salobres/dulceacuícolas y materia orgánica. A partir de las células cortas de gramíneas se identificaron Zonas de Asociación de Silicofitolitos (ZAS), se calcularon los índices de temperatura y humedad y se infirieron variaciones climáticas. Durante el Holoceno Medio (~5000-3000 a.P) se establecieron condiciones climáticas más frías y secas. Con posterioridad al ~ 3000 a.P. se observó una transición hacia condiciones más cálidas y húmedas, las cuales se establecieron completamente solo después del ~ 1700 a.P., contribuyendo a un marcado incremento en el estado trófico. La información generada sugiere que el uso combinado de diatomeas y silicofitolitos es una herramienta eficaz para identificar cambios paleoambientales en sistemas acuáticos.

Palabras Clave: *Paleoambiente, paleolimnología, Laguna Negra, Uruguay, silicofitolitos*

INTRODUCCIÓN

A pesar de los esfuerzos recientes por incrementar nuestro conocimiento respecto a los cambios holocénicos en el sudeste del Uruguay (del Puerto *et al.* 2006; Inda *et al.* 2006; Iriarte 2006; Bracco *et al.* 2005a y b), se requieren mayores estudios para alcanzar una comprensión de la dinámica paleoclimática y paleoambiental en esta región. Esto se debe a la complejidad intrínseca de los procesos naturales y a la variabilidad témporo-espacial del clima a escala local (Ravindranath and Sathaye 2002). Por consiguiente, para obtener modelos detallados de cambio paleoambiental, cada localidad o sub-área debe ser tratada individualmente (Cavallotto *et al.* 2004). Los testigos sedimentarios obtenidos en lagos y lagunas proveen un registro excepcional para descifrar las interacciones entre procesos paleoclimáticos y pleolimnológicos. En el caso de los sistemas acuáticos costeros, también pueden aportar información sobre la influencia de los cambios en los niveles marinos sobre el desarrollo trófico. Por estas razones, las lagunas costeras constituyen sistemas apropiados para estudiar las interacciones entre procesos paleoclimáticos, paleolimnológicos y paleoceanográficos. Para descifrar estas interacciones es preciso un abordaje *multiproxy*, que integre indicadores físicos, biológicos y geoquímicos para reconstruir las condiciones predisturbio, el rango de variabilidad natural del sistema bajo estudio, las características del cambio (cómo, cuándo, qué tan rápido), así como las causas del mismo. En este contexto, los silicofitolitos aportan información relevante acerca de la estructura y dinámica de las comunidades vegetales de las cuencas lacustres, estrechamente vinculadas a las condiciones ambientales y climáticas. Al integrar esta información a la aportada por otros indicadores, es posible generar un modelo de evolución paleoambiental a partir de registros lagunares de alta resolución.

ÁREA DE ESTUDIO

La Laguna Negra se ubica a 33°56' S y 53°33' W, sobre la costa sudeste del Uruguay (Figura 1). El clima es templado-subtropical muy húmedo (Conde y Sommaruga 1999). La superficie de la laguna es de 142 km^2, su profundidad máxima es de 3 metros, se eleva 8 metros sobre el nivel del mar y su cuenca es de 720 km^2. Se halla separada del mar por una barra arenosa de 4 km de ancho, sin contar con conexión directa con el océano. Los sedimentos recientes se hallan dominados por limos, si bien hacia el sur incrementa el contenido de arenas (Conde y Sommaruga 1999).

Figura 1. Ubicación geográfica y caracterización ambiental de la Laguna Negra y del testigo LNB3.

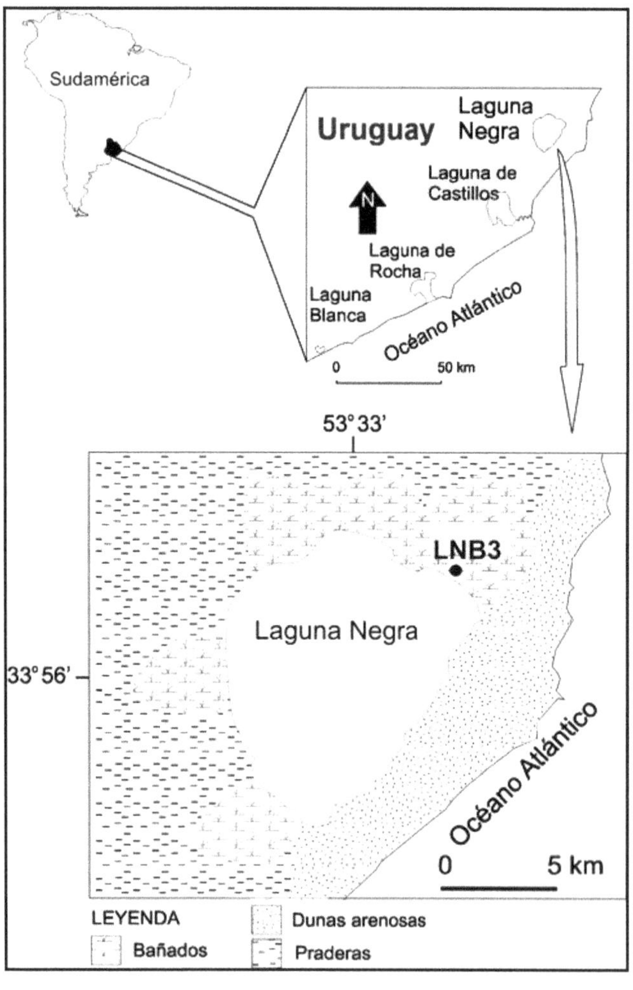

Esta laguna forma parte de un conjunto de sistemas acuáticos costeros que se extiende hacia el norte a lo largo de la costa brasilera, la mayoría de los cuales se originó hacia el 7000 a.P., luego de la primera gran transgresión glacio-eustática marina del Holoceno (Martin y Suguio 1992; Angulo *et al.* 1999; Angulo y Lessa 1997; Isla 1998; Cavallotto *et al.* 2004). La cuenca de la Laguna Negra fue incluida en la unidad fisiográfica Planicie Costera de Río Grande del Sur, de la que conforma su límite más austral (Delaney 1965).

Las características geológicas y geomorfológicas de esta planicie costera están íntimamente relacionadas a los procesos marinos, fluviales, albuféricos y eólicos del Pleistoceno – Holoceno, ocurridos en respuesta a las variaciones glacioeustáticas y a cambios climáticos (Villwock *et al.* 1986). Las unidades depositacionales reconocidas en el área corresponden al sistema de abanicos aluviales (localizado en la escarpa del basamento cristalino al W y NW) y al complejo barrera – albufera que se desarrolla entre el basamento cristalino y el mar. La evolución paleogeográfica de la planicie costera durante el último ciclo holocénico se vio fuertemente controlada por la topografía antecedente vinculada con los sistemas de albuferas - barreras anteriores (Tomazelli *et al.* 2000). Los antecedentes geológicos para el sector correspondiente a la cuenca de la Laguna Negra cuentan con escasas contribuciones. En líneas generales se ha propuesto para esta región una paleogeografía holocénica de naturaleza netamente continental debido a la desvinculación de la laguna y su zona aledaña del mar desde hace 120,000 años a.P. (Jakson 1984; Montaña y Bossi 1995). Contribuciones más recientes han propuesto la existencia de una conexión indirecta con el mar durante el máximo transgresivo del Holoceno, a través de los tributarios y bañados que comunican esta laguna con la Laguna Merin y, a través de esta, con el mar (Bracco *et al* 2005a; Blasi *et al.* 2005).

La cuenca de la laguna se halla dentro de la provincia fitogeográfica de la Pampa, caracterizada por suaves elevaciones y valles. Se halla compuesta principalmente por bañados, pastizales, bosque ribereños y palmares de *Butia capitata*. La vegetación de los bañados está integrada comúnmente por los géneros *Alternanthera, Azolla, Bacopa, Cabomba, Ceratophyllum, Cyperus, Egeria, Eichornia, Enhydra, Glyceria, Hydrocotyle, Leersia, Lemna, Limnobium, Ludwigia, Luziola, Mykania, Myriophyllum, Oxycarium, Pistia, Polygonum, Potamogeton, Rynchospora, Ricciocarpus, Schoenoplectus, Scirpus, Solanum, Spirodela, Typha, Urticularia, Wolffiela, Zizaniopsis*, entre otros (Alonso 1997). Los pastizales se hallan caracterizados por *Andropogon, Axonopus, Panicum, Paspalum, Schizachyrium, Bothriochloa, Stipa, Piptochaetum,* y *Aristida.* Los bosques ribereños se encuentran restringidos a la franja litoral de arroyos y otros pequeños cursos de agua, constituyendo una comunidad vegetal densa, con árboles y arbustos hidrófilos, agrupados en varios estratos. Entre las especies más abundantes se destacan los sauces (*Salix humboldtiana*), ceibos (*Erythrina crista-galli*), curupíes (*Sapium montevidensis*), mataojos (*Pouteria salicifolia*) y comúnmente se encuentra la palma pindó (*Syagrus romanzoffianum*).

MATERIALES Y MÉTODOS

Muestreo

En abril de 2003 se extrajo un testigo de 290 cm de potencia (LNB3, Figura1) en la costa de la Laguna Negra, con ayuda de un *piston corer* de 57 mm de diámetro. El testigo fue trasladado a laboratorio, donde fue abierto para su descripción litológica y selección de muestras para fechados, análisis geoquímicos, físico-texturales y biosilíceos.

Dataciones

Los fechados radiocarbónicos fueron llevados a cabo en el Laboratorio de Radiocarbono de la Facultad de Química (UdelaR-Uruguay), mediante un espectrómetro de centelleo líquido Packard Tri-Carb 2560 TR/XL. Las dataciones fueron realizadas sobre materia orgánica (restos vegetales macroscópicos en turba) y sobre muestras *Heleobia* sp. en buen estado de preservación. La edad es expresada en años ^{14}C no calibrados, corregidos por fraccionamiento isotópico normalizando los valores $\delta^{13}C$ a –25 ‰.

Litología

Las muestras sedimentológicas fueron primariamente caracterizadas según color, compactación, estructura sedimentaria, contenido de material biogénico y textura manual. Posteriormente se efectuó un análisis granulométrico mediante contador de partículas CILAS 1180 Liquid, se calcularon las medidas de tendencia central y de desviación mediante los coeficientes estadísticos de Folk y Ward (1957) y se efectuó una caracterización textural según el triángulo propuesto por Folk (1954). Se determinó la composición mineralógica de la fracción arena mediante análisis petrográfico por mineralogía de polarización y se analizaron las arcillas mediante difracción de rayos X en condiciones naturales, glicoladas y calcinadas (Blasi *et al.* 2005).

Geoquímica

El contenido de materia orgánica fue determinado por pérdida de peso por ignición a 550 °C durante dos horas. Subsecuentemente, el contenido de CO_2 envuelto por carbonatos fue determinado mediante la pérdida de peso por ignición a 880 °C por dos horas, y el contenido de carbonatos fue calculado multiplicando la pérdida de peso por 1.36 (Heiri *et al.* 2001).

Indicadores biosilíceos

Para la extracción del contenido biosilíceo, las muestras sedimentarias fueron sometidas a un procedimiento estándar. Se procedió a la eliminación de carbonatos mediante ataque ácido con HCL (35%), eliminación de materia orgánica con Peróxido de Hidrógeno (30%) a Baño María, defloculación en ultrasonido con Hexametafosfato de Sodio saturado, extracción de la fracción arena mediante tamizado y remoción de la fracción arcilla por decantación. Los tiempos de cada tratamiento variaron de acuerdo a las características de las muestras. Se realizaron preparados permanentes con Entellan® para la contabilización e identificación de las partículas biosiliceas. Se contabilizó e identificó un mínimo de 250 valvas de diatomeas a 125x magnificaciones por muestra. Las especies fueron identificadas de acuerdo a Metzeltin y García-Rodríguez (2003), Lange-Bertalot (2001), Witkowski *et al.* (2000), Krammer (2000) y Frenguelli (1941, 1945). Se contabilizaron también los cistos de crisofíceas y espículas de espongiarios y se determinaron sus abundancias relativas.

Para el análisis de silicofitolitos, se contabilizó un mínimo de 300 a 100x magnificaciones en cada muestra. Se prestó especial interés a los silicofitolitos producidos en células cortas de gramíneas, dado su potencial como indicadores de cambios en la composición de los pastizales, vinculados a variaciones climáticas y ambientales. Aunque los fitolitos no puedan ser asignados a taxas individuales de gramíneas, diferentes proporciones de algunos morfotipos producidos en células cortas de estas plantas (pooides, panicoides y chloridoides) pueden aportar información para las interpretaciones paleoclimáticas de una región dada. Por otro lado, cuando el objetivo no es identificar taxas particulares sino establecer correlaciones entre asociaciones fitolíticas y composición de pastizales, la clasificación de morfotipos se torna taxonómicamente y ambientalmente sensible (Fredlund y Tieszen 1994).

La primera taxonomía de fitolitos de gramíneas definida por Twiss *et al.* (1969) incluye morfotipos característicos de las subfamilias Chloridoideae, Panicoideae y Pooideae, las cuales predominan en diferentes condiciones climáticas y ambientales. Investigaciones más recientes han retomado la clasificación de fitolitos de gramíneas y su correlación taxonómica, validando el patrón básico reconocido por Twiss *et al.* (1969) y ampliando la base de su clasificación (Fredlund y Tieszen 1994, 1997, Mulholland y Rapp 1992, entre otros).

A partir de estos antecedentes y del análisis de la colección de referencia de 60 especies de gramíneas nativas de la colección de referencia de la Facultad de Ciencias (UdelaR, Montevideo-Uruguay) (del Puerto *et al.* 2006; Tabla1), se creó un sistema de clasificación de células cortas de gramíneas compuesto por 14 categorías de morfotipos y varios subtipos. Se emplearon las 11 categorías de morfotipos definidas por Fredlund y Tieszen (1994) para clasificar los fitolitos de células cortas producidos en las subfamilias Pooideae, Panicoideae y Chloridoideae. A estas categorías se adjuntaron 3 nuevas, surgidas del análisis comparativo de gramíneas de las subfamilias Arundinoideae y Bambusoideae: *Tipo-Aristida*, *Tipo-Oryzoide* y *Tipo-Bambusoide*. Dentro de las gramíneas panicoides se identificaron los cuatro morfotipos típicos descritos por Fredlund y Tieszen (1994): lobado simple, tipo-panicoide, cruz y otros lobados. De la misma forma, el morfotipo montura (*saddle*) se reportó como característico de las gramíneas chloridoides, diferenciándose de morfotipos similares producidos en la subfamilia Bambusoideae por la presencia de tres planos de simetría, tal como lo definen estos autores: dos planos en vista abaxial o adaxial y uno en vista transversal. Para las especies de la subfamilia Bambusoideae se incorporaron dos nuevos morfotipos: tipo-bambusoide y tipo-oryzoide. El primero, común a la tribu Bambuseae, es muy similar al morfotipo montura pero no presenta los planos de simetría descritos. No obstante, también se registraron monturas en especies de esta tribu, aunque menos representados. Por su parte, el tipo-oryzoide, característico de la tribu Oryzeae, presenta semejanzas con el tipo-panicoide, difiriendo en la presencia de marcadas concavidades en ambos lóbulos y eventualmente por la presencia de proyecciones (particularmente para el género *Leersia*).

Dentro de la subfamilia Pooideae se constató el predominio de los morfotipos crenado, cónico, piramidal y en forma de quilla en la Tribu Avenae y del tipo-stipa en la tribu Stipae. Dentro de este último grupo también se reportaron lobados simples – característicos de la subfamilia Panicoideae – constituyendo el morfotipo que presenta mayor ambigüedad para su asignación taxonómica. Los morfotipos cónico, quilla y piramidal fueron también observados en algunas especies de la subfamilia Arundinoideae, específicamente dentro del género *Cortaderia*, diferenciándose de los registrados en la subfamilia Pooideae por su menor tamaño (no mayores a 5 micras). Dentro de la subfamilia Arundinoideae se definió además un nuevo morfotipo, vinculado a la tribu Aristidae: tipo-aristida. Registrado en especies del género *Aristida*, se asemeja a un lobado simple pero presenta una relación tronco/lóbulo <1/3.

Finalmente, cabe señalar que los tipos definidos se presentan como característicos – no como exclusivos – de los diferentes grupos, y que son los cambios en la relación entre los mismos los que aportan información sobre cambios en la composición de la vegetación vinculados a variaciones climáticas. Siguiendo este criterio se calcularon los índices de temperatura y humedad propuestos por Twiss (1992) a partir de células cortas de gramíneas.

Los fitolitos de dicotiledóneas fueron identificados de acuerdo a Bozarth (1992) y al material comparativo de la colección de referencia. Se calculó un índice dicotiledóneas/gramíneas (D/G) que fue utilizado para identificar cambios en la densidad de elementos arbóreos/arbustivos. Estos datos fueron comparados con la información ambiental generada y fue utilizada para proponer correlaciones clima-vegetación.

Subfamilia	**Tribu**	**Especie**	**C_3/C_4**	**Morfotipos**
Arundinoideae	Aristidae	*Aristida spegatzzini* y *A. teretifolia*	C_4	Tipo-aristida, lobado simple, tipo-panicoide
	Arundineae	*Cortaderia selloana*	C_3	Quilla, cónico, pyramidal <5 µm
Bambusoideae	Bambuseae	*Chusquea ramosissima, Ch. uruguayensis, Guadua trinii*	C_3	Tipo-bambusoide, montura, tipo-panicoide
	Oryzeae	*Leersia distichophylla, L. hexandra, Oriza latifolia, Rhychoryza subulata, Zizaniopsis bonaerenses*	C_3	Tipo-oryzoide, tipo-panicoide
Chloridoideae	Chlorideae	*Bouteloua curtipendula, B. megapotamica, Chloris canterai, Diplachne uninervia, Eleusine tristachya, Eustachys retusa, E.uliginosa, E. brevipila, E. caribaea, E. distichophylla, Gymnopogon grandiflora*	C_4	Montura
Panicoideae	Andropogoneae	*Agenium villosum, Andropogon bicornis, A. glaucophyllus, A. lateralis, A.selloanus, A. ternatus, Botriochloa barbinodes, B. edwarsiana, B. imperatodes, B. laguroides, Coleorachis selloana, Elyonurus candidus*	C_4	Lobado simple, tipo-panicoide, cruz, otros lobados
	Paniceae	*Echinochloa cruspavonis, E. helodes*	C_3	
		Panicum elephantipes, P. grumosum, P. prionitis, Paspalidium paludivagum, Paspalum plicatulum, P. quadrifarium, P. rufum, P. urvillei, Pennisetum latifolius, Stenotaphrum secundatum	C_4	
Pooideae	Aveneae	*Amphibromus quadridentata, A. scabrivalvis*	C_3	Crenados, quilla, cónico, piramidal
	Stipeae	*Piptochaetium montevidensis, P. panicoides, P. rupretchianum, P. stipoides*		Tipo-stipa, lobado simple

Tabla 1. Lista especies de gramíneas analizadas comparativamente, mecanismo fotosintético y principales morfotipos de silicofitolitos relevados. El material vegetal proviene del Herbario de la Facultad de Agronomía (UdelaR).

RESULTADOS

Cronología y litología

En la figura 2 se exhiben gráficamente los resultados litológicos, geoquímicos y cronológicos obtenidos para el testigo LNB3 (información más detallada puede obtenerse en Blasi et. al. 2005 y Bracco *et al.* 2005b).

Figura 2. Resultados de los análisis litológicos, geoquímicos y cronológicos. (Modificado de Bracco *et al.* 2005b y Blasi *et al.*2005).

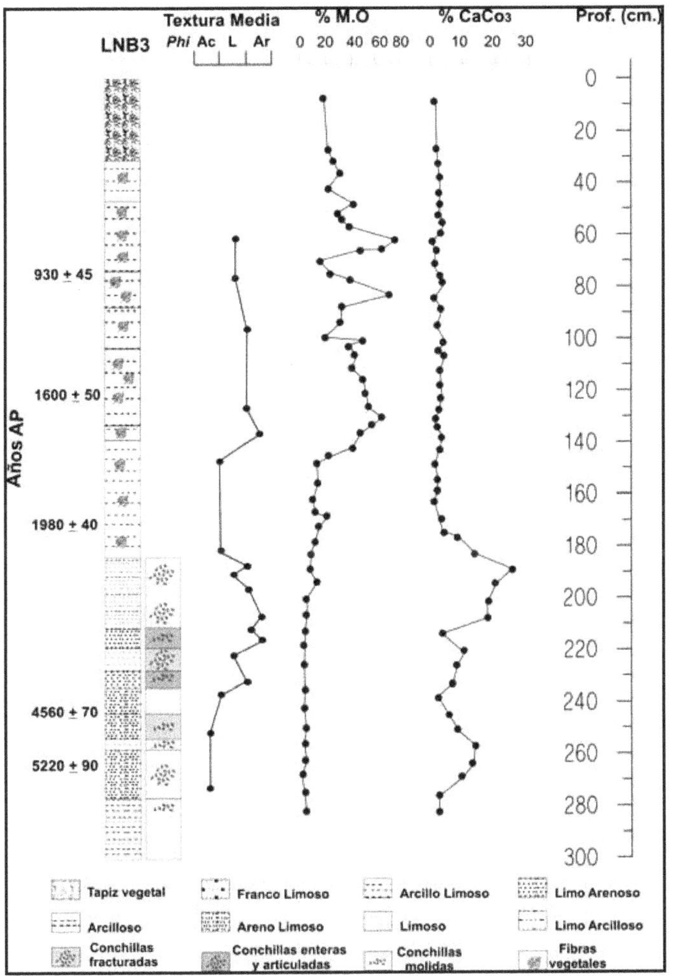

Fueron diferenciadas tres unidades de depósito a partir del color, textura y contenido biológico (Figura 2). La unidad basal (de 280 cm hasta una profundidad indefinida), está integrada por fango a arcillas compactas verde oliva (5Y5/3 – 4/2) macizas con escasas y delgadas laminas de materia orgánica. Su composición mineralógica es predominantemente illitica-cuarzosa y en menor proporción se observa caolinita y feldespatos. Se observó la presencia de espículas de espongiarios y foraminíferos marinos (*Elphidium sp)* con signos de retrabajo. En contacto neto se inicia la segunda unidad, de 1 m de espesor, que está representada por fangos compactos (base) y limos arenosos bioclásticos sueltos. Ambas litologías poseen color gris oscuro a gris claro (2,5 Y 3/0 – 7,5 R5/0) y estratificación horizontal muy delgada. Se reconoció en la fracción arena conchillas enteras articuladas y rotas de *Helobias parchappii*, *Helobia australis*, *Biomphalaria* sp., *Erodona mactroide*, valvas de ostrácodos, gametangios femeninos y partes de la estructura vegetal calcificada de algas charáceas. Se observaron algunos intraclastos pelíticos, turbosos y trizas de vidrio volcánico. La fracción arcilla presentó predominio de illita sobre clorita-caolinita, abundante cuarzo y en menor proporción feldespatos (Blasi *et al.* 2005). Las edades radiocarbónicas obtenidas para esta unidad de base a techo son: 5260 años a.P y 4.560 años a.P. (Blasi *et al.* 2005:5). En contacto gradual se desarrolla la unidad tope de turba, de 1,95 m de espesor de color castaño rojizo oscuro (25YR4/6, 5YR3/2) que al tope pasa a gris oscuro (7,5R 4/0). Se reconoció alternancia de capas en relación con variaciones en la textura, color, grado de humedad y contenido porcentual de material silicoclástico. Este sedimento orgánico posee una matriz de limo. En la fracción arcilla se identifico la clorita como argilomineral predominante. Las edades radiocarbónicas obtenidas de base a techo para el testigo son: 1980 ± 40 años a.P, 1600 ± 50 años a.P y 930 ± 45 años a.P (Blasi *et al.* 2005:5).

Partículas biosilíceas

Silicofitolitos

En la figura 3 se presenta gráficamente la distribución de frecuencias relativas de los principales grupos de fitolitos registrados. El grupo mayormente representado corresponde al de las gramíneas, que comprende morfotipos producidos en células cortas, células bulliformes y apéndices dérmicos. Las células cortas son tratadas por separado más adelante.

En general, este grupo domina ampliamente, con abundancias por encima del 50% en la mayor parte de la columna sedimentaria. Sus valores máximos, próximos al 100%, se presentan en los primeros 20 cm y en el tramo inferior (últimos 50 cm) del testigo.

El segundo grupo en abundancia corresponde al de las ciperáceas, integrado por cuatro morfotipos particulares: 1- tabulares y orbiculares con presencia de papilas centrales y satelitales menores, producidas en la epidermis del tallo de varias especies de ciperáceas (Ollendorf, 1992); 2- tabulares poliédricos de gran tamaño (> a 40 µm) y volumen, con bordes marcadamente angulosos, producidos en tejido subepidérmico del tallo y otros órganos vegetativos; 3- elementos subglobulares y cilíndricos pilados (con proyecciones con extremos cóncavos), registrados en rizomas de algunas especies del género *Scirpus*; y 4- tablares poliédricos papilosos, de de 5 a 8 lados, de superficie granulada y con una única papila central, registradas en inflorescencia y frutos de especies del género *Ciperus*.

Al contrario que las gramíneas, este grupo exhibe sus mínimos valores en el tope y base del perfil, alcanzando sus máximas entre los 50 y 120 cm. Hacia los 70 cm presenta el pico de máxima abundancia, alcanzando un 80%. Estos valores podrían estar representando una situación de borde lagunar, con el desarrollo de vegetación hidrófila de alto porte, con gran representación de ciperáceas.

Figura 3. Distribución de abundancias relativas de los principales grupos de fitolitos registrados.

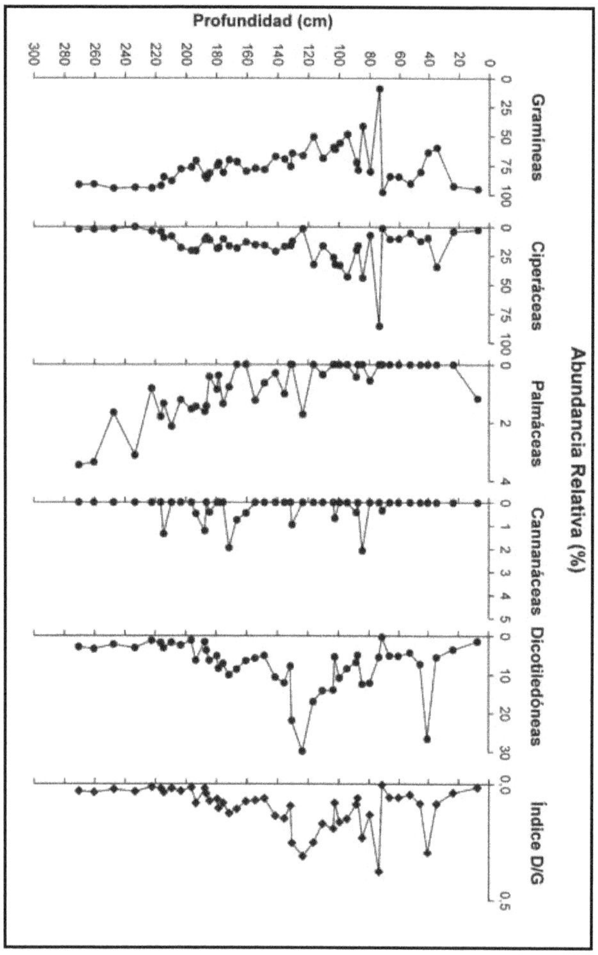

El grupo de las palmáceas, por su parte, se halla integrado por fitolitos globulares espinosos, de 5 a 20 μm de diámetro. Estos morfotipos han sido registrados en materiales comparativos correspondientes a hojas, tallo y frutos de dos especies de palmeras que habitan en la región: *Butia capitata* y *Syagrus romanzoffianum* (Campos *et al.* 2001). La distribución de las abundancias relativas a través del testigo presenta un comportamiento singular. Escasos en la muestra más superficial, los morfotipos atribuidos a este grupo no se hallan registrados entre los 20 y los 80 cm., donde reaparecen con una tendencia creciente hacia la base de la columna. Este comportamiento no es consistente con la situación de retroceso de los palmares, registrada en tiempos históricos. De hecho, son mayores las abundancias correspondientes a la situación actual que el registro de hace 1000 años. Esto podría estar indicando la influencia de factores climáticos y ambientales – además del antrópico ampliamente asumido – sobre la dinámica de las poblaciones de estas especies.

Las cananáceas se hallan representadas por fitolitos globulares rugosos, globulares lisos y globulares con pliegues irregulares, morfotipos observados en tallo y rizoma de *Canna glauca*, especie nativa de la región (Campos *et al.*, 2001; Pearsall 1988). Integran el grupo menos representado, con abundancias que no superan el 3%, registrado en el tramo medio del testigo.

El grupo de las dicotiledóneas está conformado por distintos morfotipos producidos en varias especies arbóreas y arbustivas, con escaso valor diagnóstico. Los principales tipos relevados, en orden de abundancia decreciente, son: poliedros, piezas en forma de puzzle; placas opacas con perforaciones sistemáticas, esferas, cistolitos, panales (Bozarth 1992). Si bien se hallan presentes en todo el testigo, los mayores valores de abundancia se registran en el tramo central, entre los 40 y 160 cm.

En el último gráfico de la figura se expresa la distribución vertical de los valores obtenidos a partir de Índice Dicotiledóneas/Gramíneas (D/G). Con un pico positivo inicial a los 40 cm., los mayores valores se concentran entre los 70 y 130 cm., decreciendo posteriormente en profundidad hasta la base del testigo. Esto estaría indicando que entre el 1000 y el 1600 a.P. la vegetación arbórea/arbustiva habría estado más representada en la cuenca que en los periodos inmediatos.

En la figura 4 se presentan gráficamente los valores de abundancia de los silicofitolitos correspondientes a células cortas de gramíneas, de acuerdo con la clasificación de morfotipos anteriormente discutida. En términos generales, aquellos morfotipos mayormente vinculados con especies de la subfamilia Pooideae presentan mayores concentraciones en los primeros 50cm., entre los 110 y 130 cm., y en el último metro del testigo. Dentro de este grupo, el morfotipo crenado es el que presenta una más clara tendencia ascendente de tope a base de la columna. El tipo-stipa, por su parte, exhibe bajos valores que se concentran en el tramo central del testigo. Entre los 50 y 180 cm se da un franco predominio de los morfotipos asociados a Panicoideae y de aquellos identificados con la tribu Oryzae dentro de la familia Bambusoideae. Condiciones ambientales húmedas y templadas son precisas para que florezcan estas familias. No obstante, dentro de este tramo se constatan dos secciones discretas (de no más de 10-15 cm.) en las que se produce una considerable disminución de estos morfotipos: entre 70 y 80 cm y, particularmente, entre 130 y 140 cm. Estas disminuciones son coincidentes con el incremento en la abundancia del morfotipo montura, asociado a la subfamilia Chloridoideae, que estaría indicando el descenso de la humedad ambiente.

Estas observaciones climático-ambientales quedan mejor ilustradas en la figura 5, donde se grafican los valores obtenidos mediante los índices de temperatura y humedad propuestos por Twiss (1992) a partir de las abundancias relativas de fitolitos pooides, panicoides y chloridoides. El índice de temperatura se obtiene a partir de la representación proporcional de los fitolitos pooides en el total de fitolitos pooides, chloridoides y panicoides. Dado que los morfotipos pooides son producidos principalmente por gramíneas C_3 de la subfamilia *Pooideae*, que predomina en zonas templadas a frías de altas latitudes y elevaciones, cuanto mayor sea el valor obtenido por el índice, menor será la temperatura inferida. Por otro lado, el índice de humedad se obtiene a partir de la representación proporcional de los morfotipos chloridoides en el total de fitolitos panicoides y chloridoides, ambos producidos principalmente en gramíneas con mecanismo fotosinétito C_4 que predominan en zonas cálidas. Los morfotipos chloridoides, en particular, son mayormente producidos en gramíneas de la subfamilia *Chloridoideae*, que prospera bajo condiciones de déficit hídrico. Por consiguiente, los mayores valores del índice de humedad representan condiciones de mayor aridez o estacionalidad en las precipitaciones.

Los resultados obtenidos permitieron definir 5 unidades o zonas de asociación fitolítica:

- entre los 280 y 220 cm., con cronologías de 5220 ± 90 y 4560 ± 70 a.P., habrían predominado condiciones de menores temperaturas y un régimen semiárido o marcadamente estacional en las precipitaciones;
- 220 a 180 cm., sin cronologías absolutas, se da un leve mejoramiento climático, con aumento en los indicadores de temperatura y humedad para establecer un clima templado a frío y húmedo.
- 180 a 140 cm., con un fechado de 1980 ± 40 a.P. Continúan mejorando las condiciones climáticas, definiendo condiciones templadas y húmedas;
- 125 a 130 cm., disminuyen las condiciones de humedad ambiental, imperando un régimen de mayor estacionalidad en las precipitaciones. Un fechado radiocarbónico ubica este período en torno al 1600 ± 50 a.P.
- desde los 125 cm. hasta el tope del testigo se define una única unidad, caracterizada por condiciones templadas a cálidas y húmedas. No obstante, se observa la existencia de eventos discretos de disminución de la humedad y la temperatura. Esto estaría indicando que en los últimos 1500 años habrían imperado condiciones climáticas similares a las actuales, con fluctuaciones de escala secular. Una de estas fluctuaciones está representada entre los 73 y 85 cm., con una cronología en torno a los 900 años a.P.

Diatomeas

Se identificaron 72 especies de diatomeas. En la unidad litológica basal no se observaron diatomeas, aunque si algunos fragmentos de espículas de espongiarios. La unidad suprayacente está caracterizada por especies salobres como *Campylodiscus clypeus, Diploneis chilensis, Hyalodiscus schmidtii* y *Surirella striatula*, evidenciando altas frecuencias relativas. Esta unidad también exhibe bajos valores de cistos de crisofíceas. La unidad litológica superior presenta hacia la base una co-dominancia de especies salobres (*Hyalodiscus schmidtii, Campylodiscus clypeus*), especies halófilas (*Epithemia adnata, Rhopalodia musculus*) y especies dulceacuícolas (*Eunotia monodon, Staurosira brevistriata, Pinnularia latevittata*). Se registra también un concomitante incremento en la abundancia relativa de cistos de crisofíceas.

Hacia el tope de esta unidad se identifican especies exclusivamente dulceacuícolas (a las anteriormente identificadas se suma *Aulacoseira ambigua*), y decrecen las abundancias relativas de las especies halófilas. Se observa también una disminución en la relación entre cistos de crisofíceas y diatomeas.

Figura 4. Distribución de abundancias relativas de morfotipos de células cortas de gramíneas.

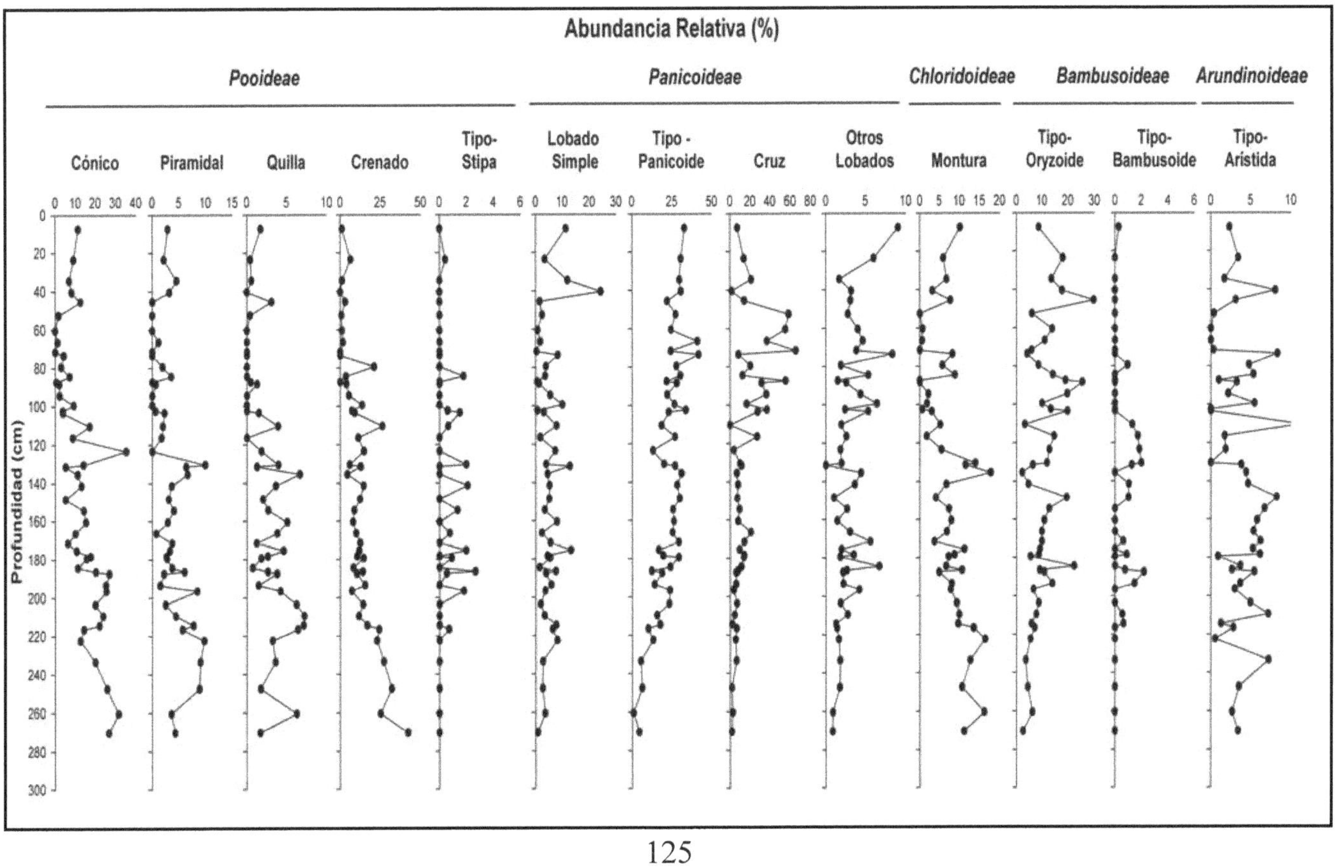

Figura 5. Reconstrucción climática a partir de los índices de humedad y temperatura obtenidos en función de las abundancias relativas de fitolitos pooides, panicoides y chloridoides.

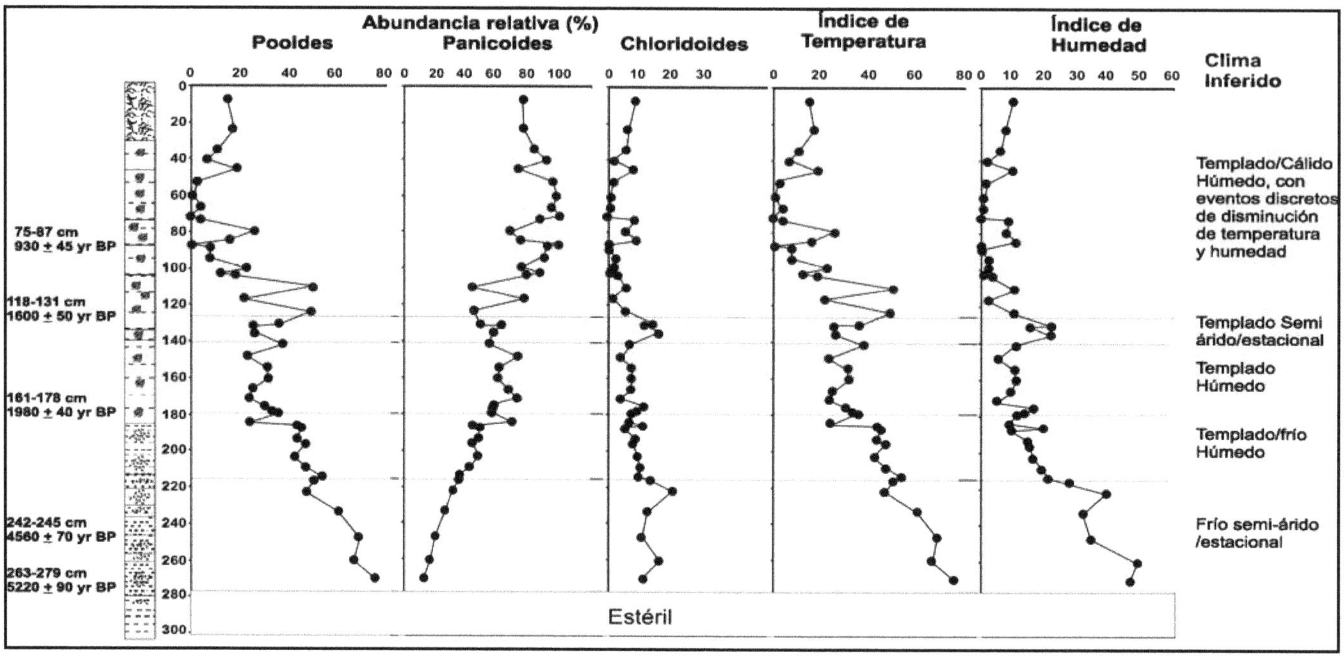

DISCUSIÓN

En la figura 6 se presenta un esquema del modelo de evolución paleoclimática y paleambiental propuesto para Laguna Negra a partir de los resultados de los distintos registros considerados.

La sección basal del testigo exhibe sedimentos limo arcillosos verde oliva, de composición predominantemente ilítica cuarzosa (Figura 2). Esta unidad no contiene silicofitolitos ni diatomeas, aunque se reportó la presencia de fragmentos de espículas y foraminíferos marinos con signos de retrabajo. Las condiciones de depósito corresponderían a las de un pantano salino. La elevada salinidad y condiciones anóxicas habrían impedido la vida de gran numero de especies en este ambiente léntico (Blassi et. al. 2005). Los depósitos habrían estado sujetos a procesos hidromórficos (zona saturada de agua estancada) con reducción de minerales de hierro. García-Rodríguez *et al.* (2004) registraron una unidad litológica similar en la sección basal de un testigo sedimentario tomado en Laguna Blanca (Figura 1). Dataciones radiocarbónicas por AMS efectuadas sobre ácidos húmicos aportaron una edad de 7300 años a.P.

La unidad litológica suprayacente, en contacto neto con la anterior, representa un sistema salobre, según lo indica el registro diatomológico y las especies de moluscos. La sección inferior de esta unidad está datada en 5200 años a.P. El depósito de esta unidad se habría producido en condiciones de baja energía, asociadas con eventos episódicos de mayor energía (arenas bioclásticas, intraclastos pelíticos y turbosos). La mayor abundancia de arena cuarzosa en algunos niveles podría referirse a incrementos en el aporte eólico durante períodos secos (Blasi *et al.* 2005). Esto concuerda con el registro fitolítico, que indica condiciones semiáridas y/o marcadamente estacionales predominando en la mitad inferior de esta unidad. Iriarte (2006) también infiere condiciones áridas para el Holoceno medio (~6600-4000 a.P) en Los Ajos, a 40 km de la Laguna Negra. Behling *et al.* (2004) también reportan este episodio frío y seco para el sur de Brasil, al tiempo que un período seco durante el Holoceno Medio es referido por varios autores para la Pampa argentina (Mancini *et al.* 2005; Prieto 1996; Prieto *et al.* 2004; Zárate *et al.* 2000).

Las bajas abundancias relativas de fitolitos correspondientes a ciperáceas, cananáceas y vegetación arbórea/arbustiva, podrían sugerir la existencia de condiciones poco favorables para su desarrollo, vinculadas al régimen de precipitaciones, a las menores temperaturas y al ambiente mixohalino. Las palmeras constituyen una excepción, evidenciando valores que superan ampliamente los constatados para momentos tardíos (Figura 3). Estas condiciones climático-ambientales se vuelven menos adversas en el tramo superior de esta unidad, con un progresivo incremento en la temperatura y la humedad. Episodios más cálidos y húmedos entre ~3000 y 1800 años a.P., han sido también registrados para Uruguay, sur del Brasil y Argentina (Iriarte 2006; Behling *et al.* 2004; Kröhling e Iriondo, 1999, Iriondo y García 1993).

Esto habría traído aparejado un incremento en los aportes de la cuenca (a través de sus tributarios), dando comienzo a los depósitos orgánicos y limosos que caracterizan a la unidad litológica superior. La acumulación de estos sedimentos correspondería a un bañado mixohalino-dulceacuícola que se habría estabilizado gradualmente a condiciones exclusivamente dulceacuícolas, tal como lo indican las diatomeas. Los niveles observados con mayor contenido porcentual de limos podrían ser considerados como producto de aportes extracuencales eólicos en momentos mas áridos o estacionales (Blasi *et al.* 2005). En este sentido, si bien las condiciones climáticas predominantes para esta unidad son templadas a cálidas y húmedas, se registraron episodios de deterioro climático acotados a nivel del registro, sin poder atribuirles extensión temporal. El más marcado de estos episodios se ubica entre los 125 y 130 cm, con una clara disminución en los valores de temperatura y humedad derivados de las células cortas de gramíneas (Figura 5). Este episodio, ubicado en algún momento entre el 1600 y el 2000 a.P., se halla también evidenciado por un incremento en la granulometría de los sedimentos (Figura 2). Del mismo modo, se observa que es recién con posterioridad a este evento que comienzan efectivamente a establecerse las condiciones templadas a cálidas y húmedas, con el consecuente incremento en los niveles tróficos (Figura 6), si bien se constatan fluctuaciones de menor escala. En esta unidad es donde se dan las mayores abundancias relativas de morfotipos de dicotiledóneas arbóreo/arbustivas, que mantienen altos valores hasta los últimos 20 cm, donde prácticamente desaparecen. Situación inversa ocurre con los fitolitos de palmáceas, muy deprimidos en las muestras de esta unidad hasta los últimos 20 cm. de sedimentos. Los mayores valores de abundancia de estos fitolitos evidenciados en la segunda unidad litológica, podrían estar indicando que las palmeras productoras se ven menos afectadas bajo condiciones de mayor aridez/estacionalidad. Las numerosas obras modernas de canalización, que han desecado gran parte de los bañados que circundaban la laguna, podrían explicar el incremento reciente en las abundancias relativas de estos morfotipos. Los altos valores de abundancia de morfotipos correspondientes a gramíneas para estas muestras recientes y los procesos de edafización observados en los últimos 30 cm., constituyen a su vez evidencia del retroceso del cuerpo de agua y de los bañados asociados.

Figura 6. Relación entre niveles tróficos, cambio climático, salinidad, litología y los modelos regionales de variación de los niveles marinos

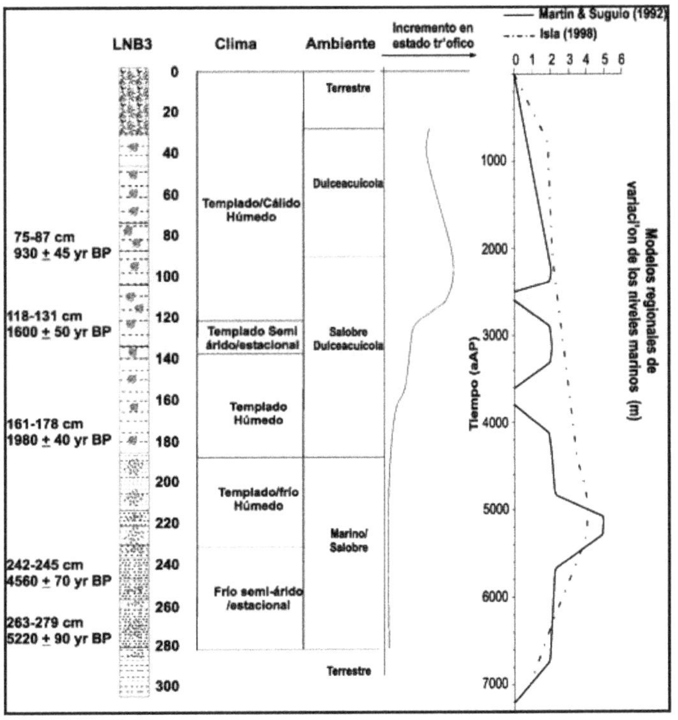

CONCLUSIONES

La evolución ambiental holocénica inferida para la Laguna Negra es consecuencia tanto de variaciones climáticas (temperatura y humedad) como de procesos paleoeceanográficos globales (cambios en el nivel del mar) (Bracco *et al.* 2005a). Se ha propuesto la formación de subambientes eurihalinos-mixohalinos durante el Holoceno medio (marismas-pantanos salobres) y su evolución a bañados turbosos hacia el Holoceno tardío (Blasi *et al.* 2005), acompañando un proceso de disminución de los niveles marinos y de mejoramiento climático (incremento en las precipitaciones y la temperatura). Como lo muestran tanto las curvas de variación de los niveles marinos como el esquema paleoclimático propuesto, este proceso no fue continuo sino que se caracterizó por la existencia de fluctuaciones de diversa escala.

BIBLIOGRAFÍA

Alonso, E.
1997 *Plantas Acuáticas de los Humedales del Este.* PROBIDES, Rocha-Uruguay. 238pp.

Angulo, Rodolfo J. y Guilherme Lessa
1997 The Brazilian sea-level curves: a critical review with emphasis on the curves from Paranaguá and Cananéia regions. *Marine Geology*, 140, 161-166.

Angulo, R. J., P.C.F. Giannini, K. Suguio, L.C. Pessenda
1999 Relative sea-level changes in the last 5500 years in southern Brazil (Laguna-Imbituba region, Santa Catarina State) based on vermetid ^{14}C ages. *Marine Geology* 159, 323-339.

Behling, H., V. DePatta Pillar, L. Orlóci and S. Girardi Bauermann
2004 Late Quaternary Araucaria forest, grassland (Campos), fire and climate dynamics, studied by high-resolution pollen, charcoal and multivariate analysis of the Cambara do Sul core in southern Brazil. *Palaeogeography, Palaeoclimatology, Palaeoecology* 203, 277-297.

Blasi, A., C. Castiñeira, L. del Puerto, H. Inda, R. Bracco y F. García-Rodríguez.
2005 Sedimentación Holocena en los Bañados de Santa Teresa y el Registro Arqueológico, Planicie Costera de Departamento de Rocha, Uruguay. En Cabaleri N., Cingolani , C.A ., Linares, E., López de Luchi , M.G ., Ostera , H.A . y Panarello , H.O . (eds.) *Actas del XV Congreso Geológico Argentino* CD-ROM. Artículo 486, 8 pp.

Bozarth, S.
1992 Classification of opal phytoliths formed in selected dicotyledons native to the Great Plains. In G.Rapp and H. Mulholland (Eds) *Phytolith Systematics*. Emerging Issues. Plenum Press, New York. pp. 193-214.

Bracco, R., L. del Puerto, H. Inda y C. Castiñeira

2005 Middle – late Holocene cultural and environmental dynamics in the east of Uruguay. *Quaternary International*, Vol 132/1: 37-45.

Bracco, R., H. Inda, L. del Puerto, C. Castiñeira, P. Sprechmann y F. García-Rodríguez
2005 Relationships between Holocene sea-level variation, trophic development and climate change in Negra Lagoon, southern Uruguay. *Journal of Paleolimnology* 33, 253-263.

Campos, S., L. del Puerto y H. Inda.
2001 Opal phytoliths analysis: its application to the archaeobotanical record in the East of Uruguay. En: Meunier, J. D. y F. Colin (Eds.), *Phytoliths: Applications in Earth Sciences and Human History*: 129-142. Ed. Balkema.

Cavallotto, J. L., R. A. Violante y G. Parker
2004 Sea-level fluctuations during the last 8600 years in the de la Plata river (Argentina). *Quaternary International* 114, 155–165.

Conde, D. y R. Sommaruga
1999 A review of the state of Limnology in Uruguay. In: R.G. Wetzel and B. Gopal (eds.). *Limnology in developing countries*. International Association for Limnology (SIL), New Delhi, 2:1-31.

Delaney, P.
1965 Fisiografía e Geología de Superficie da Planicie Costeira do Rio Grande do Sul. Esc. *Geol..P.Alegre, Publ. Esp* N°6: 105p

del Puerto, L., F. García-Rodríguez, H. Inda, R. Bracco, C. Castiñeira, J. B. Adams
2006 Paleolimnological evidence of Holocene climatic changes in Lake Blanca, southern Uruguay. *Journal of Paleolimnology* 36:151-163.

Fredlund, G. y L. Tieszen
1994 Modern phytolith assemblages from the North American Great Plains. *Journal of Biogeography* 21, 321-335.

Fredlund, G. y Larry T.
1997 Calibrating grass phytolith assemblages in climatic terms: Application to late Pleiassemblages from Kansas and Nebraska. *Palaeogeography Palaeoclimatology Palaeoecology* 136, 199-211

Folk, R.
1954 The distinction between grain size and mineral composition in sedimentary rock nomenclature. *Jour. Geol.* 62 (4) : 344-359.

Folk, R. y W. Ward
1957 Brazos River bar: a study of the significance of grain size parameters. *Journal of Sedimentary Petrology*, 37 (2):514-521.

Frenguelli, J.
1941 Diatomeas del Río de la Plata. *Rev. Mus. Nac. La Plata.* Tomo III: 213-334.

1945 Las diatomeas del Platense. *Rev. Mus. Nac. La Plata.* Tomo III: 77-221.

García-Rodríguez, F., P. Sprechmann, D. Metzeltin, L. Scafati, D.L. Melendi, W. Volkheimer, N. Mazzeo, A. Hiller, W. von Tümpling Jr. y F. Scasso
2004a. Holocene trophic state changes in relation to sea level variation in Lake Blanca, SE Uruguay. *J. Paleolimnol.* 31: 99-115.

Heiri, O., A. F. Lotter and G. Lemcke
2001 Loss on ignition as a method for estimating organic and carbonate content: reproducibility and comparability of the results. *J. Paleolimnol.* 25: 101-110.

Inda, H., F. García-Rodríguez, L. del Puerto, V. Acevedo, D. Metzeltin, C. Castiñeira, R. Bracco y J. B. Adams
2006 Relationships between trophic state, paleosalinity and climatic changes during the first Holocene marine transgression in Rocha Lagoon, southern Uruguay. *Journal of Paleolimnology* 35:699-713.

Iriarte, J.
2006 Vegetation and climate change since 14,810 14C yr B.P. in southeastern Uruguay and implications for the rise of early Formative societies. *Quaternary Research* 65, 20–32

Iriondo, M. .H y N. O. García
1993 Climatic variations in the Argentine plains during the last 18,000 years. *Palaeogeography Palaeoclimatol. Palaeoecology* 101, 209-220.

Isla, F.
1998 Holocene coastal evolution of Buenos Aires. *Quaternary South Ameriva and Antarctic Peninsula* 11, 297-321.

Krammer, K.
2000 The genus *Pinnularia.* In H. Lange-Bertalot (ed.). *Diatoms of Europe* Vol. 1. A.R. Gantner Verlag, Ruggell, 703 pp.

Kröhling, D. M. y M. Iriondo
1999 Upper Quaternary Palaeoclimates of the Mar Chiquita area, North Pampa, Argentina. *Quaternary International* 57/58, 149–163.

Lange-Bertalot, H.
2001 *Navicula sensu stricto*, 10 genera separated from *Navicula sensu lato Frustulia.* In H. Lange- Bertalot (ed.). *Diatoms of Europe* Vol. 2. A.R.G. Gantner Verlag, Ruggell, 526 pp.

Mancini, M. V., M. M. Paez, A. R. Prieto, S. Stutz, M. Tonello e I. Vilanova
2005 Mid-Holocene climatic variability reconstruction from pollen records (32°-52°S, Argentina). *Quaternary International* 132: 47-59.

Martin, L. y K. Suguio

1992 Variation of coastal dynamics during the last 7000 years recorded in beachridge plains associated with river mouths: example from the Central Brazilian Coast. *Palaeogeography Palaeoclimatology Palaeoecology* 99, 119-140.

Metzeltin, D. y F. García Rodríguez
2003 *Las Diatomeas Uruguayas*. DIRAC Ediciones, Facultad de Ciencias, Montevideo, Uruguay. 208 pp.

Mulholland, S. C. y G. Rapp Jr.
1992 A morphological classification of grass silica- bodies. In G. Rapp Jr. and H. Mullholland (Eds.). *Phytolith Systematics. Emerging Issues*, Advances in Archaeology and Museum Science 1: 65-89. Plenum Press, New York.

Ollendorf, A. L.
1992 Toward a classification scheme of sedges (Cyperaceae) phytoliths. En: Rapp, G. Jr. y S. C. Mulholland (Eds.), *Phytolith Systematics. Emerging Issues,* Advances in Archaeology and Museum Science 1:91-115. Plenum Press, New York.

Pearsall, D. M.
1988 *La producción de alimentos en Real Alto: la aplicación de las técnicas etnobotánicas al problema de la subsistencia en el período formativo ecuatoriano.* Corporación Editora Nacional, Guayaquil-Ecuador. 240 p.

Prieto, A.
1996 Late Quaternary Vegetational and Climatic Change in the Pampa Grassland of Argentina. *Quaternary Research* 54:73-88.

Prieto, A., A. Blasi, C. De Francesco y C. Fernández
2004 Environmental history since 11,000 14C yr B.P. of the northeastern Pampas, Argentina, from alluvial sequences of the Luján River. *Quaternary Research* 62: 146-161

Ravindranath , N. H. y J. Sathaye
2002 Climate change and developing countries. In M. Beniston (ed.). *Advances in global change research* Vol. 11. Kluwer Academic Press, Dordrecht. 286 pp.

Twiss, P. C., E. Suess y R.M. Smith
1969 Morphological classification of grass phytoliths. *Proceedings of the Soil Science Society of America* 33, 109-115.

Twiss, P. C.
1992 Predicted world distribution of C3 and C4 grass phytoliths. In G. Rapp Jr. and H. Mullholland (Eds.). *Phytoliths systematics. Emerging Issues*, Plenum Press, New York, pp. 113-127.

Villwock, J. A., L. J. Tomazelli, E. López Loss, E. A. Dehnhardt, N. Horn Fo., F. A. Bachi y B. Appel Dehnhardt
1986 Geology of the Rio Grande do Sul coastal province. In: Rabassa J. (Ed.), *Quaternary of South America and Antartic Peninsula*, vol. 2, Rotterdam: A.A. Balkema, p. 79-97.

Witkowski, A., H. Lange-Bertalot and D. Metzeltin
2000 Diatom flora of marine coasts I. In: H. Lange-Bertalot (ed.). *Iconographia Diatomologica* Vol. 7, Königstein, 925 pp.

Zárate, M., R. A. Kemp, M. Espinosa y L. Ferrero
2000 Pedosedimentary and palaeoenvironmental significance of a Holocene alluvial sequence in the southern Pampas, Argentina. *The Holocene* 10 (4): 481-488.

Ambientes Regionales, Ecología Humana y Agricultura

Regional Environments, Human Ecology and Agriculture

Matices Interdisciplinarios en Estudios Fitolíticos y de Otros Microfósiles
M. A. Korstanje y M. del P. Babot, Editoras. BAR International Series S1870, Capítulo 12, pp. 133-147

ARQUEOLOGÍA DE LA AGRICULTURA: SUELOS Y MICROFÓSILES EN CAMPOS DE CULTIVO DEL VALLE DEL BOLSÓN, CATAMARCA, ARGENTINA

ARCHAEOLOGY OF AGRICULTURE: SOILS AND MICROFOSSILS IN AGRICULTURAL FIELDS AT THE VALLEY OF EL BOLSÓN, CATAMARCA, ARGENTINA

Korstanje, M. Alejandra[1] y Patricia Cuenya[2].
[1]Instituto de Arqueología y Museo. San Martín 1545 Tucumán, 4000, Argentina, alek@webmail.unt.edu.ar
[2]Cátedra de Pedología. Miguel Lillo 205, Tucumán, 4000, Argentina /IAM, cuenya@csnat.unt.edu.ar
Facultad de Ciencias Naturales e I.M. Lillo. Universidad Nacional de Tucumán

ABSTRACT

The contribution that microfossils can make to studies of ancient agriculture is promising, especially when multiple types can be considered together and combined with soil studies. We present a case study using this approach from Argentina's Valley of El Bolsón, in the Province of Catamarca, where research has been guided by an interdisciplinary perspective that includes Archaeology, Pedology and the study of micro-remains in Paleoethnobotany. The site of El Alto El Bolsón is mainly agricultural and was occupied from the Formative period (~2000 yrs BP) to later Prehispanic times. Through analysis of site's planimetry we have created functional hypotheses for the use of different types of production-related structures (for example, irregular enclosed areas or "canchones", terraces, drains, and corrals). We chose to compare these types using a multifaceted approach that evaluated location, access to water sources, architectonic morphology of the structures, and analysis of archaeological artefacts and ecofacts from surface and excavated contexts. We present here our results from some of the agricultural structures studied, combining data related to soil use (texture, organic matter content, pH, and phosphorus concentrations) with analysis of multiple microfossil types (phytoliths, silicoalgae, pollen, starch, spherulites, micro-charcoal, and other plant-based fossil remains).

Keywords: *Archaeology, Multiple microfossil analysis, Andean Agriculture, Soil use*

RESUMEN

El aporte que los microfósiles pueden dar a los estudios de agricultura prehispánica es prometedor, si son tomados en conjunto y combinados con estudios de suelos. Se presenta un caso de estudio en el Valle del Bolsón, Provincia de Catamarca (República Argentina), donde el problema se ha abordado desde una perspectiva interdisciplinaria que incluye la Arqueología, la Pedología y los estudios de micro-vestigios en Paleoetnobotánica. A partir de un análisis de la planimetría del sitio de producción agrícola El Alto El Bolsón, ocupado desde el Formativo (inicios de la era cristiana), en adelante, nos hemos planteado hipótesis sobre la funcionalidad de distintos tipos de estructuras de producción (por ejemplo, canchones, aterrazamientos, acequias, corrales). Elegimos como variables de contrastación de las mismas una perspectiva conjunta que tuviera en cuenta emplazamiento, acceso al recurso agua, la morfología arquitectónica de las estructuras y el análisis de los artefactos arqueológicos tanto de superficie como de excavación. Presentamos aquí los resultados en algunas de las estructuras agrícolas estudiadas, específicamente desde la perspectiva conjunta del uso del suelo (características texturales, valores de materia orgánica y pH, concentraciones de fósforo) y el análisis múltiple de microfósiles (fitolitos, silicoalgas, polen, almidón, esferulitas, microcarbones y otros vestigios fósiles de origen vegetal). Llamaremos aquí "*silicoalgas*" al conjunto fósil de diatomeas y crisoficeas.

Palabras Clave: *Arqueología, Análisis múltiple de microfósiles, Agricultura andina, Uso del suelo*

INTRODUCCIÓN

Las sociedades prehispánicas del Noroeste argentino desarrollaron distintas estrategias agrícolas de acuerdo a sus estructuras sociales y laborales, según la disponibilidad de ambientes y tecnologías a lo largo del tiempo. En las últimas dos décadas, los estudios arqueológicos mudaron el eje de la discusión desde la domesticación vegetal y sus dataciones más tempranas, hacia temas como las prácticas agrícolas en sí mismas a partir de aspectos tales como intensificación, uso de abonos, tipos de cultígenos, combinación de cultígenos con prácticas ganaderas, inversión de trabajo, etc. Desde esta perspectiva es que nos propusimos reconocer prácticas agrícolas del pasado y establecer una metodología que permitiera diferenciar distintos usos del suelo.

En tanto el estudio del Pasado es una formalización analógica debido a que el Pasado como tal ya no existe, consideramos importante reconocer que el uso de analogías y comparaciones está en la esencia misma de la Arqueología, siempre y cuando se tome el resguardo de no generar mecánicamente identidades, ni extrapolaciones forzadas. Cualquier disciplina que se pregunte por ecosistemas y sociedades que alguna vez existieron pero que en la actualidad no pueden ser observados directamente, tiene distintos grados de impresión en las reconstrucciones que ofrece. Lo importante es utilizar con atención vigilante (*sensu* Bourdieu 2002) las técnicas e instrumentos analíticos que más confianza nos den en el acercamiento a dicho sistema.

Elegimos para esto un diseño de investigación que tuviera en cuenta el emplazamiento, acceso al recurso agua, morfología arquitectónica de las estructuras, análisis de los artefactos arqueológicos tanto de superficie como de excavación, y el análisis de los suelos y microfósiles contenidos en los mismos sitios. Aquí presentamos el análisis de los suelos, pero este lleva incorporado ya la interpretación del resto de los datos arqueológicos (que hacen a periodificaciones, estilos, etc.)

Las muestras provenientes de espacios productivos fueron tomadas de acuerdo a los horizontes pedogenéticos observados en el campo; es por este motivo que se pueden correlacionar aunque las profundidades sean diferentes. Por otra parte, si bien en algún momento se planteó que los microfósiles eran altamente estables y de escasa movilidad en los suelos (Rovner 1986), sabemos que están sujetos a los mismos procesos tafonómicos y/o pedogenéticos que cualquier otra partícula incluida en la fracción limo de los suelos, por lo tanto los procesos de movimiento vertical y horizontal existen. Sin embargo, en tanto los sedimentos son prácticamente idénticos en todos los casos estudiados y comparados, asumimos que han existido los mismos procesos tafonómicos en todos ellos y por lo tanto la evidencia es siempre comparable en términos relativos. No así en términos absolutos, en el sentido de que se puedan posteriormente extrapolar estos datos a otras regiones.

Debemos advertir que comenzamos esta investigación sin que mediaran antecedentes previos sobre el estudio de microfósiles en suelos agrícolas, aún en otras áreas del mundo. Por lo tanto, todo el camino andado fue pionero en ese sentido y sólo ahora –ante los primeros resultados obtenidos-, estamos en condiciones de proponer una metodología mucho más afinada. También es necesario aclarar que si bien los microfósiles constituyen evidencia independiente en el sentido epistemológico, no deben ser interpretados descontextualizados de la información arqueológica estructural y artefactual. Esto en tanto, por sí solos no permitirían una interpretación adecuada ya que - como cualquier otro vestigio arqueológico-, una misma combinación de estos ecofactos puede interpretarse por circunstancias o actividades diferentes, de acuerdo al contexto de hallazgo.

UBICACIÓN GEOGRÁFICA

El valle del Bolsón se encuentra localizado en el Departamento Belén, Provincia de Catamarca (al Noroeste de la Rep. Argentina) entre los 26°52' y 27°00' de Lat. Sud y los 66°41' a 66°49' de Long. Oeste (Fig.1).

Toma el nombre del curso de agua permanente que lo recorre de Norte a Sur - Río El Bolsón-, perteneciente a la cuenca de Belén. Su ancho máximo es de 2 Km., y su extensión total es de 21 Km. de Norte a Sur. En ese espacio se pueden determinar tres microambientes, correspondientes a las formaciones fitogeográficas Altoandina, Prepuna y Monte (Cabrera y Willnik 1980). A su vez, El Bolsón es un valle alto (2900 -2500 m.s.n.m) categoría que diferenciamos dentro de la zona típica de Valles y Bolsones, de la de valles bajos (Ej. Valle del Hualfín, 1500 m.s.n.m), por tener características ambientales marcadamente diferentes y ser una zona de transición entre la Puna y el resto de la subárea valliserrana (Aschero y Korstanje 1996).

Una de las razones por las que este valle fue elegido como universo de estudio es la importancia que dicha variabilidad ambiental tiene para la exploración de las formas antiguas de producción, circulación y consumo. Otra razón, no menos poderosa, es que constituye una zona de transición entre dos áreas arqueológicas importantes en el período Formativo: la Puna, por la producción de "ganado de la tierra" (camélidos) y los Valles bajos, por la producción agrícola (Korstanje 1996).

Fig. 1. Ubicación del Valle del Bolsón.

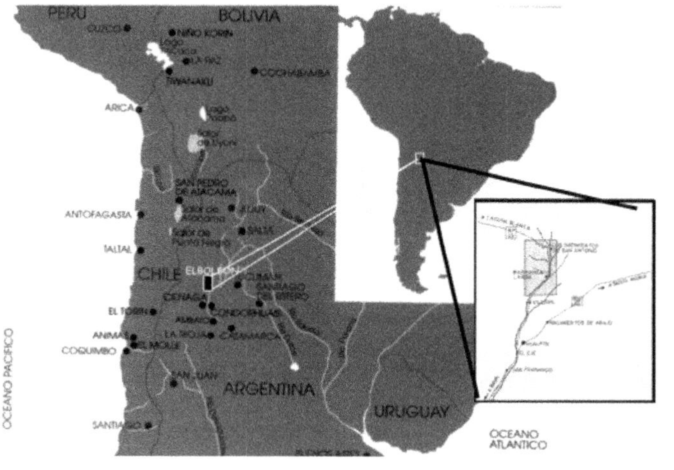

Desde el punto de vista geológico se trata de un ambiente típico de Sierras Pampeanas, representado por diversas formaciones litológicas que marcan al menos tres fisonomías bien distintas en lo que a paisaje respecta: Formaciones paleozoicas (metamorfitas y granitos); conglomerados, areniscas, limolitas y arcillitas del Terciario; y una facie lávica formada por brechas y tobas terciarias de variados colores (Navarro García 1984).

Como es una característica frecuente en el ambiente de las sierras, la presencia de montañas alterna con depresiones intermontanas donde las condiciones de drenaje y sedimentación posibilitan la existencia o conformación de verdaderos oasis de riego. Los suelos son predominantemente de texturas gruesas, pobres en materia orgánica, y pedregosos.

El clima corresponde al tipo Templado Árido de Sierras y Bolsones (Irurzun 1978), que se define por los violentos contrastes de temperatura y monto pluvial entre el período estival y el invernal. En la estación de Andalgalá, que es la más cercana al Bolsón, predominan los vientos del Noreste y Norte. La temperatura media anual es de 18°C, variando las máximas medias anuales entre 26°C a 27°C, y las mínimas entre 12°C y 10°C. La amplitud térmica diaria es considerable, variando unos 15°C según los registros. Lamentablemente, no se cuenta con datos de estaciones meteorológicas locales, o más cercanas que puedan dar cuenta de esas variaciones. Aún así la consideramos en tanto conforma sólo un bosquejo aproximado de la situación, una especie de "identikit", ya que las condiciones pueden haber sido marcadamente diferentes a principios de la era cristiana y primer milenio de la misma, que es la época en que centramos nuestra investigación.

La heliofanía es para Catamarca de las más altas del país, ocupando un tercer lugar con 65 % de horas solares efectivas en relación con las posibles para cada época del año

En cuanto al régimen pluviométrico, las precipitaciones medias se calculan en general alrededor de los 200 mm anuales para los Valles y Bolsones en general, las cuales precipitan concentradas durante los meses estivales. Pero en los valles altos, donde la dirección Norte-Sur predominante y la mayor altura de las sierras determinan una mayor condensación, éstas pueden alcanzar los 450 mm. Nuestros propios aportes al registro local de lluvias realizado con mediciones en pluviómetros caseros (con error controlado) a lo largo de cinco años ininterrumpidos, indican que las zonas más altas, donde están los campos de cultivo prehispánicos aquí estudiados, son las que más agua reciben (Korstanje 2005). La deficiencia de humedad se acentúa por la intensa evapotranspiración. Las heladas se producen entre los meses de Mayo hasta mediados de Septiembre, pero pueden extenderse hasta Noviembre.

DESCRIPCIÓN DEL SITIO

El sitio completo (sectores tempranos o Formativos y post-Formativos) incluye un total de 327 estructuras dispersas. No hay evidencias de utilización agrícola actual (ni por arquitectura, ni por relatos orales, ni por evidencias microfósiles –como veremos más adelante). A partir del plano del mismo hemos podido detectar distintas modalidades productivas. A modo de hipótesis planteamos un manejo de la producción agrícola general del siguiente modo: a) un primer momento con riego de agua de temporal y con control de escorrentías en función de minimizar la pérdida de suelo y maximizar el esparcimiento del agua; y b) un segundo momento con manejo de agua tomada de acequias. Estas modalidades podrían corresponder a momentos cronológicos bien diferenciados, aunque también se observa en la arquitectura que se reocupan espacios más antiguos (Korstanje 1999).

Si bien en parte hay superposición de ocupaciones, hemos localizado un sector en la zona apical que presenta sólo rasgos Formativos (Fig. 2.) tanto desde el punto de vista arquitectónico como a partir de la evidencia de la cerámica de superficie y excavación. En este sector, las estructuras agrícolas de piedra son de distintos tipos: circulares aisladas y agrupadas; alineamientos transversales a la pendiente, y aterrazamientos cerrados. Sobre estos tipos de estructuras es que realizamos los análisis que describiremos más adelante.

A partir de los vínculos interespaciales que se observan en el plano, hemos planteado relaciones entre estructuras agrícolas de distinto tipo -riego, despedre, etc- con las estructuras domésticas, funerarias, artefactos de molienda fijos, monolitos, áreas de tránsito y áreas de restricción al paso. Esta visión del sitio en su conjunto es importante para integrar el problema de la producción agrícola a otros problemas de la economía prehispánica tales como la distribución y el consumo. En ese sentido, también se ha considerado la proximidad y relación de las estructuras construidas a las distintas formas topográficas: cercanía a los barrancos, cursos de agua naturales permanentes y temporarios; zonas con afloramientos rocosos, etc. (Korstanje 2005, Quesada y Korstanje 2007).

Fig. 2. Plano sector apical del sitio El Alto El Bolsón.

El sitio en su conjunto se encuentra emplazado desde el punto de vista geomorfológico sobre la superficie de un cono aluvial, desarrollado por la depositación cíclica de materiales transportados por flujos de detritos, provenientes de las laderas aledañas. El cono está flanqueado por dos cursos fluviales, producto de la epigénesis holocena, que produjo su disección, alcanzando la mayor profundidad de incisión hacia la parte apical (Collantes com. pers. 1999) y se encuentra entre los 2950 -3200 m.s.n.m.

Los suelos en general son de escaso desarrollo (perfil tipo A/C) provenientes de la meteorización de las rocas de la zona y con menor aporte de sedimentos de origen eólico (Cuenya 2004).

METODOLOGÍA

Sobre la planimetría de estructuras de producción agrícola y núcleos domésticos realizada para el sitio (ver Figura 2), se planificó un muestreo estratificado al azar de suelos y sedimentos para análisis físico-químico y de microfósiles. Los estratos de muestreo se diseñaron según la morfología arquitectónica de las estructuras en superficie, a saber: aterrazamientos de línea transversal; terrazas con una sola pared lateral; terrazas con dos paredes laterales; círculos o "canchones". El total de estructuras muestreadas fue de dos (2) por cada tipo de estrato (n=8), sobre un total de 124 estructuras sorteadas al azar. A su vez, las muestras han sido tomadas en una calicata por estructura, y de acuerdo a los niveles pedogenéticos observables en el campo. Estas fueron sub muestreadas para microfósiles y para las determinaciones pedológicas. De la totalidad de muestras extraídas (n=88) se han seleccionado por muestreo estratificado al azar n=58 para análisis de suelos y n=41 para análisis conjunto de suelos y microfósiles.

Para la descripción de los suelos se siguieron las Normas de Reconocimiento de Suelos (Echevehere 1976) y en laboratorio se les realizaron determinaciones de textura (método de Bouyoucos); pH (relación suelo-agua 1:2,5); porcentaje de materia orgánica (método de Walkley yBlack) y en algunos casos, Fósforo Total (Bray - Kurtz).

Los microfósiles se procesaron por el método de extracción múltiple de microfósiles, que implica un bajo uso de productos químicos agresivos, para observar un máximo de tipos de microvestigios (Coil *et al* 2003, Korstanje 2002). La clasificación cualitativa sigue básicamente la taxonomía de Bertoldi de Pomar (1971) con algunas modificaciones propias, siguiendo en la descripción al código ICPN (2005). Para la cuantificación se maneja el método de la alícuota, frecuencias y densidades. Para frecuencias de fitolitos por clases ver Tabla 2 al final. En este trabajo no se realizaron análisis estadísticos multivariados.

Para la identificación del maíz se sigue el método de identificación de variantes (Piperno 1984, 1988, Piperno y Pearsall 1998, Pearsall *et al* 2003), y la no correspondencia de otras Poaceas de la región con el morfotipo cruces (Korstanje 2002). Para la identificación de silicofitolitos y gránulos de almidón de otras plantas útiles seguimos la clasificación de Korstanje y Babot (2007). En tanto el tipo denominado más adelante "*símil palmáceas*" no ha sido publicado se realiza a continuación la descripción (Fig 3), siguiendo el código ICPN.

EXPECTATIVAS DE CORRELACIÓN ENTRE ASOCIACIONES DE MICROFÓSILES Y CARACTERÍSTICAS FÍSICO-QUÍMICAS DE LOS SUELOS

Llamamos "*símil* Palmáceas" a los globulares espinados, similares a Arecaceae, pero que no corresponden a dicho taxón. Hasta el momento no se ha podido referenciarlos a un taxón moderno, pero provendrían de Monocotiledoneas (L. Vrydragh com.pers. 2002) y es posible que provengan de las raíces (L. Cummings com.pers. 2002)

Silicofitolito globular granular/erizado, "*simil* palmácea 1"

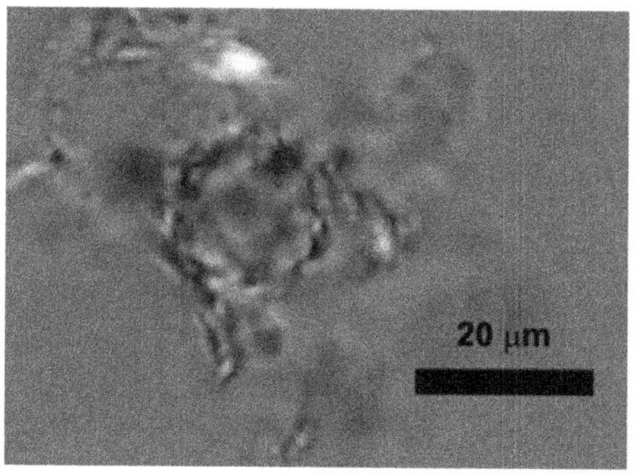

Silicofitolito globular granular, "*simil* palmácea 2"

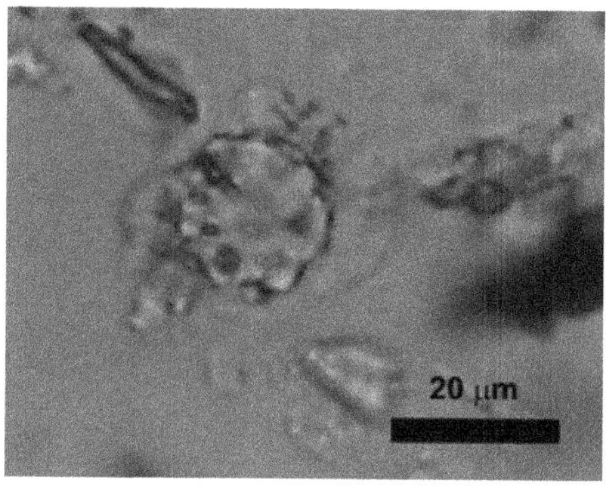

Cabe aclarar que en dos ocasiones, especialistas en fitolitos de Arecáceas en sud América (L. Del Puerto com pers 2000) y Norte América (L. Kealhofer com pers 2001) observaron en el microscopio estos silicofitolitos y en ambos casos coincidieron que a pesar de su similitud, los parámetros morfológicos no corresponden a Arecáceas. Según ambas especialistas, son muy similares, pero los ángulos de las ornamentaciones son más redondeados en este caso.

Fig. 3: Descripción del tipo "*simil* palmácea".

Para elaborar estas correlaciones debemos antes aclarar algunos de los supuestos de los cuales partimos, basados en estudios actualísticos. No se dispone de estudios paleoambientales locales, pero tal calibración está en curso, al igual que la tafonómica.

a) La disponibilidad de silicofitolitos y otros microfósiles de origen vegetal en los suelos actuales ha sido ya estudiada (Florez y Parra 2002). En estudios *proxy* de tipo formación de conjuntos silicios tales autores constatan que "La cantidad de fitolitos no disminuye con la profundidad del perfil *pero si existe una acumulación importante en el horizonte superficial de estos suelos*, hecho que plantea la posibilidad de utilizarlos en el reconocimiento de paleosuelos" (Flórez y Parra 2002b s/p, el resaltado es nuestro).

Como resultado, se ha podido constatar que en suelos donde la vegetación no ha sido removida y las especies predominantes son productoras de silicofitolitos típicos, éstos se encuentran en abundancia, salvo condiciones de pH básicos (Rovner 1983).

b) En cuanto a los otros tipos de microfósiles, se sabe que la mayor abundancia de diatomeas en suelos es un indicador de la presencia de agua (Stoermer y Smol 1999), mientras que la mayor abundancia de crisoficeas puede ser un indicador de suelos con abundante disponibilidad de Nitrógeno (Binford *et al* 1996).

c) Desde del punto de vista de los suelos se toma en cuenta como parámetro de comparación las situaciones que se plantean en un suelo bajo uso agrícola en la actualidad. En este caso, el nivel medio o promedio de M. O. (materia orgánica) disminuye como consecuencia de la incorporación de nutrientes durante el ciclo fisiológico de la planta y la posterior exportación durante la cosecha, pero esta situación puede ser paliada usando técnicas conservacionistas como barbecho, la quema, y el estercolado (Buckman y Brady 1977, Cepeda Dovala 1991, Porta Casanellas *et al* 2000).

A partir de estas analogías con la situación actual, planteamos como hipótesis a corroborar en campos de cultivo antiguos las siguientes correlaciones entre variables:

1. Si hay valores altos de M.O. y proporciones de silicofitolitos comparables a las muestras de campo abierto, se puede interpretar como *suelo no utilizado*.

2. Si hay valores bajos de M.O. y abundancia de silicofitolitos, se puede interpretar como *suelo utilizado para agricultura (¿agotado?)*.

3. Si hay M.O. variable a lo largo del perfil pedológico, y en un momento un incremento de la misma coincide con abundancia de silicofitolitos y presencia de esferulitas, se puede interpretar como *suelo utilizado para agricultura y abonado*.

4. Si hay valores bajos de M.O; abundancia de silicofitolitos, y abundancia de micro-carbones, se puede interpretar como que el *suelo fue utilizado para agricultura con prácticas de quema de rastrojos*.

5. Si hay en un nivel del suelo presencia de abundantes silicoalgas (especialmente diatomeas), se puede interpretar como *práctica de riego*.

6. Si hay presencia de abundantes crisoficias, se puede interpretar como un nivel con *mayor proporción de Nitrógeno*.

DESCRIPCIÓN PEDOLÓGICA Y FISIOGRÁFICA GENERAL DEL SECTOR EN ESTUDIO

Corresponde a la media-loma alta del cono. La pendiente es de clase 3 (del 3 al 10%). El escurrimiento va de medio a rápido, con una permeabilidad moderada. La vegetación natural corresponde al pastizal de altura con una cobertura entre el 70 al 80% (cobertura mediana). El material parental está constituido por las rocas graníticas disgregadas y con algún aporte más fino (eólico?). Texturalmente es homogéneo (entre arenoso-franco y franco- arenoso) con estructuras débil a moderadamente desarrolladas. El pH es débilmente ácido. Es destacable el contenido de humedad que, después de los primeros centímetros secos, se incrementa en profundidad.

Perfil tipo en Campo Abierto (o Área sin estructuras arqueológicas observables en superficie).
Muestras a (0-20) y (20-46cm).

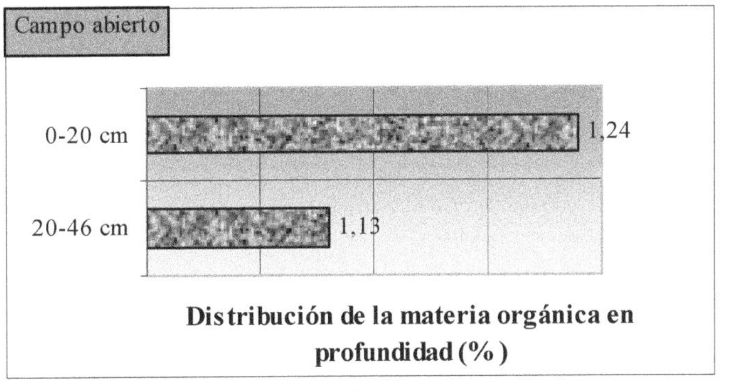

Tabla 1

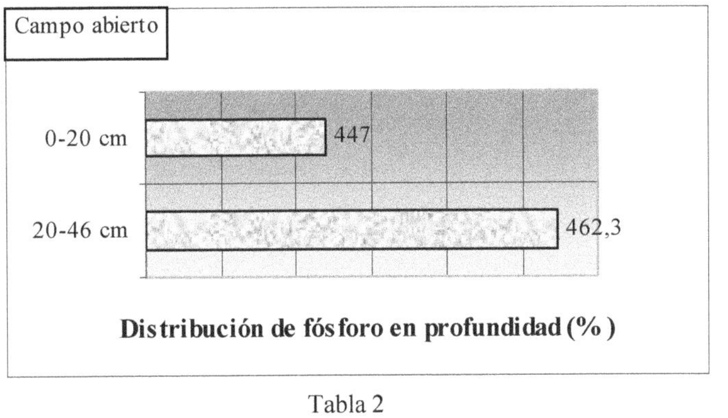

Tabla 2

Descripción pedológica

Las texturas son homogéneas, franco arenosas. La materia orgánica se mantiene en profundidad prácticamente en forma constante. Los pH aumentan levemente en profundidad hacia la neutralidad. Los valores de fósforo presentan las concentraciones típicas de un suelo con una vegetación natural, donde en el nivel inferior el valor es mayor porque no hay vegetación que lo utilice, y dada su estabilidad, permanece en el medio edáfico. Se da por terminado el muestreo cuando se llega a un nivel de rodados grandes.

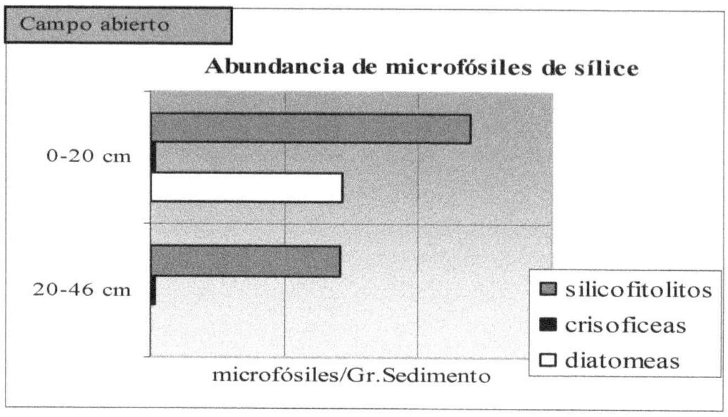

Tabla 3

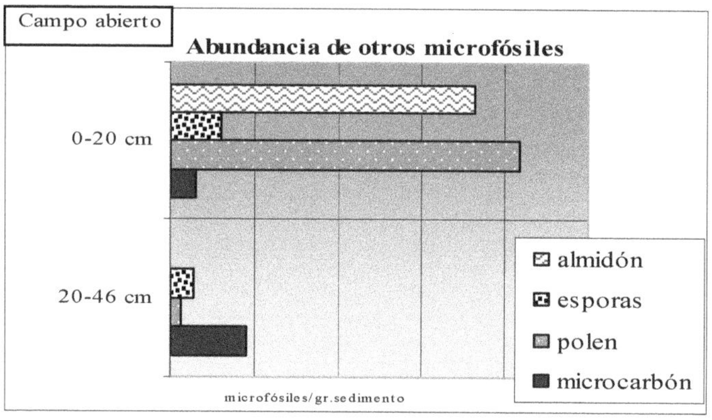

Tabla 4

Descripción de microfósiles

En cuanto a los silicofitolitos, la mayor abundancia de microfósiles en el nivel superficial y su disminución en profundidad responde a los parámetros comúnmente esperados en una muestra no antropizada. Lo mismo sucede para el resto de los microfósiles que no habían sido analizados en este sentido previamente.

RESULTADOS EN PERFILES ARQUEOLÓGICOS

A continuación presentamos algunos de los resultados del análisis conjunto pedológico y de microfósiles en los distintos tipos de estructuras seleccionadas por su interés a los efectos de este estudio (para su ubicación ver Fig. 2). Para ver resultados detallados de los análisis de suelos ver Tabla 5. No se adjuntan todas las tablas para el análisis de microfósiles por una cuestión de espacio. No obstante ello, las mismas se encuentran a disposición de quien quiera consultarlas (Korstanje 2005) al igual que el resultado en el resto de las estructuras.

LÍNEAS TRANSVERSALES

Descripción arqueológica general

Son muros de contención simple, ubicados en la zona alta del cono. Cortan el sentido de la pendiente y de las escorrentías. Dentro de los parámetros tomados para comparar las estructuras de cultivo, la cantidad de piedras por unidad es baja (4 a 6); hay líquenes amarillos y verde claro, rojos y negros (en algunos casos, abundantes); la presencia de sedimento entre las piedras es escasa; la altura máxima del muro es muy baja (0,30 a 0,42 m) y no hay superposición de piedras en altura o sólo hay superposición de una línea de piedras. Se propone hipótesis de uso agrícola.

Suelos	Prof	arena	limo	arcilla	clase textural	mat org	pH	fósforo
campo abierto	5-15 cm	70,4	12,4	17,2	fco. arenoso	1,24	6,46	447
	15-25 cm	70,4	12	17,6	fco. arenoso	1,13	6,63	454,6
	30-35 cm	66,4	16	17,6	fco. arenoso	1,13	6,72	462,3
Estr. 33	5-15 cm	80	13,6	6,4	arenoso fco.	1,03	6,54	
Estr. 41	5-15 cm	78	15,6	6,4	arenoso fco.	1,2	6,41	
	30-40 cm	82	10,6	7,4	arenoso fco.	0,51	6,71	
Estr. 77	0-5 cm	80	11,6	8,4	arenoso fco.	0,65	6,32	440,9
	20-30	76	8,2	12,4	fco. arenoso	0,48	6,49	427,8
Estr. 61	0-25 cm	80,8	11,2	8	arenoso fco.	2,09	6,29	
Estr. 99	0-10 cm	63,2	19,6	17,2	fco. arenoso	2,78	6,6	
	10-20 cm	65,2	15,6	19,2	fco. arenoso	1,61	6,62	509,5
	20-30 cm	65,2	15,6	19,2	fco. arenoso	1,51	6,8	511,6
Estr. 19	0-7 cm	78,8	15,2	6	arenoso fco.	2,1	6,45	
	7-27 cm	78,8	13,2	8	fco. arenoso	1,13	6,7	518,6
	27-40 cm	78,8	9,2	12	fco. arenoso	0,76	6,66	494
Estr. 104	5-15 cm	79,2	15,2	5,6	arenoso fco.	1,41	6,46	
	15-30 cm	79,2	14,2	6,6	arenoso fco.	1,41	6,57	414
	30-45 cm	79,2	13,2	7,6	arenoso fco.	0,72	6,67	399,2

Tabla 5: Valores que caracterizan los suelos.

Estructura 33. Muestra a (5-15 cm, luego rocas de base)

Descripción de microfósiles

En un bajo número total de silicofitolitos, predominan las monocotiledóneas, donde sobresalen ampliamente los silicofitolitos correspondientes a Pooides (probablemente *Stipa* sp, *Festuca* sp), seguidos de Arundinoides (tipo *Arístida* sp) y en menor medida los *simil* Palmáceas. No hay Panicoides. En cuanto a morfotipos, predominan las Estrobioloitas, seguidas de Micro-Prismatolitas y las Globulolitas (estas últimas correspondientes a lo que denominamos *simil* Palmáceas). El número de diatomeas y crisoficeas es el esperable para una muestra común a esta profundidad al igual que los otros microfósiles presentes (esporas, polen y micro-carbones).

Interpretación

Consideramos que la muestra responde a los estándares normales de una muestra a campo abierto, sin alteraciones por uso antrópico. La relación entre densidades de silicofitolitos y silicoalgas es la normal. Probablemente no se trate de una estructura arqueológica destinada al cultivo sino al manejo del agua, para mitigar el efecto de la pendiente sobre las estructuras de cultivo que se encuentran pendiente bajo.

Estructura 41. Muestra (5-15 cm) y (30-40 cm)

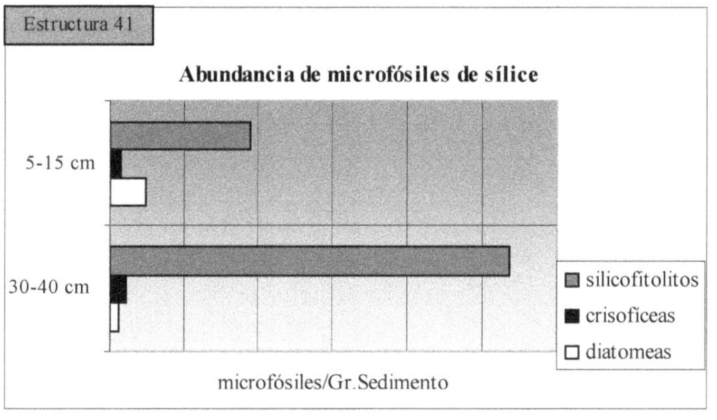

Tabla 6

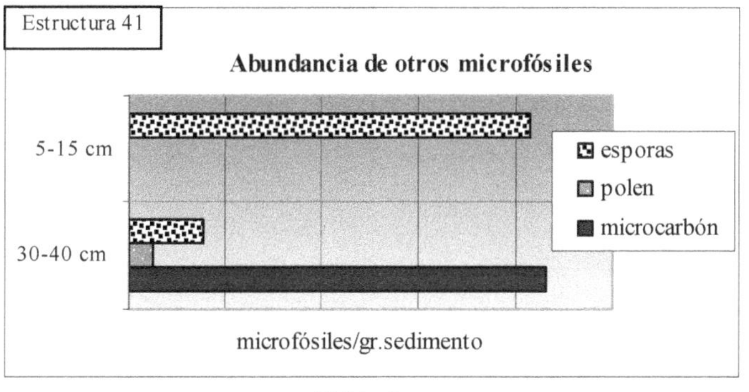

Tabla 7

Descripción de microfósiles

La primera muestra, entre los 5-15 cm., revela una proporción de silicofitolitos comparable a la estructura 33 ya analizada; sin embargo, hay un importante aumento de la frecuencia de silicofitolitos en profundidad (aunque en general, son muy escasos). Las diatomeas son muy pequeñas (25 micras de largo). Es llamativo que ente ambos niveles cambian las distribuciones tanto de morfotipos como de subfamilias. Entre los 5-15 cm. predominan las símiles Palmáceas, seguidas por Pooides, Arundinoides y la presencia de Panicoides. Correspondientemente, como morfotipos predominan las Globulolitas, seguidas de las Estrobiololitas y Halteriolitas. Mientras que en el nivel de 30 a 40 cm se observa el predominio de Pooides, Arundinoides y escasas símil-Palmáceas. Correspondientemente predominarán las Estrobiololitas, seguidas de las Micro-Prismatolitas y Halteriolitas en partes similares y escasas símil-Palmáceas. En ambos casos hay Panicoides pero en baja frecuencia. En el segundo nivel aparecen micro-carbones en alta frecuencia y disminuyen las diatomeas. El polen es de Gramíneas.

Interpretación

Lamentablemente, al no poder identificar la correspondencia de las símil-Palmáceas con una Familia o Subfamilia, no nos es posible interpretar adecuadamente el primer nivel de esta estructura, pero el segundo nivel cumple con las características asignadas al cultivo de maíz, incluso por la importante disminución de materia orgánica registrada. El nivel superior da la imagen de un suelo lavado.

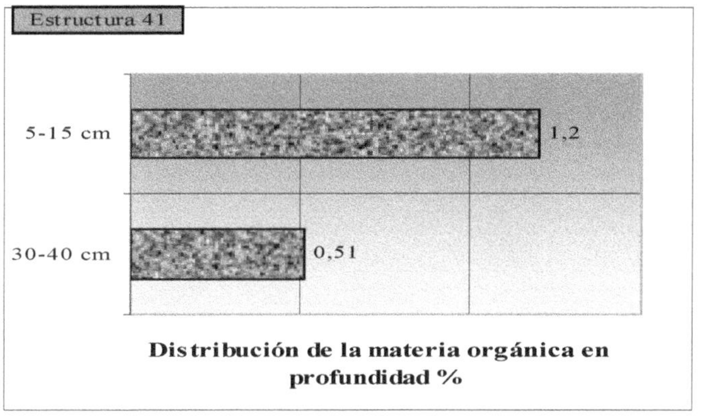

Tabla 8

Estructura 77. Muestras a (0-5 cm) y (20-30 cm)

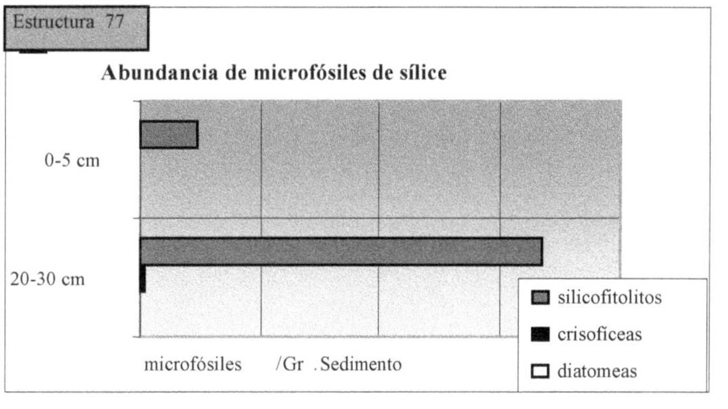

Tabla 9

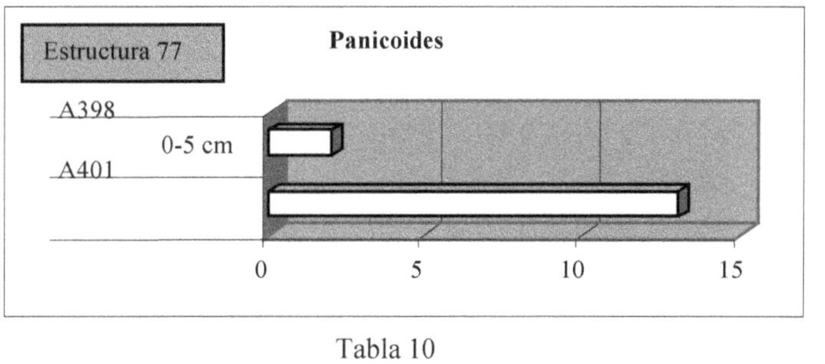

Tabla 10

Descripción de microfósiles

La muestra hasta los 5 cm. muestra un bajo número total de silicofitolitos, que aumenta considerablemente en el nivel entre 20 y 30 cm, este hecho es notable en relación a la distribución normal esperable. En ambos casos predominan las monocotiledóneas, donde sobresalen los silicofitolitos correspondientes a Pooides (probablemente *Stipa* sp., *Festuca* sp.), seguidos de Arundinoides (*Arístida* sp.). La segunda muestra se distingue no sólo por el aumento de la frecuencia absoluta de silicofitolitos sino por la aparición de

Panicoides y en menor medida los *símiles* Palmáceas. En cuanto a morfotipos la tendencia predominante de Estrobioloitas, seguidas de Micro- Prismatolitas, Halteriolitas y finalmente Globulolitas se incrementa en la muestra del nivel inferior, con el agregado que aquí aparecen Flabelolitas. El número de silicoalgas es el esperable para una muestra común, sin embargo, en la muestra más profunda hay un considerable aumento de micro-carbones. El polen del nivel superior (0-5) corresponde a Gramíneas.

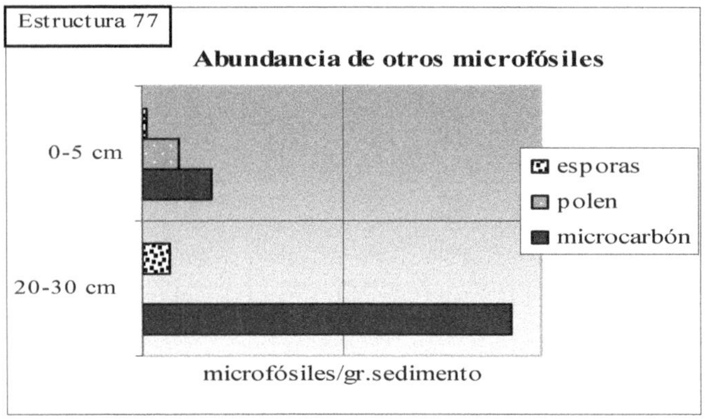

Tabla 11

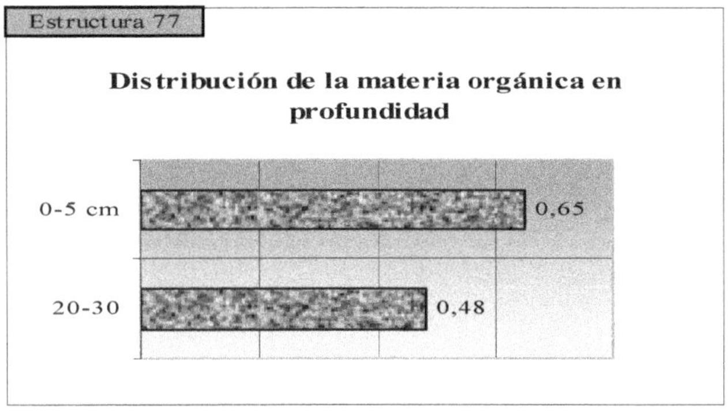

Tabla 12

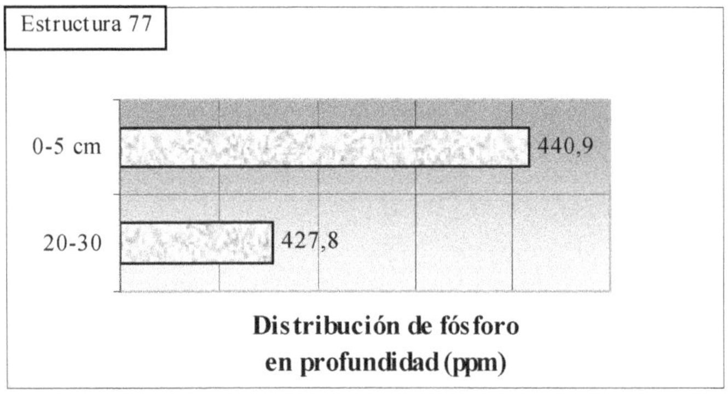

Tabla 13

Interpretación

No hay *Pennisetum* sp. en la zona en la actualidad por lo cual el Panicoide con más posibilidades es un antiguo cultivo de maíz (*Zea mays* sp), además de que las medidas y formas coinciden. Si esto se hubiera dado en el nivel superior de la columna podríamos pensar que son fitolitos arrastrados desde la estructura 19, que está aguas arriba y también presenta Panicoides en dos de sus tres niveles. Las Flabelolitas pueden indicar un micro-ambiente más húmedo. La frecuencia total de silicofitolitos es notable en el nivel 20-30cm comparativamente con otras muestras tomadas a la misma profundidad. La alta proporción de micro-carbones en el nivel inferior podría estar en relación a prácticas agrícolas del tipo quema de rastrojos.

Por último, la disminución del porcentaje de materia orgánica en el nivel inferior estaría indicando un suelo usado para cultivar, lo mismo que el fósforo, que se exportan con la cosecha.

Como resultado de todas estas observaciones, consideramos que la estructura 77 fue un espacio agrícola donde se habría cultivado maíz.

Estructura 61. Muestra a (0-25 cm, luego rocas)

Descripción de microfósiles

La muestra, tomada según sus características edáficas como continua entre los 0 y 25 cm, revela algunas características interesantes. La frecuencia comparativa de silicofitolitos es bajísima y sigue las tendencias anteriores para este nivel, con el agregado de presencia de Panicoides y ausencia de Flabelolitas (que al ser tan bajo el número absoluto de silicofitolitos, no es un dato significativo).El número de diatomeas es abundante y el único tipo de microfósiles no-silíceos presente es polen de gramíneas.

Interpretación

Al igual que la anterior podría haber sido utilizada para el cultivo del maíz a pesar de la presencia de unos pocos Panicoides, pero la bajísima frecuencia de silicofitolitos y los valores de materia orgánica muy altos, podrían corresponder a una situación donde no hay cultivo, sino condiciones normales, potenciadas por un endicamiento producido por la hilera de piedras que cortan la escorrentía.

Si no hubiera cultivo, los pocos Panicoides pueden venir por arrastre de la estructura 19 –observar que en la 61 sí se encontrarían los Panicoides en "superficie"-.

TERRAZAS CON UNA SOLA PARED LATERAL

Descripción arqueológica general

Están ubicadas en la zona media de la mesada. Las líneas intermedias (melgas) cortan el sentido de la pendiente y están contenidas por la pared lateral que es paralela a la pendiente. No se observa sistema de riego artificial. Por su ubicación y morfología han sido asignadas, dentro del esquema general del sitio, como correspondientes al primer momento Formativo.

Dentro de los parámetros tomados para comparar las estructuras de cultivo, la cantidad de piedras por unidad es media (6 a 10); hay líquenes amarillos y verde claro, rojos, negros (en algunos casos, abundantes); la presencia de sedimento entre las piedras es escasa; la altura máxima del muro es muy baja (0,30 a 0,42 m) y no hay superposición de piedras pircadas o sólo hay superposición de una piedra. Se propone hipótesis de uso agrícola.

Estructura 99. Muestras a (0-10 cm); (10-20 cm) y (20-30 cm)

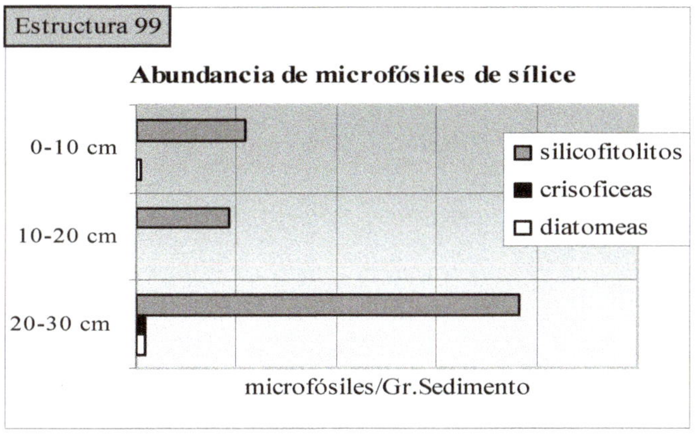

Tabla 14

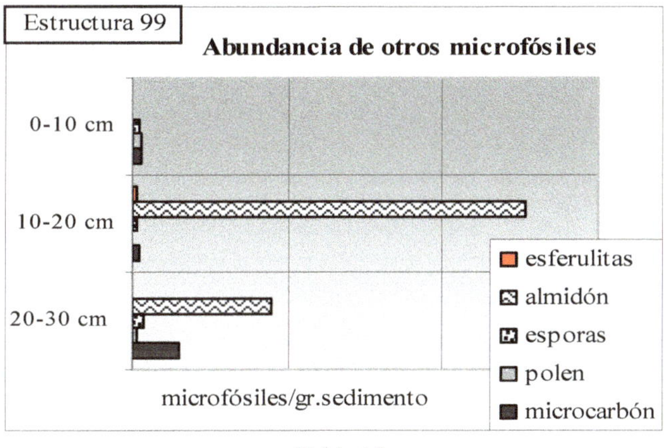

Tabla 15

Descripción de microfósiles

Nuevamente hay un aumento importante de silicofitolitos en los niveles más profundos, lo cual es contrario a las situaciones no-antropizadas. Entre el nivel 0-10 y los dos posteriores hay un cambio interesante en la distribución de las frecuencias de morfotipos. En el primero predominan las Micro-Prismatolitas, seguidas de Estrobiololitas y Globulolitas, mientras que en los dos siguientes el predominio es de Estrobiololitas, seguidas de Micro-Prismatolitas, Globulolitas y Halteriolitas. La frecuencia de Panicoides es casi insignificante en el primer nivel y vuelven a aparecer en mayor concentración en el último nivel.

El segundo nivel no tiene Panicoides. La predominancia en los tres niveles es de Pooides y, en menor medida, Arundinoides. En el nivel 0-10 el polen es de Gramíneas.

Lo que sí resulta llamativo en los niveles inferiores es la presencia de gran cantidad de almidones medianos. En el nivel 10-20 la proporción de almidones es considerablemente más alta y son de tipo *Solanum* sp ("papa") y hay presencia de esferulitas y fragmentos de silcofitolitos de Cucurbitáceas (ver Fig. 4 al final).

Mientras que en el nivel 20-30 disminuye la presencia de almidón, aparecen almidones del tipo "ojo de mosca" (Chenopodiáceas); no hay esferulitas, hay algo de polen de maíz y hay un incremento de micro-carbones.

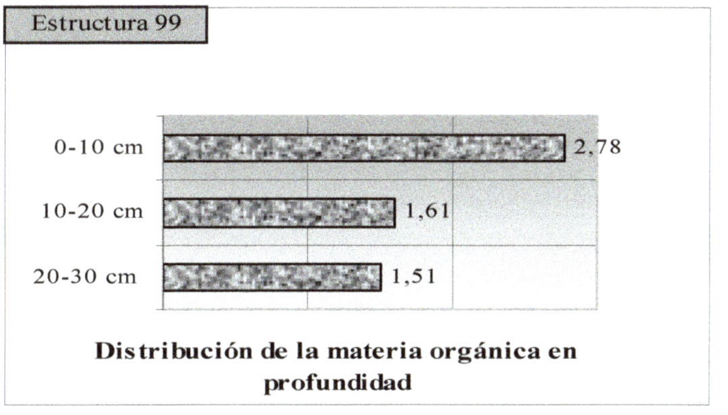

Tabla 16

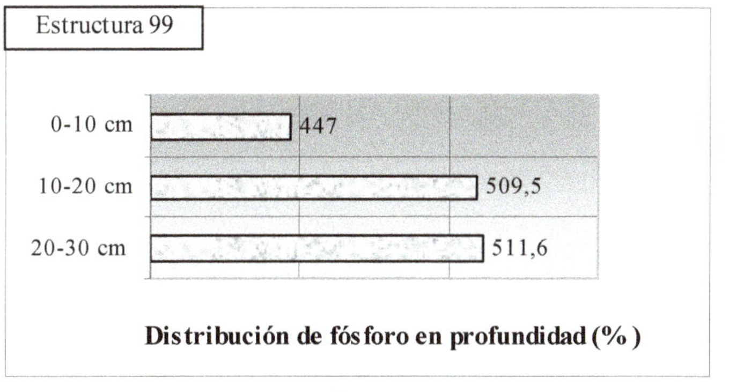

Tabla 17

Interpretación

Consideramos que esta estructura, claramente para cultivo desde el punto de vista de la arquitectura agrícola, muestra las tendencias precedentes de uso del suelo para cultivo pero con algunos parámetros distintos a los anteriores. Lo que podría estar explicando un manejo diferente, en el sentido de una rotación de cultivos o en una práctica agrícola más especializada. Pensamos que en el nivel inferior se cultivó maíz (combinación de Panicoides, micro-carbones, polen, silicoalgas) y luego se fertilizó el terreno para cultivar tubérculos. Esto se basa en que en el nivel 10-20 tenemos una alta presencia de almidones, presencia de fertilizantes naturales ("*guano*"), baja cantidad de micro-carbones (el rastrojo de tubérculos no se quema), baja frecuencia de silicofitolitos (los tubérculos casi no los producen) y ausencia de silicofitolitos de Panicoides. Los porcentajes de materia orgánica y de fósforo que se mantienen altos en los niveles de abajo (quizás por la presencia de abonos) y el aumento de silicofitolitos en los mismos, confirman esta práctica agrícola en esta estructura. Por ahora no interpretamos las Cucurbitáceas como cultivo ya que son muy pocos micro-ejemplares.

TERRAZAS CON DOS PAREDES LATERALES

Descripción arqueológica general

Están ubicadas en la zona alta de la mesada. Las líneas intermedias (melgas) cortan el sentido de la pendiente y están contenidas por dos paredes laterales que corren paralelas a la pendiente. No se observa sistema de riego artificial. Por su ubicación y morfología han sido asignadas, dentro del esquema general del sitio, como correspondientes al momento Formativo del mismo. Dentro de los parámetros tomados para comparar las estructuras de cultivo, la cantidad de piedras por unidad es media (6 a 10); hay líquenes amarillos y verde claro, rojos, negros (en algunos casos, abundantes); la presencia de sedimento entre las piedras es escasa; la altura máxima del muro es muy baja (0,30 a 0,42 m) y no hay superposición de piedras pircadas o sólo hay superposición de una piedra. Se propone hipótesis de uso agrícola.

Estructura 19. Muestras a (0-7 cm); (7-27 cm) (27-40 cm)

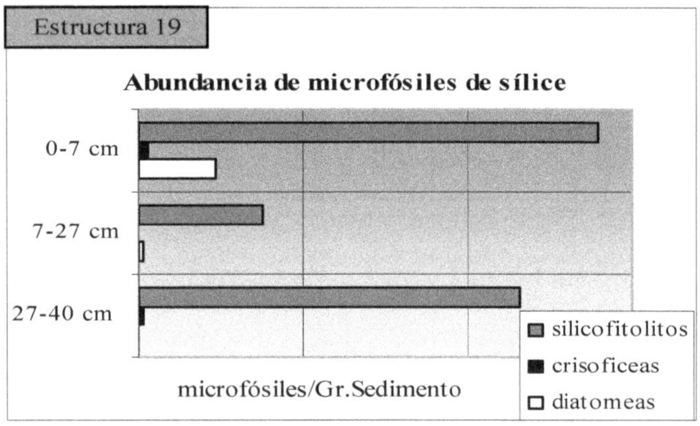

Tabla 18

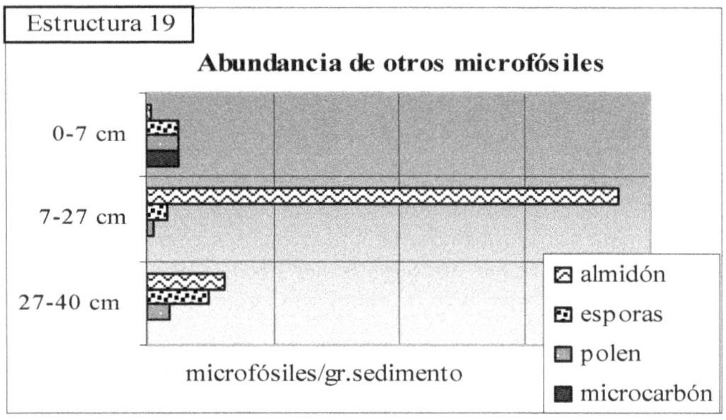

Tabla 19

Descripción de microfósiles

En este caso, los silicofitolitos son muy escasos en todo el perfil, pero aumentan comparativamente en el último nivel (27-40). No hay cambios en la distribución de las frecuencias de morfotipos, pero sí aumentan las Globulolitas en el nivel más profundo. En general predominan las Estrobiololitas, seguidas de Micro-Prismatolitas y Globulolitas, mientras que en los dos siguientes el predominio es de Estrobiololitas, seguidas de Micro-Prismatolitas y Globulolitas. La frecuencia de Panicoides es mayor en el segundo nivel. La predominancia en los tres niveles es de Pooides y, en menor medida, Arundinoides.

Hay gran cantidad de almidones circulares medianos del tipo *Zea mays* sp ("maíz") en el nivel medio (7-27cm), que es donde están también los escasos silicofitolitos de Panicoides. En este nivel los silicofitolitos son más bien de tamaño pequeño. No hay esferulitas. En todos los niveles hay polen de Gramíneas cuyos valores se incrementan en profundidad.

Tampoco es considerable la cantidad de micro-carbones. La disminución de materia orgánica nos está indicando el uso agrícola del suelo. Es llamativo, en cambio, el comportamiento del fósforo en ese mismo nivel, que presenta una mayor concentración la cual podría (¿?) corresponder a una fertilización en base a hueso quemado. Esta práctica muy común en la fertilización de suelos destinados a tubérculos y que no es posible identificar a través del estudio de microfósiles. Estamos evaluando otras metodologías para identificar tal práctica

.

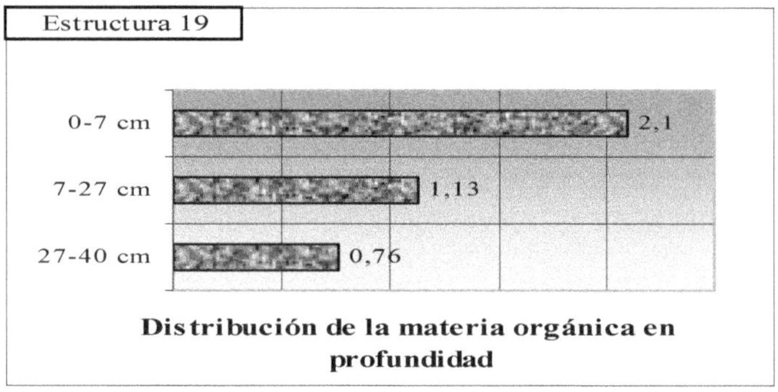

Tabla 20

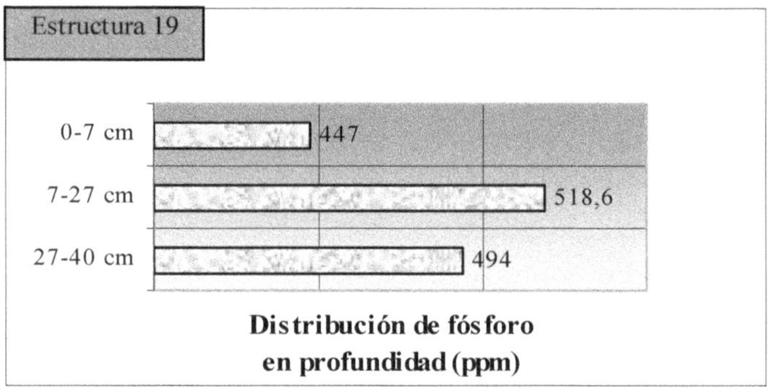

Tabla 21

Interpretación

Esta es una muestra compleja de desentrañar. Al igual que la anterior, la morfología arquitectónica arqueológica no deja lugar a dudas de que se trata de una estructura de cultivo. Este dato es interesante porque nos obliga a interpretar los datos en ese sentido, al igual que el decrecimiento de materia orgánica.

Sólo se evidencian cultígenos en el nivel medio (7-27 cm) que se interpretan como pertenecientes a las prácticas de cultivo de tubérculos (abundantes almidones, escasos silicofitolitos), pero también es el nivel donde predominan los Panicoides y donde hay almidón de maíz. En tanto no están los otros parámetros que tomamos para identificar cultivo de maíz (diatomeas por el riego, gran incremento de silicofitolitos, y micro-carbones, no podemos explicar claramente cuál fue la práctica establecida. No se observó la presencia de fertilizantes (esferulitas) en este caso, pero su ausencia puede deberse a diversos factores (Korstanje 2004).

DOBLE CÍRCULO o CANCHONES

Descripción arqueológica general

Círculo grande en asociación a otro de similar tamaño. Casi no hay piedras y se puede seguir excavando más abajo de los 0,55 m. Se propone hipótesis de uso agrícola.

Estructura 104. Muestras a (5-15 cm); (15-30 cm) y (30-45 cm)

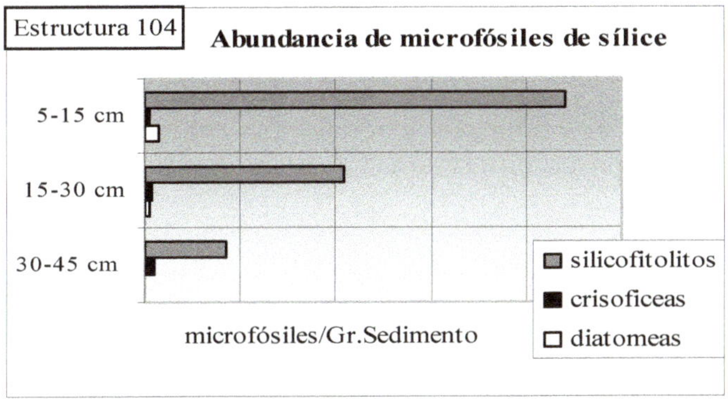

Tabla 22

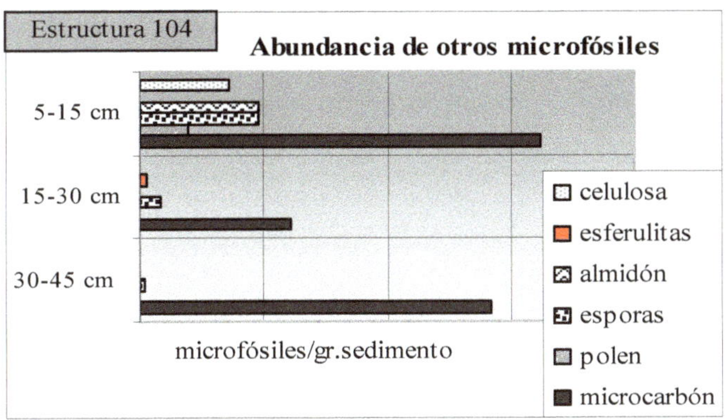

Tabla 23

Descripción de microfósiles

En general las muestras tienen mucha mayor abundancia de silicofitolitos que las que analizáramos más arriba. Con respecto a éstos, el nivel más interesante es el segundo (15-30), donde hay un considerable aumento de los mismos. Es en este nivel también donde aparecen los Panicoides y se determina un claro contexto maicero en las observaciones de microscopio (ver Fig. 5 al final). También se reportan silicofitolitos encadenados tipo *Canna* sp. ("achira"), pero no los tomamos como tales hasta no profundizar su estudio en tanto son escasos y el clima no es apto para tal cultivo.

En cuanto a las morfotribus no hay grandes cambios manteniéndose la tendencia de predominar las Estrobioloitas, seguidas de Micro-Prismatolitas, Globulolitas y Halteriolitas.

Los almidones están en el nivel más superficial, donde también hay comparativamente gran cantidad de anillos de celulosa, polen (de Gramíneas) y micro-carbones. La variabilidad de silicoalgas es notable. En el segundo nivel, en cambio, aparecen las esferulitas y desaparecen los microfósiles anteriores, excepto el micro-carbón. Mientras que en el tercer nivel sólo hay micro-carbón (muy abundante otra vez) y esporas, pero se mantienen las características de contexto maicero de acuerdo a los silicofitolitos y la abundancia y variabilidad de silicoalgas. El polen es de Gramíneas. La materia orgánica es igualmente alta en los dos niveles superiores y decrece en el nivel inferior.

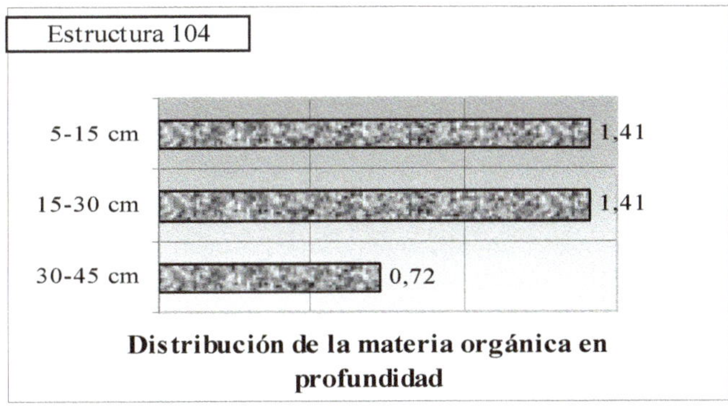

Tabla 24

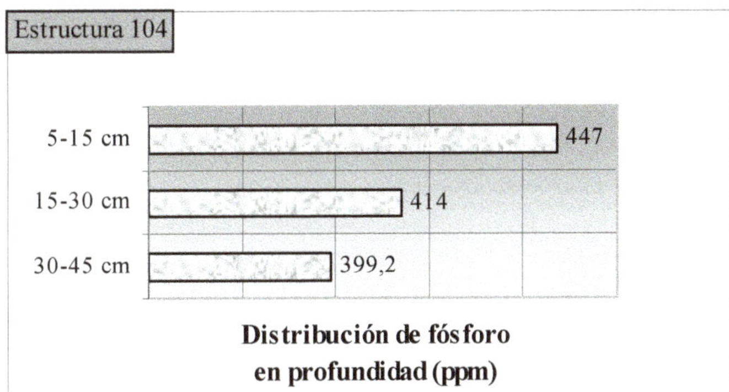

Tabla 25

Interpretación

Es probable que esta estructura (bien conservada pero de muros muy bajos y cercana a la toma de agua) haya sido utilizada alternativamente como corral y como campo de cultivo, lo cual se apoya no sólo en las evidencias microfósiles y de niveles de materia orgánica, sino en la arquitectura de la misma. Es posible también que haya habido una ocupación superior más moderna, con otro tipo de cultivo que no hemos podido distinguir. La abundancia absoluta de silicofitolitos es mucho mayor que en el resto de las muestras, excepto los casos de viviendas (Korstanje y Cuenya 2008).

El primer nivel parece un nivel con alguna actividad de tipo basurero, patio de tareas, etc, mientras que el segundo debe haber sido cultivado con maíz por la alta presencia de Panicoides y presencia de esferulitas. La situación inversa –o sea, un corral en lugar de campo de cultivo y por lo tanto esferulitas implicando "*guano*" pero no fertilizante y Panicoides como ingesta de los camélidos- no parece probable debido a las proporciones en la abundancia de ambos ítems. El nivel inferior podría corresponder a un nivel de quema inicial antes de cultivar.

Entre las diatomeas predominan las Nitzchias y Epitemas y en algunos casos hay Surirellas y Dentículas.

Una síntesis de las cantidades de silicofitolitos en cada una de las muestras analizadas se presenta, a continuación, en la Tabla 26.

DISCUSIÓN

En El Alto El Bolsón, dentro de las estructuras destinadas a la producción agrícola, el uso diferencial del espacio según necesidades de aprovechamiento de escorrentías ("líneas transversales"), o la tecnología que maximiza el aprovechamiento de la humedad natural a través de la construcción de muros bajos contenedores ("canchones"), muestra un contenido diferencial de materia orgánica, fósforo y microfósiles preservables en el sitio.

En los casos de las líneas transversales que aprovechan las escorrentías, el material orgánico aparece más cerca de la superficie, indicando una movilización de partículas o del sedimento producto del lavado. Además indica el empleo de dicho material orgánico por parte de las plantas cultivadas, como puede ser el caso de las Estructuras 41 y 77 donde observamos eventos de cultivo de maíz. En esta última además, es probable que se haya realizado un episodio de quemado post-cosecha.

En cuanto a la "cantidad absoluta" de silicofitolitos las muestras que menos tienen son aquellas que corresponden a las líneas simples (E33, 41, 61 y 77), indicando un uso del suelo episódico

En los casos de terrazas con paredes laterales, no hay duda de que se trata de espacios de cultivo, tanto desde la evidencia de suelos y microfósiles como de la del espacio arquitectónico. Es interesante que sea en este tipo de estructuras donde encontramos condiciones de manejo más complejo del espacio y el suelo, con rotación de cultivos y abonado.

Las especies vegetales identificadas desde los microfósiles van desde familias (Chenopodiáceas, Solanáceas, Cucurbitáceas, Baselláceas) y especies probables (*Solanum tuberosum* sp., *Chenopodium quinoa* sp., *Ullucus tuberosus* sp.) hasta especies domésticas claramente identificables como Zea mays sp. Sin embargo es la combinación de la información que nos proveen los microfósiles (riego, quema, abonado, cultivo, nutrientes) y no sólo su identificación taxonómica lo que más valoramos como futura línea de investigación por sus posibilidades para el estudio de sistemas agrícolas antiguos.

CONCLUSIONES

A partir de los resultados expuestos podemos delinear una serie de ideas sobre la agricultura antigua en el NOA. Es importante aclarar que no hubiéramos podido llegar a estas conclusiones sobre los usos del suelo agrícola antiguo, solamente desde una perspectiva edáfica, ni desde una perspectiva paleoetnobotánica. Ha sido la combinación de datos e interpretaciones de una y otra disciplina la que nos ha permitido visualizar el sutil equilibrio de los factores que indican el uso de un suelo antiguo.

Esta investigación muestra un uso diferencial del suelo que está en relación al manejo de la tecnología agrícola y al comportamiento de los agentes ambientales (agua, viento) y antrópicos y/o animales (pisoteo, laboreo).

Si bien se ha constatado en las distintas estructuras arqueológicas analizadas una homogeneidad en ciertos parámetros, y además un comportamiento esperable en la mayoría de ellos, no obstante esto, podemos distinguir algunos indicadores que muestran la variedad de prácticas agrícolas.

Los casos previsibles o de cierta homogeneidad en todas las estructuras citadas son la textura (que indicaría el mismo origen del material parental a partir del cual se formaron los suelos) y los pHs neutros (que varían apenas ligeramente en los rangos de neutralidad). En cambio, los parámetros sensibles a las prácticas agrícolas implementadas son en este estudio el comportamiento del carbono, la materia orgánica y el fósforo.

Por ejemplo, en los recintos cerrados por muros, que implican un impacto positivo en el suelo al evitar los procesos de erosión hídrica y eólica y probablemente también antrópicos y faunísticos, el comportamiento de la materia orgánica muestra porcentajes interesantes en profundidad y se correlaciona con las altas frecuencias de algunos taxones de fitolitos y almidones fósiles que nos indican los cultígenos desarrollados en dichos espacios.

Estos mismos parámetros han sido también útiles para diferenciar el uso de los otros recintos, donde por ejemplo, las líneas transversales han podido ser identificadas en algunos casos como controladores de agua (al estilo de los gaviones actuales), y en otros como lugares de cultivo no intensivos ni recurrentes

A partir de los resultados obtenidos en las estructuras consideradas como pertenecientes al modo de producción del Formativo Temprano, consideramos que la metodología es apropiada para distinguir prácticas agrícolas tales como fertilización de campos, rotación y alternancia de cultivos, y algunos tipos de cultígenos sembrados.

Por último, pero no menos importante, debemos destacar que es la primera vez que se distinguen las especies cultivadas *in situ* en los campos agrícolas arqueológicos y haciendo analogías desde evidencia proveniente de sectores domésticos, ni de información etnográfica o ethonhistórica alguna.

		POR CLASE												POR MORFOTIPO									
Estr.	**NIVEL**	**A**	**B**	**C**	**D**	**E**	**F**	**G**	**H**	**I**	**J**	**K**	**L**	**Glo**	**Halt**	**Estr**	**Doli**	**Braq**	**Pris**	**Acu**	**Flabe**	**Pile**	**Otros**
19	27-40 cm	7	0	22	0	0	15	0	0	0	23	0	0	13	3	26	0	0	16	0	1	0	8
	7-27 cm	3	0	13	2	0	13	0	0	0	11	0	0	6	4	19	0	0	8	1	0	0	4
	0-7 cm	2	0	105	8	0	44	0	0	6	48	0	0	26	15	96	0	3	53	11	1	0	8
33	5-15 cm	5	0	54	0	0	22	0	0	2	24	1	0	16	3	53	0	3	28	2	0	0	3
41	30-40 cm	6	0	91	2	3	30	0	0	0	23	2	0	17	11	83	0	2	31	1	0	0	12
	5-15 cm	43	0	29	2	0	18	0	0	3	4	2	0	66	4	25	0	0	1	0	0	0	5
61	0-25 cm	2	0	15	2	0	8	0	0	0	14	0	0	9	7	13	0	0	9	0	0	0	3
77	20-30 cm	28	0	156	13	2	116	0	0	0	56	0	0	55	40	194	2	12	43	8	3	0	11
	0-5 cm	2	0	55	2	11	27	0	0	0	13	3	0	16	9	47	1	2	17	5	0	0	6
104	30-45 cm	17	1	231	23	8	96	0	0	0	88	3	0	46	63	233	3	7	84	9	1	0	21
	15-30 cm	35	0	258	33	0	170	0	0	2	88	5	0	120	59	280	0	14	83	6	3	0	26
	5-15 cm	7	0	138	6	1	23	0	0	0	51	6	0	19	37	87	0	1	68	2	3	0	17
99	20-30 cm	8	0	85	7	0	35	0	0	0	34	3	0	26	17	66	0	2	46	4	0	0	11
	10-20 cm	3	2	50	0	0	11	0	0	0	7	1	0	10	4	40	0	4	13	0	1	0	2
	0-10 cm	2	0	34	2	1	8	0	0	0	11	0	0	12	3	13	1	2	27	0	0	0	0

Referencias por clase:	
A	simil Palmaceae
B	Bambusoideae
C	Pooideae
D	Panicoideae
E	Chloridoideae
F	Arundinoideae
G	Cyperaceae
H	simil Cannaceae
I	simil Brasicaceae
J	DESCONOCIDAS
K	DICOTILEDONEAS
L	TRAQUEIDAS

Referencias por morfotipo:	
Glo	Globulolitas
Halt	Halteriolitas
Estr	Estrobiololitas
Doli	Doliolitas
Braq	Braquiolitas
Pris	Micro-Prismatolitas
Acu	Aculeolitas
Flabe	Flabelolitas
Pile	Pileolitas
Otro	Otro

Tabla 26. Cantidades de silicofitolitos por muestra.

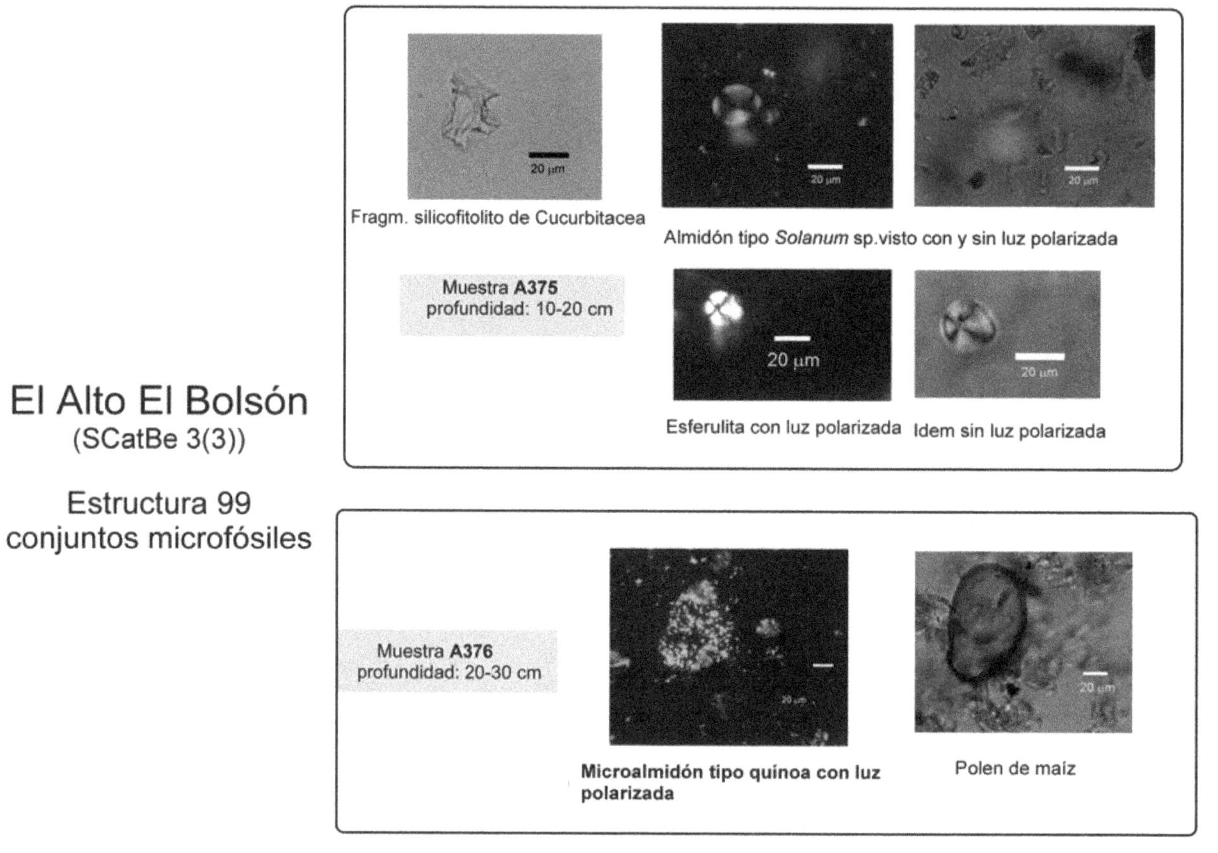

Fig. 4. Conjunto de microfósiles en estructura 99.

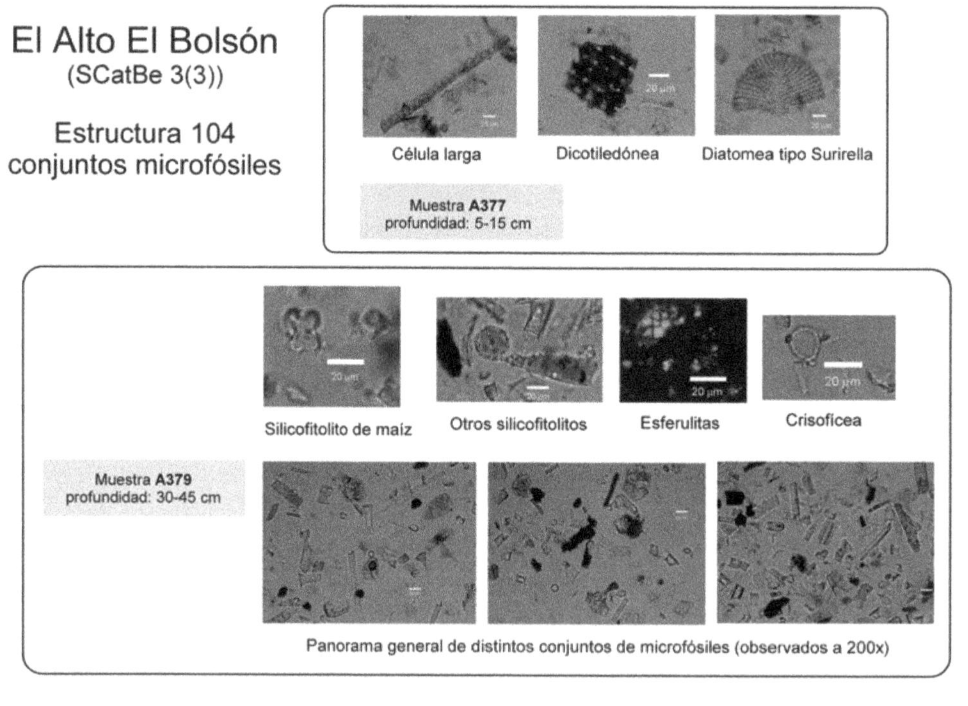

Fig. 5. Conjunto de microfósiles en Estructura 104.

BIBLIOGRAFÍA

Aschero, C. A. y M. A. Korstanje.
1996. Sobre figuraciones humanas, producción y símbolos. Aspectos del Arte Rupestre del Noroeste argentino. *Volumen del XXV Aniversario del Museo Arqueológico "Dr. Eduardo Casanova"*, Pp.13-31. Instituto Interdisciplinario Tilcara (UBA). Jujuy.

Bertoldi De Pomar, H.
1971. Ensayo de clasificación morfológica de los silicofitolitos. *Ameghiniana* 8:317-328.

Binford, M., M. Brenner Y B. Leyden.
1996. Paleoecology and Tiwanaku Agroecosystems. En: A. Kolata (Ed): *Tiwanaku and its Hinterland. Archaeology and Paleoecology of an Andean Civilization.* T.1: 89-108. Smithsonian Institution Press.

Bourdieu, P.
2002. Por un saber comprometido. En: Pierre Bourdieu. Págs: 17-21 [Tomado de una conferencia en Atenas (mayo de 2001)]. Selección de artículos de *Le Monde Diplomatique.* Editorial Aún Creemos en los Sueños, Chile.

Buckman, H. y N. Brady
1977. *Naturaleza y propiedades de los suelos.* Montaner y Simon, S.A. Editores. Barcelona

Cabrera, A. y A. Willink
1980. *Biogeografía de América Latina.* Monografía N° 13. Serie Biología. Secretaría General de la O.E.A.

Cepeda Dovala, J.M.
1991. *Química de suelos.* Ed. Trillas. México.

Coil, J., M. A. Korstanje, S. Archer y C. Hastorf.
2003. Laboratory goals and considerations for multiple microfossil extraction in archaeology. *Journal of Archaeological Science* 30: 991-1008. Academic Press

Cuenya, P.
2004. Determinaciones analíticas de sedimentos y suelos de El Bolsón. Informe inédito. Universidad Nacional de Tucumán.

Echevehere, P.H.
1976. *Normas de reconocimiento de suelos.* 2nda edición actualizada. Publicación N° 152. Secretaría de Agricultura y Ganadería. INTA, Departamento Suelos.

Florez, M.T. y L.N. Parra.
2002. Asociaciones vegetales y espectros de fitolitos en la vegetación y en los suelos de la planicie de Puente Largo, Páramo de Frontino, Urrao, Antioquia. En prensa en: Zucol, A. F.; Osterrieth, M.; Brea, M. y N. Borrelli (Editores). *Análisis fitolíticos de vegetación, suelos, sedimentos y sitios arqueológicos: estado actual de su conocimiento en América del Sur.*

I.C.P.N. Working Group: M. Madella; A. Alexandre & T. Ball.
2005. *International Code for Phytolith Nomenclature* 1.0. *Anals of Botany.* Oxford University Press

Irurzun, J.
1978. Contribución al conocimiento del clima de la Provincia de Catamarca. En: *Geografía de Catamarca. Sociedad Argentina de Estudios Geográficos.* Serie Especial, n° 5. págs. 43-81.Buenos Aires.

Korstanje, M. A.
1996. Sobre el uso del espacio durante el Formativo en el valle de El Bolsón Belén, Catamarca. Actas y Memorias del XI Congreso Nacional de Arqueología Argentina (13° parte). *Revista del Museo de Historia Natural de San Rafael* (ISSN-0325-9285), Vol. XXV, Ns. 1/2, págs. 99-121. San Rafael, Mendoza.
1999. Cruzando estructuras: el espacio productivo y su entorno analizado desde la planialtimetría. *Libro de resúmenes del XIII Congreso Nacional de Arqueología Argentina.* Pp.. 83. Córdoba, octubre de 1999.
2002 . Microfósiles y Agricultura Prehispánica: Primeros Resultados de un Análisis Múltiple en el N.O.A.. En prensa en: Zucol, A.F.; Osterrieth, M.; Brea, M. y N. Borrelli (Editores). *Análisis fitolíticos de vegetación, suelos, sedimentos y sitios arqueológicos: estado actual de su conocimiento en América del Sur.*
2004. Microfossils in Camelid Dung: Taphonomical Considerations for the Archaeological Study of Agriculture and Pastoralism. En: *Biosphere to Lithosphere: new studies in vertebrate taphonomy* (T. O´Connor , Ed.), págs:70-78. ISBN 1842171186. Oxbow Archaeological Series, Reino Unido.
2005. *La organización del trabajo en torno a la producción de alimentos, en sociedades agropastoriles formativas (Pcia. de Catamarca, Rep. Argentina).* Tesis Doctoral inédita. Facultad de Ciencias Naturales e IML, Universidad Nacional de Tucumán.

Korstanje, M. A. y M. del P. Babot
2007. A Microfossil Characterization from South Andean Economic Plants. En prensa en: *Places, People and Plants: Using Phytoliths in Archaeology and Palaeoecology* (Madella, Zurro and Jones, Eds.) Oxbow Books

Korstanje, M. A. y P. Cuenya
2008. Ancient agriculture and domestic activities in northwestern Argentina: a contextual approach studying phytoliths and other microfossil in soils. Enviado a publicar a *Juornal of South American Earth Science.*

Navarro García, L. F.
1984. Estratigrafía de la región comprendida entre los paralelos de 26° 00' a 27° 15' de Latitud Sur y los meridianos de 66° 30' a 67° 00' de Longitud Oeste, Provincia de Catamarca. *Actas del IX Congreso Geológico Argentino.* Tomo I:353-383. S. C. de Bariloche.

Pearsall, D., K. Chandler-Ezell y A. Chandler-Ezell.
2003. Identifying maize in neotropical sediments and soils using cob phytoliths. *Journal of Archaeological Science* 30:611-627. Academic Press.

Piperno, D.
1984. A comparison and differentiation of phytoliths form maize and wild grasses: use of morphological criteria. *American Antiquity* 49(2): 361-383.
1988. *Phytolith Analysis: An Archaeological and Geological Perspective*. San Diego, Academic Press.

Piperno, D. y D. Pearsall.
1998. The Silica Bodies of Tropical American Grasses: Morphology, Taxonomy, and Implications for Grass Systematics and Fossil Phytolith Identification. Smithsonian Contributions to Botany: 85. 40 pp.

Porta Casanellas, J., M. López-Acevedo Reguerín y C. Roquero De Laburu.
2000. *Edafología para la agricultura y el medioambiente*. Ediciones Mundi-Prensa, Madrid.

Quesada, M. y M.A. Korstanje
2007. Cruzando Estructuras: El Espacio Productivo y Su Entorno Percibido desde las Prácticas Cotidianas. En prensa en: Albeck, Scattolin y Korstanje (Eds): *El hábitat prehispánico. Arqueología de la arquitectura y de la construcción del espacio organizado.*

Rovner, I.
1983. Plant Opal Phytolith Analysis: Major Advances in Archaeobotanical Research. *Advances in Archaeological Method and Theory*. Vol.6: 255-288. Academic Press.
1986. Downward Percolation of Phytoliths in Stable Soils: a Non-Issue. En: *Plant Opal Analysis in Archaeology and Paleoecology* (I. Rovner Ed.). Occasional Papers N° 1 of The Phytolitarien. Raleigh.

Stoermer, E. y J. Smol.
1999. *The Diatoms. Applications for the Environmental and Earth Sciences*. Cambridge University Press.

Matices Interdisciplinarios en Estudios Fitolíticos y de Otros Microfósiles
M. A. Korstanje y M. del P. Babot, Editoras. BAR International Series S1870, Capítulo 13, pp. 149-160

EARLY HOLOCENE HUMAN ADAPTATION IN THE CENTRAL ANDES: WHAT THE PHYTOLITHS CAN TELL US?

ADAPTACIONES HUMANAS EN LOS ANDES CENTRALES EN EL HOLOCENO TEMPRANO: LA CONTRIBUCION DE LOS FITOLITOS

Alexandre Chevalier
Royal Belgian Institute for Natural Sciences. 29 rue Vautiers, 1000 Brussels (Belgium). alexandre.chevalier@skynet.be

ABSTRACT

Our understanding of the peopling of South America, in particular of the South Central Andes, and of the ways of exploiting territories by nomadic groups of hunter-fisher-gatherers from 14000 BP are mostly known through lithic and archaeozoological studies. Although we know quite a bit about hunters we still know little about gatherers, their adaptation to the extreme environments, and their strategies of plant exploitation developed to manage fragile ecosystems while allowing their subsistence. We are presenting ongoing research on two ecosystems exploitation in the South Central Andes during the Early and Middle Holocene using phytolith analyses. Quebrada de los Burros on the coast, and Jiskairumoko in the Altiplano are the two archaeological sites were sediments are processed to recover phytoliths. Preliminary results from Quebrada de los Burros are suggesting that this coastal group may have already cultivated plants from 8500 BP.

Key Words: *Palaeoethnobotany, Phytoliths, Andes, Peru, Early Holocene*

RESUMEN

Nuestra comprensión del poblamiento de Suramérica, y en particular de los Andes Centro-Sur, así como de la manera en la cual los grupos de cazadores-pescadores-recolectores han explotado estos territorios a partir de 14000 AP, resulta mayormente de datos provenientes de análisis líticos y arqueozoológicos. Pero si bien conocemos bastante a los cazadores, desconocemos por completo a los recolectores, sus adaptaciones a medioambientes extremos, y las estrategias de explotación de plantas que han desarrollado para manejar ecosistemas frágiles que les permitían subsistir. Presentamos una investigación actual sobre la explotación de dos ecosistemas en los Andes Centro-Sur en el Holoceno Temprano y Medio, utilizando los análisis de fitolitos. Quebrada de los Burros en la costa y Jiskairumoko en el Altiplano, son los dos sitios arqueológicos en los cuales se han muestreado sedimentos para recuperar fitolitos. Algunos resultados preliminares provenientes de Quebrada de los Burros podrían indicar que este grupo costeño ya podría estar utilizando plantas domesticadas alrededor de 8500 AP.

Palabras claves: *Paleoetnobotánica, Fitolitos, Andes, Perú, Holoceno temprano*

RESUMÉ

Notre compréhension du peuplement de l'Amérique du Sud, en particulier des Andes centre-sud, et de la manière dont les groupes de chasseurs-pêcheurs-cueilleurs ont exploités le territoire à partir de 14000 BP est essentiellement due aux études lithiques et archéozoologiques. Si nous connaissons un peu les chasseurs, nous ne savons rien des cueilleurs, de leur adaptation à des environnements extrêmes, et des stratégies qu'ils ont mises en place pour gérer des écosystèmes fragiles tout en pouvant en vivre. Nous présentons une recherche en cours qui utilise les phytolithes pour analyser l'exploitation de deux écosystèmes dans les Andes centre-sud durant l'Holocène Ancien et Moyen. Quebrada de los Burros sur la côte et Jiskairumoko sur l'Altiplano sont les deux sites dans lesquels des échantillons de sols ont été prélevés pour en extraire les phytolithes. Des résultats préliminaires provenant de Quebrada de los Burros pourraient indiquer que ce groupe côtier utiliserait déjà des plantes domestiques à partir de 8500 BP.

Mots-clés: *Archéobotanique, Phytolithes, Andes, Pérou, Holocène Ancien*

INTRODUCTION

Despite a very early development of archaeobotanical analyses in Peru, basically one of the pioneering countries in this field, little is known about plant use in Peru, even on the Pacific coast (Chevalier 1999). Previous research has highlighted some of the major difficulties encountered with the interpretation of macrobotanical remains found in pre-Columbian archaeological sites in the Central Andes (Chevalier 2001, 2002). One of the major problems is that archaeologists, have tended to ignore the potential benefits of archaeobotanical interpretations, and they generally lack the technical skills necessary to adequately recover the full spectrum of plant remains in archaeological soils, whether through flotations or dry screening of sediments. However, even when adequate recovery has been conducted there are important limitations inherent to macrobotanical analysis, and the nature of the soils is not always suitable for the preservation of biological remains clearly limiting interpretations.

In contrast, phytoliths have proved to be well suited to interpretation (Pearsall, *et al.* 2003; Piperno 1991, 1995; Piperno and Pearsall 1993) in conditions where macroremains are not preserved, mostly due to their non-organic composition. Unfortunately, little work has been done on the Central Andes. We can mention only three studies: Matsutani's on the site of Kotosh, north-central Andes (Matsutani 1963), whose results are relatively scarce and do not really bring any relevant botanical information; Umlauf's on the site of Cardal (Umlauf 1993; Umlauf La

Vieve 1988), that brought us information about *Zea mays* L. presence on the Central coast during the Initial Period, when no macroremain had been yet recovered for that period (but we now have this evidence, see Chevalier 2002); and Jones' on a Colonial site in the Moquegua valley, south-central Andes (Jones 1993), that gives indications on the use of ceramics (Figure 1). To our knowledge no more phytolith analyses have been conducted in this region for the last ten years, despite its increasing use worldwide. This is particularly detrimental to the understanding of the Peruvian pre-Columbian past, particularly when other commonly used methods, such as carpology, remain unsatisfactory in answering important research questions.

Figure 1. Map of Peru with the sites of 1) Kotosh; 2) Cardal; 3) Moquegua; 4) Quebrada de los Burros; 5) Jiskairumoko.

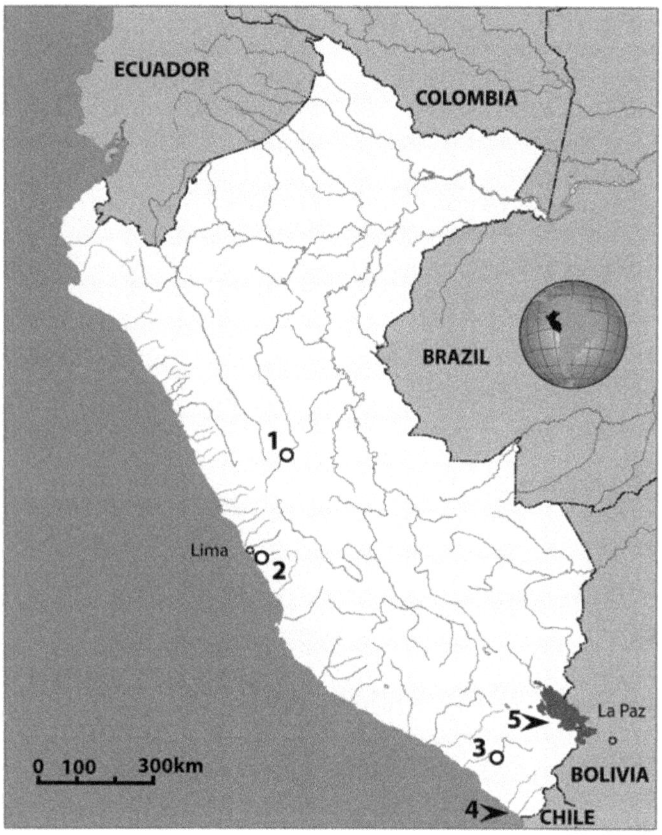

This article reports an ongoing research project conducted on an Early Holocene Southern Peruvian coastal site, Quebrada de los Burros, where traditional palaeoethnobotanical techniques have been inconclusive and failed to give any accurate information on plant use, probably due to soils preservation and the age of site itself (Chevalier 2001). It has been therefore decided to conduct phytolith analyses on the site sediments to be able to address several issues (Figure 2). First we wanted to know how the Archaic groups of the South American Pacific rim used coastal and lomas vegetal resources for alimentary purposes. If we know quite a lot about Archaic hunters, Early Holocene "gatherers" are mostly unknown, and local plant exploitation in the Pacific desert remain to be studied. Secondly, we wanted to know if the Archaic groups of the South American Pacific rim were using exogenous vegetal resources (Western Andean slopes, altiplano), and if this were the case, how would they get these products: though seasonal mobility, or economic exchanges with other groups? Indeed, one community has not necessarily exploited various ecozones, but different groups may have had economic relationships.

Figure 2. Map of Southern Peru with Quebrada de los Burros (Tacna) and Jiskairumoko (Puno).

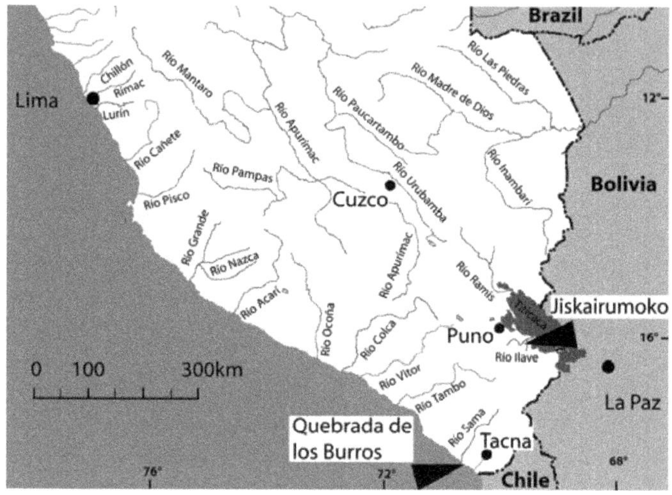

To assess the validity of the models proposed for the Andean Archaic on the Quebrada de los Burros analyses, and its applicability to other south central Andean Early Holocene sites, we conducted phytolith analyses on a highland site presenting the same hypothetical socio-economic organization: hunter/fisher-gatherers at the transition toward sedentarization and a production economy. Because the site of Jiskairumoko, in the Titicaca basin, fitted best these criteria it was included it in our study, despite 2000 year gap between both sites. These sites are situated on a same latitudinal transect with valleys connecting directly the coast where Quebrada de los Burros is with the highlands where Jiskairumoko is (Figure 2): therefore we will be able to cross-control the plants present in both ecologies, and their possible movements.

ARCHAEOLOGICAL SETTINGS

Quebrada de Los Burros

The site of is located in the Department of Tacna, 2 km from the Pacific shoreline, some 40 km north of the Chilean border, in a small quebrada (Figure 3) perpendicular to the Pacific (18° 01' S, 70° 50' 0" W). Excavated by Danièle Lavallée from the CNRS UMR 8096 and her team since 1996 (Figure 4) the site covers an extension of more than 200 m^2 (Lavallée, *et al.* 1999; Lavallée and Julien 2003). Seven occupation layers have been identified, the earliest occupation phase being C14 dated on charcoal at 9411 cal BP (GifA 102446) and the latest, dated also on charcoal, around 6839 cal BP (GifA 99341).

The first occupation layers (N8 to N6) indicated no clear housing structure. However the level provided already some material culture elements comprised of hook elements made of shell or bone, bone harpoon, and lithic industry composed of finely retouched bifaces. Fish and marine mammal remains were abundant, and composed predominantly of sand fish species trapped on the beaches, and a few big pelagic species captured in high sea. It is hypothesized that theses first two levels may have already being occupied by permanent hunter/fisher-gatherers.

Figure 3. Quebrada de los Burros. The site is indicated by an arrow.

Isotopic analyses made on *machas* shells (*Mesodesma donacium* Lam.) show that they have been mostly collected between October and February. This fact would argue for a seasonal occupation of the site. But it could also represent a seasonal activity, within a whole range of production and exploitation activities, of a permanent settlement. And indeed, remains of terrestrial fauna, probably hunted in the lomas, together with the *machas* shells, argue effectively for a permanent occupation of the site year-round (Lavallée pers. com. 2006).

An intermediate level (N5) follows, radiocarbon dated on charcoal at 9179 cal BP (GifA 102444), which could argue for its inclusion within the first levels (N8 to N6). However this level N5 shows some changes from the preceding levels: shells of *locos* (*Concholepas concholepas* Bruguière) are replacing shells of *machas* (*Mesodesma donacium* Lam.) for instance; in addition, the Poaceae phytolith assemblage hange (see below). This level N5 represent therefore some transitional layer, and has to be considered independently from the previous and the following levels.

After a thin sterile sandy layer, three different occupation layers (N4-N2) have been identified mostly through sedimentary changes, since no occupation gap is recorded. They are dated in charcoal between 8779 cal BP (GifA 100345) and 6839 cal BP (GifA 99341). They have now uncovered terraces with negative housing structures mainly accumulations of rocks, shells and postholes forming semi-circular open surfaces, probable "wall effects" of windshields made of perishable materials, with ashy/charcoal concentrations inside, or just in front of the openings of the structures (Figure 5). The material culture is comprised of retouched flakes, mortars, projectile points, simple or composed-hooks, and bifaces. There are also huge quantities of fish remains, with more pelagic species than in the first levels, even if sandy species are still present, mollusks, and marine mammal remains. But hardly any macrobotanical remain. It is hypothesized that the site is now occupied on a more year-round basis. In the level N3, a skeleton attributed to a woman has been uncovered during the field season 2005 (C14 datation is ongoing).

Figure 4. Quebrada de los Burros, level N2 upper. Circular plateform ø 2.5 m. Courtesy of Danièle Lavallée (Lavallée 2003).

Figure 5. Quebrada de los Burros, level N2 lower, # J-K4. Bilobate combustion structure. The walls are composed by shells, lithics and ashes. Courtesy of Danièle Lavallée (Lavallée 2003).

These archaeological features, as well as a funerary sector in a nearby cañon, dated on charcoal at 11119 cal BP (GifA 11281), where some of the human skull were coated with a paste made of manganese and clay, clearly relates the Quebrada de los Burros compound with the Early

Chinchorro tradition identified so far in the nearby Northern Chile.

Jiskairumoko

Jiskairumoko is located in the Dep. of Puno, some 40 km west of the Titicaca Lake, on a hill facing the río Ilave, at an elevation of 3900 m (16° 13' 10" S, 69° 46' 21" W. The site has been excavated between 1996 and 2002 as part of a broader project called Ch'amak Pacha leaded by Prof. Mark Aldenderfer (Aldenderfer and Barreto 2004; Craig 2005). Three occupation periods have been identified, dated from 4562±73 BP (AA58476) to 3240±70 BP (Beta-97321): Late Archaic, Terminal Archaic (subdivided in TA 1, TA 2), and a Terminal Archaic 3-Early Formative component representing probably the same occupation.

Three kind of so-called residential structures have been identified, that correspond to the three different occupations phases of the site according to the relative stratigraphy and to the material culture found, such as projectile points, flakes and mortars, as well as C14 dates even if some overlap occurs at the 2 sigmas calibration between the different structures.

Pithouse 1 of the Late Archaic (4562±73 BP-AA58476) has been partially excavated. It is a rounded structure of about 18m2 with a total of 5 small pits, thus earlier than the house floor, and a central earth that is finely build (Figure 6). Faunal remains found in the earth, as well as other material culture items such as projectile points, scrapers, used grinding stones, and retouched flakes with *Lepidium* sp. starches, suggest a domestic use of the structure. However, presence of burnt ochre around the earth, as well as polishing stones whose purpose is unknown (since ceramic hasn't been recovered in layers dated of the Late Archaic) may indicate another function of this structure. A skeleton of a probable old woman in a primary context dates to the same general time frame as the hearth from pithouse 1 (4275±46 BP-AA36817). The burial contained lapis beads and lithics. Two large rocks were placed on top of the body.

Figure 6. Jiskairumoko, Late Archaic pithouse 1 with internal hearth. Courtesy of Nathan Craig (Craig 2005).

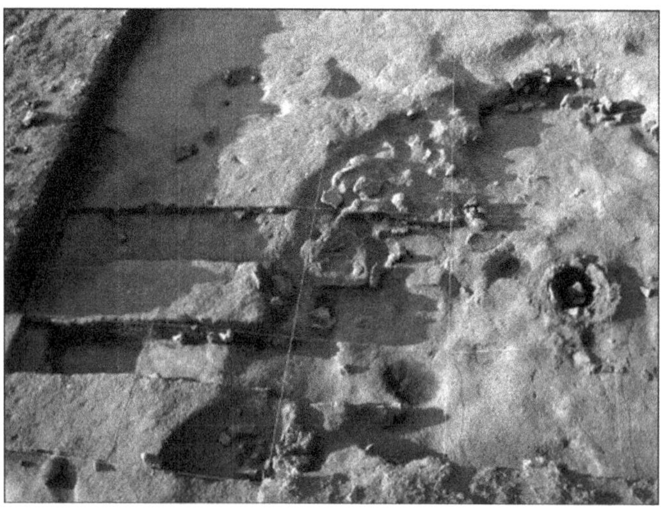

Several structures are associated with the Terminal Archaic 1: two oval pithouses and four burials (Figure 7). Pithouse 2 (3838±75 BP-AA36814 and 3620±48 BP-AA36818) is about 10 m^2, and pithouse 3 is about 5 m^2 (3448 ± 44 BP-AA43382 and 3382±48 BP -AA43383), both showing a central hearth. Six external pits are related to this latter house. Projectile points, as well as grinding stones, polishers, and other lithic implements have been found in the houses. Some botanical and faunal remains have been also uncovered.

All the burials were secondary inhumations: burial 2 contained 1 adult and 1 young, with golds beads associated; burial 3 contained an old woman skeleton covered with rocks; burial 4 and 5 have been only partially studied.

Figure 7. Jiskairumoko. Map of Late Archaic (pithouse 1) and Terminal Archaic 1 (pithouses 2 & 3, burials 1-3, 4) structures. Courtesy of Nathan Craig (Craig 2005).

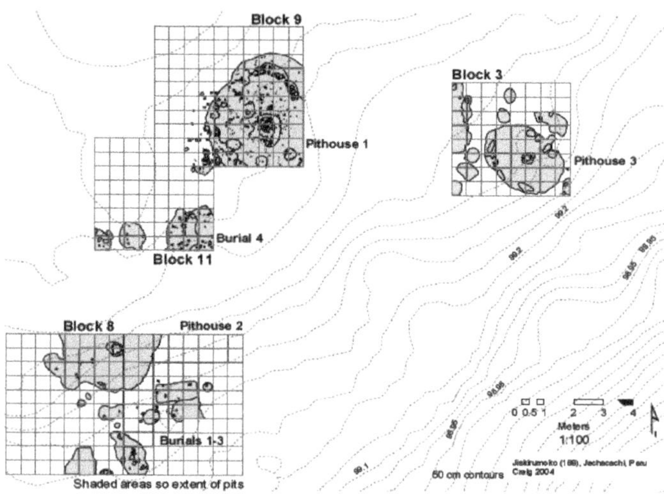

A semi-subterranean sub-rectangular structure is dated from the terminal Archaic 2 (4547±95 BP-AA43379, 3235±58 BP-AA45952, 3208±58 BP-AA58475). It contains a large pit as well as a large hearth several times reconstructed, the last one being built up out of a fragmented groundstone bowl as structural component. Projectile points and some scrapers have been uncovered in this semi-subterranean structure.

The last occupational phase at Jiskairumoko, Terminal Archaic 3-Early Formative is represented by two rectangular structures (Figure 8). Datings of the structure 1 and 2 are made on adjacent features and lower level of the structure, and offer only a terminus ante quem. The limits of the structure 1 are made off stones, but no post hole has been uncovered: its extension is about 10 m^2. A big hearth was located close to the southwestern corner of the structure. Outside structure 2, an ochre processing/use area has been identified. Two ceramic fragments are associated with this rectangular structure 2, as well as a gold disk. Again, for both structures, lithic industry is constituted of projectile points, grinding stones, scrapers, etc.

The interest of this site lies in the fact that Jiskairumoko is a hunter-gatherer semi-permanent campsite, so hypothetically the same socio-economic background than Quebrada de los Burros on the coast. However Jiskairumoko is a later site, dated from the Terminal Archaic to the Middle Formative. Its earliest dates are 4600 BP to 3200 BP. Three different occupations phases of the site are suggested according to the relative stratigraphy and to the material culture found, such as projectile points, flakes and mortars.

In one of the structures, a feature may indicate that its purposes were not only residential but that it could also have been used for rituals or community events.

ECOLOGICAL SETTINGS

Quebrada de Los Burros

Located on the Southern Peruvian desert, its ecosystem is characterized by an extreme surrounding aridity, balanced by a small water resurgence and seasonal fog vegetation -the *lomas* de Burros and Sama (Figure 9).

The desert section of the Quebrada the Burros is in fact a patchwork of different geological formations, such as eolian sandy dunes, colluvions, bed rock, where basically no vegetation grows, except in places where Cactaceae roots can reach the aquifer, or during ENSO events when dormant seeds of different families (Poaceae, Asteraceae, Solanaceae, Malvaceae, etc) are suddenly activated, grow and make the desert bloom.

Figure 8. Jiskairumoko. Terminal Archaic 3-Early Formative rectangular Structure 1. Courtesy of Nathan Craig (Craig 2005).

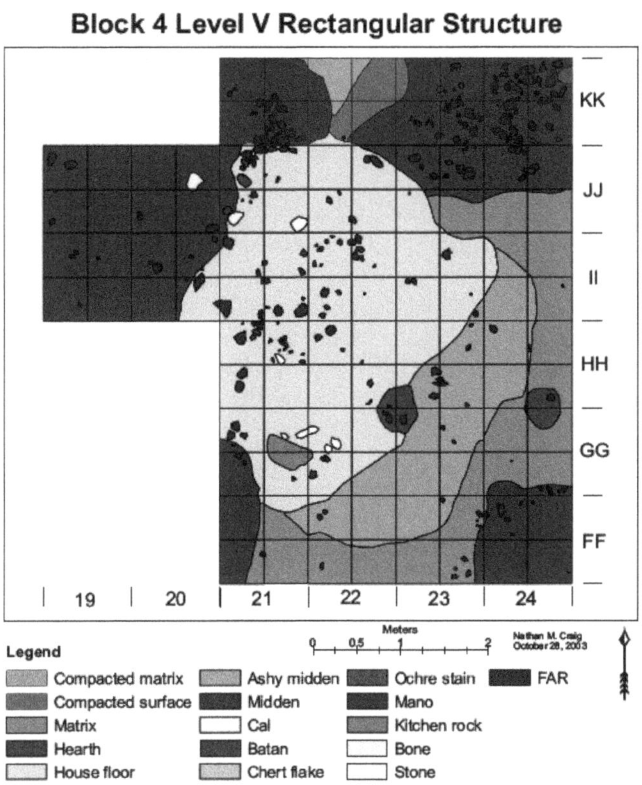

Riparian plant communities along the very small water stream (Figure 3) are mostly composed of Poacae, Amaranthacaeae, Vervenaceae, as well as the aquatic plants of Cyperaceae and *Bacopa monierii* (L.) Pennel (Scrophulariaceae). A (l) only tree of *Acacia* sp. / *Propopis* sp. grows close to the water.

Figure 9. East view from the top of the *lomas* de los Burros. Note the surrounding desert, and the foggy atmosphere.

Figure 10. *Lomas* de los Burros. Bushes of *Grindellia glutinosa* (Cav.) Dun.

The *lomas* is probably the most important and extended ecology in the Quebrada de los Burros. *Lomas* are vegetal formations (Weberbauer 1945) usually close to the sea (up to 10 km away), where austral winter fogs, provoked by a temperature inversion due to the cold Pacific Humboldt current, meet with slopes or rocks facing the sea between an elevation of 200 m and 800 m (Figure 9). There, the moisture is condensed and run down into the ground, allowing a specific vegetation to grow, composed mostly of annual plants, but also allowing bushes and trees to grow. According to the position toward offshore winds, and therefore the amount of moisture received, floristic composition may vary a lot (Figure 10). For being separated from other lomas by desert stretches, lomas usually experience very high endemism exceeding 40% (Dillon 2005).

In the Quebrada de los Burros, we have a sort of a patchwork of different vegetations that hardly mixed together: in the rocks, Cactaceae are predominant, on sandy slopes Boraginaceae, as well as Noalanaceae and Malvaceae are the most abundant, on silt slopes Asteraceae form huge colonies, in thalweg we find mostly Asteraceae, Cheno-Am, Boraginaceae and Solanaceae; finally in front of rock walls some bushes and trees grow such as *Carica candicans* Gray, *Heliotropium arborescens* L., *Salvia tubiflor*a R&P, or *Croton alnifolius* Lam.

This whole system seems to have provided enough water and resources to allow communities to settle, at least seasonally if not permanently, in this quebrada. However, it is difficult to assess what was the situation 8000 years ago. In fact, lomas dynamics are still poorly known, and even if palaeoclimatical data seem to indicate a relatively moist period with some ENSO events (Fontugne *et al.* 1999), it is unclear whether this is due to heavier fogs on the lomas for longer periods, or higher water-table due to a greater Andean discharge in conjunction with a higher sea level. In other words, past lomas extension, composition and productivity is completely unknown. Moreover human exploitation can have a deep impact on both plant communities and overall moisture received. Indeed, trees are thought to be the best moisture traps, for the high number of leaves on a tree offer as many obstacles where fog can condensate, whereas annuals and patchy grasses on slopes offer fewer obstacle surfaces. Rocks and open soils are the less efficient moisture traps. Therfore, tree lodging, and to some exten pasture overgrazing, can lower dramatically the overall moisture lomas may receive annually. But whatever the lomas situation may have been in the past, we know at least that the water resurgence never dried up, allowing riparian plants to grow, people having access to freshwater, and ultimately use it for growing human sowed/favored plants.

Jiskairumoko

Located on the southern Altiplano, in the suni eco-geographical zone (Dollfus 1981; Pulgar Vidal 1976), Jiskairumoko's ecosystem is characterized by two marked seasons: a cold one with temperatures often below zero, and a three month rainy season with warmer temperatures. Because of the latitude and altitude, the vegetation of the suni zone shows an adaptation to very strong solar radiations, freezing conditions as well as drought periods. Close to a small stream, it is mostly constituted of Poaceae (Figure 11), i.e. *Stipa ichu* (R&P) Kunth, Brassicaceae, and bushes of *Polylepis* sp. and *Buddleia incana* R&P, as well as Cyperaceae close to water sources. This ecosystem is mostly exploited for tuber agriculture, such as *Solanum tuberosum* L., *Ullucus tuberosus* L., *Oxalis tuberosa* L., as well as for pseudo-cereal agriculture such as quinoa (*Chenopodium quinoa*, Willd.) or kiwicha (*Amaranthus caudatus* L.).

Figure 11. Typical grassland landscape around the Titicaca lake.

Past climatic condition, and vegetation cover, indicate a dryer period ending about 4000 BP (Poaceae and *Polylepis* sp. pollen), followed by an increase of Cypereaceae, indicator of moister conditions (Craig 2005). However, instead of having more shrubby taxa, the suni zone developed into grassland probably under human impact and grazing management (Preston *et al.* 2003; cited by Craig 2005). We may therefore have several small patches of specific ecologies, such as riparian communities, or bushes in protected areas, dominated by open grassland.

However it is highly hypothetical to assess the mobility range in which settlers of Jiskairumoko may have exploited /produced plants

THEORETICAL ISSUES

According to the principle of minimization of movements and energy involved to get a product (Johnson 1977), coastal sites should mainly exploit coastal resources and present an economy oriented toward sea exploitation, while high altitude sites should make use of Andean resources and have a hunting-gathering economy, or a hunting-fishing-gathering economy if a water source is present, such it is the case around the Titicaca lake. Moseley's 1975 maritime hypothesis for the origins of Andean civilization (Moseley 1975) reflected this postulate, but revised in a less exclusive way in 1992 (Moseley 1992), which started a still ongoing debate on the primacy of sea vs. terrestrial resources in past economies for the origin of high, socially stratified, Andean cultural groups. Although there is evidence confirming the importance of sea exploitation in coastal sites for all periods (Keefer *et al.* 1998; Lavallée *et al.* 1999; Moseley 1999; Reitz 1988, 2003), there is also evidence of plant use, even if research in that topic is still scarce (Benfer 1990; Chevalier 2001, 2002; Weir *et al.* 1988; Weir and Dering 1986).

In the same way, according to Central Place Foraging theories transposed to plants, food choices are an imbalance between energetic needs, availability of high energy foodplants and energy put to get them, such as the distance needed to get the product and bring back the energy source to the settlement (Bettinger and Malhi 1997; Kaplan and Hill 1992; Orians and Pearson 1979). The gathering behavior shall then change according to both the availability of high valued plants close to a group location, and their effective value. Switches in composition shall reflect these gathering strategies.

In that perspective, Pacific coastal groups may have been sedentarized quite early, for having high valued foods - plants or animals - accessible in a very short range - sea and coastal valley. In contrast, the Altiplano is challenging, since no food source is immediately available in such huge quantities as on the coast, for plant productivity and density being quite low in high altitude. Highland groups may have been therefore forced to show a greater mobility and / or keep their hunting-gathering activities for a longer period of time.

For the Archaic period, recent studies show some seasonality / specialization of coastal (Chauchat 1989) and Andean sites (MacNeish *et al.* 1981; Pearsall 1980; Rick 1980, 1989; Rick and Moore 1999) within only one ecozone. Other studies suggest however a seasonality in the exploitation of several ecozones year round (Aldenderfer 1989; Lynch 1971; Rossen and Dillehay 1999; Sandweiss, *et al.* 1998), such as the cycle mobility model proposed for Northern Chile (Llagostera 1992; Nuñez 1982; Rivera 1991).

However, some authors are questioning the reality of such a seasonal occupation of coastal sites and argue for some (semi-) permanent occupation of the coastal sites already from the 7th millennium (Lavallée *et al.* 1999; Lavallée and Julien 2003; Wise 1993).

To what extent plant gathering strategies had an impact on residential mobility as well as on their plant choices, is in fact mostly unknown, but social factors may have played a important role in influencing these strategies, by wanting for instance highly socially valued items from ecologies outside the usual geographical range of these groups (Van Buren 1996).

One way to lower the energy put in getting these plants is setting up trades systems between groups/ecologies. We do have evidence of such systems in more recent periods (Inka and post Colonization), establishing links between coastal, Andean and Amazonian sites within bigger networks of exploitation of local resources and exchange of goods across middle and long distances, whether through direct vertical complementarity (Murra 1972), through indirect complementarity but direct targeted exchanges (Browman 1984), indirect complementarity with indirect generalized exchanges (Dillehay and Núñez 1988) or horizontal complementarity (Pozorski 1979; Rostworowski de Diez Canseco 1977, 1981, 1989).

The results of a previous research proved that this type of complementarity between systems existed some 2000 years before the Conquest (Chevalier 2002), but little is still known about what the situation was before complete sedentarization of hunter-gatherers, for instance during the Middle-Late Archaic periods.

RESULTS

For the reasons described above, and despite the time gap between Quebrada de Burros on the coast and Jiskairumoko in the highlands, both sites show the same socio-economic stage with the same problematic regarding the permanence of the habitat, the range of exploitated territory, as well as trade of goods from other ecologies, that will allow us to compare their results.

We will present some preliminary results for Quebrada de los Burros only. Because analyses are ongoing we do not have yet preliminary results for Jiskairumoko, and macroremains as well as starch grain have only been partially studied.

Plants at Quebrada de Los Burros

We do have recovered macroremains from all the archaeological levels through flotations. But as we have already stated, macroremains were scarce, and they mostly represented the surrounding ecologies without any possibility of identifying uses, or spatial distribution within the site.

At the moment, we do have soil samples for phytolith analyses for most of the level 2 -around 60 samples, and partially for the level 3 (about 30 samples). The last field season in 2006 will provide more information for the level 3, and the earliest levels. Currently, most of the samples do have Cyperaceae (Figure 12) and Poaceae phytoliths, representing the plants growing naturally around the site, and used by humans as fuel and/or food (in the case of Cyperaceae). However some samples also showed clear food plant phytoliths.

Figure 12. Phytolith of Cyperaceae, level N2, Quebrada de los Burros.

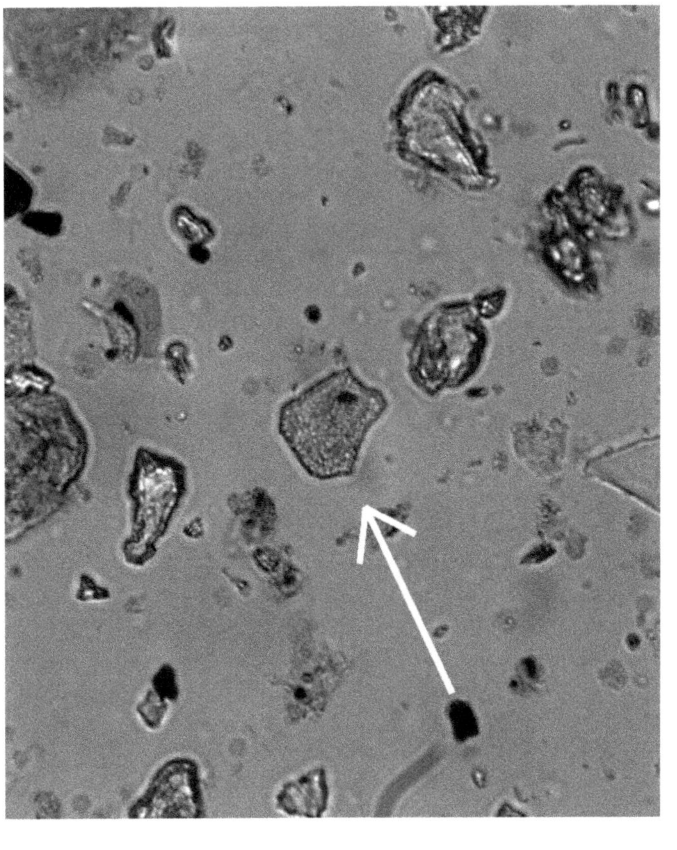

In one level 2 sample, dated 6839 cal BP, we have identified a rounded, slightly scalloped, silicophytolith with sandy/grainy surface diagnostic of the domesticated squash, *Cucurbita maxima* Duch. (Figure 13). If this occurrence is confirmed in other samples of the same level, in order to avoid any risk of accidental contamination during the excavation, the sampling or the processing, this would be the very first occurrence of these taxa in South America.

Figure 13. Phytolith of *Cucurbita maxima* Duch., level N2, Quebrada de los Burros.

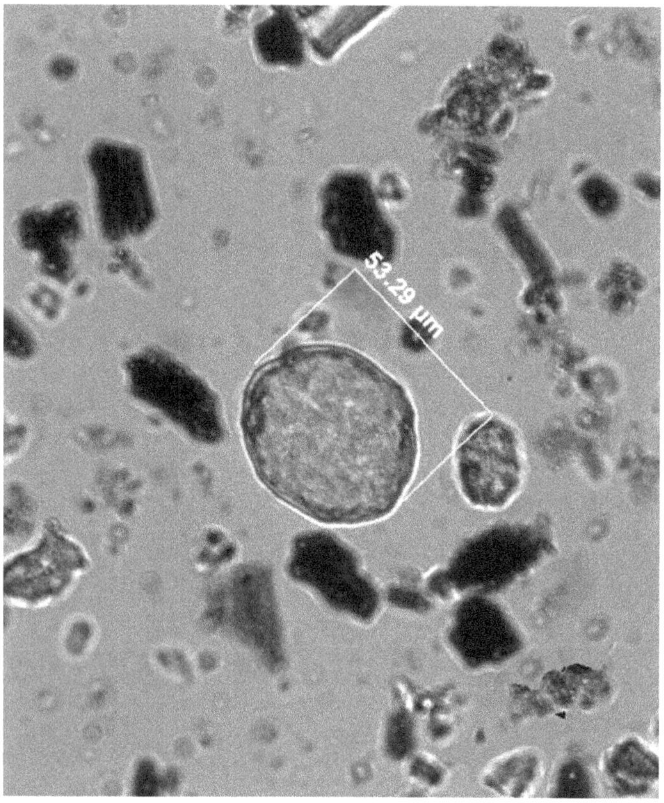

In fact, a couple of other finds of *Cucurbita* spp. are found earlier in the Central Andes, such as the disputed data from Cueva del Guitarrero (Lynch 1980; Lynch *et al.* 1985) level IIc (8910±90 BP-SI 1500) and level IV, (8225±90 BP-SI 1503, and 2315±125 BP-SI 1504), and the secure finds from the coastal site of La Paloma for the level 600 (UGa-3892) at 7735±100 BP (Benfer 1984; Dering 1999; Weir and Dering 1986). But the remains are identified at a genus level only. The only other specific level identification has been made on the site of Huaca Prieta on the North Peruvian coast {Bird, 1985 #1084, but much later than Quebrada de los Burros at 4380±270 BP (C-316) and 4044±300 BP (C-362) (Figure 14).

In the same level, the presence of hard obovoid phytoliths, characteristic of *Canna indica* L., would argue for its presence and use for its starch. Again it would be its first occurrence in the Central Andes. An earlier identification of *Canna* at the genus level has been made in Cueva del Guitarrero (see above for C14 dates), but way later for its occurrence at the species level, namely in Chilca on the coast at 5700±136 BP (NZ-1053) (Figure 14).

Figure 14. Map with archaeological sites mentioned in the text with earliest finds of *Cucurbita* sp. and *Canna* sp.

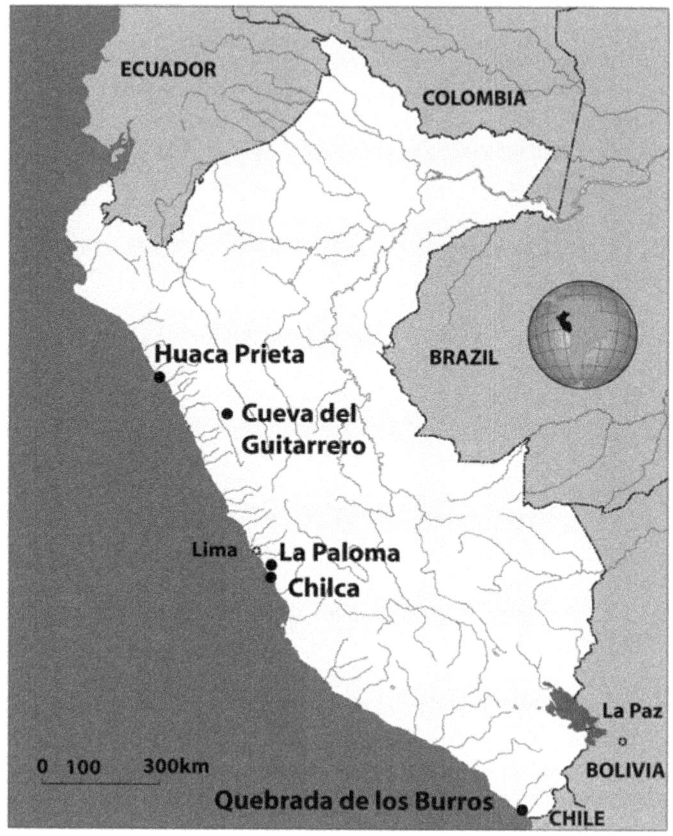

Environment at Quebrada de Los Burros

Preliminary results on the overall composition of grass phytoliths shows a climate change in the level N5 around 9179 cal BP (GifA 102444), from cooler conditions to more temperate conditions, as indicated by the ratios changes of four major Poaceae tribes that have specific ecological growing conditions. These are a change from a dominance of C3 Pooidae/Festucoidae, indicators of a cool (determining factor) and wet (secondary factor) climate to a C4 Panicoidae/Chloridoidae majority, indicators of a temperate to hot weather conditions.

These results are consistent with archaeoichthyological data from the very same site (presence of cold water small crabs in the lower levels), and geochemical composition of *Mesodesma donacium* shells indicating a colder ocean water temperature in the lower levels of about 2-3 C°, while the upper levels show a higher average temperature with a strong seasonal variability, a probable indicator of ENSO phenomena (Lavallée and Julien 2004).

DISCUSSION

If data on the presence of economical plants are confirmed, it would definitely means that we are in presence of groups at a transition toward a production economy, and partially sedentarized if not completely. According to the kind and diversity of economic plants, we may further find, a complete produced diet could be available on the coast already by 6800 BP. In fact we can propose several scenarios for Quebrada de los Burros.

The first scenario would refer partially to the cycle mobility (see above) model, but with a very precise scheduling of the mobility and an excellent mastering of small scale agriculture. It could be defined as a "difered small scale agriculture model". Because it takes about four months to grow squashes from the seeding to the harvest, and because some kind of plants such as squashes need little attention and care, humans groups could move along to exploit, or produce in another ecological niche during the growing time of the squashes, while securing a food source at the time of their return to their initial location. This kind of difered small scale agriculture is known to have been practiced in the Amazon basin for insects and fungi resistant plants such as bitter manioc and to some extent plantain bananas. Applied to the Pacific coast, squashes and achiras for instance could fulfill these requisits, since they don't need much attention and care during their growth. However we don't know about potential pests that could challenge squash growth. In addition this model requires humans to master growing times and conditions in a very precise way.

If the goal of the moving is to follow animal herds and to gather specific plants during specific seasons, the first scenario, alternating a seasonally sedentary economy with a seasonally mobile economy, could be defined as a "mixed economy with differed small scale agriculture model". In this perspective, we should have a complete set of material culture for exploiting and producing in different ecologies, but very few if no organic remains from other ecologies.

If the goal of the moving is to produce and exploit in a different ecology on a year-round basis, returning to the same places year after year, the first scenario could be defined as a "residential mobility with differed small scale agriculture model". In this perspective we should have a specialized material culture for exploiting and producing in a specific ecology, and some organic remains from other ecologies.

The second scenario would refer to the home base model, with one permanent settlement, and seasonal settlements where parts of the group move to exploit or produce seasonal products unavailable in the main settlement, and bring them back to the permanent settlement. This scenario differ from the mixed model because only part of the groups actually move, and differ from the residential mobility model, because the seasonal locations may not be always de same. This strategy aims at securing their food sources and intake by diversification and getting products unavailable on the coast. In this case, we should expect "exotic" plants with high symbolic/healing/social values, as well as exotic animal remains on site, though we may expect them to be de-boned for transport purposes, and their presence may go then unnoticed. Since part of the group remains on site, plants can be grown and monitored without problems. In this perspective we should have a complete set of material culture for exploiting and producing in different ecologies, and organic remains from other ecologies.

The third scenario basically would refer to a completely sedentarized group practicing economic exchanges with other groups to get the products they can't find or produce in their ecological setting. In this perspective we should have a specialized material culture for exploiting and producing in one specific ecology, and organic remains from other ecologies.

Future results will allow us to test these several predictive model for Quebrada de Burro, as well as for Jiskairumoko if phytoliths from economic plants have to be found in our soil samples.

CONCLUSIONS

By using phytolith analysis, together with carpology, we are dealing with most of the cultural aspects of the Archaic groups which have settled on this specific portion of the Pacific coast and Central Andes: economical, social, political, as well as cultural aspects. We are also dealing with their representation of natural environments and the processes created to exploit this environment, using a diachronic perspective of 4000 years.

Our understanding of the peopling of the South America, in particular of the Central Andes, and of the ways of exploiting territories by nomadic groups of hunter-fisher-gatherers, will without any doubt be profoundly changed. Indeed the economies of the Andean hunter-fisher-gatherer groups which settled the Central Andes from 14000 BP are only known through lithic and archaeozoological studies. If we know quite a bit about hunters we still know little about gatherers. Filling this gap represents an important step for pre-Columbian archaeology. The integration of knowledge about the vegetal world in the universe of the first Andeans would greatly advance knowledge about how Archaic groups have conceptualized nature, have adapted to it, and how they have exploited it.

The development of phytolith analysis and its application in Andean archaeobotany constitutes therefore an important shift from existing pre-Columbian research paradigms. This new perspective will reveal new valuable information about archaeological sites considered of no interest so far. In this way phytolith analysis will change our vision of pre-Columbian economies.

AKNOWLEDGEMENTS

This research has been made possible by a Swiss National Science Foundation advanced post-doc fellowship. We wish to thank Danièle Lavallée at the UMR 8096 of CNRS who provided soils sediments from Quebrada de los Burros and for her comments, Mark Aldenderfer at the University of Arizona-Tucson for allowing me to analyze soils sediments from Jiskairumoko and providing support for its analyses, as well as Nathan Craig at the University of California Santa Barbara for specific information on Jiskairumoko, photos and maps of the region. We are also grateful to Christine Hastorf for allowing me to conduct this research in her lab at Berkeley University, and Dolores Piperno for comments on phytotlith identification and welcoming me at the Smithsonian National Museum of Natural History

BIBLIOGRAPHY

Aldenderfer, M.
1989 The Archaic Period in the South-Central Andes. *Journal of World Prehistory* 3(2):117-158.

Aldenderfer, M. and M. Barreto
2004 *Excavaciones arqueológicas en Jiskairumoko, cuenca del río Ilave, sub-region de Puno, región "José Carlos Mariátegui": informe final*. Instituto Nacional de Cultura.

Benfer, R.
1984 The challenges and rewards of sedentism: the Preceramic village of Paloma, Peru. In: *Paleopathology at the origins of agriculture*, edited by M. N. Cohen and G. Armelagos, pp. 531-558. Academic Press, New York.
1990 The Preceramic period site of Paloma, Peru: bioindications of improving adaptation to sedentism. *Latin American Antiquity* 1(4): 284-318.

Bettinger, R. and R. Malhi
1997 Central place models of acorn and mussel processing. *Journal of Archaeological Science* 24(10): 887-899.

Browman, D.
1984Tiwanaku: development of interzonal trade and economic expansion in the Altiplano. In: *Social and economic organization on the prehispanic Andes*, edited by D. Browman, R. Burger and M. Rivera, pp. 117-142. International Series 194. British Arcaheological Reports, Oxford.

Chauchat, C.
1989 Early hunter-gatherers on the Peruvian coast. In: *Peruvian prehistory*, edited by R. Keatinge, pp. 41-66. 2nd edition. Cambridge Univ. Press, New-York.

Chevalier, A.
1999 De la pomme de terre à la coca: statut de l'archéobotanique au Pérou et revue critique des données. Paper presented at the l'Amérique du Sud: des chasseurs-cueilleurs à l'Empire Inca, Oxford.
2001 Etude archéobotanique: campagnes 1999-2000. In *Projet Pérou-Sud: rapport 2000-2001*, edited by D. Lavallée and M. Julien, pp. 67-82. Ministères des Affaires Etrangères, CNRS, IFEA, Paris, Lima.
2002 *L'exploitation des plantes sur le côte péruvienne en contexte formatif.* Thèse de Doctorat, Université de Genève.

Craig, N.
2005 *The formation of early settled villages and the emergence of leadership: a test of three theoretical models in the río Ilave, lake Titicaca basin, Southern Peru.* PhD, University of California Santa Barbara.

Dering, P.
1999 Earth-oven plant processing in the Archaic Period economies: an example from a semi-arid savannah on south-central North America. *American Antiquity* 64(4): 659-674.

Dillehay, T. and L. Núñez
1988 Camelids, caravans, and complex societies in the south-central Andes. In: *Recent studies in pre-Columbian archaeology*, edited by N. Saunders and O. Montmollin, de, pp. 603-634. International Series 421. British Archaeological Reports, Oxford.

Dillon, M.
2005 The Solanaceae of the *lomas* formations of coastal Peru and Chile. In: *A Festschrift for William G. D'Arcy: the legacy of a taxonomist*, edited by R. Keating, V. Hollowell and T. Craot, pp. 131-156. Missouri Botanical Garden, St Louis.

Dollfus, O.
1981 *El reto del espacio andino*. Perú problema; 20. Instituto de Estudios Peruanos, Lima.

Fontugne, M., P. Usselman, D. Lavallée, M. Julien and C. Hatté
1999 El Niño variability in the coastal desert of southern Peru during the mid-Holocene. *Quaternary Reasearch* 52: 171-179.

Johnson, G. A.
1977 Aspects of regional analysis in archaeology. *Annual Review of Anthropology* 6: 479-508.

Jones, J. G.
1993 Analysis of pollen and phytolith in residue from a colonial period ceramic vessel. In: *Current research in phytolith analysis: applications in archaeology and paleoecology*, edited by D. M. Pearsall and D. R. Piperno, pp. 31-36. MASCA Research Papers in Science and Archaeology 10, K. Ryan, general editor. University of Pennsylvania, Philadelphia.

Kaplan, H. and K. Hill
1992 The evolutionary ecology of food acquisition. In: *Evolutionary ecology and human behavior*, edited by E. Smith and B. Winterhalder, pp. 167-201. Foundations of human behavior. Aldenline, New York.

Keefer, D. K., S. D. deFrance, M. E. Moseley, J. B. Richardson III, D. R. Satterlee and A. Day-Lewis
1998 Early Maritime Economy and El Niño Events at Quebrada Tacahuay, Peru. *Science* 281(5384): 1833-1835.

Lavallée, D., P. Béarez, A. Chevalier, M. Julien, P. Usselmann and M. Fontugne
1999 Paleoambiente y ocupación prehistórica del litoral extremo-sur del Perú: las ocupaciones del arcáico en la Quebrada de los Burros y alrededores (Tacna, Perú). *Boletín de Arqueología PUCP* 3: 393-416.

Lavallée, D. and M. Julien (editors)
2003 *Projet "Pérou-Sud": rapport 2003*. Ministère des Affaires Etrangères / CNRS-UMR 8096; Institut Français d'Etudes Andines, Paris; Lima.
2004 *Projet "Pérou-Sud": rapport 2004*. Ministère des Affaires Etrangères / CNRS-UMR 8096; Institut Français d'Etudes Andines, Paris ; Lima.

Llagostera, A.
1992 Early occupation and the emergence of fishermen on the Pacific coast of South America. *Andean Past* 3: 87-109.

Lynch, T.
1971 Preceramic transhumance in the Callejón de Huaylas, Peru. *American Antiquity* 36(2): 139-148.

Lynch, T. (editor)
1980 *Guitarrero cave: early man in the Andes*. Academic Press, New York.

Lynch, T., R. Gillepsie, J. J. Gowlett and R. E. M. Hedges
1985 Chronology of Guitarrero Cave, Peru. *Science* 229:864-867.

MacNeish, R. S., A. Garcia-Cook, L. G. Lumbreras, R. K. Vierra and A. Nelken-Terner
1981 *Prehistory of the Ayacucho Basin. Excavations and chronology*. Phillips Academy, Andover, Massachussets.

Matsutani, A.
1963 Spodographic analysis of ash from the Kotosh site. In: *Andes 4: excavations at Kotosh, Peru, 1963 and 1966*, edited by S. Izumi and K. Terada, pp. 319-326. University of Tokyo Press, Tokyo.

Moseley, M. E.
1975 *The maritime foundations of Andean civilization*. Cumming Publishing, Menlo Park, CA.
1992 Maritime foundations and multilinear evolution: retrospect and prospect. *Andean Past* 3: 5-42.
1999 Andean coastal adaptations: uniformitarianism and multilinear evolution. In: *Pacific Latin America in prehistory: the evolution of Archaic and Formative cultures*, edited by M. Blake, pp. 171-180. Washington State University Press, Pullman (WA).

Murra, J. V.
1972 El "control vertical" de un máximo de pisos ecológicos en la economía de las sociedades andinas. In: *Visita de la provincia de León de Huánuco (1562), Iñigo Ortiz de Zuñiga, visitador*, edited by J. V. Murra, pp. 429-476. Universidad Nacional Hermilio Valdizán, Húanuco (Perú).

Nuñez, L.
1982Análisis de dieta y movilidad en un campamento arcáico del norte de Chile. *Bulletin de l'Institut francaise d'études andines* 11(34): 91-113.

Orians, G. and N. Pearson
1979 On the theory of central place foraging. In: *Analysis of Ecological Systems*, edited by D. Horn, G. Stairs and R. Mitchell, pp. 155-177. Ohio State University, Colombus.

Pearsall, D. M.
1980 Pachamachay ethnobotanical report: plant utilization at a hunting base camp. In: *Prehistoric hunters of the High Andes*, edited by J. W. Rick, pp. 191-231. Academic Press, New York.

Pearsall, D., K. Chandler-Ezell and A. Chandler-Ezell
2003 Identifying maize in neotropical sediments and soils using cob phytoliths. *Journal of Archaeological Science* 30(5): 611-627.

Piperno, D.
1991 The status of phytolith analysis in the American tropics. *Journal of World Prehistory* 5(2): 155-191.
1995 Plant microfossils and their application in the New World. In: *Archaeology in the lowland American tropics: current analytical methods and recent applications*, edited by P. Stahl, pp. 130-153. Cambridge University Press, Cambridge.

Piperno, D., R and D. M. Pearsall
1993 The nature and status of phytolith analysis. In: *Current research in phytolith analysis: applications in archaeology and paleoecology*, edited by D. M. Pearsall and D. R. Piperno, pp. 9-20. MASCA Research Papers in Science and Archaeology 10, K. Ryan, general editor. University of Pennsylvania, Philadelphia.

Pozorski, S.
1979 Prehistoric diet and subsistence of the Moche valle, Peru. *World Archaeology* 11(2): 163-184.

Preston, D., N. Fairbarin, G. Paniagua, M. Maas, M. Yevara and S. Beck
2003 Grazing and Environmental Change on the Tarija Altiplano, Bolivia. *Mountain Research and Development* 23(1): 141-148.

Pulgar Vidal, J.
1976 *Geografía del Perú*. Editorial Universo, Lima.

Reitz, E. J.
1988 Faunal remains from Paloma: an Archaic site in Peru. *American Anthropologist* 90(2): 310-322.
2003 Resources use through time at Paloma, Peru. *Bulletin of the Florida Museum of Natural History* 44(1): 65-80.

Rick, J.
1980 *Prehistoric hunters of the High Andes*. Academic Press, New York.
1989 The character and context of highland Preceramic society. In: *Peruvian prehistory*, edited by R. Keatinge, pp. 3-40. 2nd edition. Cambridge University Press, New York.

Rick, J. and K. Moore
1999 El Precerámico de la punas de Junín: el punto de vista desde Panaulauca. *Boletín de Arqueología (PUCP)* 3:263-296.

Rivera, M.
1991 The prehistory of Northern Chile: a synthesis. *Journal of World Prehistory* 5(1): 1-47.

Rossen, J. and T. Dillehay
1999 La colonización y el asentamiento del norte del Perú: innovación, tecnología y adaptación en el valle de Zaña. *Boletín de Arqueología (PUCP)* 3: 121-139.

Rostworowski de Diez Canseco, M.
1977 Coastal fishermen, merchants, and artisans in pre-Hispanic Peru. In: *The sea in the pre-columbian world*, edited by E. Benson, pp. 167-186. Dumbarton Oaks, Washington.

1981 *Recursos naturales renovables y pesca, siglos XVI y XVII*. Instituto de Estudios Peruanos, Lima.
1989 *Costa peruana prehispánica*. 2nd edition. Instituto de Estudios Peruanos, Lima.

Sandweiss, D. H., H. McInnis, R. L. Burger, A. Cano, B. Ojeda, R. Paredes, M. d. C. Sandweiss and M. D. Glascock
1998 Quebrada Jaguay: Early South American Maritime Adaptations. *Science* 281(5384): 1830-1832.

Umlauf La Vieve, M.
1988 *Paleoethnobotanical investigations at the Inital Period site of Cardal, Peru*. M.A. thesis, University of Missouri-Columbia.

Umlauf, M.
1993 Phytolith evidence for Initial Period maize at Cardal, Central coast of Peru. In: *Current research in phytolith analysis: applications in archaeology and paleoecology*, edited by D. M. Pearsall and D. R. Piperno, pp. 125-130. MASCA Research Papers in Science and Archaeology 10, K. Ryan, general editor. University of Pennsylvania, Philadelphia.

Van Buren, M.
1996 Rethinking the vertical archipelago: ethnicity, exchange, and history in the south central Andes. *American Anthropologist* 98(2):338-351.

Weberbauer, A.
1945 *El mundo vegetal des los Andes peruanos: estudio fitogeográfico*. Estación Experimental Agrícola de la Molina, Dirección de Agricultura, Ministerio de Agricultura, Lima.

Weir, G., R. A. Benfer and J. Jones, G
1988 Preceramic to Early Formative subsistence on the Central Coast. In: *Economic Prehistory of the Central Andes*, edited by E. S. Wing and J. C. Wheeler, pp. 55-94. BAR International Series 427. Oxford University Press, Oxford.

Weir, G. and P. Dering
1986 The lomas of Paloma, human-environment relationship in a Central Peruvian fog oasis: archaeobotany and palynology. In: *Andean Archaeology*, edited by R. Matos Mendieta, pp. 18-44. Monographs in Anthropology 27. UCLA, Los Angeles.

Wise, K.
1993 Kilómetro 4 y la ocupación del Período Aráico en el área de Ilo. *Boletín de Arqueología PUCP* 3: 335-363.

Procesamiento, Almacenamiento y Consumo: Microfósiles en Artefactos y Seres Humanos

Processing, Storage and Consumption: Microfossils on Artifacts and Human Beings

Matices Interdisciplinarios en Estudios Fitolíticos y de Otros Microfósiles
M. A. Korstanje y M. del P. Babot, Editoras. BAR International Series S1870, Capítulo 14, pp. 163-171

SILICOFITOLITOS EN ARTEFACTOS DE MOLIENDA DE SITIOS ARQUEOLÓGICOS DEL ÁREA INTERSERRANA, BUENOS AIRES. UN ESTUDIO PRELIMINAR

SILICAPHYTOLITHS ON GROUND STONE ARTIFACTS FROM ARCHAEOLOGICAL SITES IN THE BUENOS AIRES PROVINCE'S INTERSERRANA AREA, ARGENTINA. A PRELIMINARY STUDY

Tassara, Gerardo [1] y Margarita Osterrieth[2]
[1]Facultad de Ciencias Sociales, Universidad Nacional del Centro de la Provincia de Buenos Aires. Del Valle 5737, Olavarría, Buenos Aires. gerilandia@hotmail.com
[2]Centro de Geología y Costas y del Cuaternario. Facultad de Ciencias Exactas y Naturales, Universidad Nacional de Mar del Plata. CC 722 Correo Central. 7600, Mar del Plata. mosterri@mdp.edu.ar

ABSTRACT

The goal of this paper is to analyze the silicaphytoliths present on both the mortars (passive) and *manos* (active) components of groundstone milling tools from archaeological sites in Argentina's Interserrana area. This analysis is particularly focused on providing a general view of these tools' function, as well as evaluating stone resource usage in the region during the Late Holocene. The stone tools analyzed were generally from surface contexts, and included 21 mortars and 3 *manos* from the collections of the Natural Science Museum of Lobería in Buenos Aires province. It was believed that micro-cavities formed by the texture and composition of the stone existed on artifact surfaces, and samples were taken with a spatula from both active (A) and passive (B) artifacts. Results show that, in general, the mineralogical materials recovered from the artifact surfaces show a clear affinity with the original rock mineralogy, and with low levels of minerals attributable to loessic sediments. Samples were found to contain opal phytoliths, opal phytolith fragments, aggregates and other mineral particles. Phytoliths with very highly altered shapes are common. There is also a clear difference in opal phytolith content between groups A and B. These preliminary results are promising, and can open up paths to increase our understanding of the adaptation strategies of Late Holocene populations of the Interserrana Area.

Key words: *Opal phytoliths, Grind, Archaeology*

RESUMEN

El objetivo del trabajo fue analizar la presencia de silicofitolitos en los artefactos de molienda, bases y manos. El material lítico proviene en general de recolecciones superficiales. Se analizaron los materiales extraídos con espátula de microcavidades (producto de la textura y composición de la roca.). Se trabajó en la parte activa (A) y parte pasiva (B) de 21 bases y 3 manos. Los resultados obtenidos permitieron definir en general que las partículas extraídas presentaron una mineralogía con una clara afinidad con la roca de origen y muy escasos componentes asimilables a sedimentos loéssicos. En las bases de molienda analizadas se destacó un 18% de media de silicofitolitos aislados; también restos de epidermis silicificadas, de tejido conductor de plantas y altos contenidos de agregados de partículas enriquecidos en silicofitolitos aislados y articulados, versus una media del 6%, de silicofitolitos aislados sin restos vegetales, en las partes pasivas. Las morfotribus halladas más comunes son Prismatolita, Estrobilolita, Halteriolita, Doliolita, entre otros. En las manos los resultados muestran tendencias similares a las de las bases. Los resultados preliminares se consideran promisorios y permitirán introducir nuevas vías de análisis en lo referido a las estrategias adaptativas de los grupos que habitaron el área y constituirá un aporte para una más completa comprensión del uso de los recursos vegetales en la región. Son comunes los silicofitolitos y morfologías muy alteradas.

Palabras claves: *Silicofitolitos, Molienda, Arqueología*

INTRODUCCIÓN

Los estudios líticos han sido de importancia para contribuir al conocimiento de tareas y prácticas vinculadas a las sociedades del pasado, que nos muestran variabilidad artefactual y la gran diversidad de comportamientos que encierran los individuos que formaron parte de estas sociedades. Los artefactos de molienda son elaborados para el procesamiento (moler, triturar, machacar, entre otras) de una variada gama de recursos (vegetales, animales y minerales). Los morteros junto con los demás artefactos de molienda evidencian actividades concretas que formaron parte de estrategias de procesamiento utilizadas en diversas partes del mundo (Babot 1999).

Los silicofitolitos (biomineralizaciones de sílice amorfo, en plantas) son evidencias tangibles de la presencia de vegetación, e indirectamente del uso de vegetales con diferentes objetivos. Los mismos presentan diferentes variantes en cuanto a su morfología, lo que los hace muchas veces diagnósticos en lo que se refiere a la caracterización de algún tipo de recurso (Piperno 1988).

Para la zona de estudio, el énfasis se ha centrado en el estudio tecno-morfológico de los artefactos, los cuales concentran la mayor atención en los aspectos propiamente tecnológicos (Bórmida 1960; Madrazo 1972). En consecuencia, los atributos morfológicos, como la forma y el tamaño, se han utilizado para inferir directamente su funcionalidad.

Sin embargo numerosos estudios sugieren que no existe una relación simple y directa entre forma y función (Adams 1988; Babot 1999; Hayden 1987; Mansur-Franchomme *et al.* 1987-88; Wright 1994). Por esta razón se propuso el análisis particular y específico de cada uno de los artefactos a través del estudio de silicofitolitos. Esto permitirá reconocer microrrestos a través de una vía alternativa e independiente, y que en muchos casos es la única evidencia debido a la falta de macrorrestos o a la mala conservación de otras sustancias.

Los antecedentes internacionales referidos a los estudios de rastros de uso, sustancias adheridas y microrrestos de vegetales son escasos. Sin embargo en las últimas décadas del siglo pasado se han incrementado los análisis orientados hacia los fitolitos, con el objetivo de entender los patrones de subsistencia prehistóricos y los sistemas de agricultura, por ejemplo en las tierras bajas de Panamá (Piperno *et al.* 1984) y Ecuador (Pearsall 1978). Sumado al estudio de fitolitos en diversos contextos tales como residuos de comida carbonizados en cerámica (Jones 1993), los análisis de fitolitos son útiles para determinar parámetros a pequeña escala dentro de sitios arqueológicos (Rovner 1971).

En muchos casos, los análisis de fitolitos proveen acercamientos a microambientes y eventos culturales específicos ocurridos en determinados contextos arqueológicos, como por ejemplo el análisis de fitolitos de suelos pertenecientes a un sitio de matanza de bisones en Wyoming, el cual demuestra las capacidades de los fitolitos en las reconstrucciones ambientales (Rovner 1988).

En cuanto a los estudios de rastros de uso, sustancias adheridas y microrrestos de vegetales en nuestro país se destacan los trabajos de Babot (1999, 2001, 2004) en el Noroeste Argentino relacionado con aspectos funcionales basados en caracterizaciones acerca de las asociaciones de los artefactos con los contextos de hallazgo. También existen estudios referidos a los primeros reconocimientos de los usos concretos que tuvieron las piedras de moler en lo referente a recursos vegetales y por último un estudio abarcando un amplia línea temporal combinando análisis de almidón y fitolitos. Por otra parte, Würschmidt y Korstanje (1998-1999) pudieron concretar las primeras evidencias de fitolitos en sitios arqueológicos del Noroeste Argentino en un contexto doméstico.

En lo que respecta a estudios de fitolitos en la Región Pampeana, hay trabajos específicos realizados en niveles pedológicos (Osterrieth *et al.* 1999, 2002). En cuanto a estudios directos sobre artefactos de molienda el único antecedente es el trabajo de Zucol y Bonomo (2005). La metodología aplicada fue un muestreo de las caras activas de los molinos junto con los sedimentos adheridos a la superficie no activa, para de esta manera comparar estas muestras con la obtenida a partir de los sedimentos del perfil. El análisis fitolítico mostró presencia de fitolitos articulados, formados por células de tipo graminoide en su mayoría. También entre los fitolitos aislados se destacó la presencia de Halteriolitas, Prismatolitas y Aculeolitas, y en algunas muestras Estrobilolita y Flabelolita. Si bien se encontraron diferentes tipos de morfologías los autores concluyen que no se puede afirmar que estos instrumentos de molienda fueron utilizados para el procesamiento de recursos vegetales en forma intensiva, además de ser utilizados probablemente para el procesamiento de pigmentos orgánicos.

En lo que respecta a la Región Pampeana, y más propiamente a los artefactos de molienda, vemos que los mismos se pueden encontrar en sitios principalmente de superficie (Bórmida 1960). Para el caso del Area Interserrana Bonaerense, Politis (1984), desde una perspectiva orientada hacia el paradigma ecológico-sistémico, estudió varios sitios entre los que se destacan Arroyo Seco 2, Zanjón Seco 1, 2, 3 y 4, La Toma, La Moderna. Algunos de estos sitios presentan artefactos de molienda tanto en superficie como en estratigrafía. Martínez (1999) por su parte, registró gran cantidad de estos materiales de molienda (morteros en su mayoría) en el curso medio del Quequén Grande. Según este autor, la presencia de estos elementos de molienda evidencia no sólo un aumento en la producción y procesamiento, sino una redundancia de ocupación de ciertos lugares del paisaje. Este tipo de ocupaciones se da en campamentos localizados preferentemente en inmediaciones de valles fluviales y cuerpos lagunares, presentando una diferenciación interna y ocupados por una importante cantidad de gente durante periodos prolongados (Martínez 1999).

Si bien existe una cantidad importante de referencias en cuanto a elementos vinculados a la molienda, los diferentes estudios realizados tienen como eje central el análisis tecno-morfológico vinculado a la forma, peso, materia prima, etc. o bien inferencias realizadas por vías de análisis indirectas como la historia y la etnohistoria. Este tipo de estudio es necesario como primer paso para acercarse a una visión general relacionada con los elementos de molienda. Ello, porque dentro de los conjuntos artefactuales se presentan variadas morfologías que son tenidas en cuenta en los siguientes pasos metodológicos.

En resumen, el análisis de los silicofitolitos nos brinda los primeros resultados relacionados con los diferentes restos vegetales que fueron procesados en los artefactos de molienda, complementando los resultados obtenidos en los estudios tecno-tipológicos. Por otra parte, nos permite abordar desde una nueva perspectiva las prácticas de molienda, y contribuye al entendimiento de los sistemas de subsistencia en la región pampeana, en especial durante el Holoceno Tardío. Finalmente este trabajo nos acerca a la evaluación y reconocimiento de los diferentes recursos que se estaban utilizando en el área, así como también nos permite discutir y plantear nuevos interrogantes que surgen a partir del análisis mismo. Por lo expuesto anteriormente el objetivo central de este trabajo es efectuar los primeros reconocimientos de restos vegetales, a través del estudio de los silicofitolitos encontrados en los artefactos de molienda en el Area Interserrana Bonaerense.

METODOLOGÍA

La muestra seleccionada para este trabajo pertenece en su totalidad a la colección del Museo de Ciencias Naturales del Club de Pesca de Lobería, cuyos materiales fueron recolectados en su mayoría por su director, el Sr. Gesué Noseda durante décadas. Estas piezas, desde el momento de su recolección en el campo fueron limpiadas y puestas en el depósito del museo hasta estos tiempos. Entre tanto, han sido estudiadas por diversos investigadores para realizar análisis morfológicos. Por lo tanto, estas piezas no han sido tratadas más allá que de una simple evaluación ocular. En resumen, las piezas de este análisis han estado en contacto con el polvillo propio de un depósito pero no han sido dañadas en ninguno de sus aspectos.

Para el análisis se tomaron como muestra 24 elementos de molienda dentro de los cuales aparecen 21 bases de molienda (Figura 1) y 3 manos (Figura 2). Gran parte del material fue encontrado dentro del partido de Lobería en cercanías de arroyos y ríos tales como Quequén Grande y Chico, Tamangueyú, entre otros.

Figura 1. Algunas de las bases utilizadas para el trabajo. Barra: 10 cm.

El material se seleccionó teniendo en cuenta la variedad de forma, tamaño, peso y materia prima, para de esta forma contar con la posibilidad de observar la variabilidad de los artefactos de molienda. Una vez seleccionado el material se realizó una limpieza suave con franelas sobre cada uno de los artefactos, para remover el polvillo que pudiera contener el material ya que el mismo se encuentra en el depósito del museo. Una vez limpio, se procedió al raspado de la superficie activa de las bases de molienda así como también del resto del artefacto, en sus microcavidades. El número de microcavidades analizadas varió según las características texturales de la roca y estado del artefacto, siempre entre 10 y 15. De esta manera se obtuvo la muestra de cada base y se la separó en parte A (activa) y parte B (pasiva). La parte A contiene el sedimento de la superficie activa mientras que la parte B contiene el sedimento del resto de la base. Este procedimiento se realizó con cada una de las bases, así como también con las manos.

Con respecto a las manos, el raspado se hizo en ambos extremos de las mismas y se mantuvo la misma división que con los morteros. Una vez realizado el raspado de todo el material, se colocó el sedimento en tubos Eppendorf con la división correspondiente de cada muestra en parte A y parte B. Así, la muestra estaba preparada para ir al laboratorio.

En el laboratorio, se llevó a cabo el preparado y montaje de las muestras para su observación al microscopio. Se realizaron preparados con cada muestra, temporarios en aceite de inmersión, y definitivos en bálsamo de Canadá. La muestra 1A.6 (base de tosca) se pre-trató con ácido clorhídrico al 10% para remover el carbonato de calcio y de esta forma ver claramente al microscopio (Figura 3).

Para la observación de cada muestra se trabajó con microscopio Leits con aumentos de 40x y microscopio petrográfico Zeiss en 25x y 60x Se contaron de 200 a 400 granos (según el material extraído de cada muestra) donde se diferenciaron granos minerales en general, silicofitolitos, agregados y restos de silicofitolitos y formas indiferenciadas (ya sea por su tamaño o indefinición morfológica). Para la caracterización morfológica de los silicofitolitos se utilizó la clave de Bertoldi de Pomar (1971), Twiss *et al.* (1992) y Frendlung y Tieszen (1994).

Figura 2. Manos utilizadas para el trabajo. Barra: 10cm.

Figura 3. Muestra 1A.6, mortero de tosca. Barra: 10cm.

Para una mayor precisión en las morfologías, estados de preservación y especialmente para la observación de los agregados que recurrentemente presentaban abundantes silicofitolitos, se trabajó bajo microscopio electrónico de barrido (MEB) Hitachi.

RESULTADOS Y DISCUSIÓN

Los resultados obtenidos a partir de los análisis de las muestras fueron graficados en porcentajes. De esta manera se discriminó la información, por un lado volcando los datos propios de cada elemento de molienda (bases solamente) los cuales hacen referencia a las propiedades macroscópicas de los mismos, y por otro lo que tiene que ver con los datos relacionados con lo observado al microscopio (bases y manos). Los resultados obtenidos para la parte A (activa) y B (pasiva) permitieron discriminar entre los materiales pedológicos y aquellos incorporados a través de la acción humana directa. Para cada muestra se presentan también gráficos en los que se detallaron las abundancias relativas de los morfotipos de silicofitolitos presentes, así como también observaciones relacionadas con estados de alteración, fraccionamiento, presencia de formas articuladas y otros asociados a restos vegetales parcialmente oxidados.

Es importante destacar aquí que los artefactos de molienda se encontraron desde superficie hasta distintas profundidades en los horizontes superficiales de los suelos. Estos son definidos como Molisoles con altos tenores de materia orgánica, producto de la degradación de la cobertura de gramíneas altas y bajas en momentos previos a la colonización (Osterrieth *et al.* 1999). Posteriormente, los mismos han soportado de manera recurrente y sistemática cultivos varios. Por lo tanto, los micrositios del material (microcavidades), estarían ocupados por estos suelos tanto en la parte activa como en la pasiva indistintamente. Desde el punto de vista del contenido de silicofitolitos de los epipedones mólicos, en donde se hallaron estos artefactos, los antecedentes de la zona inter y periserrana indican contenidos de silicofitolitos aislados de una media del 12% (Osterrieth 2000).

Las rocas en la que están realizados los artefactos líticos son mayotariamente cuarcitas, por lo tanto su composición mineralógica está formada exclusivamente por cuarzo y cuarzo criptocristalino. Estos granos se desprenden de los artefactos por procesos de alteración de la roca o a veces por la acción del trabajo sobre los mismos; en ese caso debería estar presente en la mineralogía del material hallado en las microcavidades. Pero, tampoco puede descartarse el desprendimiento de granos por la acción del muestreo en los mismos (Figura 4).

Los resultados obtenidos permitieron definir en general, para las bases de molienda, que las partículas extraídas presentan una mineralogía con una clara afinidad con la roca de origen. Se pudo también definir una clara diferencia en el contenido de silicofitolitos en las microcavidades de la parte activa y pasiva (Figura 4). Para la parte activa en las bases de molienda se observaron valores de silicofitolitos aislados que oscilan entre el 9 y 27%, mientras que para la parte pasiva se encuentran entre el 1 y 6%. Este resultado estaría validando la metodología utilizada para el muestreo de los instrumentos de molienda, es decir la división planteada entre parte activa y parte pasiva en cada caso, debido a las diferencias que se plantean en torno a la superficie activa con el resto del artefacto. Se presentan a modo de ejemplos figuras de dos de los artefactos analizados más representativos en forma y tipología; y que además presentan abundancias relativas de fitolitos representativos de la mayoría de los artefactos estudiados (Figura 5).

Por otro lado, los altos valores de abundancias relativas provenientes de la superficie activa (parte A) de las bases de molienda sugieren la utilización de estos elementos para las diversas tareas de molienda de vegetales, es decir reafirman las diferencias que se esperaban encontrar en cuanto a la parte activa y la parte pasiva de las bases de molienda. Otro rasgo de interés es el tipo y cantidad de agregados con altos contenidos de silicofitolitos articulados y aislados en las microcavidades de la parte activa respecto de la parte pasiva, donde son más oscuros (Figura 4a) y contienen menos silicofitolitos. También ha sido común la presencia de restos orgánicos carbonizados o no de vegetales, pero sólo en las partes activas.

Como síntesis, para las 21 bases de molienda analizadas se destaca un 18% de media de silicofitolitos aislados para la parte activa, mientras que para la parte pasiva sólo un 6%. Igualmente se observaron altos contenidos de agregados de partículas en una masa que presenta tonalidades que oscilan entre castaño oscuro y rojizo amarillento en ambas partes. Sólo en la parte activa esta masa se encontró enriquecida con silicofitolitos aislados y articulados (Figura 6 a, b y c).

Unas pocas diatomeas y restos se observaron en la parte activa de algunas bases de molienda. Este material podría provenir de la presencia de agua del instrumento propiamente dicho en el campo debido a diversos factores (ambientales y/o humanos), o bien por la manipulación de vegetales propios de ambientes saturados, lo que posibilitaría la aparición de estas algas unicelulares además de los silicofitolitos ya mencionados.

En el caso de las manos (Figura 7 a y b), se observó para la parte activa abundancias relativas de fitolitos aislados que oscilan entre el 7 y 26%, mientras que para la parte pasiva van entre el 3 y 6%. Estos porcentajes estarían indicando al igual que los anteriores de las bases de molienda, la utilización concreta de las manos como parte complementaria en las distintas tareas de molienda de vegetales. También se destacó en las manos un alto contenido de silicofitolitos aislados, articulados y conformando agregados en la parte activa. Estos contenidos descienden a menos de un cuarto en la parte pasiva. Se observaron a su vez, agregados con altos porcentajes de silicofitolitos con una media que oscila alrededor del 15% y que presenta características similares a las observadas en las partes A y B de las bases de molienda. En lo que respecta a las manos, en general se observó que la parte activa presenta una media del 17% que se reduce al 4% en la parte pasiva. Por otra parte se destaca en general la presencia de agregados con fitolitos aislados y articulados.

Si bien los contenidos generales de la mayoría de las muestras están dentro de la media para los distintos indicadores tenidos en cuenta, la base de molienda de tosca (1A.6) presentó los mayores porcentajes tanto en los agregados como en los silicofitolitos, 23% y 27% respectivamente. Este artefacto de tosca presenta una matriz con dureza sedimentaria junto con una fracción esqueletal dominada por componentes de limo (en su mayoría feldespatos). El mismo posee una matriz formada por carbonato de calcio, lo cual hace que sea un instrumento más frágil, que se desgasta más fácilmente que otros (por ejemplo un artefacto de cuarcita). Esta característica a su vez, hace posible que se incrusten con más facilidad en dicha matriz los silicofitolitos y restos de plantas. Por ello es importante destacar en relación con las microcavidades o poros de los elementos de molienda, de las distintas materias primas, la posibilidad que tienen los restos de silicofitolitos, plantas etc. de quedar atrapados en los mencionados sitios y también en la matriz de los elementos de molienda (con mayor frecuencia en las partes activas). Este punto cobra importancia a la hora de evaluar el grado de conservación de los microrrestos, los cuales muchas veces son encontrados en porcentajes escasos, quizás dependiendo entre otras cosas de este tipo de microcavidades. También se debe señalar para el artefacto de tosca, la presencia de fitolitos muy alterados, lo cual podría corresponderse con el efecto del calcio como un elemento que disminuye la estabilidad de la sílice amorfa. La base de molienda de riolita presentó pocos agregados, aunque muchos de otros minerales así como también fragmento de roca volcánica.

Figura 4. a) Minerales de parte pasiva, vidrios volcánicos, fragmentos de rocas volcánica, cuarzo, (barra 100 μm); b) cuarzo parte activa (barra 100 μm); c) microfotografía de MEB, de minerales de parte activa con fitolitos.

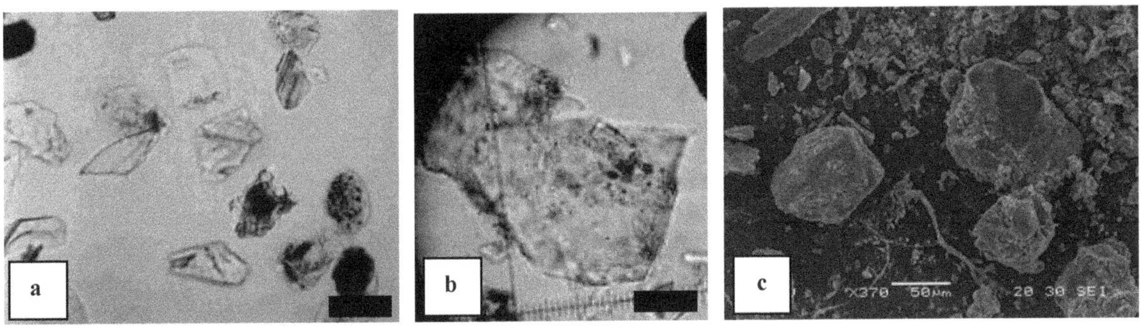

Figura 5. a) Componentes de parte activa; b) componentes de parte pasiva.

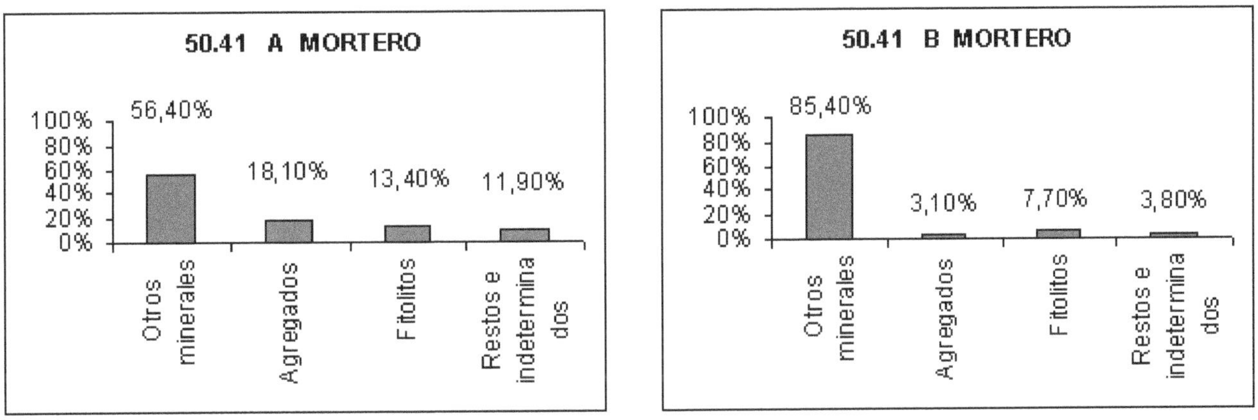

Figura 6. a) Masa de color castaño oscuro; b) restos de fitolitos aislados inmersos en agregados; c) detalle de restos de fotolitos aislados inmersos en agregados (MEB). Barra 100 μm.

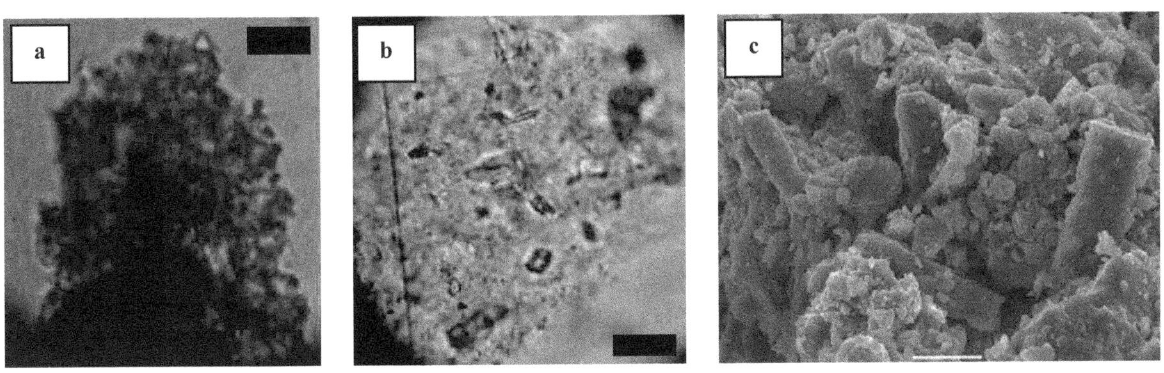

Figura 7. a) Muestra de la mano en su parte activa; b) muestra de la mano en su parte pasiva.

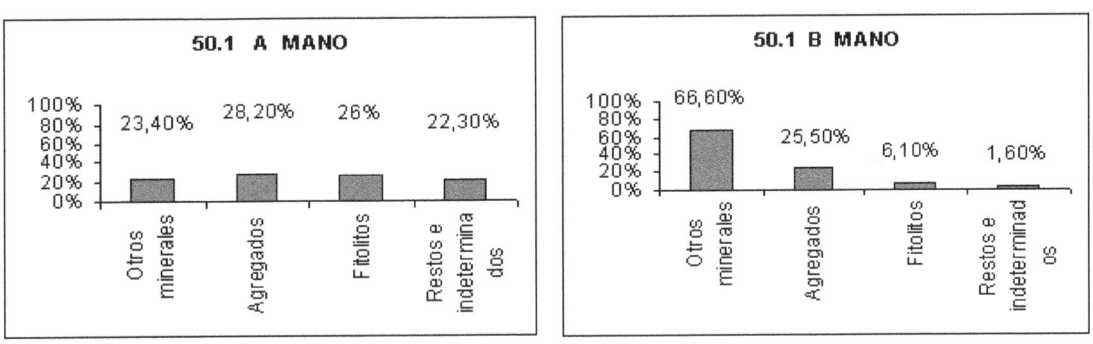

Figura 8. a) Morfotipos más comunes en parte activa; b) morfotipos más comunes en parte pasiva.

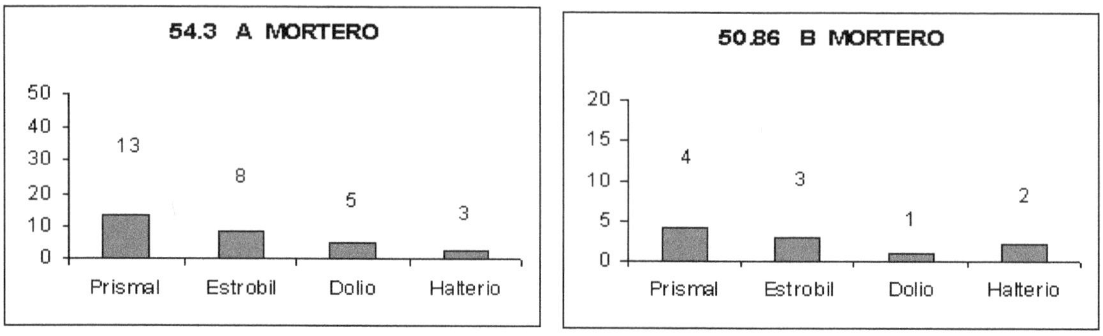

En el caso de las cuarcitas, vale destacar que las mismas son en su mayoría de textura arenosa media a fina y en menor proporción muy fina. Esta textura de la roca está condicionando su microestructura, es decir la relación entre los granos minerales y los espacios porosos resultantes. Y ello definirá el tamaño y densidad de las microcavidades, es decir, dependerán de este factor para la posible preservación de los microrrestos.

Del análisis de las morfologías, se destacaron dentro de los denominados macrosilicofitolitos según Bertoldi de Pomar (1971), los *Prismatolitas*, Aunque en muchas de las muestras analizadas aparecieron *Prismatolitas* menores a 40 µm o sea dentro de los microsilicofitolitos. Dentro de estos últimos los *Estrobilolitas* ocupan el segundo lugar en cantidad, no solo aislados sino también reiteradamente en los agregados (Figura 8a y b; 9b).

Figura 9. a) *Doliolita* articulada y silicificada, parte activa de mortero de tosca; b) *Estrobilolita* en parte activa; c) detalle de Diatomea; d) *Prismatolita* con agregados; e) *Prismatolita* articulado; f) *Flabelolita* junto a *Braqueolita*. Barra 25 µm.

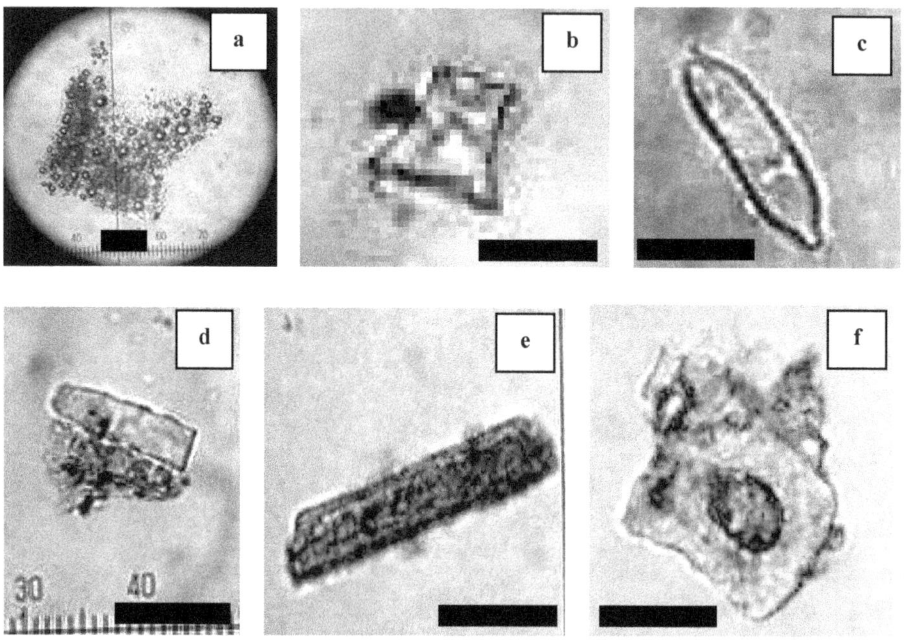

Figura 10. a) Resto vegetal en microscopio óptico (barra 25 µm); b) detalle del mismo resto vegetal (MEB).

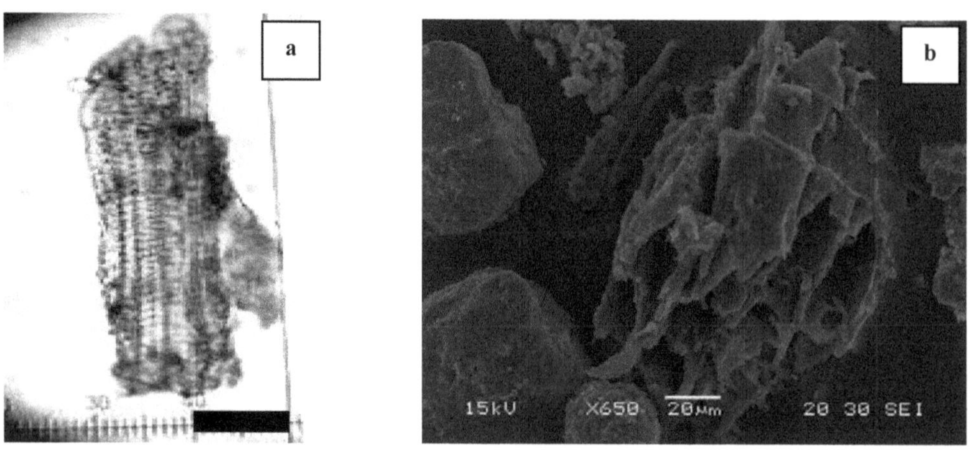

Por otra parte en muchas partes A (activa) de las bases de molienda los *Estrobilolitas* son las formas predominantes, seguido por *Halteriolitas* y por último, *Doliolitas* (Figura 9). La predominancia de este tipo de morfotipos es significativa ya que algunos tipos de *Estrobilolitas* y los *Doliolitas* se atribuyen a las gramíneas de caminos metabólicos de 4 carbonos (C4), las cuales caracterizan mayoritariamente a gramíneas cortas, de la subfamilia Chloridoideae. La recurrencia en este tipo de formas podría estar marcando de alguna manera cierta tendencia en lo que respecta a un posible uso de gramíneas cortas. También se hallaron *Halteriolitas,* muchos de los cuales se asimilan a gramíneas tipo C3. Por otra parte la base de molienda de tosca presentó fitolitos articulados que se asemejan a restos de epidermis silicificados formados por asociaciones de fitolitos poliédricos y otros de prismas asociados con formas circulares tipo chloridoides (Figura 9a). También se pueden apreciar asociaciones constituidas por *Doliolitas* articulados, indicando gramíneas tipo C4 y acentuando la tendencia marcada en general en los porcentajes de las demás bases de molienda (Figura 9 a-f). Se destacan también las formas articuladas como evidencia de restos vegetales y de uso, presentando poca degradación y movilización del material en general en las partes activas. Esto podría estar indicando algún tipo de estabilidad ambiental o bien el tipo de llegada y persistencia de los restos vegetales en los elementos de molienda, es decir que una vez que se trabajó en estos elementos, cualquiera haya sido la tarea, los restos que quedaron, mayoritariamente en la superficie activa no fueron movilizados a pesar del tiempo transcurrido. Esto podría estar indicando un importante nivel de preservación de material en los elementos de molienda, incluso los provenientes de recolecciones superficiales (Figura 10a y b).

Con respecto al punto anterior, aquí entra en consideración también que es lo que pasa con respecto al registro de fitolitos en árboles. Estos podrían estar informando acerca de la presencia y/o uso de recursos tales como chañar o algarrobo que podrían haber formado parte del paisaje prehispánico y que hoy en día no se presentan por lo menos como evidencia directa en este análisis. Esto podría deberse a la naturaleza del registro arqueológico pero también a ciertas particularidades de este tipo de recursos, como su distribución en la región o su desaparición paulatina debido a múltiples factores.

En lo que respecta a las cuestiones vinculadas con la morfología de los artefactos se observó una variabilidad en cuanto a forma, tamaño y peso. La materia prima predominante es la cuarcita (85%). En general, no se observaron tendencias en cuanto a la relación tamaño (más específicamente profundidad) de la superficie activa y porcentajes de silicofitolitos, aunque en algunos casos se pueden destacar las mayores superficies, no así la profundidad, con un alto o medio porcentaje de silicofitolitos. Estos artefactos coinciden también en estar entre los más pesados del grupo, aunque no es una constante.

Por último, se destaca que de las cuatro bases planas que hay en la muestra, tres presentaron bajos porcentajes de agregados en comparación con la gran mayoría de las demás bases. Este rasgo podría ser un indicador de algún tipo especial de tarea llevada a cabo en estas bases planas, o bien podría estar alertando acerca del manejo diferencial existente de acuerdo al tipo de base que se utilizara. Este punto requeriría de una mayor cantidad de muestra para acentuar esta tendencia, la cual podría brindar un marco para la discusión que siempre se presenta acerca de las cuestiones vinculadas con la relación forma y función y que hasta el momento se mantiene abierta.

CONCLUSIONES

En este trabajo se abordó de manera preliminar la potencialidad de los estudios fitolíticos, como evidencia de la presencia de recursos vegetales en los elementos de molienda. Realizándose el estudio en el sueste de la llanura pampeana donde no se contaba con antecedentes al respecto. Concluyendo en que la misma se constituye en una herramienta apropiada como puente entre los estudios dedicados exclusivamente a los aspectos tecno-tipológicos y la información que pueda provenir de otras fuentes como la etnoarqueología, etnohistoria, entre otros. También aparece como una alternativa útil el uso de este tipo de análisis y estudios en contextos en los cuales no se han conservado macrorrestos o bien los microrrestos sean el único tipo de evidencia que se ha podido rescatar. Es importante destacar este rasgo ya que ha habido un notable avance respecto de este punto, debido a la poca atención o incluso al descarte que se hacía en el pasado de aquellos artefactos que no presentaran restos macroscópicos, ya que no eran útiles para realizar una asignación funcional.

Se obtuvieron los siguientes resultados y abundancias relativas para las muestras estudiadas en:

Parte A (activa). Como síntesis para las 21 bases de molienda analizadas se destacó un 18% de media en silicofitolitos aislados. Además se observó altos contenidos de agregados de partículas en una masa color castaño amarillento, los que se hallan enriquecidos en silicofitolitos aislados y articulados. Más restos de epidermis silicificadas y tejido conductor de plantas.

Parte B (pasiva). Aquí se destacó una media del 6%, sin restos vegetales, con agregados muy oscuros y sin silicofitolitos visibles. Escasos silicofitolitos preponderantemente macrosilicofitolitos.

Morfotipos. Las morfotribus halladas tanto en las bases como en las manos, en orden de abundancia son: *Prismatolita, Estrobilolita, Halteriolita, Doliolita, Acuelolita, Braquiolita y Flabelolita*, para la parte activa. Para la parte pasiva sólo se observaron escasos *Prismatolita* y muy escasos *Acuelolita y Estrobilolita.*

Manos (parte activa y pasiva). De las 3 manos analizadas surge que la parte activa presentó una media del 17% que se reduce al 4% en la parte pasiva. Además, aparecieron fitolitos articulados y restos de epidermis. Las morfologías más comunes son *Prismatolita, Estrobilolita, Halteriolita y Doliolita,* para la parte activa. Para la parte pasiva sólo se observaron escasos *Prismatolita* y muy escasos *Acuelolita y Estrobilolita.*

Los resultados obtenidos permitirían corroborar que efectivamente se molieron vegetales y también posibilitarían el abordaje futuro de estudios para reconocer que tipo de vegetales habrían sido trabajados en los artefactos. De esta manera se constituyó un primer paso en el establecimiento de tendencias a nivel microrregional acerca del rol que cumplieron los instrumentos de molienda.

Será interesante contar con mayor volumen de material y con estudios en otras regiones para poder comparar y confeccionar en un futuro un cuerpo teórico-metodológico relacionado a los restos vegetales en artefactos de molienda. Para esto se deberán integrar los diferentes tipos de estudios y avanzar en la problemática de los recursos vegetales así como en la de los elementos de molienda. De esta forma se podrán inferir tendencias a un nivel mayor en futuras investigaciones.

AGRADECIMIENTOS

Este trabajo se realizó en el marco de los proyectos UNMDP, EXA15E-239/04 (a M O). Al Dr Gustavo Politis por su colaboración con el proyecto y correcciones. Al Museo de Ciencias Naturales de Lobería por su ayuda y predisposición para prestar el material.

BIBLIOGRAFÍA

Adams, J. L.
1988 Use-wear analyses on manos and hide-processing stones. *Journal of Field Archaeology* 15: 307-315.

Babot, M. d P.
1999 Recolectar para moler. Casos actuales de interés arqueológico en el noroeste argentino. En: *En los tres reinos: prácticas de recolección en el cono Sur de América,* editado por C. A. Aschero, M. A. Korstanje y P. M. Vuoto. Ediciones Magna Publicaciones, San Miguel de Tucumán, pp. 161-170.
2001 La molienda de vegetales almidonosos en el noroeste argentino prehispánico. *Publicación Especial de la Asociación Paleontológica Argentina* 8: 59-64.
2004 *Tecnología y utilización de artefactos de molienda en el Noroeste Prehispánico.* Tesis doctoral inédita. Facultad de Ciencias Naturales e I.M.L. Universidad Nacional de Tucumán, San Miguel de Tucumán.

Bertoldi de Pomar, H.
1971 Ensayo de Clasificación Morfológica de los Silicofitolitos. *Ameghiniana* 8(3-4): 317-328.

Bórmida, M.
1960 Investigaciones paletnológicas en la Región de Bolivar, Provincia de Buenos Aires. *Anales de la Comisión de Investigación Científica* 1: 197-283.

Fredlund, G.G. y L. Tieszen
1994 Modern phytolith assemblages from the North American Great Plains. *Journal of Biogeography* 21: 321-335.

Hayden, B.
1987 Past to present use of stone tools in the Maya Highlands. En: *Lithic studies among the contemporary Highland Maya,* editado por B. Hayden, pp. 161-234. The University of Arizona Press, Tucson.

Jones, J. G.
1993 Analysis of pollen and phytoliths in residue from a colonial period ceramic vessel. En: *Research in Phytolith Analysis: Aplications in Archaeology and Paleoecology,* editado por D. M. Pearsall y D. R. Piperno. MASCA Research Papers in Science and Archaeology, Volumen 10, Philadelphia.

Madrazo, G.
1972 Arqueología de Lobería y Salliqueló (Pcia. de Bs. As.). *Etnía* 7: 1-12.

Mansur-Franchomme, M. E., L. Orquera y E. Piana
1987/88 El alisamiento de la piedra entre cazadores-recolectores: el caso de Tierra del Fuego. *Runa* 17-18: 111-205.

Martínez, G.
1999 *Tecnología, subsistencia y asentamiento en el curso medio del Río Quequén Grande: un enfoque arqueológico.* Tesis Doctoral inédita. Facultad de Ciencias Naturales, La Plata.

Osterrieth, M. L.
2000 Silicofitolitos una herramienta para la comprensión de procesos pedológicos del Cuaternario. En: *Actas XVII Congreso Argentino de la Ciencia del Suelo*, CD-ROOM, 4 pp., Mar del Plata.

Osterieth, M., D. Mazzanti, C. Quintana, G. Martinez y V. Bernasconi
1999 Evolución de Molisoles en la llanura pampeana de Argentina, analizada desde una perspectiva arqueológica, Sitio "Amalia", un caso de estudio. En: *Actas del XIV Congreso Latinoamericano de la Ciencia del Suelo.* Pucon Chile. CD-ROM: 6pp.

Osterrieth, M., G. Martinez, D. Zurro, A. Zucol, M. Brea y D. Mazzanti
2002 Procesos de formación del sitio 2 de la localidad arqueológica AMALIA: Evolución paleoambiental. En: *Del mar a los salitrales. Diez mil años de historia pampeana en el umbral del tercer milenio*, editado por D. L. Mazzanti, M. A. Berón y F. Oliva, tomo 1, pp. 343-363. Mar del Plata.

Pearsall, D. M.
1978 Phytolith analysis of archaeological soils: evidence for maize cultivation in Formative Ecuador. *Science* 199: 177-8.

Piperno, D. R.
1988 *Phytolith Analysis: An Archaeological and Geological Perspective.* San Diego, Academic Press.

Politis, G.
1984 Investigaciones arqueológicas en el Area Interserrana Bonaerense. *Etnía* 32: 7-52.

Rovner, I.
1971 Potencial of Opal Phytoliths for use in Paleoecological Reconstruction. *Quaternary Research* 1: 343-359.
1988 Macro and Micro ecological Reconstruction using Plant Opal Phytolith Data from Archaeological Sediments. *Geoarchaeology* 3:155-163

Twiss, P. C., E. Suess y R. M. Smith
1969 Morphological classification of grass phytoliths. Proceedings Soil Science Society of America 33: 109- 115.

Würschmidt, A. E. y M. A. Korstanje
1998-1999 Maíz en la cocina: primeras evidencias de fitolitos en sitios arqueológicos del noroeste argentino. *Cuadernos del Instituto Nacional de Antropología y Pensamiento Latinoamericano* 18: 457-468.

Wright, K.
1994 Ground-stone tools and hunter-gatherer subsistence in Southwest Asia: implications for the transition to farming. *American Antiquity* 59(2): 238-263.

Zucol, A. F. y M. Bonomo
2005 Estudios etnobotánicos del sitio arqueológico Nutria Mansa 1 (Partido de General Alvarado, provincia de Buenos Aires): II. Análisis fitolíticos comparativos de artefactos de molienda. En: *Libro de Resúmenes del 3° Encuentro de Investigaciones Fitolíticas del Cono Sur, Tafí del Valle, Tucumán, Argentina,* pp. 19-21.

Matices Interdisciplinarios en Estudios Fitolíticos y de Otros Microfósiles
M. A. Korstanje y M. del P. Babot, Editoras. BAR International Series S1870, Capítulo 15, pp. 173-185

ESTUDIOS ARQUEOBOTÁNICOS DEL SITIO NUTRIA MANSA 1 (PARTIDO DE GENERAL ALVARADO, PROVINCIA DE BUENOS AIRES): II. ANÁLISIS FITOLÍTICOS COMPARATIVOS DE ARTEFACTOS DE MOLIENDA

ARCHAEOBOTANICAL STUDIES OF THE NUTRIA MANSA 1 SITE (GENERAL ALVARADO, BUENOS AIRES PROVINCE): II. COMPARATIVE PHYTOLITH ANALYSIS OF MILLING STONE ARTEFACTS

Zucol, Alejandro Fabián [1] y Mariano Bonomo[2]
[1]Laboratorio de Paleobotánica, Centro de Investigaciones Científicas, Diamante (CICYTTP-CONICET), Materi y España s/n, Diamante, 3105, Entre Ríos, Argentina. cidzucol@infoaire.com.ar
[2]Departamento Científico de Arqueología, Facultad de Ciencias Naturales y Museo, UNLP-CONICET, Paseo del Bosque s/n, 1900, La Plata, Argentina. mbonomo@museo.fcnym.unlp.edu.ar

ABSTRACT

A comparative analysis was made between assemblages of phytoliths and other siliceous micro-remains recovered from the surface of grinding stone artefacts, and those extracted from sediment samples associated with the artefacts' original contexts. The artefacts come from the archaeological site of Nutria Mansa in the Province of Buenos Aires, Argentina (38° 24' S and 58° 15' W). They were excavated as part of stratigraphic unit III, which is part of the lower component of site and belongs to the late Holocene (2,700-3,100 years BP). The analysis of artefact residue samples showed phytolith assemblage compositions similar to that of an associated sediment sample from the level, with several prismatic, pointed, and fan-shaped phytoliths represented and, less frequently, bilobate, truncated cone-shaped, and saddle-shaped phytoliths. Articulated phytoliths composed of long, short, bulliform, and subepidemic cells were also present. The study also revealed the presence of colored amorphous organic matter and other micro-remains such as stomatocysts, sponge spicules and diatoms. Comparative analysis of microfossil assemblages failed to show significant qualitative or quantitative differences between the samples' compositions or states of preservation. Therefore, the results do not allow full evaluation of the utilization of phytolith-producing plants in the surroundings of the site. However, artefact residues do differ from unit III sediments in the presence of organic matter and colored silica remains, as well as charcoal particles and grass-type phytoliths. These remains may provide information regarding the use of the grinding stones, suggesting, for example, that the artefacts may have been utilized to process organic pigments or other substances that were colored. It is not yet possible, however, to fully establish the origin of these residues using the present analysis.

Key words. *Siliceous micro-remains, Phytoliths, Mills. Pampean region, Argentina, late Holocene*

RESUMEN

Se estudiaron comparativamente las superficies de artefactos de molienda (molinos) mediante análisis de sus microrrestos silíceos, como así también con la asociación fitolítica de la matriz sedimentaria en que fueron hallados. Las piezas provienen del sitio arqueológico Nutria Mansa 1 (38° 24' S y 58° 15' O), unidad estratigráfica III que forma parte de del Componente Inferior del sitio, el cual corresponde al Holoceno tardío (2.700 – 3.100 años A.P.) El análisis de estas muestras permitió observar una asociación fitolítica de similar composición que la proveniente del nivel sedimentario, con abundantes fitolitos prismáticos, aguzados y en forma de abanico y en menor frecuencia halterios, conos truncados y en forma de silla de montar; y fitolitos articulados, formados tanto por células largas, cortas, buliformes y subepidérmicas. Se pudo observar también la presencia de materia orgánica amorfa coloreada y otros microrrestos como estomatocistes, espículas y diatomeas. El análisis comparativo de las asociaciones no mostró diferencias significativas cualitativas ni cuantitativas entre sus componentes, como así tampoco se observaron diferencias en lo que respecta a la preservación y desgaste entre las muestras analizadas, por lo cual estos resultados no permiten comprobar la utilización de plantas productoras de fitolitos presentes en los alrededores del sitio. Sin embargo, a diferencia de los sedimentos de la unidad III, en los molinos se ha registrado la presencia de materia orgánica y restos silíceos coloreados, como también restos carbonosos y fitolitos graminoides, cuya matriz silícea muestra turbidez. Indicios que podrían estar asociados con la utilización de los molinos para el procesamiento de pigmentos orgánicos o de sustancias a las que se les daba tonalidad y cuyo origen no es posible establecer mediante las evidencias aquí recabadas.

Palabras clave. *Microrrestos silíceos, Fitolitos, Molinos, Región pampeana, Argentina, Holoceno tardío*

INTRODUCCIÓN

El sitio arqueológico Nutria Mansa 1 -NM1- es un campamento generado por los grupos cazadores-recolectores prehispánicos que habitaron el área Interserrana de la región pampeana (Bonomo 2004, 2005). Se encuentra ubicado en las proximidades de Centinela del Mar, en la margen izquierda del arroyo homónimo (38° 24' 54,2" S y 58° 15' 50,1" O), provincia de Buenos Aires, Argentina (Figura 1). La presente contribución se enmarca en los análisis arqueobotánicos que se están realizado en este sitio (Zucol *et al*. 2003). Estos estudios abarcan el análisis fitolítico y diatomológico de su secuencia sedimentaria, incluyéndose también otros tipos de microrrestos silíceos como estomatocistes de algas crisostomatáceas y espículas de espongiarios.

Figura 1. Mapa de ubicación geográfico y del sitio arqueológico Nutria Mansa 1.

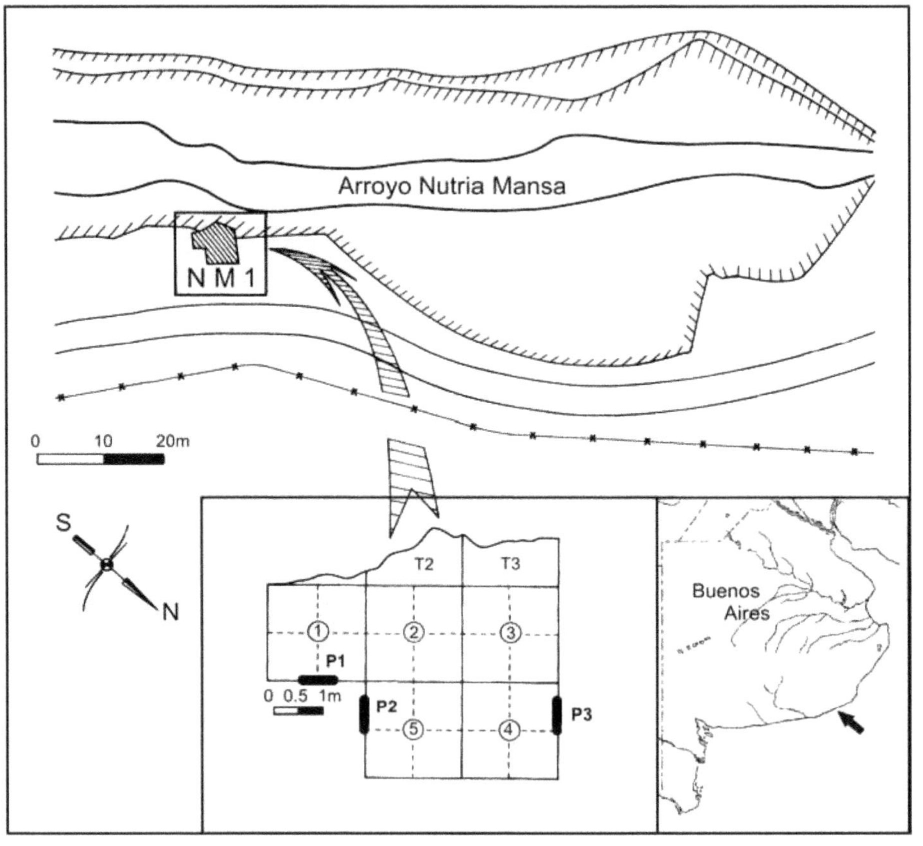

El depósito del sitio NM1 está constituido por dos unidades arqueológicas discretas: los niveles Superiores y el Componente Inferior, separadas por sedimento sin restos de naturaleza arqueológica. La secuencia sedimentaria se forma por cuatro unidades estratigráficas (Favier Duvois y Bonomo 2002). Los Niveles Superiores se encuentran en la unidad estratigráfica I, se distribuyen de los 25 cm a los 40 cm de profundidad desde el nivel 0 y sólo presentan escasos materiales líticos y astillas óseas de mamíferos indeterminadas.

El Componente Inferior comprende desde los 75 cm hasta los 160 cm. Allí, se han recuperado numerosos restos faunísticos de *Lama guanicoe* y artefactos líticos en las unidades estratigráficas II, III y IV (Figura 2). La mayor parte de los restos arqueológicos se encuentran contenidos en un paleosuelo (unidad III). También se han registrado escasos materiales arqueológicos correspondientes a este componente por debajo de este paleosuelo, en los sedimentos fluviales del Miembro Guerrero de la Formación Luján (unidad IV), y por encima, en los depósitos palustres del Miembro Río Salado (unidad II) de esta misma formación. De acuerdo con las dataciones radiocarbónicas obtenidas (2.700-3.100 años a.P.) la mayoría de los materiales del Componente Inferior de NM1 pueden ser asignados a los inicios del Holoceno tardío (Bonomo 2004, 2005).

En el Componente Inferior se han recuperado siete materiales de molienda que incluyen tres molinos, una mano de mortero, una mano de molino y dos artefactos activos compuestos (Bonomo y Matarrese 2007). En este trabajo se comparan las asociaciones microfosilíferas de los sedimentos de la unidad estratigráfica III con el contenido depositado en las superficies de dos de los molinos (M1 pieza T3.20.12 y M2 2.18.125) hallados en esta misma unidad. Estos molinos (Figura 3), se hallaron a una profundidad de 117 cm (M1) y de 110 cm (M2) (Figura 2). Los mismos están fragmentados, sus superficies activas ocupan prácticamente la totalidad de las caras y han sido formatizados a través de lascados y picados sobre caras, superficies activas y bordes (Bonomo y Matarrese 2007).

La literatura etnográfica de Pampa y Patagonia (e.g. Bórmida y Casamiquela 1958-59: 166, Moreno 1874: 83, Zeballos 1881: 118; véase Bonomo 2004: 189 y Crivelli Montero *et al.*1987-88) indica que los materiales de molienda fueron utilizados por las poblaciones aborígenes para el procesamiento de vegetales (raíces, frutos de algarrobo, semillas, tubérculos, etc.), carne de guanaco y de pescado, sal y pigmentos. Este estudio se realizó con el objetivo de empezar a contrastar esta información etnográfica, ya que la única evidencia directa del uso de estos materiales en la región pampeana está dada por el registro de pigmentos minerales adheridos a las superficies de molinos, morteros y manos.

Con este fin general, en el presente trabajo se evalúa si los molinos de NM1 podrían haber sido utilizados para el procesamiento de recursos vegetales. Estudios similares de análisis de fitolitos para identificar elementos vegetales en materiales de molienda arqueológicos, en un contexto geográfico cercano al área de estudio, se han efectuado en el noroeste argentino (Babot 2001) y en Uruguay (Capdepont *et al.* 2005). Por otra parte Piperno (2006: 163-164), recopila los antecedentes de análisis fitolíticos y de almidones en elementos líticos realizados en forma previa.

Figura 2. Detalle de las unidades sedimentarias y ubicación de las muestras en el perfil 2 (P2).

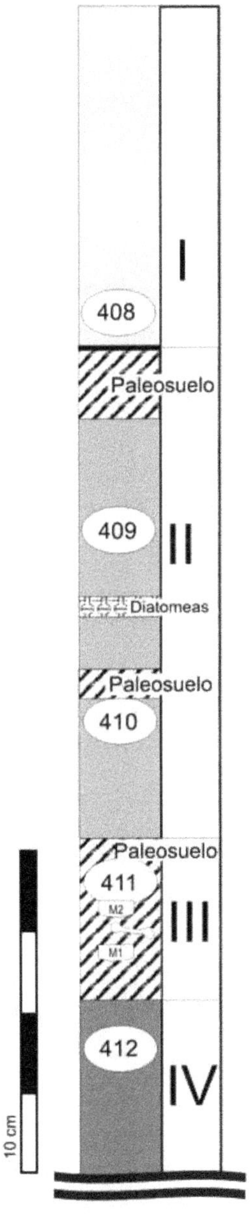

Para este análisis ha sido muestreado el perfil 2 (P2) del sitio NM1, de 145 cm de potencia, teniendo en cuenta las unidades estratigráficas representadas en la secuencia sedimentaria. Además, se estudiaron cuatro muestras provenientes de dos de los molinos hallados en el Componente Inferior, las que se obtuvieron mediante la limpieza de sus superficies duras, tanto la cara no activa de la pieza como la cara activa con rastros de uso: muestras 367 (M1a, superficie activa), 368 (M1e, superficie no activa), 369 (M2a, superficie activa) y 370 (M2e, superficie no activa) del repositorio de muestras sedimentarias del Laboratorio de Paleobotánica del Centro de Investigaciones Científicas-Diamante.

Figura 3. Molinos hallados en la unidad III del sitio arqueológico Nutria Mansa 1.

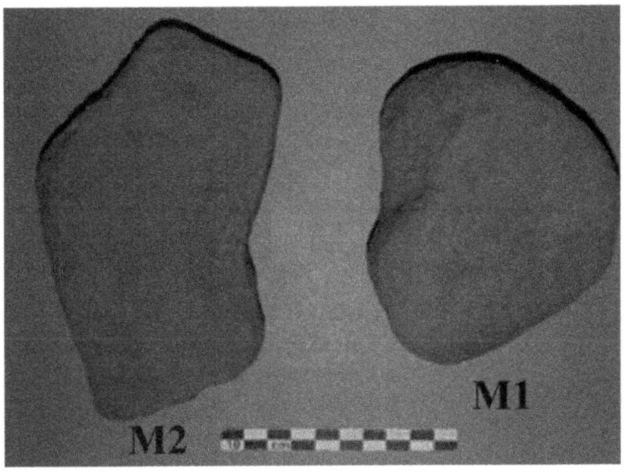

Se debe aclarar que estos análisis buscan recabar la información en forma integral, no solamente en lo referente a la utilización de estos molinos, sino también a los indicadores paleoambientales y tafonómicos. Es por esta razón que no sólo se considerarán en forma comparativa el contenido fitolítico de las muestras, sino que también otros microrrestos silíceos hallados tales como diatomeas, espículas y estomatocistes. La metodología aplicada en estos estudios consistió en un muestreo de las caras activas de los molinos (o con rastros de utilización) y de los sedimentos adheridos a sus superficies no activas con la finalidad de comparar entre las asociaciones de estas muestras y las obtenidas a partir de los sedimentos del perfil 2. De este modo, es posible establecer si existe alguna variación significativa entre las muestras de las caras activas de los molinos con las restantes y, en caso positivo, si las diferencias pueden ser producto de la utilización de estos artefactos por las poblaciones del pasado.

MATERIALES Y MÉTODOS

Dadas las características litológicas y la escasa presencia de irregularidades superficiales de los molinos, para la obtención de las muestras se realizó inicialmente una limpieza superficial en seco mediante cepillo de cerda dura y posteriormente un lavado de las mismas hasta observar su limpieza.

Las muestras sedimentarias y de los artefactos líticos fueron procesados siguiendo las pautas metodológicas descriptas por Zucol y Osterrieth (2002), que consisten en una disolución de sales solubles, eliminación de materia orgánica y carbonatos, y una separación granométrica y densimétrica con la finalidad de obtener las distintas fracciones granométricas del material sedimentario y la separación del material clástico pesado del liviano. En forma previa, se realizó una prospección microscópica de todas las muestras para lo cual se montaron sin ningún procesamiento, con la finalidad de establecer la presencia de restos organógenos que puedan ser eliminados en los distintos pasos del procesamiento. Para el recuento fitolítico se utilizó una clasificación morfológica basada en la clasificación propuesta por Bertoldi de Pomar (1971), y modificada de acuerdo a Twiss *et al.* (1969); Twiss (1992); Kondo *et al.* (1994) y Zucol (1996), la cual se detalla en el Apéndice I.

Si bien los estomatocistes de crisostomatáceas se encuentran escasamente caracterizados en lo que respecta a su sistemática (Rull y Vegas-Vilarrúbia 2000), son numerosas las investigaciones que comienzan a describir su presencia en distintos tipos de sedimentos y antigüedad geológicas. Para su identificación se siguieron los criterios de Rull y Vegas-Vilarrúbia (2000) y Coradeghini y Vigna (2001). Para este análisis, y solamente a los fines de su recuento se establecieron tres morfotipos de quistes: dos de superficie lisa -uno de ellos con apertura, otro inaperturado-, y un tercero representado por los quistes aperturados de superficie espinosa u ornamentada en general.

En lo referente a las espículas de espongiarios se consideraron dos principales morfotipos para el recuento, *las espículas de grandes dimensiones*, lisas –si bien pueden aparecer pequeñas microespinas superficiales- y de extremos aguzados, en general con un canalículo que la recorre en sentido longitudinal y las *gemoscleras* pertenecientes al género *Ephydatia* sp. (Ezcurra de Drago com. pers.), que se caracterizan por poseer extremos estrellados y un cuerpo cilíndrico con número variable de espinas.

La metodología aplicada para el estudio comparativo de las asociaciones de microfósiles silíceos puede ser resumida mediante el esquema presentado en la Figura 4.

RESULTADOS

Asociación microfosilífera de la matriz sedimentaria

Los resultados previos (Zucol *et al.* 2003, Bonomo *et al* 2008) permiten enmarcar estos análisis con el conocimiento de la composición de los microrrestos silíceos de la secuencia sedimentaria de este sitio, y en particular, del nivel de hallazgo de los artefactos analizados (unidad III). En el análisis de prospección de las muestras (sedimento sin procesamiento) se observó la presencia de microcarbones y restos orgánicos, los cuales son particularmente abundantes en las unidades superiores (I sector superior de II), ausentes en el sector inferior de la unidad II y escasos a raros en las unidades inferiores (III y IV).

Los estudios realizados sobre el material procesado mostraron la presencia de distintos tipos de microfósiles silíceos, a la vez que presentaron frecuencias relativas variables en las distintas muestras (Figura 5, Apéndice II). Con respecto a las diatomeas, los análisis efectuados por Beatriz Gutiérrez Tellez (Departamento de Geología, Universidad Nacional del Sur) han permitido registrar 22 taxa (Figura 6 E-I). Las mismas se observaron en forma poco frecuente, con excepción del sector inferior de la unidad II donde resultaron abundantes en comparación con los otros tipos de microrrestos silíceos (Bonomo *et al.* 2008).

Figura 4. Pautas metodológicas aplicadas en estos análisis.

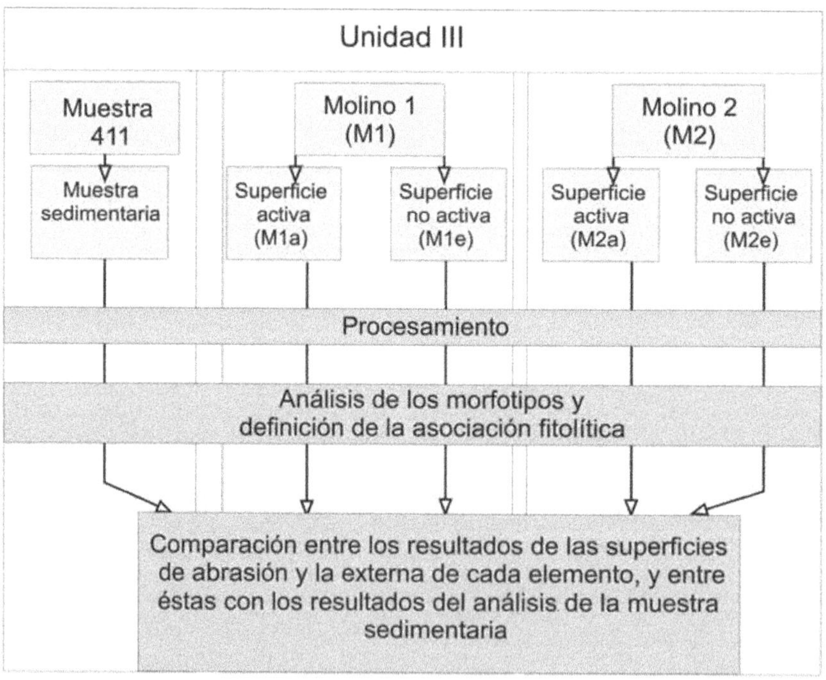

Figura 5. Diagrama de abundancias de microrrestos silíceos en el perfil P2. A. Tipos morfológicos, estomatocistes, espículas y fitolitos articulados. B. Estomatocistes, espículas, fitolitos no articulados y articulados.

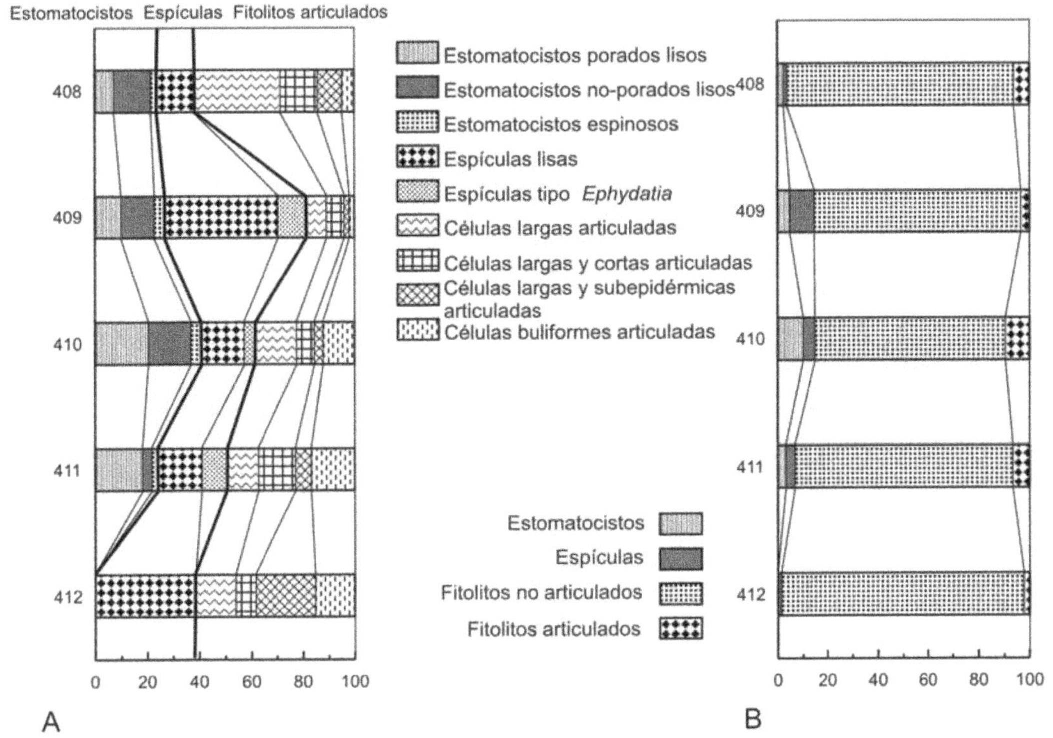

Los estomatocistes de crisostomatáceas (Figura 6 J-K) se encuentran presentes a lo largo de todo el perfil (Figura 5), si bien su presencia se hace claramente manifiesta en los sectores medios (unidad II). En lo referente a la abundancia relativa de los tipos morfológicos observados, los estomatocistes lisos aperturados son muy abundantes en la unidad III y el sector inferior de la unidad II; mientras que los lisos inaperturados predominan en la unidad II (principalmente en el sector superior) y en la unidad I, los cuales si bien en menores porcentajes relativos poseen similares variaciones que los estomatocistes de superficie espinosa (Figura 5). En forma particular para la unidad III, los estomatocistes son escasos y se presentan en una asociación dominada por el tipo de los estomatocistes lisos aperturados (Figura 6 J).

Las espículas halladas en la totalidad del perfil pertenecen a esponjas dulciacuícolas (Figura 5), cuya distribución en el perfil resultó bastante complementaria a la de los quistes de crisostomatáceas, ya que las macroscleras poseen su mayor abundancia relativa en la unidad IV y en el sector superior de la unidad II, tanto en elementos enteros como fragmentarios, siendo las enteras más abundantes en el sector superior de la unidad II; factor que se encuentra en relación con el tipo y energía del agente de transporte y depositación. Por su parte las gemoscleras del género *Ephydatia* (Figura 6 A-D) poseen mayores abundancias en la unidad III y en menor medida en el sector superior de la unidad II.

En lo referente a la abundancia fitolítica *sensu lato*, la totalidad de las muestras presentaron una considerable abundancia; en forma comparativa puede decirse que las mayores abundancias absolutas se presentaron en los niveles medios y superiores (Figura 5). Los fitolitos articulados (Figura 7 A-D) se encontraron también en forma abundante a lo largo de todo el perfil, si bien su mayor concentración relativa se observó en el sector inferior de la unidad II, siendo frecuentes tanto en la unidad I como en la III.

En lo referente a las distintas formas observadas se encuentran presentes fragmentos silicificados epidérmicos compuestos por células largas graminoides de diferentes contornos, células largas asociadas a células cortas intercostales, bases de pelos, ganchos y aguijones, también se observaron fragmentos de células epidérmicas ciperoides. Otro tipo de elementos de este grupo son las células buliformes asociadas generalmente entre si o con escasas células largas (Figura 7 A-C). En menor proporción se hallaron células subepidérmicas asociadas también a células largas y fragmentos compuestos por elementos del tejido de conducción.

Los fitolitos no articulados (Figura 5 B) resultan ser los más abundantes de los elementos microsilíceos hallados en todas las muestras de este perfil. De acuerdo con la clasificación utilizada para el recuento (Apéndice I) los fitolitos del morfogénero Globulolita han sido raros en las muestras, cabe mencionar la presencia de algunos fitolitos de esta clase asignables a las arecáceas.

Los fitolitos de los tipos halteriolita o de afinidad panicoide (Figura 7 M-O), se presentaron en forma constante a lo largo

Figura 6. A-B. espículas del tipo Ephydatia sp., C-D. Detalle de sector central y extremo, E-I. Distintos tipos de diatomeas, J-K. Estomatocistos. Escala gráfica: en A (B, D y D) = 20 µm; en G (E, F, H e I) = 20 µm; en J (K) = 20 µm.

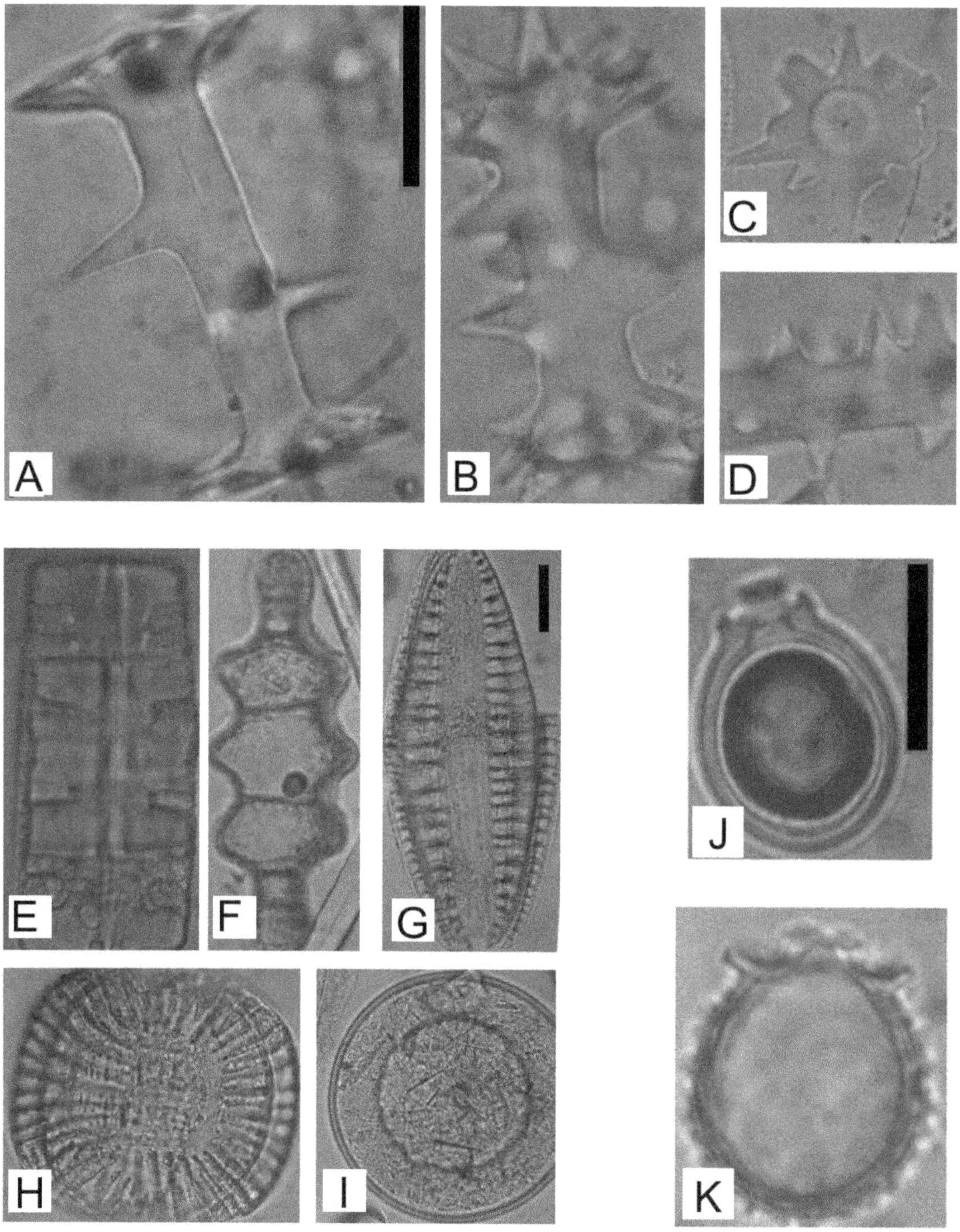

del perfil, variando la abundancia de algunos de sus componentes. Los estrobilolitas o de afinidad arundinoide (Figura 7 P-R), son muy abundantes en especial en las unidades I, II y III; mientras que los doliolitas (Figura 7 S-T) son particularmente más abundantes en las unidades III y II. Los fitolitos del morfogénero braquiolita se presentaron en una abundancia escasa en las distintas muestras estudiadas.

Por su parte considerados en su conjunto se han observado fitolitos de afinidad pooide y festucoide, tales como los de contorno ovoide o circular (Figura 7 V), los oblongos (Figura 7 U), los tipos *festucoid boat, sensu* Kondo *et al.* (1994) (Figura 7 W) como así también los halterios tipo *Stipa*.

Los fitolitos de mayor tamaño o macrofitolitos (*sensu* Bertoldi de Pomar 1971) se encuentran representados por los fitolitos pertenecientes al morfogénero prismatolita (Figura 7 I-J), el cual es bastante heterogéneo de acuerdo a su tamaño, morfología y origen, y se encontró en forma muy abundante a lo largo de todo el perfil principalmente en las variantes de contornos lisos.

Los aculeolitas (Figura 7 G-H), son abundantes en especial en las unidades I y IV del perfil, si bien se encuentran

Alejandro F. Zucol, y Mariano Bonomo

Figura 7. A-D- Fitolitos articulados. E. Fitolitos poliédricos. F. Tipo Asteriolita. G-H. Aculeolita. I-J. Prismatolita. R–L. Flabelolita. M-O. Halteriolita. P-R. Estrobilolita. S-T. Doliolta. U. Fitolito de contorno oblongo V. Fitolito de contorno ovoide a circular. W. Fitolito tipo festucoide. Escala gráfica en A (B, C y D) = 20 μm; en F (E, G, H, J, K y L) = 20 μm; en R (M, N, O, P, Q, S, T, U, V y W) = 20 μm.

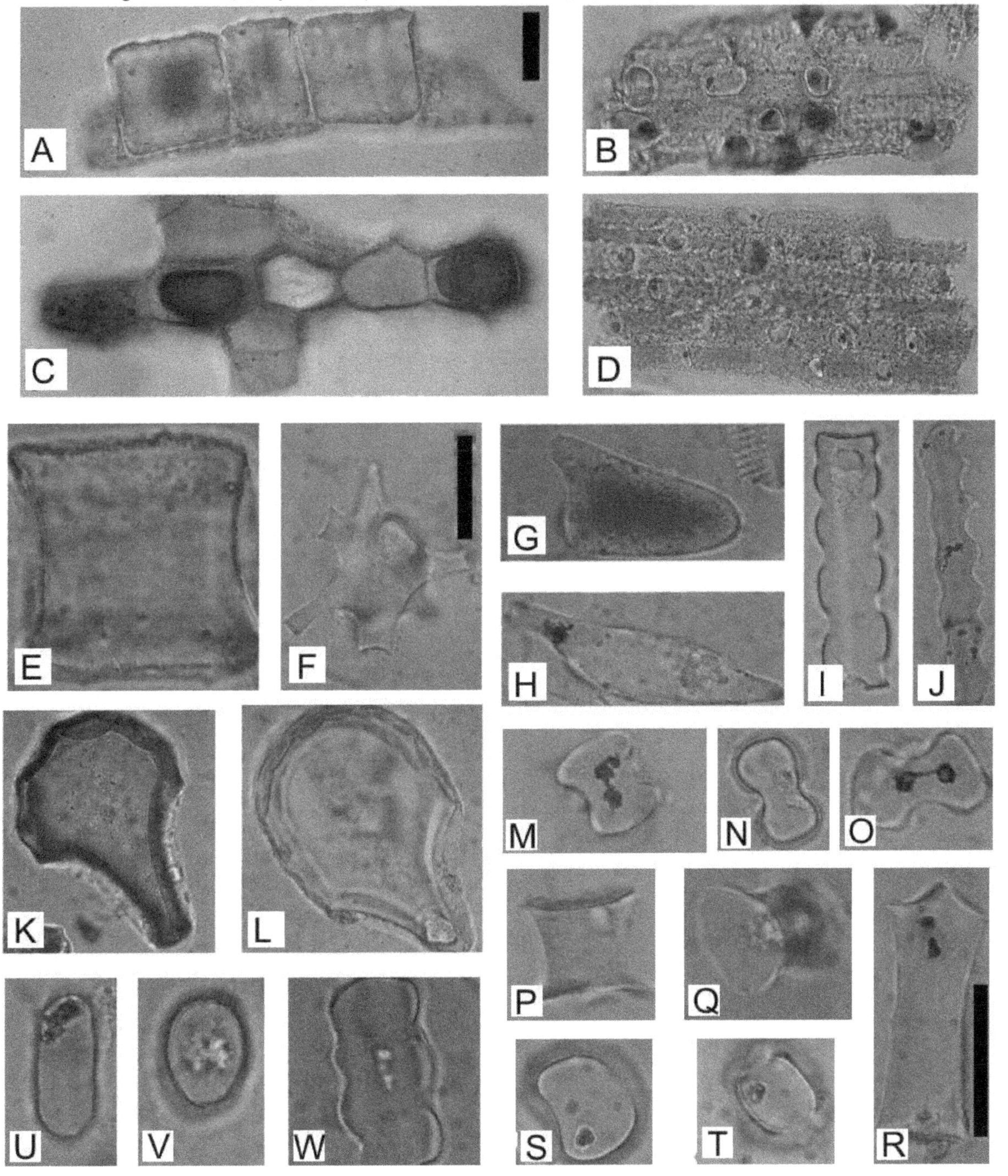

representadas también en las restantes unidades. Los flabelolitas (Figura 7 K-L) se presentaron en todo el perfil con un marcado pico de abundancia en la unidad III y el sector inferior de la unidad II; en forma complementaria los otros fitolitos de similar origen anatómico, los poligonales (Figura 7 E), presentaron un mayor pico de abundancia en el sector superior de la unidad II y en la unidad I.

Además, se ha observado la presencia de un nuevo morfotipo denominado informalmente asteriolita (Figura 7 F), con clara afinidad ciperoide, cuya presencia caracteriza las unidades III y II. Este nuevo morfotipo se presenta en forma muy abundante en las unidades citadas. También debe mencionarse la presencia de distintos elementos de conducción silicificados de afinidad taxonómica incierta.

Asociaciones microfosilíferas de los artefactos de molienda

El análisis de los sedimentos adheridos a la superficie de los elementos líticos mostró, en su primera prospección, la presencia de materia orgánica amorfa coloreada, como así también cierta tinción en los restos silíceos hallados (Figura 8 A-B). En particular, esto se observó claramente en la muestra de la superficie activa del M1, que es la que mostró mayor abundancia de estos restos. En lo referente a los microrrestos no-fitolíticos se encontraron estomatocistes principalmente de los tipos de superficie lisas y espículas de los tipos de las macroscleras y, en menor, proporción gemoscleras; también fueron halladas diatomeas en estas muestras.

Por su parte, la composición fitolítica de estas muestras se caracterizó por la presencia de fitolitos articulados, formados tanto por células largas, cortas, buliformes y subepidérmicas, en su mayoría de naturaleza graminoide. Además se registraron algunos restos de material silíceo con materia orgánica carbonizada y fitolitos, principalmente de origen epidérmico foliar, más particularmente intercostales, caracterizados por poseer internamente ópalo organógeno oscuro al punto tal de resultar opacos en su observación al microscopio.

En lo que respecta a los fitolitos no articulados (Figura 8) las asociaciones fitolíticas se caracterizan por la ausencia de globulolitas y escasa presencia de halteriolitas; los fitolitos de los morfogéneros estrobilolita y doliolita se encuentran presentes únicamente en las muestras del M1, en particular en la superficie activa. Mientras que los de los géneros prismatolita y aculeolita son abundantes en las cuatro muestras; los flabelolita, si bien presentes también en todas las muestras resultan más abundantes en las muestras del M1. En forma inversa, los fitolitos del morfogénero asterolita se encuentran con una mayor abundancia en las muestras del M2.

Figura 8. A-B. Vista general de fitolitos. C. Vista general de la materia orgánica coloreada que fue hallada en la prospección realizada en la superficie de los elementos líticos. Escala gráfica = 20 μm.

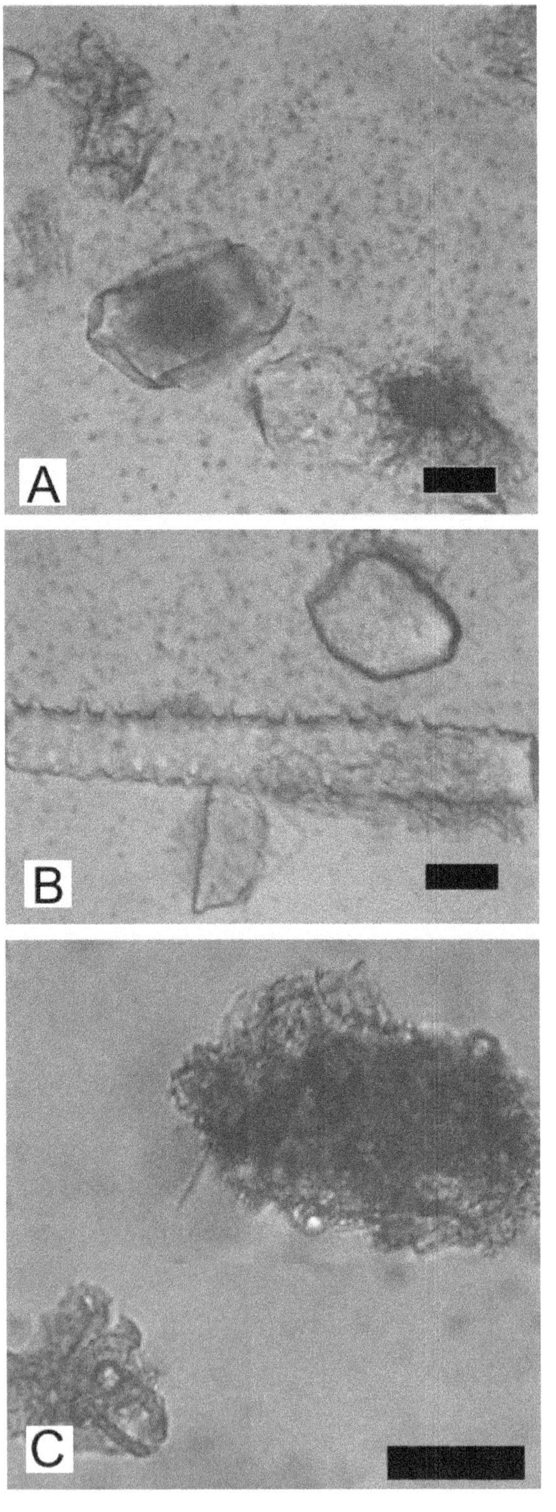

Análisis comprativo de las asociaciones microfosilíferas

El análisis comparativo de las asociaciones de M1 y M2 con respecto a la asociación de la muestra sedimentaria de la unidad III no presenta diferencias significativas en las abundancias relativas de sus componentes. Esto se observa tanto en lo referente a la diversidad de los elementos no fitolíticos como al detalle de las asociaciones fitolíticas que poseen frecuencias equiparables.

En la graficación conjunta de los valores porcentuales de abundancia (Figura 9) se puede observar claramente la similitud de la composición de las asociaciones. Entre ambos tipos de muestras solo se presenta una variación cuantitativa, la cual es ocasionada por la variación de los porcentajes parciales como consecuencia de la utilización de diferentes unidades de muestreo en el recuento de ambos tipos de muestras.

A diferencia de la muestra de la unidad estratigráfica III, el análisis de los sedimentos adheridos a la superficie de los molinos, mostró la presencia de materia orgánica amorfa coloreada de un rosado intenso (Figura 8 C), particularmente en la muestra 367 o superficie activa del M1, como así también cierta tinción en los restos silíceos hallados. Por último, cabe destacar la similitud en el estado de preservación de los fitolitos en ambas asociaciones, principalmente en lo que a desgaste superficial y grado de ruptura respecta.

Figura 9. Diagrama de abundancias. A. Molino 2 (M2) línea trazo fino: superficie activa (M2a), línea trazo gruesa: superficie no activa (M2e). B. Molino 1 (M1) línea trazo fino: superficie activa (M1a), línea tazo gruesa: superficie no activa (M1e). C. Asociación fitolítica de la unidad III (muestra sedimentaria 411).

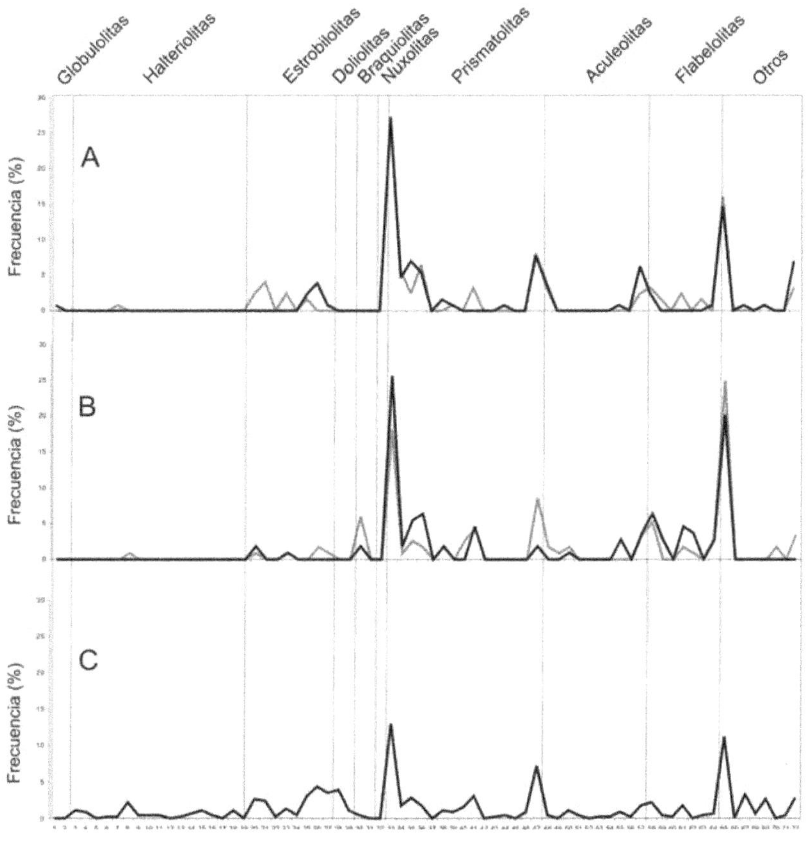

DISCUSIÓN Y CONCLUSIONES

En general, la baja tasa de preservación de macrorrestos vegetales en el registro arqueológico del área Interserrana de la región pampeana ha generado una visión parcial de la economía de los cazadores-recolectores, focalizada en la explotación de recursos faunísticos. Sin embargo, los estudios funcionales de artefactos líticos (Leipus 2004) y los análisis de material dentario humano (L'Heureux 2000) han brindado evidencias indirectas que muestran que las plantas fueron utilizadas como alimento y materia. Los estudios arquebotánicos de microrrestos silíceos efectuados en NM1 apuntaron a producir, mediante otra vía metodológica, información concreta sobre el uso de vegetales por las poblaciones prehispánicas pampeanas.

El principal propósito que se planteó al llevar a cabo este estudio fue comprobar si por medio de la comparación de las asociaciones de microrrestos silíceos de las superficies de los artefactos de molienda con las de los sedimentos de la unidad que los contenía se podrían reconocer sesgos en sus abundancias. La existencia de estos sesgos podría señalar que los microfósiles adheridos a las caras activas de los molinos eran residuos producidos durante la utilización de estos restos silíceos coloreados de un rosado intenso. Además se destaca la presencia de restos carbonosos y fitolitos graminoides de afinidad incierta, cuya matriz silícea muestra turbidez. Estas evidencias, sumadas al registro arqueológico regional de materiales de molienda con pigmentos adheridos, instrumentos para el procesamiento de algunas de las plantas presentes en los alrededores del sitio o bien transportadas desde de otras áreas.

Los resultados obtenidos mediante el análisis del conjunto de microfósiles no permitieron establecer la presencia de morfotipos particulares o variaciones en sus abundancias que diferencien las asociaciones de los molinos de la unidad estratigráfica III. La utilización de todas las plantas silvestres productoras de fitolitos presentes en las inmediaciones del sitio es una posibilidad que resulta difícil de justificar. Además, contrariamente a lo esperado para el uso de los molinos, tampoco se identificaron distinciones en el grado de preservación, trazas de desgaste superficial y estado de fragmentación de los fitolitos que impliquen el machacado de vegetales sobre rocas duras. En suma, debido a la variabilidad de recursos vegetales registrados en los molinos y a la falta de un sesgo con relación a los restos observados en los sedimentos de la unidad III, no se puede afirmar que los mismos fueron utilizados para el procesamiento intensivo de recursos vegetales productores de fitolitos.

Sin embargo, a diferencia de los sedimentos de la unidad III, en los molinos se ha registrado materia orgánica y pueden vincularse con algún tipo de utilización antrópica de los molinos de NM1. A partir de estos indicios, resulta posible plantear que estos instrumentos podrían haber sido utilizados para el procesamiento de pigmentos orgánicos o de sustancias a las que se les daba esa tonalidad rosada por los cazadores-recolectores que ocuparon el sitio arqueológico Nutria Mansa 1 durante el Holoceno tardío; si bien las características de este proceso resultan difíciles de establecer mediante las evidencias aquí recabadas y las metodologías utilizadas.

BIBLIOGRAFÍA

Babot, M. P.
2001 Almidones y fitolitos: desentrañando el papel funcional de los artefactos de molienda arqueológicos. Libro de *Resúmenes del XIV Congreso Nacional de Arqueología Argentina*: 404. Rosario.

Bertoldi de Pomar, H.
1971 Ensayo de clasificación morfológica de los silicofitolitos. *Ameghiniana* 8 (3-4): 317-328.

Bonomo, M.
2004 *Ocupaciones humanas en el litoral marítimo pampeano: un enfoque arqueológico*. Tesis Doctoral inédita, Facultad de Ciencias Naturales y Museo UNLP, La Plata. pp. 614.
2005 Costeando las llanuras. Arqueología del litoral marítimo pampeano. Sociedad Argentina de Antropología. *Colección Tesis Doctorales*. Buenos Aires. pp. 334.

Bonomo, M. y A. Matarrese
2007. Investigaciones arqueológicas en la Localidad Nutria Mansa. En prensa en: *Incuapa-10 años. Perspectivas contemporáneas en arqueología pampeana*, editado por G. Politis. Ed. Olavaria, Facultad de Ciencias Sociales, UNCPBA.

Bonomo, M., Zucol, A.F., Gutiérrez Téllez, B., Coradeghini, A. y M.S. Vigna
2008 Late Holocene palaeoenvironments of the Nutria Mansa 1 archaeological site, Argentina. En prensa en:Journal of Paleolimnology.

Bórmida, M. y R. Casamiquela
1958-59 Etnografía Gününa-këna. Testimonio del último de los tehuelches Septentrionales. *Runa* 9 (1-2): 153-193.

Capdepont, I., del Puerto, L. y H. Inda
2005 Instrumentos de molienda: evidencias del procesamiento de recursos vegetales en la laguna de Castillos (Rocha, Uruguay). *Intersecciones en Antropología* 6: 153-166.

Coradeghini, A. y M. S. Vigna
2001 Flora de quistes crisofíceos fósiles en sedimentos recientes de Mallín Book, Río Negro (Argentina). *Revista Española de Micropaleontología* 33 (2): 163-181.

Crivelli Montero, E., Eugenio, E. y M. Silveira
1987/88a El Sitio Fortín Necochea (Partido de General La Madrid, Provincia de Buenos Aires). El material de superficie. *Paleoetnológica* 4: 7-37.

Favier Dubois, C. y M. Bonomo
2002 Evolución del paisaje, expectativas arqueológicas y procesos de formación en la Localidad Nutria Mansa (Pdos. de Gral. Alvarado y Lobería, Pcia. de Buenos Aires). *Libro de Resúmenes* del 3er Congreso de Arqueología de la Región Pampeana Argentina: 76-77. Olavarría.

Kondo, R., Childs, C. y I. Atkinson
1994 *Opal phytoliths of New Zealand.* Maanaki Whenua Press. pp. 85.

Leipus, M. S.
2004 Evidencias del uso sobre madera de artefactos líticos manufacturados por talla en el área Interserrana: el aporte del análisis funcional. En *Aproximaciones contemporáneas a la arqueología pampeana. Perspectivas teóricas, metodológicas, analíticas y casos de estudio*, editado por G. Martínez, M. Gutiérrez, R. Curtoni, M. Berón y P. Madrid. pp. 147-168. UNCPBA, Olavarría.

L'Heureux, G. L.
2000 Estudio comparativo de indicadores de adecuación fisiológica y salud bucal en muestras de restos humanos del Sudeste de la Región Pampeana. *Relaciones de la Sociedad Argentina de Antropología* 25: 51-73.

Moreno, F. P.
1874 Description des cimetiéres et paraderos préhistoriques de Patagonie. *Revue d'Anthropologie* 3: 72-90.

Piperno, D. R.
2006 Phytolith. A comprehensive guide for archaeologist and paleoecologist. *Altamira Press*. pp. 238.

Rull, V. y T. Vegas-Vilarrúbia
2000 Chrysophycean stomacysts in a Caribbean mangrove. *Hydrobiologia* 428: 145-150.

Twiss, P. C.
1992 Predicted world distribution of C_3 and C_4 grass phytolith. En: *Phytolith Systematics. Emerging Issues* Advances in Archaeological and Museum Science. Plenum Press, editado por G. Rapp y S. C. Mulholland. pp. 113–128.

Twiss, P. C., Suess, E. y R. Smith
1969 Morphological classification of grass phytoliths. *Soil Science Society of America, Proceedings* 33 (1): 109-115.

Zeballos, E.
1881 *Descripción Amena de la República Argentina I. Viage al País de los Araucanos*. Preuser. Buenos Aires. pp. 447.

Zucol, A. F.
1996 *Estudios morfológicos comparativos de especies de los géneros Stipa, Panicum y Paspalum (Poaceae), de la Provincia de Entre Ríos*. Tesis doctoral, UNLP. pp. 558.

Zucol, A. F. y M. Osterrieth
2002 Técnicas de preparación de muestras sedimentarias para la extracción de fitolitos. *Ameghiniana* 39 (3): 379-382.

Zucol, A. F., Gutiérrez Téllez, B. y M. Bonomo
2003 Estudios etnobotánicos del sitio arqueológico Nutria Mansa 1 (Partido de General Alvarado, provincia de Buenos Aires): I. Análisis fitolíticos y diatomológicos. XII Simposio Argentino de Paleobotánica y Palinología, *Resúmenes*: 58.

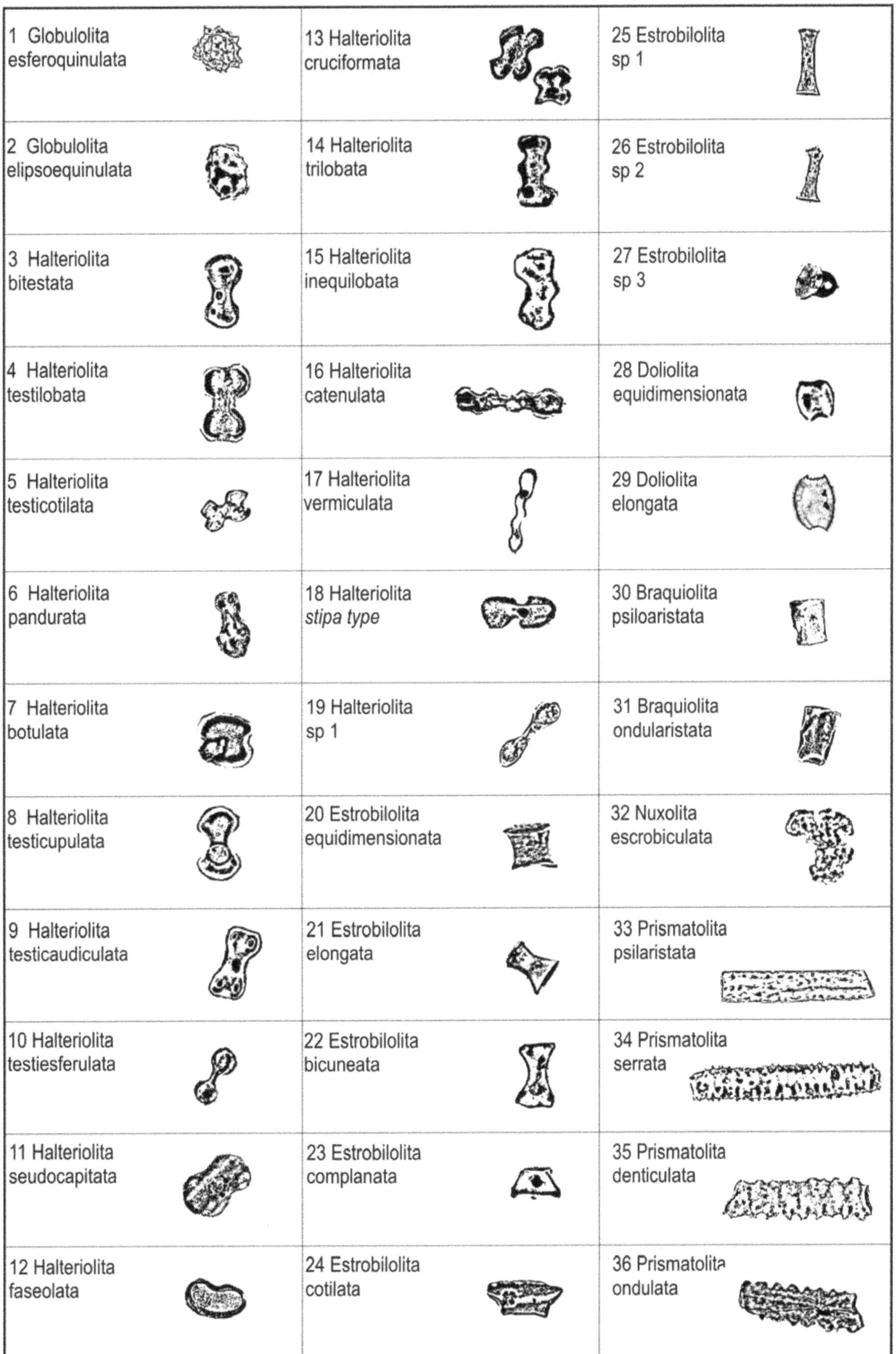

Apéndice I. Representación esquemática de los morfotipos fitolíticos

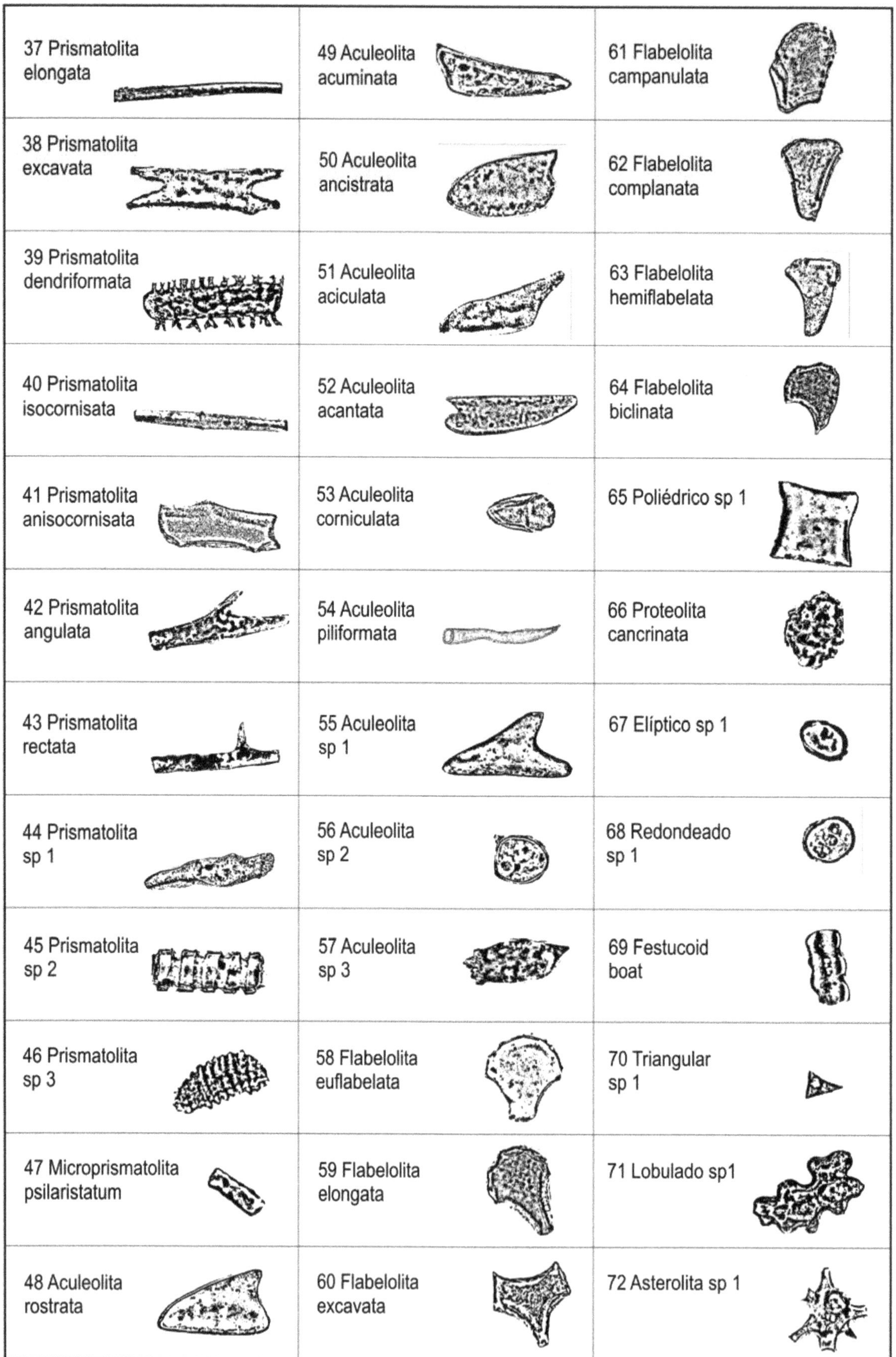

Apéndice I. (Continuación)

Cod	*411*	*M1a*	*M1e*	*M2a*	*M2e*	*Cod*	*411*	*M1a*	*M1e*	*M2a*	*M2e*
1	0,00	0,00	0,00	0,00	0,78	**37**	0,00	0,00	0,00	0,00	0,00
2	0,00	0,00	0,00	0,00	0,00	**38**	1,10	1,72	1,83	0,00	1,55
3	1,10	0,00	0,00	0,00	0,00	**39**	0,88	0,00	0,00	0,81	0,78
4	0,88	0,00	0,00	0,00	0,00	**40**	1,54	2,59	0,00	0,00	0,00
5	0,00	0,00	0,00	0,00	0,00	**41**	3,08	4,31	4,59	3,23	0,00
6	0,22	0,00	0,00	0,00	0,00	**42**	0,00	0,00	0,00	0,00	0,00
7	0,22	0,00	0,00	0,81	0,00	**43**	0,22	0,00	0,00	0,00	0,00
8	2,20	0,86	0,00	0,00	0,00	**44**	0,44	0,00	0,00	0,00	0,78
9	0,44	0,00	0,00	0,00	0,00	**45**	0,00	0,00	0,00	0,00	0,00
10	0,44	0,00	0,00	0,00	0,00	**46**	0,88	0,00	0,00	0,00	0,00
11	0,44	0,00	0,00	0,00	0,00	**47**	7,25	8,62	1,83	8,06	7,75
12	0,00	0,00	0,00	0,00	0,00	**48**	0,44	1,72	0,00	3,23	3,88
13	0,22	0,00	0,00	0,00	0,00	**49**	0,00	0,86	0,00	0,00	0,00
14	0,66	0,00	0,00	0,00	0,00	**50**	1,10	1,72	0,92	0,00	0,00
15	1,10	0,00	0,00	0,00	0,00	**51**	0,44	0,00	0,00	0,00	0,00
16	0,44	0,00	0,00	0,00	0,00	**52**	0,00	0,00	0,00	0,00	0,00
17	0,00	0,00	0,00	0,00	0,00	**53**	0,22	0,00	0,00	0,00	0,00
18	1,10	0,00	0,00	0,00	0,00	**54**	0,22	0,00	0,00	0,00	0,00
19	0,00	0,00	0,00	0,00	0,00	**55**	0,88	0,00	2,75	0,00	0,78
20	2,64	0,86	1,83	2,42	0,00	**56**	0,22	0,00	0,00	0,00	0,00
21	2,42	0,00	0,00	4,03	0,00	**57**	1,76	3,45	3,67	2,42	6,20
22	0,22	0,00	0,00	0,00	0,00	**58**	2,20	5,17	6,42	3,23	2,33
23	1,32	0,86	0,92	2,42	0,00	**59**	0,44	0,00	2,75	1,61	0,00
24	0,44	0,00	0,00	0,00	0,00	**60**	0,22	0,00	0,00	0,00	0,00
25	3,08	0,00	0,00	1,61	2,33	**61**	1,76	1,72	4,59	2,42	0,00
26	4,40	1,72	0,00	0,00	3,88	**62**	0,00	0,86	3,67	0,00	0,00
27	3,52	0,86	0,00	0,00	0,78	**63**	0,44	0,00	0,00	1,61	0,00
28	3,96	0,00	0,00	0,00	0,00	**64**	0,66	2,59	2,75	0,00	0,78
29	1,10	0,00	0,00	0,00	0,00	**65**	11,21	25,00	20,18	16,13	14,73
30	0,44	6,03	1,83	0,00	0,00	**66**	0,00	0,00	0,00	0,00	0,00
31	0,00	0,00	0,00	0,00	0,00	**67**	3,30	0,00	0,00	0,00	0,78
32	0,00	0,00	0,00	0,00	0,00	**68**	0,66	0,00	0,00	0,00	0,00
33	12,97	18,10	25,69	27,42	27,13	**69**	2,64	0,00	0,00	0,81	0,78
34	1,76	0,86	1,83	5,65	4,65	**70**	0,00	1,72	0,00	0,00	0,00
35	2,86	2,59	5,50	2,42	6,98	**71**	0,44	0,00	0,00	0,00	0,00
36	1,76	1,72	6,42	6,45	5,43	**72**	2,86	3,45	0,00	3,23	6,98

Apéndice II. Abundancia fitolítica relativa de las muestras analizadas. Cod: Codificación de los morfotipos (Apéndice I). 411: Muestra de la matriz sedimentaria. M1a, M1e, M2a y M2e: muestras superficiales de la superficie activa (a) y externa (e) de los molinos 1 y 2.

Matices Interdisciplinarios en Estudios Fitolíticos y de Otros Microfósiles
M. A. Korstanje y M. del P. Babot, Editoras. BAR International Series S1870, Capítulo 16, pp. 187-200

MICROFÓSILES Y ATRIBUTOS TECNO-TIPOLÓGICOS: CORRELACIONANDO RAEDERAS DE MÓDULO GRANDÍSIMO CON SUS DESECHOS DE TALLA DE MANTENIMIENTO EN EL NOROESTE ARGENTINO

MICROFOSSILS AND TECHNO-TYPOLOGICAL ATTRIBUTES: CORRELATING LARGE MODULE SIDESCRAPERS WITH ITS MAINTENANCE DEBRIS IN NORTHWESTERN ARGENTINA

Babot, María del Pilar[1,3], Patricia S. Escola[2,3] y Salomón Hocsman[1,3]
[1]Instituto de Arqueología y Museo, Facultad de Ciencias Naturales e IML, Universidad Nacional de Tucumán, Argentina. E-Mail: shypb@arnet.com.ar
[2]Escuela de Arqueología, Universidad Nacional de Catamarca, Argentina. E-Mail: suyu@arnet.com.ar
[3]Consejo Nacional de Investigaciones Científicas y Técnicas (CONICET)

ABSTRACT

Very large lithic sidescrapers become a unique and prominent component of stone tool assemblages found at agro-pastoralist sites of the Argentinean Northwest after about 2000 years BP. The work reported here was aimed at increasing our understanding of these tools' function through microfossil analysis of use-related residues. Samples from the sidescrapers themselves as well as from tool resharpening waste flakes were employed. The artefacts analyzed were from agro-pastoralist sites of the Antofagasta de la Sierra basin in the Puna region of Southern Argentina, Province of Catamarca. Assemblages of starch grains, calcium crystals, silicophytoliths, and other microfossils recovered in residues, indicate that the sidescrapers were used to harvest and/or thresh the inflorescences of domestic pseudocereals (*Chenopodium quinoa* and/or *Ch. pallidicaule*). Other microfossils in the samples that related to plant resources included those identified as undifferentiated tubers or roots, maize (*Zea mays*), and unidentified seeds or subterranean organs. Our results suggest that, at least in Antofagasta de la Sierra, these unique sidescrapers were used in the harvesting and/or threshing of species that can grow up under the current Puna microthermic conditions. Similarities observed between residues on complete artefacts and those on resharpening debris now allow us to link these separate components of lithic assemblages, not only from a technological point of view, but also from a functional one.

Key words: *Microfossils, Very large module sidescrapers, Functionality, Plant resources, Flake stone tools and maintenance debris*

RESUMEN

Las raederas de módulo grandísimo constituyen una clase singular de artefacto lítico formatizado frecuente en contextos arqueológicos del Noroeste Argentino posteriores al 2000 AP. Con el objetivo de aportar al conocimiento de su funcionalidad, se analizan los microfósiles presentes como residuos de uso en piezas formatizadas de esa clase y en desechos de talla del mantenimiento de sus filos. Los mismos proceden de sitios agro-pastoriles de Antofagasta de la Sierra (Catamarca, Puna Meridional Argentina). A partir de la presencia de conjuntos definidos de granos de almidón, cristales de calcio, silicofitolitos y otros microfósiles se señala que tales artefactos fueron empleados en la cosecha y/o trilla de panojas de pseudocereales domésticos (*Chenopodium quinoa* y/o *Ch. pallidicaule*). Otros recursos registrados en los residuos de uso incluyen tubérculos-raíces no diferenciados, maíz (*Zea mays*) y semillas u órganos subterráneos no identificados. Estos resultados sugieren un posible uso de las raederas de módulo grandísimo de Antofagasta de la Sierra en actividades vinculadas con la manipulación durante la cosecha y/o trilla de especies que se pueden desarrollar en las condiciones microtérmicas actuales de la zona. La coherencia entre los artefactos formatizados y los desechos de reactivación analizados, en términos de residuos de uso, permite vincularlos mutuamente no sólo desde las evidencias tecnológicas, sino también desde las funcionales.

Palabras clave: *Microfósiles, Raederas de módulo grandísimo, Funcionalidad, Recursos vegetales, Instrumentos y desechos de talla*

INTRODUCCIÓN

En este trabajo se analizan los microfósiles presentes como residuos de uso en piezas formatizadas que han sido definidas desde una perspectiva tipológica como *raederas de módulo grandísimo* y en desechos de talla que pueden ser vinculados con el mantenimiento de los filos de dichos instrumentos.

Los artefactos en cuestión conforman una muestra acotada seleccionada para este primer estudio exploratorio. Proceden de contextos agro-pastoriles situados en la Puna Meridional del Noroeste Argentino, en la microrregión de Antofagasta de la Sierra. Las piezas formatizadas fueron recuperadas en el sitio Casa Chávez Montículos -Montículo 1- (en adelante, CChM1), una base de actividades múltiples (Olivera 1992). Los desechos de talla, por su parte, proceden de un recinto de actividades múltiples de tipo doméstico -Estructura 3- del sitio agro-pastoril Punta de la Peña 9 -Sector I- (en adelante PP9.I) (Babot *et al.* 2006). Los desechos de talla constituyen los únicos indicadores de las raederas de módulo grandísimo dentro de la Estructura 3, ya que éstas no se han recuperado en su interior, aunque si se encuentran presentes en superficie en espacios extramuros, así como en otras estructuras cercanas dentro del sitio PP9 (Sector I).

Dado que las lascas de reactivación de los filos constituyen desechos de talla muy característicos, la presencia de estos subproductos resultantes del mantenimiento puede ser utilizada para inferir la existencia del producto terminado, tanto en contextos agro-pastoriles puneños como valliserranos, en donde también están presentes (Babot *et al.* 2006).

Teniendo en cuenta las características de los artefactos líticos en estudio, los objetivos del trabajo se dirigieron a:

a) aportar al problema del uso de las raederas de módulo grandísimo a partir de dos fuentes artefactuales diferentes: los propios instrumentos formatizados y sus desechos de reactivación.

b) controlar la correspondencia entre los artefactos formatizados y los desechos de reactivación, a partir de la comparación de los resultados de sus análisis funcionales.

c) a partir de dicha correspondencia, inferir la ocurrencia de actividades relacionadas con el uso de las raederas en sitios en los que no se encuentran los artefactos terminados sino, únicamente sus desechos de mantenimiento.

d) obtener información sobre el uso de tales artefactos en muestras procedentes de dos sectores ambientales diferentes dentro del ámbito de Antofagasta de la Sierra, en la Puna Meridional argentina.

EL AMBIENTE Y LOS SITIOS ARQUEOLÓGICOS INVOLUCRADOS

La microrregión de Antofagasta de la Sierra (*sensu* Aschero 1988) forma parte de la Puna argentina, continuación natural del altiplano peruano-boliviano.

En territorio argentino, la Puna se ubica entre los paralelos 22° y 27° de Latitud Sur y se corresponde con la provincia geológica Puna (*sensu* Turner 1972). Esta provincia comprende, a su vez, dos subprovincias geológicas con características estructurales y morfológicas distintivas: la Puna Septentrional y la Puna Austral o Meridional (por detalles ver Alonso *et al.* 1984). Antofagasta de la Sierra forma parte de la segunda, situándose en el ángulo Noroeste de la provincia de Catamarca (Argentina) (Figura 1).

Desde un punto de vista ambiental, la Puna es un bioma de desierto de altura, con cotas por encima de los 3500 msnm, que se caracteriza por poseer un clima árido y frío, una intensa radiación solar debida a la altitud, gran amplitud térmica diurna/nocturna, marcada estacionalidad con precipitaciones estivales pobres y baja presión atmosférica. El promedio de precipitaciones va de los 18 a los 400 mm anuales en la porción más húmeda de la región, y la cantidad disminuye de noreste a suroeste (Yacobaccio 1998). La hoyada de Antofagasta de la Sierra corresponde desde el punto de vista fitogeográfico a la Provincia Puneña del Dominio Andino Patagónico (Cabrera 1953, 1957, 1976). La estepa arbustiva constituye su vegetación dominante, desarrollándose también las estepas herbácea, halófila, sammófila y la vega (Cabrera 1957; Cabrera y Willink 1980). Por debajo de los 3800 msnm se desarrolla el tolar, en donde abundan especies arbustivas y subarbustivas de los géneros *Parastrephia* y *Acantholippia*, entre otros (familias Asteraceae, Verbenaceae, Solanaceae y Fabaceae). A partir de esa cota ocurre la asociación vegetal del pajonal que corresponde a un pastizal de gramíneas en el que abundan especies de *Festuca* y *Jarava* y especies arbustivas de los géneros *Adesmia*, *Baccharis*, *Parastrephia* y *Fabiana* (familias Poaceae, Asteraceae y Fabaceae) (Cabrera 1953, 1976; Rodríguez 1998; Rodríguez y Rúgolo de Agrasar 1999). Las vegas, caracterizadas por una cubierta vegetal que incluye gramíneas, juncáceas y césped corto y continuo, se desarrollan junto a los cauces fluviales (Pérez de Micou y Ancibor 1994).

Figura 1. Mapa de Antofagasta de la Sierra con la ubicación de los sitios considerados en este trabajo.

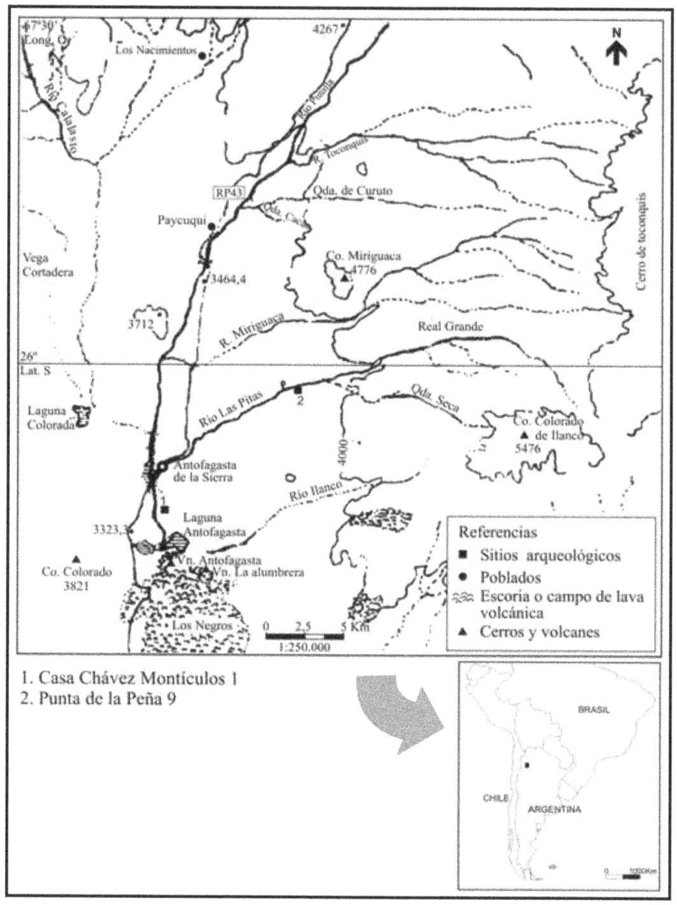

Un punto importante es lo absolutamente impredecible del clima puneño en el corto y mediano plazo. Las lluvias de régimen estival, por ejemplo, pueden alternar períodos de algunos años de sequía extrema con otros donde son más abundantes (García *et al.* 2000). La localización espacial de los recursos es predecible, aunque no su abundancia, dado que el ambiente es extremadamente variable en el corto plazo. La aparición de heladas, nevadas y vientos fuertes es azarosa. El régimen de lluvias es altamente inestable, como ya se mencionó, provocando sequías que afectan drásticamente la disponibilidad de los recursos (Yacobaccio *et al.* 1994).

La microrregión de Antofagasta de la Sierra incluye una diversidad de geoformas y un mosaico de recursos y microambientes que permiten acotar un área de investigación representativa de lo que ofrece ambientalmente la Puna. Sus límites geográficos corresponden a una figura rectangular de unos 90 km en dirección Norte-Sur y 50 km en dirección Este-Oeste, conformando un área de 4500 km^2 aproximadamente (Aschero *et al.* 2002-2004). El paisaje de la microrregión se caracteriza por la presencia de planicies suavemente onduladas, interrumpidas por afloramientos de rocas ígneas y metamórficas así como cordones volcánicos y secuencias de rocas sedimentarias asociadas (García Salemi 1986; González 1992). Un intenso vulcanismo durante el Terciario (principalmente Mioceno) y Cuaternario, junto a fenómenos neotectónicos importantes, otorgaron al paisaje sus rasgos particulares (García *et al.* 2000).

Existen varios cursos de agua permanentes cuya variación de caudal a lo largo del año no es significativa (Tchilinguirian y Olivera 2000). El curso colector es el río Punilla, el cual nace en las alturas de la Sierra de Calalaste y desemboca en las Lagunas de Antofagasta. Entre los afluentes importantes de este colector destacan los ríos Miriguaca y Las Pitas por margen derecha y el Río Los Colorados por margen izquierda (Figura 1).

Finalmente, Antofagasta de la Sierra posee un conjunto poco usual de *humedales* para lo que es el ambiente de Puna Meridional en general (Olivera y de Aguirre 1995; Tchilinguirian y Barandica 1995), lo que favoreció la ocupación humana a lo largo del Holoceno, más allá de las variaciones paleoambientales que se suscitaron en el área (Olivera *et al.* 2006).

Con respecto a los sitios considerados en este trabajo, CChM1 es un asentamiento a cielo abierto, que se encuentra sobre la margen izquierda del río Punilla, a 3450 msnm (Figura 1). Se trata de un conjunto de diez estructuras monticulares, de dimensiones variables, dispuestas en dos grupos alrededor de un espacio deprimido central (Olivera 1992). Estudios realizados sobre procesos de formación del sitio han permitido asignar un origen fundamentalmente artificial para los montículos, con aporte menor de sedimentación natural (Olivera y Nasti 1993). Existe una relativa homogeneidad en la matriz sedimentaria, la que se compone predominantemente de arenas con menor proporción de limos, arcillas y guijarros pequeño-medianos, observándose un aumento de la compactación con la profundidad (Olivera 1992).

Los registros de excavación provienen de los Montículos 1 y 4 cuyas ocupaciones se sitúan entre 2120 y 1530 años AP. En ambos montículos se detectaron estratigráficamente restos de diferentes tipos de estructuras (habitacionales, basurales, de cavado artificial, fogones), evidencias de manufactura de cerámica, indicadores de actividades agrícolas y vestigios de procesamiento y consumo de camélidos (*Lama glama* y *L. vicugna*). Dentro de estos últimos, se destaca la presencia dominante de neonatos y juveniles lo cual indicaría una cierta selectividad en el manejo de los animales. En base a estas evidencias, el sitio fue definido como una base residencial de actividades múltiples con alto grado de sedentarismo (Olivera 1992).

El sitio Punta de la Peña 9 (PP9), por su parte, es un asentamiento a cielo abierto que se encuentra emplazado en la localidad arqueológica de Punta de la Peña, en la cuenca media del río Las Pitas, a una altitud de 3590 msnm (Figura 1). Interesa el Sector I, compuesto por unidades subcirculares y elípticas simples de diferente funcionalidad, dispersas en la terraza alta del río Las Pitas (Babot *et al.* 2006); las mismas son parcialmente contemporáneas entre si y con las de otros sectores del sitio. Dentro de ellas, el recinto 3 posee dos dataciones cercanas a 1450 años AP y corresponde a una habitación con registro de actividades múltiples de tipo doméstico evidenciadas, entre otros aspectos, por presencia de estructuras de combustión, cocción y/o almacenamiento de sustancias, posible uso de mordientes en la tinción de lanas, regularización y reactivación de artefactos líticos (Babot 2004; Babot *et al.* 2006). La matriz sedimentaria es de origen antrópico y se define por un sedimento arenoso con presencia de limo y clastos, los cuales son más abundantes en los niveles superficiales. En el segundo momento de ocupación, correspondiente a un uso del recinto como corral, la matriz está constituida por *guano* compactado y *guano* disgregado mezclado con sedimento areno-limo-arcilloso.

METODOLOGÍA

La metodología empleada para el análisis de microfósiles corresponde a la descripta en Babot (2004) para muestreo en seco de artefactos y sustancias adheridas. Dentro de las partes activas de los artefactos, constituidas por los filos formatizados[1], se delimitó una zona acotada para el muestreo y se reservó el resto de los mismos para posteriores análisis. Se priorizaron los sectores con residuos macroscópicos, en los casos en que éstos se presentaban. Allí se ubicaron irregularidades de la superficie que resultan de las características naturales de la roca -como poros, vesículas y grietas-, así como de la talla -como líneas de fracturas y negativos de lascado-. Estos sectores fueron cepillados suavemente para eliminar el sedimento superficial y posibles fuentes de contaminación post-descarte. Posteriormente, se rasparon cuidadosamente con un instrumento punzante para separar las partículas de interés alojadas en la microtopografía de las piezas, directamente sobre un portaobjetos previamente limpiado. Para el montaje se empleó glicerina de modo de facilitar la observación en tres dimensiones de las micropartículas.

Las muestras se observaron con luz normal y polarizada alternativamente, haciendo barridos completos de una superficie aproximada de 18x18 mm mediante transectas paralelas horizontales. Se empleó microscopio petrográfico y se trabajó en modalidad de test ciego. Las observaciones se efectuaron consecutivamente a 200X y 400X para detectar microfósiles de diferente tamaño. Se utilizó el recurso de la lámina de cuarzo para la identificación de granos de almidón y anillos de celulosa. Dentro del enfoque que prioriza el análisis del conjunto de microfósiles, la totalidad de las micropartículas de interés se fotografió para su posterior comparación con bases de datos y bibliografía de referencia, incluyendo granos de almidón, silicofitolitos, cristales de calcio, valvas de diatomeas, tejido vegetal opaco y no opaco, sedimento, anillos de celulosa y otros.

Se efectuó un relevamiento de presencia/ausencia y descripción de atributos para cada categoría de microfósiles (*sensu* Babot 2004). Se utilizó una escala relativa para la cuantificación, teniendo en cuenta sus abundancias relativas en los siguientes rangos o intervalos 0; 1-10; 11-20; 21-más de 21.

Se controló la presencia de contaminación comparando lo observado en las muestras arqueológicas con lo que se encuentra mayoritariamente en muestras de la superficie actual y la estratigrafía del sitio PP9. Esto no pudo ser realizado en el caso de los materiales de CChM los cuales fueron recuperados décadas atrás; sin embargo se estimó el tipo de aporte de microfósiles asignable a la cobertura vegetal actual del área, típica del tolar. En PP9 se observó un predominio neto de silicofitolitos (21-más de 21), mayoritariamente, apéndices dérmicos silicificados atribuibles a la verbenácea "rica rica" (*Acantholippia* spp) que domina actualmente en la terraza en donde se sitúa la Estructura 3. Asimismo, se observaron placas opacas asignables a especies de Asteraceae, las cuales ocurren como macrorrestos vegetales en los niveles de ocupación, en relación con su uso como combustible. También se registraron restos de tejido vegetal (21-más de 21) pero este no fue el caso de los granos de almidón (0). Sólo se apartan de esta tendencia, picos de abundancia de silicofitolitos de especies de Poaceae (21-más de 21) en un episodio de quema de gramíneas documentado al final de la primera ocupación y en el segundo momento de ocupación que corresponde al uso de la Estructura 3 como un corral. En este último, además, se registró un conteo abundante de esferulitas de origen animal y tejido vegetal (21-más de 21 en ambos casos).

El análisis tecno-tipológico de los artefactos considerados implicó una perspectiva macroscópica y morfológico-descriptiva, siguiendo los parámetros generales propuestos por Aschero (1975, 1983). El principio de la morfología descriptiva reside en una aproximación analítica que se basa en disociar los diversos componentes de la morfología de un objeto a fin de establecer sus particularidades. Por esto, se parte de la descripción de las "formas" de cada pieza, previa segmentación en *partes* y/o *sectores* diferentes, de acuerdo a atributos estandarizados. Específicamente, el análisis se basó en una descripción técnico-morfológica y morfológico-funcional (Aschero 1975) para los instrumentos y técnico-morfológica para los desechos de talla.

INSTRUMENTOS Y DESECHOS DE SU MANTENIMIENTO ANALIZADOS

Las raederas de módulo grandísimo son artefactos formatizados confeccionados por retalla y retoque unifacial directo -es decir, sobre la cara dorsal de la lasca- que presentan un tamaño considerable, ya que superan los 100 mm de longitud y los 200 mm de ancho (tamaño *grandísimo* siguiendo criterios de Aschero 1983) (Figura 2). Sus formas-base son lascas primarias, gruesas o muy gruesas, con módulos de longitud-anchura que varían entre cortos muy anchos y cortos anchísimos (Escola 2000).

Tales piezas son típicas de los conjuntos líticos de sitios agro-pastoriles posteriores al 2000 AP. Fueron asociadas, originalmente, a la denominada "Industria Basáltica de la Ciénaga" (Menghin 1956) en el área Valliserrana del Noroeste Argentino. Más recientemente, se definieron como *grandes lascas con retoque* (Escola 2000) y, posteriormente, como un subgrupo tipológico dentro del grupo de las raederas, bajo el nombre de *raederas de módulo grandísimo* (Babot *et al.* 2006; Hocsman 2006). Dadas sus particularidades morfológicas y dimensionales, Hocsman (2006) las considera como un *tipo morfológico*, que denomina Casa Chávez Montículos C.

Figura 2 Raedera de módulo grandísimo. CChM1 (tomado de Escola 2006).

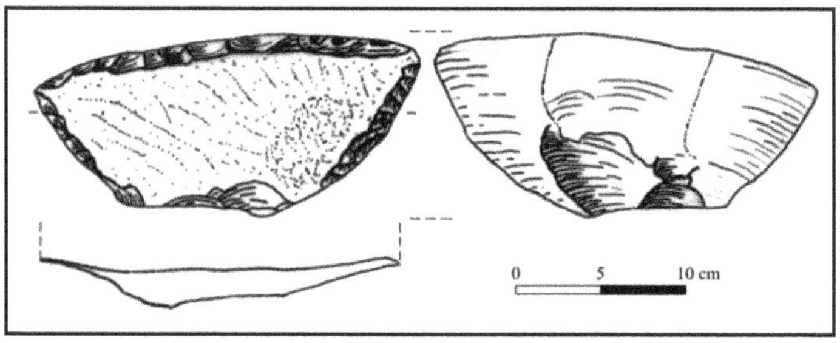

Específicamente, se consideraron dos piezas del sitio CChM1, que tienen por número de inventario el 65 y 14 (Tabla 1). La primera está formada por un único filo frontal, mientras que la segunda, cuenta con un filo frontal y dos filos laterales y presenta, como elemento destacado, la eliminación del talón de la forma-base lasca original, así como el rebajado del bulbo (Escola 2000). Este último rasgo en piezas de este tipo ha sido relacionada con la existencia de prácticas de enmangue (*ibid.*).

Un aspecto importante es que ambos instrumentos presentan un patrón de lascado escamoso regular o irregular, según el filo considerado. Esto es relevante, ya que implica que los mismos no sufrieron mantenimiento intensivo de los filos, como es discernible, en cambio, ante la ocurrencia de lascados escamosos escalonados (Hocsman 2006) -por una descripción de las diferentes alternativas de patrón de lascado ver Aschero 1983 y Aschero *et al.* 1995-.

Se destaca que todos los estudios efectuados sobre tales artefactos se centraron en sus características técnico-tipológicas, permaneciendo su funcionalidad sólo en un plano hipotético.

Con respecto a los desechos de talla, se plantea aquí que es posible reconocer morfológicamente las lascas que son producto del mantenimiento de las raederas de módulo grandísimo, ya que poseen una serie de características morfológicas que los particularizan de los desechos de talla restantes. De esta forma, es posible establecer una vinculación entre el producto concreto y sus subproductos derivados. Una importante derivación de lo planteado consiste en la obtención de evidencias indirectas de la presencia de las raederas a partir de los desechos de reactivación, cuando tales artefactos formatizados están ausentes en los contextos.

Estas lascas de mantenimiento se caracterizan por (Figura 3):

a) ser relativamente anchas en relación al largo, en una proporción aproximada de 2 a 1. En general, se trata de piezas de regular tamaño (tamaños lasca pequeña-lasca *sensu* Aschero 1983), acordes al módulo de las raederas.

b) presentar negativos de lascado con patrón escamoso escalonado en cara dorsal. En la porción distal, por lo general, conservan un remanente de corteza. Esto se debe a que, como la formatización es unifacial directa, se realiza sobre la cara dorsal de la forma-base, la cual es cortical. Se destaca que la media de la longitud de los negativos de lascado en las raederas de módulo grandísimo coincide con la de los negativos de lascado en la cara dorsal de las lascas de reactivación. Los casos que presentan una coincidencia en la media pero carecen de este escalonamiento podrían corresponder, en realidad, a lascas de regularización (formatización final) de los instrumentos.

c) contar con talones filiformes o puntiformes. En caso de ser lisos, son muy poco espesos y están muy inclinados hacia la cara ventral.

d) presentar una cara ventral relativamente inclinada y plana, con un bulbo difuso.

Por sus características morfológicas se trata de lascas de reactivación directa, desprendidas sobre el filo biselado, por impacto o compresión sobre la cara opuesta; la cara dorsal presenta las facetas del retoque original del instrumento, con puntos de origen sobre el borde externo del talón (Aschero 1983).

Pieza N°	Dimensiones			Filo frontal		Filo lateral izq		Filo lateral der		Lasc format	Talón
	L	A	E	Ang M	Forma	Ang M	Forma	Ang M	Forma		
65	121,0	236,0	18,0	64°	Convexo atenuado	-	-	-	-	Escamoso regular	Completo
14	110,0	230,0	19,0	51°	Convexo atenuado	41°	Convexo atenuado	44°	Convexo atenuado		Eliminado

Tabla 1. Descripción de las raederas de módulo grandísimo consideradas (modificado de Escola 2000: 137; Tabla 14). Referencias: Filo lateral izq: Filo lateral izquierdo; Filo lateral der: Filo lateral derecho; Lasc format: Forma y dirección de los lascados de formatización; Talón: Estado del talón; L: Largo; A: Ancho; E: Espesor; Ang M: Angulo medido; Forma: Forma geométrica del filo o borde. Nota: L, A y E en mm.

El hecho de contar con un remanente de corteza en la cara dorsal posibilita, por otra parte, una estimación del *espesor deducido* de la pieza original -desde el punto de percusión hasta la saliente máxima del borde distal-, siendo estrecha la correspondencia entre tales desechos y los instrumentos en cuestión.

Una manera adicional de relacionar tales subproductos con las raederas de módulo grandísimo en Antofagasta de la Sierra, en particular, es considerar la materia prima sobre la que se confeccionaron las raederas, ya que la manufactura implicó la utilización sistemática de una roca, la denominada vulcanita 4 -Vc4- (Escola 2000), siguiendo la nomenclatura de rocas y minerales propuesta por Aschero *et al.* (2002-2004), cuyos afloramientos se sitúan en la porción más baja altitudinalmente de la microrregión (3500 msnm), aproximadamente, a 15 km de Punta de la Peña 9. En el caso de las lascas de reactivación de la estructura 3 de PP9.I, esta circunstancia señala que en el interior del recinto se reactivaron piezas terminadas procedentes del fondo de cuenca, ya que se cuenta con 10 lascas con las características descriptas en Vc4, que representan el 90,90% de las lascas de este tipo.

Se destaca que la presencia de un desecho de talla con la morfología señalada pero en vulcanita 1 -Vc1-, una roca de amplia distribución en y entre diversas quebradas situadas entre los 3600 y los 4100 msnm, denotaría por un lado, una manufactura local y, por el otro lado, la confección de estas piezas con una materia prima distinta a la registrada hasta el momento a nivel microrregional -ateniéndose a la circunstancia de tratarse de un caso puntual-. La hipótesis de manufactura local estaría validada, además, por la ocurrencia de 3 lascas de regularización (sin patrón escamoso escalonado) en Vc4, lo que podría significar que las formas-base ingresaron a PP9, desde el fondo de cuenca, sin formatizar. Esto debe ser corroborado mediante la identificación de un mayor número de casos.

Figura 3. Desechos de talla de mantenimiento de raederas de módulo grandísimo. PP9.I-E3.

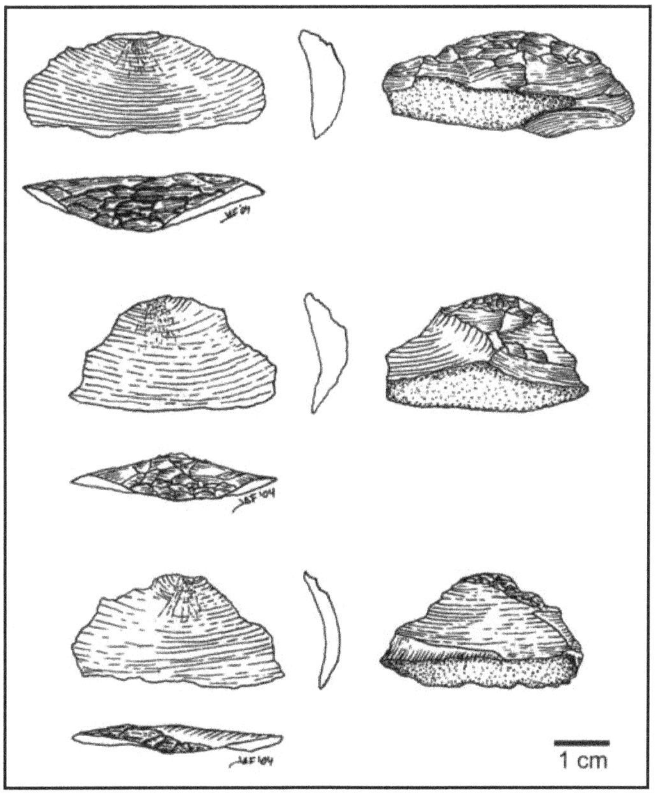

Específicamente, los desechos de talla sometidos al análisis funcional, en número de dos, proceden de la Estructura 3 del Sector I del sitio PP9. Se destaca que ambos casos poseen las características típicas de las lascas resultado del mantenimiento de las raederas de módulo grandísimo. Así, se trata de piezas de tamaño lasca pequeña-lasca, que presentan negativos de lascado en la porción proximal de la cara dorsal con patrón escamoso escalonado, cara ventral plana y bulbo difuso. En cuanto al talón, la pieza N° 94/1 es de tipo filiforme, mientras que la N° 56/1 es de tipo liso, con la particularidad de que es muy poco espeso y marcadamente inclinado hacia la cara ventral (Tabla 2).

RESULTADOS DEL ANÁLISIS DE RESIDUOS DE USO

Raedera de Módulo Grandísimo N° 65

El filo frontal de la raedera de módulo grandísimo N° 65 contiene residuos macroscópicos a modo de manchas blanquecinas leves y discontinuas. La muestra para análisis microscópico presenta baja concentración de microfósiles, lo cual se corresponde con una intensa limpieza mecánica previa al análisis funcional (Tabla 3, Figura 4). Se destacan los granos de almidón, entre los cuales, algunos corresponden a fragmentos de granos compuestos de semillas de pseudocereales domésticos: la quínoa (*Chenopodium quinoa*) y/o la cañagua o cañihua (*Ch. pallidicaule*) (*sensu* Babot 2004; Cortella y Pochettino 1990; Korstanje y Babot 2007). Estos granos compuestos presentan morfologías elipsoidales, ovoides y esféricas que engloban a numerosos gránulos poliédricos en su interior; algunos de ellos se encuentran en proceso de desagregación en la muestra analizada. Los granos restantes son mayoritariamente simples y, en menor proporción, dobles. De éstos, un grupo presenta características compatibles con las de órganos subterráneos, tales como morfologías no isodiamétricas, hilos excéntricos, cruz de extinción hacia un extremo y *lamella* muy nítida, por lo que son considerados como procedentes de tubérculos/raíces no diferenciados (Babot 2004). Los granos de almidón restantes se presentan aislados o conformando agregados ahusados -semicompuestos-. Sus características generales son comparables con los de frutos de diferentes especies de Fabaceae (Babot 2004; Babot *et al.* 2007; Korstanje y Babot 2007) pero, por el momento no pueden ser asignados certeramente. Dado que su fuente taxonómica se desconoce, son considerados como no identificados. Además de desagregación parcial o total, los granos de almidón pueden presentar fisuras y/o fracturas en los extremos, así como daños leves en la cruz de extinción y la brirrefringencia.

Completan el conjunto de microfósiles, fragmentos de tejido vegetal opaco y no opaco y sedimento que se presenta como aglomerados de material fino más fragmentos líticos.

Pieza N°	Est fragm	Dimensiones			Cara dorsal		Talón						Termin
		L	A	E	Pos eje	% corteza	A	E	Ang B	Ang A	Forma	Tratam	
56/1	ENT	21,6	47,4	8,2	Obl	1-50	10,20	1,50	106°	56°	Li	No posee	Char
94/1	FCT	(24,4)	(41,0)	7,3	Obl	1-50	5,7	0,08	-	-	Fi	No Posee	Nor

Tabla 2. Descripción de los desechos de talla considerados. Referencias: Est fragm: Estado de fragmentación (*sensu* Bellelli 1991); Termin: Terminación; L: Largo; A: Ancho; E: Espesor; Pos eje: Posición del eje morfológico; % corteza: Porcentaje de corteza; Ang B: Angulo sobre cara B; Ang A: Angulo sobre cara A; Forma: Forma del talón; Tratam: Tratamiento técnico diferencial; ENT: Lasca entera; FCT: Lasca fracturada con talón; Obl: Oblícua; Li; Liso; Fi: Filiforme; Char: Charnela; Nor: Normal. Nota: L, A y E en mm.

Figura 4. Microfósiles en raedera de módulo grandísimo N° 65. CChM1. a) y b) Agregado ahusado de granos de almidón (semicompuestos) con distribución de tamaños bimodal -Escala: 15 µm -; c) y d) grano de almidón simple asimilable a tubérculos/raíces no identificados, con *lamella* visible y leves daños en la birrefringencia -Escala: 20 µm -; e) y f) grano de almidón doble con fractura en un extremo -Escala: 15 µm -; g) y h) grano de almidón, posiblemente doble, con fisura central y daño en la cruz de extinción -Escala: 10 µm -. En todos los casos, vistas con luz polarizada y normal.

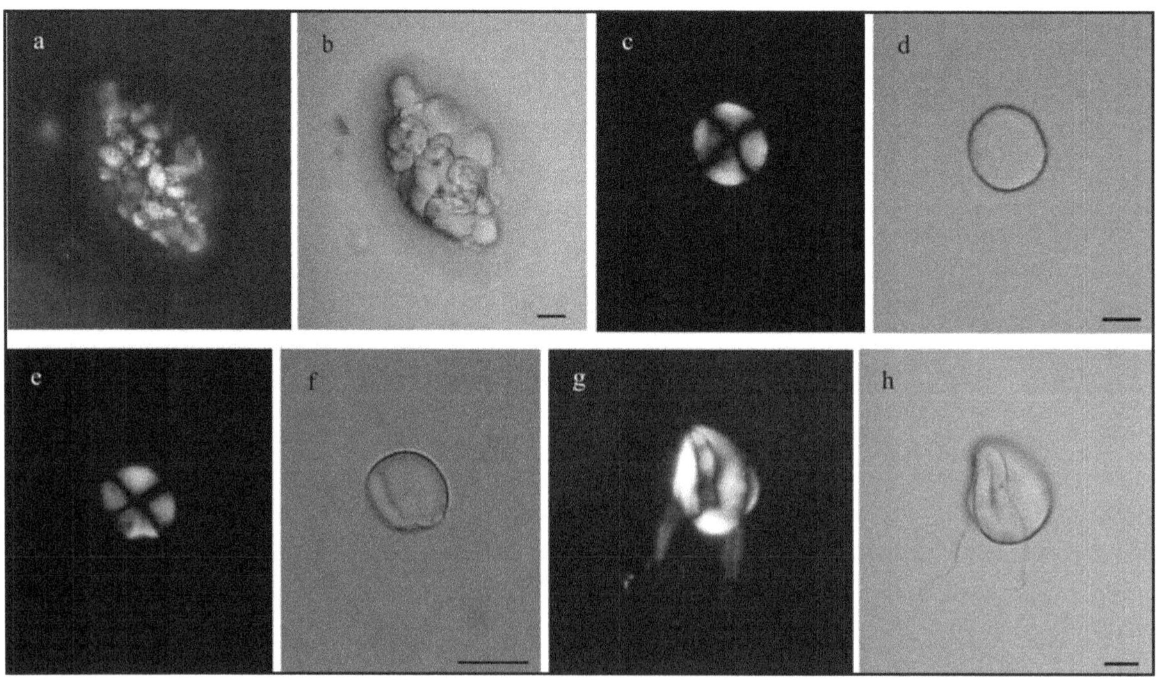

Tipo de microfósil y otros residuos	Pieza Nº	Abundancia	Daños	Asignación taxonómico/anatómica y Referencias	Observaciones
Residuos macroscópicos	65	-	-	-	Manchas blanquecinas leves
	14	-	-	-	Manchas rojizas abundantes
	94/1	-	-	-	-
Fragmentos de granos de almidón compuestos	65	1-10	En proceso de desagregación	Semilla de *Chenopodium quinoa* y/o *Ch. pallidicaule* (Babot 2004; Cortella y Pochettino 1990; Korstanje y Babot 2007)	
	14	11-20			
	94/1	1-10			
Granos de almidón simples y/o dobles y semicompuestos de tipo agregado	65	21-21+	Daños en birrefringencia y cruz de extinción; fracturas en extremos	Tubérculos/raíces no identificados y semillas u órganos de reserva no identificados afines a Fabaceae (Babot 2004; Babot *et al.* 2007; Korstanje y Babot 2007)	15 corresponden a ejemplares de tamaño mediano-grande
	14	1-10	-	Semillas u órganos de reserva no identificados	Corresponde a 1 ejemplar de almidón de reserva
	94/1	21-21+	Daños en cruz de extinción, fracturas en extremos, fisuras en contorno; ataque enzimático	Granos de *Zea mays* y semillas u órganos de reserva no identificados afines a Fabaceae (Babot 2004; Babot *et al.* 2007; Korstanje y Babot 2007)	22 corresponden a ejemplares de tamaño mediano-grande
Cristales de calcio	65	-	-	-	-
	14	21-21+	Fractura de cristales en forma de roseta	Rosetas y arena de cristales de semilla y/u hoja de *Chenopodium quinoa* y/o *Ch. pallidicaule* (Babot 2004; Korstanje y Babot 2007; Tagle y Planella 2002)	
	94/1	1-10	-	Drusa no identificada	Corresponde a 1 ejemplar
Silicofitolitos	65	-	-	-	-
	14	1-10	Desagregación total y fractura de placas perforadas opacas	Partes aéreas de Asteraceae y Poaceae -placas perforadas opacas y células largas (Pearsall 2000)- y silicofitolito esférico sin ornamentación no identificado	
	94/1	1-10	Desagregación parcial o total	Fitolitos irregulares articulados de frutos y/o epidermis de semillas (Piperno 1988) no identificadas; partes aéreas de Poaceae -células cortas- (Pearsall 2000)	
Tejido vegetal opaco y no opaco	65	11-20	-	-	Incluye fibras procedentes del muestreo en laboratorio
	14	21-2+	-	-	
	94/1	11-20	-	-	
Anillos de celulosa	65	-	-	-	-
	14	21-21+	Desagregación	Tallos, hojas y/o corteza de frutos	-
	94/1	-	-	-	-
Valvas de diatomeas	65	-	-	-	-
	14	21-21+	Fracturas	-	-
	94/1	1-10	-	-	Corresponde a 1 ejemplar
Sedimento (aglomerados de material fino y/o fragmentos líticos)	65	21-21+	-	-	-
	14				
	94/1				
Aglomerados de sustancia con pigmentación rojiza y material silíceo amorfo	65	-	-	-	-
	14	21-21+	Asociados a material silíceo amorfo	-	-
	94/1	-	-	-	-

Tabla 3. Descripción de residuos presentes en las raederas de módulo grandísimo y desechos de mantenimiento de las mismas. Referencias. Rangos de Abundancia: 0; 1-10; 11-20; 21-21+.

Figura 5. Microfósiles en raedera de módulo grandísimo N° 14. CChM1. a) Silicofitolito correspondiente a célula larga afín a Poaceae y placa perforada opaca de Asteraceae; b) y c) fragmento de grano de almidón compuesto de semillas de *Chenopodium quinoa* y/o *Ch. pallidicaule*, en proceso de desagregación; vistas con luz polarizada y normal, respectivamente; d) y e) grano de almidón simple no identificado; vistas con luz normal y polarizada, respectivamente; f) valvas de diatomea; g) silicofitolito esférico sin ornamentación; h) rosetas de oxalato de calcio enteras y fragmentadas, más arena de cristales asignadas a semilla y/u hoja de *Ch. quinoa* y/o *Ch. pallidicaule*; i), j) y k) aglomerados de sustancia con pigmentación rojiza y material silíceo amorfo. Escala: 15 µm.

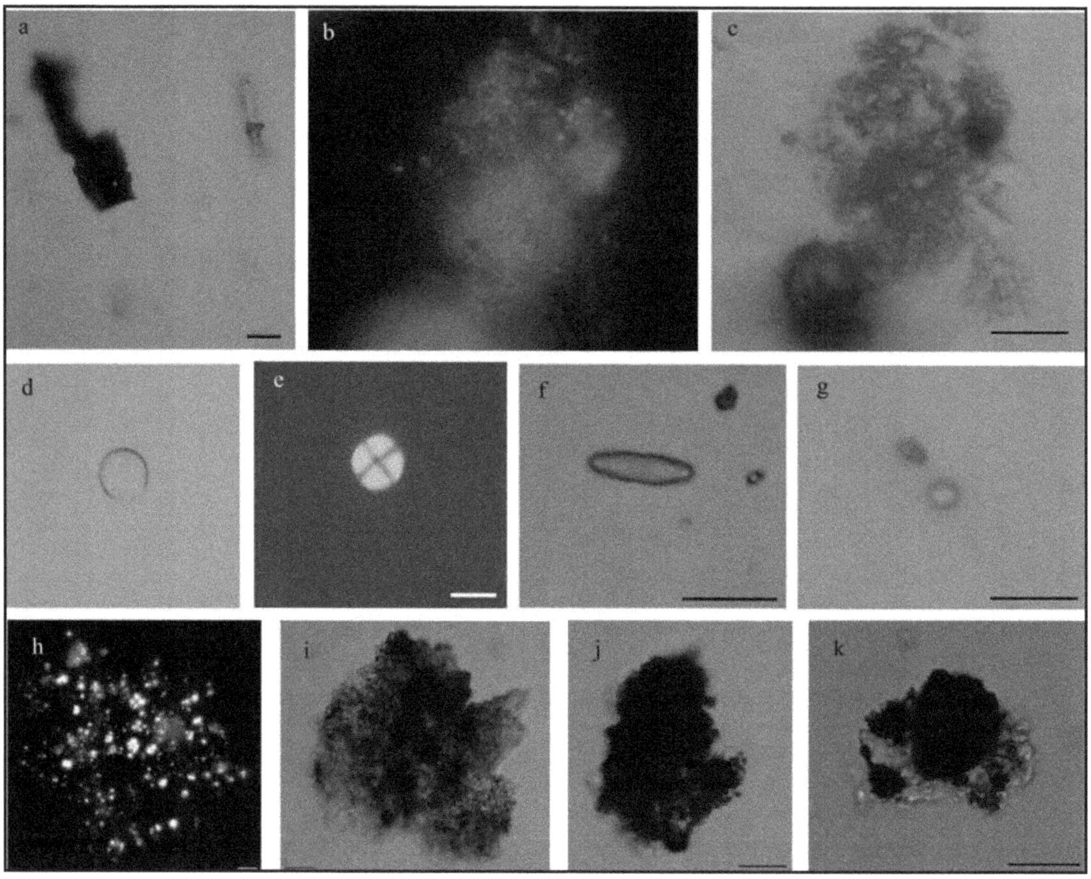

Raedera de Módulo Grandísimo N° 14

Tanto el filo frontal de la raedera de módulo grandísimo N° 14, así como los filos laterales, presentan residuos macroscópicos a modo de manchas de coloración rojiza notables y continuas. En el filo frontal analizado, éstas se corresponden a nivel microscópico con abundantes aglomerados birrefringentes coloreados en los mismos tonos que el macro-residuo, pudiendo presentar inclusiones de material silíceo amorfo (Tabla 3, Figura 5). Con luz normal su coloración al microscopio varía entre rojo (10R 4/6) y rojo polvoriento (3/3), y con luz polarizada, entre rojo claro (2,5YR) y rojo (10R 4/8) (Munsell 2000). Proceden de una sustancia pigmentada no identificada.

La muestra de microfósiles correspondiente a esta parte de la pieza contiene una concentración mayor de micropartículas que la del artefacto N° 65. Esto se debe al cuidado puesto en la preservación del residuo rojizo, durante la limpieza mecánica de la pieza N° 14. Inmersos en la matriz sedimentaria fina y suelta, se encuentran anillos de celulosa, tejido vegetal no opaco y diatomeas enteras y fracturadas, todos los cuales se hallan bien representados (Tabla 3, Figura 5). En menor proporción se han documentado fragmentos de granos de almidón compuestos de *Chenopodium* spp. Siguen en abundancia cristales de oxalato de calcio en forma de rosetas enteras y fracturadas y arena de cristales, típicos de la semilla y hoja de quínoa y cañagua (Babot 2004; Korstanje y Babot 2007; Tagle y Planella 2002). Asimismo, tejido vegetal opaco, silicofitolitos desarticulados y un único grano de almidón simple asignable a semillas u órganos de almacenamiento no identificados. Los silicofitolitos remiten a partes aéreas de Asteraceae -placas opacas perforadas- y Poaceae -células largas- (*sensu* Pearsall 2000); se tiene, además, un ejemplar esférico sin ornamentación no identificado.

Desecho de Talla de Mantenimiento N° 94

Los macro-residuos están ausentes en el desecho de reactivación N° 94. En cambio, el conjunto de microfósiles es importante (Tabla 3, Figura 6). Entre una matriz de aglomerados de sedimento fino se aprecia un número considerable de granos de almidón simples y dobles, los cuales aparecen aislados o conformando agregados -granos semicoompuestos-. En su mayoría, éstos se asemejan a los descriptos como similares a Fabaceae en la raedera N° 65. En la pieza N° 94 ocurren, asimismo, estructuras compuestas en forma de fibra con varios granos de almidón en su interior, comparables con otras del tipo observadas en frutos actuales de las siguientes fabáceas: cebil (*Anadenanthera colubrina*), visco (*Acacia visco*) y poroto común cultivado (*Phaseolus vulgaris* var. *vulgaris*) (Babot 2004; Babot *et al.* 2007;

Korstanje y Babot 2007). Se desconoce su fuente taxonómica. Por otro lado, se han documentado granos compuestos de pseudocereales en proceso de desagregación y dos granos de almidón angulares con buen desarrollo tridimensional y fisuras estrelladas en el hilo que podrían ser asimilados a maíz (*Zea mays*).

Se observa una cantidad reducida de silicofitolitos entre los que pueden destacarse una célula corta de Poaceae (*sensu* Pearsall 200) y un conjunto de ejemplares articulados con superficie irregular similares a los descriptos por Piperno (1988) en frutos y semillas de diferentes especies sudamericanas. Completan este registro, tejido vegetal no opaco, una valva de diatomea y un cristal de calcio en forma de drusa no identificado.

Desecho de Talla de Mantenimiento N° 56

El artefacto N° 56 no presenta macro-residuos. La muestra de microfósiles es muy acotada, restringiéndose a fragmentos de tejido vegetal no opaco dispersos entre aglomerados de material sedimentario fino y fragmentos líticos. Esto indica un resultado negativo para residuos de uso en esta pieza, al menos desde el análisis de microfósiles.

DISCUSIÓN Y CONCLUSIONES

Las raederas de módulo grandísimo y desechos de talla de mantenimiento de las mismas que han sido analizados en este trabajo presentan conjuntos de microfósiles mutuamente coherentes. En todos los casos se tiene material sedimentario fino en forma de aglomerados así como fragmentos líticos, entre los cuales se documentan diferentes clases de microfósiles, siempre en proporciones acotadas. Con excepción del desecho de mantenimiento N° 56, los artefactos estudiados han conservado restos del procesamiento de panojas (conteniendo las semillas) de pseudocereales domésticos, *Chenopodium quinoa* y/o *Ch. pallidicaule*, documentadas a través de fragmentos de sus granos de almidón compuestos en proceso de desagregación, de cristales de oxalato de calcio en forma de drusas (rosetas) enteras y fragmentadas y de arena de cristales (Figura 5 -b, c y h-). Estos últimos también pueden proceder de las hojas de esas especies (Babot 2004; Korstanje y Babot 2007; Tagle y Planella 2002). Asimismo, los artefactos presentan ejemplares de almidón "no identificados" que, por el momento no pueden ser asignados taxonómicamente. Entre estos se encuentra el ejemplar correspondiente a la Figura 5 -d y e- y otros que se discuten a continuación con mayor profundidad.

La raedera de módulo grandísimo N° 65 y el desecho de talla de mantenimiento N° 94 han proporcionado mayoritariamente evidencias de almidón cuyo aspecto es similar al de diferentes especies de Fabaceae. Estos almidones aparecen en las muestras arqueológicas analizadas como granos aislados, conformando agregados arracimados y ahusados con distribución de tamaños bimodal -granos de almidón semicompuestos-, y en el interior de estructuras vegetales en forma de fibra. Estos últimos se asemejan a ejemplares observados en frutos actuales de *Anadenanthera colubrina*, *Acacia visco* y *Phaseolus vulgaris* var. *vulgaris* (Babot 2004; Babot *et al.* 2007; Korstanje y Babot 2007) y parecen tener una distribución amplia dentro de la familia Fabaceae. En su conjunto, no pueden ser asignados certeramente por lo que se los considera dentro del grupo de ejemplares no identificados (Figura 4 -a, b, e y f-; Figura 6 -c, d, e, f, i y j-). Sin embargo, claramente aluden a la presencia de almidón de reserva del tipo que se deposita en semillas u órganos de almacenamiento.

Asimismo, la raedera N° 65 ha proporcionado evidencias correspondientes a tubérculos/raíces no diferenciados, caracterizados por sus hilos excéntricos y por morfologías no isodiamétricas (Figura 4 -c y d y, posiblemente g y h-). En el desecho de reactivación N° 94 se han documentado granos de almidón angulares con buen desarrollo tridimensional que podrían ser asimilados a *Zea mays* (Figura 6 -a, b, g y h-). Tanto en el caso de los tubérculos/raíces no diferenciados como en el del maíz, se trata de evidencias exiguas que deben ser consideradas con precaución, al menos por el momento.

Silicofitolitos irregulares articulados comparables a los documentados por Piperno (1988) en frutos y epidermis de semillas de diferentes especies sudamericanas, constituye otro indicador de procesamiento de ese tipo de parte útil en el desecho de talla N° 94 (Figura 6 -k-).

Los fragmentos de tejido vegetal opaco y no opaco y silicofitolitos de especies de Asteraceae y Poaceae -placas perforadas opacas y células largas y cortas, respectivamente- en tres artefactos indican un escaso aporte actual y/o subactual de la cobertura vegetal dominante en los sectores intermedios y fondo de cuenca de ANS (Cuello 2006; Rodríguez 2003). Mientras que los fragmentos de tejido vegetal son numerosos, los silicofitolitos están subepresentados. Esto alude, además a un escaso a nulo aporte del material contenido en los sedimentos y de otras actividades contemporáneas realizadas en los recintos como el uso de combustibles leñosos, la quema de gramíneas o episodios de ocupación a modo de corral. Por otro lado, el acotado registro de silicofitolitos es compatible con lo esperable en situaciones de procesamiento de panojas de pseudocereales y tubérculos o raíces que no constituyen productores típicos de este tipo de partículas (Korstanje y Babot 2007).

Dos artefactos presentan valvas de diatomeas -N° 14 y N° 94-; éstas podrían proceder tanto de sedimentos con aportes naturales y/o artificiales de agua o bien, del tratamiento con agua de los propios recursos usados, antes o durante su procesamiento -riego, lavado, desaponificación, entre otros-.

Los daños en los microfósiles no son extensivos y corresponden a fracturas, fisuras, desagregaciones y alteraciones en la birrefringencia y cruz de extinción, que estarían asociadas con el trabajo efectuado con las raederas de módulo grandísimo. Éstos no se corresponden con un modo de uso violento que afectara *in extenso* a las partes útiles procesadas. Otros daños, tales como el ataque enzimático y la desecación, deben ser atribuidos a la degradación natural que ocurre con el paso del tiempo en los almidones (Babot 2003; Haslam 2004).

Figura 6. Microfósiles en el desecho de talla de mantenimiento de raederas de módulo grandísimo N° 94. PP9.I- E3. a) y b) Grano de almidón simple angular afín a *Zea mays*; c) y d) grano de almidón con fisura central, presencia de ataque enzimático, leve daño en la cruz de extinción y fisuras en el contorno; e) y f) grano de almidón semicompuesto de tipo agregado arracimado, con material almidonoso amorfo cementando los *granula* y distribución de tamaños bimodal; g) y h) grano de almidón simple subangular con fisuras en el hilo afín a *Zea mays*; i) y j) granos de almidón dentro de una estructura en forma de fibra; k) silicofitolitos articulados típicos de frutos y epidermis de semillas; l) diatomea; m) drusa de oxalato cálcico; n) silicofitolito correspondiente a célula corta afín a Poaceae. Todos los granos de almidón se presentan con luz polarizada y normal. Escala: 15 μm.

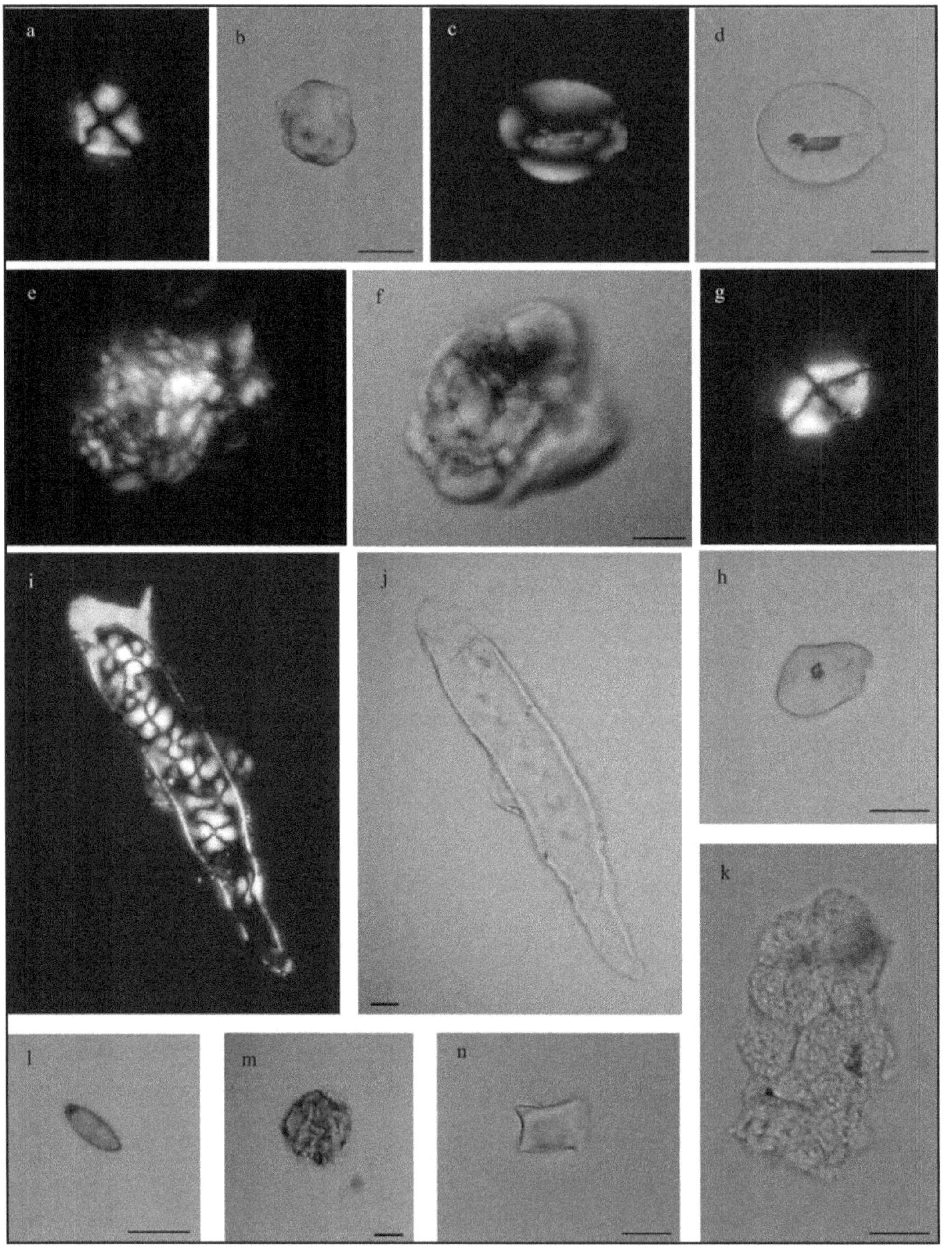

Los resultados obtenidos sugieren un posible uso primario de las raederas de módulo grandísimo en actividades vinculadas con el manejo de recursos vegetales, particularmente de partes útiles de especies agrícolas que se dan en ámbitos microtérmicos, en especial, pseudocereales domésticos (quínoa y/o cañagua), al menos en los casos analizados de Antofagasta de la Sierra, de donde proceden las piezas analizadas. En este sentido, se podría sugerir su empleo en dos momentos del tratamiento tradicional de las plantas maduras. Tagle y Planella (2002) notan que para el corte de las panojas de quínoa durante la cosecha en el área andina se empleaba un cuchillo lítico que fue reemplazado con el tiempo por un instrumento metálico denominado "echona", similar a una hoz. A su vez, las autoras mencionan una modalidad de trilla que implicaba arrancar el grano con la mano, lo cual podría haber sido efectuado, asimismo, mediante acciones de raer con artefactos líticos como las raederas de módulo grandísimo. Los microfósiles de Asteraceae y Poaceae -silicofitolitos- procederían de una introducción contemporánea o posterior al uso de los artefactos, que no necesariamente se encuentra vinculada con el empleo principal de los mismos. Sin embargo, esto podría ser coherente con un laboreo de las panojas, efectuado en ámbitos abiertos.

Los granos de almidón asignados a tubérculos/raíces no diferenciados, a maíz y los restantes no identificados indican que, además de los pseudocereales, otros recursos pudieron ser manipulados con las raederas de módulo grandísimo, aportando evidencias de su posible multifuncionalidad. No obstante, no se puede descartar la posibilidad de que tales recursos estén indicando, más bien, el entorno u otras actividades relativamente sincrónicas al procesamiento de pseudocereales -por ejemplo, siembra, cosecha o procesamiento de tales recursos en espacios compartidos con, o contiguos a, los ocupados por la quínoa y/o la cañagua-.

Deben mencionarse los aglomerados birrefringentes con pigmentación rojiza correspondientes al macro-residuo de la raedera N° 14, cuyo origen es incierto, pudiendo corresponder a un uso alternativo de la pieza en el que una sustancia coloreada cumpliera un rol como aditivo -por ejemplo, minerales de hierro o taninos para el curtido de cueros- (Figura 5 -i, j y k-). También es posible que éstos correspondan a pigmentaciones orgánicas presentes en vegetales, del tipo que se encuentra en semillas de quínoa, aunque si este fuera el caso, sería esperable un cambio de color, como resultado de procesos de oxidación naturales. En ocasiones, estos aglomerados aparecen netamente asociados con material silíceo amorfo y en la raedera N° 14 también se han registrado abundantes anillos de celulosa, señalando participación de tallos y/u hojas, ya sea que se trate de las fuentes de la pigmentación o de materiales vegetales añadidos o preexistentes a ésta. Esta raedera constituye la única pieza con tres filos activos en lugar de uno sólo frontal, por lo que sería de esperar que fuera concebida o modificada para fines diferentes que involucraran el empleo de las mencionadas sustancias coloreadas.

Al menos por el momento, no se han documentado indicadores del procesamiento de recursos de origen animal. Una segunda etapa de esta investigación aportará información funcional complementaria desde otras dos vías analíticas, el análisis de residuos lipídicos y de rastros físico-mecánicos. Se espera que estas técnicas, así como el estudio de un número mayor de piezas, permitan evaluar los primeros resultados obtenidos en este trabajo.

La integridad de las muestras de residuos de uso analizadas está sustentada, no sólo por la coherencia de los resultados de las piezas analizadas, sino también por la baja "señal" de la matriz sedimentaria y de otras actividades contemporáneas desarrolladas en el sitio y por la preservación diferencial de micropartículas en relación con la historia postdepositacional de los diferentes artefactos. El desecho de talla procedente de niveles superficiales de la Estructura 3 del sitio Punta de la Peña 9.I -correspondientes a la ocupación final del recinto, con evidencias de exposición prolongada de sus materiales a los factores ambientales (Babot *et al.* 2006)-, es el único artefacto que no presenta residuos de uso apreciables a partir del análisis de microfósiles. Otras consideraciones tafonómicas se refieren a los efectos de la limpieza mecánica de los filos activos de las raederas de módulo grandísimo, la cual fuera efectuada con el fin de su análisis técnico-tipológico durante la década del '80. Al respecto, es notable la mayor representación de microfósiles en la pieza N° 14 cuyos macro-residuos coloreados, fueron preservados del cepillado excesivo. Es importante destacar que aún una pequeña cantidad de microfósiles pudo ser recuperada con posteridad al lavado de la pieza N° 65.

En suma, los datos de este estudio constituyen un primer aporte para el establecimiento del uso de una clase artefactual muy difundida en los contextos agro-pastoriles del NOA y aportan al conocimiento de las prácticas culturales de estos grupos prehispánicos, en cuanto a modalidades y tecnologías para el procesamiento de recursos.

A su vez, la coherencia de los resultados funcionales de los artefactos formatizados y los desechos de reactivación analizados, permiten vincularlos mutuamente, más allá de las hipótesis tecnológicas planteadas acerca de su correspondencia[2]. Esto es independiente del sitio y sector de procedencia dentro de Antofagasta de la Sierra, así como de la historia de las piezas posterior a su recuperación en excavación. A nuestro criterio, la mencionada correspondencia entre los datos tecnológicos y funcionales, permite destacar la posibilidad de obtener evidencias indirectas del uso de las raederas de módulo grandísimo a partir de los desechos de reactivación en cualquier contexto del NOA, cuando los artefactos formatizados están ausentes de los conjuntos recuperados, ya que las lascas proceden necesariamente de artefactos que fueron usados y luego mantenidos.

Un último punto de interés hace referencia a los contextos de recuperación de los materiales analizados. En ambos casos se trata de ocupaciones vinculadas con actividades "domésticas". Así, en CChM1, de 8 instrumentos de la clase extraídos en los niveles II y III (*ca.*1670 AP), 6 proceden de un mismo microsector en el nivel III, sugiriendo tal localización, que dichas piezas fueron depositadas intencionalmente para un uso posterior (Escola 2000) -i.e. almacenadas o guardadas en espera de un uso futuro-. En el caso de la estructura 3 de PP9.I, los desechos de talla fueron recuperados en diferentes "pisos de ocupación" asociados a indicadores de tareas cotidianas de vivienda-taller lo que pone en evidencia que el mantenimiento de estos grandes artefactos ocurrió en el ámbito de las bases residenciales.

Es importante destacar que aún cuando los contextos primarios de uso de las raederas pueden situarse en los campos de cultivo, al menos su mantenimiento y guardado tuvo lugar en el interior de los recintos domésticos en las bases residenciales. Esto es coherente con registros que indican que aún en el caso de tareas que se desarrollan a distancia de las bases residenciales, tales como la siembra, la cosecha o la molienda, el guardado del instrumental específico puede ocurrir dentro de las áreas domésticas, en lugares reparados (Babot 2007). Asimismo, las prácticas de recambio y acondicionamiento del instrumental asociado suelen desarrollarse en sitios de este tipo (ver, por ejemplo, Tomka 2001), tanto a nivel extramuros como intramuros.

Una de las principales funciones de estas raederas estaría ligada a la realización de actividades de siega en los campos cultivados, es decir, al corte de las panojas de quínoa y/o cañagua para su posterior traslado al área de trilla y/o a la trilla misma. Esto es acorde con el registro de microfósiles correspondientes a tallos y hojas (anillos de celulosa, cristales de oxalato de calcio) y de aquellos asignables a semillas (granos de almidón y cristales de oxalato de calcio) de estas especies. Estos últimos presentan un leve daño que es coherente con el tipo de uso de las raederas analizadas, implicando movimientos de corte o raído suave más que de percusión o presión intensa. En ambos casos el modo de uso de los artefactos debería afectar principalmente a los tallos y hojas y, eventualmente a las semillas que deben ser preservadas del daño para su almacenamiento.

Como hemos mencionado, las dos especies de pseudocereales tienen posibilidades de crecer y fructificar exitosamente en las condiciones microtérmicas puneñas. Dentro de Antofagasta de la Sierra, en la actualidad, la quínoa constituye un cultivo recientemente reimplantado a través del auspicio del Programa Nacional Agropecuario. Por su parte, la cañagua no se siembra hoy en día, pero sin embargo crece como una especie escapada de cultivo en algunos sectores de la zona (Cuello 2006), atestiguando que esta práctica ocurrió en el pasado.

NOTAS

[1] Se consideró solo el filo frontal en la pieza N° 14.
[2] Se parte de la base que la cara dorsal de los desechos de talla, como remanente del filo original de las raederas, debería contener residuos de uso coincidentes con los registrados en los filos de los instrumentos mismos.

AGRADECIMIENTOS

A John Janusek y Dan Cabanes i Crueles por sus valiosos comentarios sobre el trabajo.

BIBLIOGRAFÍA

Alonso, R., J. Viramonte y R. Gutiérrez
1984 Puna Austral. Bases para el Subprovincialismo Geológico de la Puna Argentina. *Actas del Noveno Congreso Geológico Argentino*, Volumen 1, pp. 25-42.

Aschero, C. A.
1975 *Ensayo para una Clasificación Morfológica de Artefactos Líticos Aplicada a Estudios Tipológicos Comparativos*. Informe al CONICET, Buenos Aires. Ms.
1983 *Ensayo para una Clasificación Morfológica de Artefactos Líticos Aplicada a Estudios Tipológicos Comparativos*. Apéndices A–C. Revisión, Cátedra de Ergología y Tecnología (FFyL-UBA), Buenos Aires. Ms.
1988 De Punta a Punta: Producción, Mantenimiento y Diseño en Puntas de Proyectil Precerámicas de la Puna Argentina. *Actas del IX Congreso Nacional de Arqueología Argentina*, pp. 219-229. Buenos Aires.

Aschero, C. A., P. S. Escola, S. Hocsman y J. G. Martínez
2002-2004 Recursos Líticos en Escala Microrregional. Antofagasta de la Sierra, 1983-2001. *Arqueología* 12: 9-36.

Aschero, C. A., L. Moya, C. Sotelos y J. G. Martínez
1995 Producción Lítica en los Límites del Bosque Cordillerano: El Sitio Campo Río Roble 1 (Santa Cruz, Argentina). *Relaciones de la Sociedad Argentina de Antropología* 20: 205-238.

Babot, M. del P.
2003 Starch Grain Damage as an Indicator of Food Processing. En: *Phytolith and Starch Research in the Australian-Pacific-Asian Regions: The State of the Art*, editado por D. M. Hart y L. A. Wallis, pp. 69-81. Terra Australis 19, Pandamus Books for the Centre for Archaeological Research and the Department of Archaeological and Natural History, The Australian National University, Canberra.
2004 *Tecnología y Utilización de Artefactos de Molienda en el Noroeste Prehispánico.* Tesis de Doctorado en Arqueología inédita, Facultad de Ciencias Naturales e Instituto Miguel Lillo, Universidad Nacional de Tucumán, San Miguel de Tucumán, Argentina.
2007 Organización Social de la Práctica de Molienda: Casos Actuales y Prehispánicos del Noroeste Argentino. En: *Procesos Sociales Prehispánicos en el Sur Andino: La Vivienda, la Comunidad y el Territorio*, compilado por A. Nielsen, M. Rivolta, V. Seldes, M. Vázquez y P. Mercolli, pp. 259-290. Editorial Brujas, Córdoba, Argentina.

Babot, M. del P., C. A. Aschero, S. Hocsman, M. C. Haros, L. G. González Baroni y S. V. Urquiza
2006 Ocupaciones Agropastoriles en los Sectores Intermedios de Antofagasta de La Sierra (Catamarca): Un Análisis desde Punta de La Peña 9.I. *Comechingonia. Revista de Arqueología* 9: 57-78.

Babot, M. del P., N. Oliszewski y A. Grau
2007 Análisis de Caracteres Macroscópicos y Microscópicos de *Phaseolus vulgaris* (Fabaceae, Faboideae) Silvestres y Cultivados del Noroeste Argentino. Una Aplicación en Arqueobotánica. *Darwiniana* 45(2): 149-162.

Bellelli, C.
1991 Los Desechos de Talla en la Interpretación Arqueológica. Un Sitio de Superficie en el Valle de Piedra Parada (Chubut, República Argentina). *Shincal* 3(2): 79-93.

Cabrera, A. L.
1953 Esquema Fitogeográfico de la República Argentina. *Revista del Museo de La Plata, Sección Botánica* 8: 87-168.
1957 La Vegetación de la Puna argentina. *Revista de Investigaciones Agrícolas* 11: 317-413.
1976 Regiones Fitogeográficas Argentinas. En: (W. K. Kugler, ed.) *Enciclopedia Argentina de Agricultura y Jardinería*, fascículo I. 2ª edición. Editorial Acme, Buenos Aires.

Cabrera, A. L. y A. Willink
1980 *Biogeografía de América Latina.* Monografías Científicas, Serie Biología, N° 13, Programa Regional de Desarrollo Científico y Tecnológico, OEA, Washington D. C.

Cortella, A. R. y M. L. Pochettino
1990 South American Grain Chenopods and Amaranths: A Comparative Morphology of Starch. *Starch/Stärke* 42(7): 251-255.

Cuello, S.
2006 *Guía Ilustrada de la Flora de Antofagasta de la Sierra – Catamarca (Puna Meridional Argentina)*. Curso de entrenamiento para la obtención del grado de Licenciatura en Ciencias Biológicas (Orientación Botánica), inédito. Facultad de Ciencias Naturales e Inst. Miguel Lillo, Universidad Nacional de Tucumán, San Miguel de Tucumán, Argentina.

Escola, P. S.
2000 *Tecnología Lítica y Sociedades Agropastoriles Tempranas*. Tesis de Doctordo en Filosofía y Letras inédita, Universidad de Buenos Aires, Buenos Aires.
2006 Domesticación y Cambio Tecnológico en el Puna Meridional (Argentina). En: *Gente, Piedras y Artefactos en el Desierto Puneño. Perspectivas Arqueológicas*, editado por C. Aschero, S. Hocsman y P. Babot. Instituto de Arqueología y Museo, Facultad de Ciencias Naturales e Inst. Miguel Lillo, Universidad Nacional de Tucumán, San Miguel de Tucumán, Argentina, en prensa.

García, S. P., D. S. Rolandi y D. E. Olivera
2000 *Puna e Historia. Antofagasta de la Sierra, Catamarca*. Asociación de Amigos del Instituto Nacional de Antropologia, Buenos Aires.

García Salemi, M. A.
1986 Geomorfología de Regiones Secas: Antofagasta de la Sierra, Provincia de Catamarca. *Centro de Estudios Regiones Secas* 4(1-2): 5-13.

González, O. E.
1992 Geología de la Puna Austral entre los 25°15´ a 26°30´ de Latitud Sur y los 66°25´ a 68°00´ de Longitud Oeste, Provincias de Catamarca y Salta, Argentina. *Acta Geológica Lilloana* 17 (2): 63-88.

Haslam, M.
2004 The Decomposition of Starch Grains in Soils: Implications for Archaeological Residue Analyses. *Journal of Archaeological Science* 31: 1715-1734.

Hocsman, S.
2006 *Producción Lítica, Variabilidad y Cambio en Antofagasta de la Sierra -ca. 5500-1500 AP-*. Tesis de Doctorado en Ciencias Naturales inédita. Facultad de Ciencias Naturales y Museo, Universidad Nacional de La Plata, La Plata.

Korstanje, M. A. y M. del P. Babot
2007 Microfossils Characterization from South Andean Economic Plants. En: *Plant, People and Places: Recent Studies in Phytolith Analysis*, editado por M. Madella y D. Zurro, pp. 41-72. Oxbow Books, Cambridge.

Menghin, O. F. A.
1956 La Industria Basáltica de La Ciénaga (Pcia. de Catamarca). *Anales de Arqueología y Etnología* 17: 289-299.

Munsell Soil Color Charts
2000 Revised washable edition. Gretag Macbeth, New York.

Olivera, D. E.
1992 *Tecnología y Estrategias de Adaptación en el Formativo (Agro-Alfarero Temprano) de la Puna Meridional Argentina. Un Caso de Estudio: Antofagasta de la Sierra (Pcia. de Catamarca, R.A.)*. Tesis de Doctorado en Ciencias Naturales inédita, Facultad de Ciencias Naturales, Universidad de La Plata.

Olivera, D. E. y M. J. de Aguirre
1995 Arqueología Aplicada a la Reactivación de Sistemas Agrícolas Prehispánicos: El Aporte Interdisciplinario. *Hombre y Desierto. Una Perspectiva Cultural* 9: 337-349.

Olivera, D. E. y A. Nasti
1993 Site Formation Processes in the Argentine Northwest Puna: Taphonomic Researches on Archeofaunistic Record Preservation. *Arqueología Contemporánea* 4: 14-29.

Olivera, D. E., P. Tchilinguirian y M. J. de Aguirre
2006 Cultural and Environmental Evolution in the Meridional Sector of the Puna of Atacama During the Holocene. En: *Acts of the XIV International Congress of Prehistoric and Protohistoric Sciences*, pp. 7-15. BAR International Series 1524. British Archaeological Reports, Oxford.

Pearsall, D. M.
2000 *Palaeoethnobotany: A Handbook of Procedures*. Segunda edición revisada. Academic Press, New York.

Pérez de Micou, C. y E. Ancibor
1994 Manufactura Cestera en Sitios Arqueológicos de Antofagasta de la Sierra, Catamarca, República Argentina. *Journal de la Société des Americanistes* 80: 207-216.

Piperno, D. R.
1988 *Phytolith Analysis. An Archaeological and Geological Perspective*. Academic Press, New York.

Rodríguez, M. F.
1998. *Arqueobotánica de Quebrada Seca 3: Recursos Vegetales Utilizados por Cazadores-Recolectores Durante el Período Arcaico en la Puna meridional Argentina*. Tesis Doctoral inédita, Facultad de Ciencias Exactas y Naturales, Universidad de Buenos Aires, Buenos Aires.
2003. Cambios en el Uso de los Recursos Vegetales Durante los Distintos Momentos del Holoceno en la Puna Meridional Argentina. *Chúngara* (Volumen especial): 403-413.

Rodríguez, M. F. y Z. E. Rúgolo de Agrasar
1999 *Deyeuxia eminens* (Poaceae, Agrostideae) en un Sitio Arqueológico de la Puna Meridional Argentina (Provincia de Catamarca). *Darwiniana* 37(3-4): 229-242.

Tagle A., M. B. y M. T. Planella O.
2002 *La Quínoa en la Zona Central de Chile. Supervivencia de una Tradición Prehispánica*. Editorial Iku, Santiago de Chile.

Tchiliguirian, P. y M. Barandica
1995 Acontecimientos Naturales que Favorecieron el Asentamiento Humano en Ambientes de la Puna Catamarqueña. *Hombre y Desierto. Una perspectiva cultural* 9: 351-352.

Tchiliguirian, P. y D. E. Olivera
2000 De Aguas y Tierras: Aportes para la Reactivación de Campos Agrícolas Arqueológicos en la Puna Argentina. *Relaciones de la Sociedad Argentina de Antropología* 25: 99-118.

Tomka, S. A.
2001 An Ethnoarchaeological Study of Tool Design and Selection in an Andean Agro-Pastoral Context. *Latin American Antiquity* 12: 395-411.

Turner, J. C.
1972 Puna. En: *Geología Regional Argentina*, editado por A. Leanza, pp. 91-116. Academia Nacional de Ciencias, Córdoba.

Yacobaccio, H. D.
1998 The Evolution of South Andean Hunter-Gatherers. *International Union of Prehistoric and Protohistoric Sciences. Proceedings of the XIII Congress*, Volumen 5, pp. 389-394. Abaco Edizioni, Forli.

Yacobaccio, H. D., D. C. Elkin y D. E. Olivera
1994 ¿El Fin de las Sociedades Cazadoras? El Proceso de Domesticación Animal en los Andes Centro Sur. En: *Arqueología de Cazadores-Recolectores. Límites, Casos y Aperturas*. Arqueología Contemporánea 5 (Edición Especial): 23-32.

Matices Interdisciplinarios en Estudios Fitolíticos y de Otros Microfósiles
M. A. Korstanje y M. del P. Babot, Editoras. BAR International Series S1870, Capítulo 17, pp. 201-208

ANÁLISIS DE RESTOS ORGÁNICOS PRESENTES EN CERÁMICAS ARQUEOLÓGICAS DE LAS SIERRAS DE TANDILIA (PROVINCIA DE BUENOS AIRES, ARGENTINA)

ANALYSIS OF ORGANIC MICRO-REMAINS IN ARCHAEOLOGICAL CERAMICS FROM TANDILIA RANGE (BUENOS AIRES PROVINCE, ARGENTINA)

Zucol, Alejandro Fabián[1], Mariana Brea[1] y Diana Leonis Mazzanti[2]
[1]Laboratorio de Paloebotánica, Centro de Investigaciones Científicas, Diamante, Dr. Matteri y España s/n, Diamante (E3105BWA), Argentina.cidzucol@infoaire.com.ar; cidmbrea@infoaire.com.ar
[2]Laboratorio de Arqueología, Facultad de Humanidades, Universidad Nacional de Mar del Plata, Funes 3350, Mar del Plata (7600), Argentina. quintana@copetel.com.ar

ABSTRACT

Ceramic remains of archaeological origin contain multiple types of paleoethnobotanical information, primarily as a result of two processes: manufacture and use. In order to ascertain the potential of recovering different types of information from ceramic materials, a comparative study was made of two groups of samples. The first group comes from hunter-and-collector occupation sites (Cueva Tixi, Cueva El Abra, Amalia Sitio 3 and La Cautiva Sitio 2), with samples dating to approximately 1,000 years B.P., while samples in the second group date to the second half of the 18th Century (Localidad Amalia Sitio 2). Samples of material were taken from the surface of the ceramic sherds, and compared to material contained within the ceramic matrix, in order to develop a methodology to differentiate microremains of varying origins. One portion of the samples was disintegrated and the material was observed "raw" without any further processing. In the other portion of the samples, surrounding sedimentary matrix was ground and processed following standard procedures for extracting silicophytoliths from sedimentary material. The results were heterogeneous, with the exception of sherds from similar manufacturing activities. Guidelines were developed for three general methodological procedures: laboratory processing of the sedimentary matrix surrounding ceramics, processing of actual ceramic matrix, and processing residues from the ceramic surface. Furthermore, material obtained from flotation of initial washes was set aside and later analyzed to verify the presence of organic remains, and material that did not undergo processing was also observed, to evaluate the easy elimination of certain components such as sodium chloride.

Key words: *Phytolits, Organic remains, Ceramics, Argentina*

RESUMEN

Los restos de cerámica de origen arqueológico contienen múltiples tipos de información paleoetnobotánica, principalmente a consecuencia de dos procesos: su manufactura y su uso. Con la finalidad de establecer las diferentes posibilidades de información obtenidas a partir de material cerámico, en la presente contribución se realizó un estudio comparativo de diferentes tiestos. El primer grupo proviene de ocupaciones de cazadores-recolectores (Cueva Tixi, Cueva El Abra, Amalia Sitio 3 y La Cautiva Sitio 2), que se hallan cronológicamente en los últimos 1000 años AP; mientras que el segundo grupo es de la segunda mitad del siglo XVIII (Localidad Amalia Sitio 2). Las muestras del material fueron tomadas de la superficie de los fragmentos de cerámica, y se compararon con los microrrestos hallados en la matriz de las cerámicas, a fin de desarrollar una metodología que permita distinguir los distintos orígenes de los microrrestos. Las muestras fueron disgregadas y el material fue observado "en crudo", sin algún otro procesamiento. Una segunda submuestra fue parcialmente molida y procesada siguiendo las pautas de procesamiento para obtención de silicofitolitos en material sedimentario. Los resultados fueron heterogéneos, a excepción de fragmentos de similares características de manufactura. Pudiéndose considerar como pautas metodológicas generales: el procesamiento de la matriz sedimentaria, de las muestras del material cerámico y de su superficie en forma paralela. Las cuales se procesan siguiendo las pautas comunes para obtención de silicofitolitos, con la particularidad de separar y observar el material sobrenadante del lavado inicial de la muestra para constatar la presencia de restos orgánicos. Acompañando este procesamiento con la observación del material "en crudo" a modo de ensayo en blanco que permite la observación de componentes de fácil eliminación como por ejemplo el cloruro de sodio.

Palabras clave: *Fitolitos, Restos orgánicos, Cerámicas, Argentina*

INTRODUCCIÓN

Los análisis de microrrestos de fragmentos cerámicos presentan distintas fuentes de información, las que deben ser indagadas al momento de realizar la prospección en busca del origen de esos microelementos.

Si se intenta abarcar todas las variables del material cerámico a partir de su manufactura hasta su hallazgo, desde un punto de vista arqueológico debería diferenciarse entonces los procesos antropogénicos o culturales (*c-transforms sensu* Schiffer y Rathje 1973) y los no culturales como los diagenéticos y los naturales (*n-transform sensu* Schiffer y Rathje 1973). Para el caso de los fragmentos de cerámica se tendría que tener en cuenta tres etapas o momentos: (1) el proceso de su manufactura, que abarca las características del material originario como así también las de su manufactura propiamente dicha y la selección de este material. (2) la utilización de estos artefactos y (3) la incorporación de los mismos al sustrato y los procesos diagenéticos subsecuentes.

Para ello es que en este trabajo se plantearon una serie de pautas metodológicas tendientes a analizar el contenido de microrrestos de los mismos, como así también establecer no solo su origen biológico sino también antrópico.

Existen antecedentes sobre el análisis fitolítico o en algunos casos, polínico-fitolíticos, de residuos alimentarios hallados en las superficies de este tipo de tiestos (Hart *et al.* 2003; Jones 1993; Staller y Thompson 2002; Thompson y Mulholland 1994). Aunque el problema que se advierte en algunos casos es determinar si el residuo estudiado proviene de un depósito superficial, del raspado de las superficies de la cerámica o de la totalidad del material cerámico, lo cual metodológicamente dificulta diferenciar el momento de incorporación de esos microrrestos.

Con la finalidad de establecer las diferentes posibilidades de información obtenidas a partir de material cerámico, en la presente contribución se realizó un estudio comparativo de fragmentos cerámicos, los cuales fueron muestreados superficialmente y comparados con el material proveniente de la matriz cerámica, de modo de establecer si mediante esta metodología es posible diferenciar el origen de los distintos restos presentes en cada tiesto y/o vincular los mismos a las diferentes etapas del material cerámico.

MATERIALES Y MÉTODOS

Si bien existen algunas pautas metodológicas generalizadas para el tratamiento del material de origen cerámico, las cuales recientemente han sido publicadas por Piperno (2006) donde tratan las muestras de matrices cerámicas con tratamientos químicos similares que lo aplicado para las muestras de material clástico (Zucol y Osterrieth 2002), esta metodología no basta si se busca establecer en que etapa y/o transformación del material se incorporaron los microrrestos hallados. Por otra parte, dada la heterogeneidad en composición de las muestras cerámicas esta metodología debe adecuarse a las características composicionales y de uso de cada tiesto.

En esta tarea se buscó estandarizar las pautas metodológicas tendientes al estudio paleoetnobotánico de piezas cerámicas, independientemente de su origen y características individuales; y por otra parte, adecuar esta metodología para su aplicación en un futuro estudio de detalle de las cerámicas a nivel regional.

Para llevar a cabo estas pruebas metodológicas se seleccionaron dos conjuntos de restos cerámicos, los cuales han sido estudiados en sus aspecto petrográficos y químicos (Mazzanti y Porto López 2004), dando como resultados que los dos conjuntos de cerámica diacrónicos, procedente de las sierras de Tandilia, difieren marcadamente en su composición.

El primer grupo de tiestos, provenientes de Cueva El Abra, es representativo de otros conjuntos cerámicos hallados en cuevas y reparos de la misma zona, tales como, Cueva Tixi, Amalia Sitio 3 y La Cautiva Sitio 2 (Figura 1) que, cronológicamente, corresponden a los últimos 1000 años AP. Esta alfarería tiene características tecnológicas y decorativas similares a otros conjuntos conocidos en la Pampa Húmeda atribuidos al Holoceno tardío, en especial con aquella del centro – norte de la provincia de Buenos Aires.

El segundo grupo corresponde a cerámicas de la Localidad Amalia Sitio 2 (Figura 1), asignado cronológicamente a la segunda mitad del siglo XVIII, las cuales poseen características estilísticas y morfológicas que relacionan estas piezas con otras similares halladas en sitios de Neuquén y en la Araucanía chilena (Mazzanti 1999).

Figura 1. Ubicación de los sitios arqueológicos mencionados: 1. Amalia y 2. Cueva El Abra, Buenos Aires, Argentina.

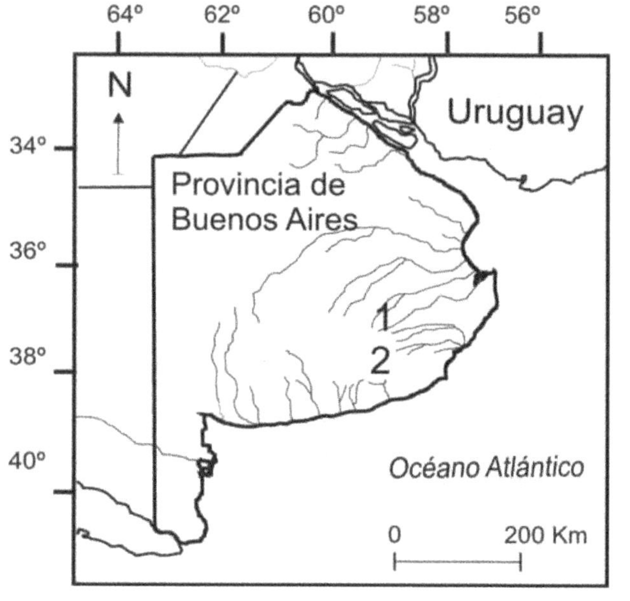

Las características particulares de cada pieza se describen conjuntamente con los resultados, estas características condicionaron la obtención de muestras (Tabla 1), lo que dependió principalmente de la composición y aspecto de sus superficies siguiendo los pasos que se describen a continuación y que se han resumido en forma gráfica (Figura 2). En las piezas que mostraban adherencias superficiales, se obtuvo una submuestra con espátula raspando las mismas hasta llegar a nivel superficial de la matriz cerámica (Adherencia). El muestreo de la matriz cerámica se realizó de dos modos, uno en forma integral, que se obtuvo mediante el raspado lateral de la pieza (Raspado lateral), y luego de lo cual se muestreó la matriz a nivel superficial en un área de 1 cm^2 (Raspado superficial externo e interno), para el caso en que el tamaño de la pieza lo permitía, ya que en algunos casos las piezas eran demasiado pequeñas o en otros no presentaba una o ambas de estas superficies. Por último, el remanente de la matriz sin sus respectivas superficies fue lo que se tomo como muestra representativa de la pasta cerámica (Matriz). La totalidad de muestras obtenidas para cada pieza se detalla en la Tabla 1.

Para estos análisis se consideraron los microrrestos silíceos tales como fitolitos, estomatocistes (elementos silíceos que forman parte del cuerpo quísticos de estructuras de resistencia de las Chrysostomataceae), espículas de espongiarios (en particular de esponjas silíceas) y diatomeas (Bacillariophyta). Mientras que entre los de naturaleza orgánica se consideraron los restos de tejido parcialmente conservados y los esporomorfos (término que incluye en forma conjunta a los granos de polen y esporas).

Las muestras fueron secadas y disgregadas suavemente en mortero, de este material se obtuvo una submuestra que fue directamente preparada para su observación al microscopio, en lo que se consideró un ensayo en blanco o patrón (Figura 2). El remanente de la muestra (en volúmenes variables de acuerdo a las características de cada pieza) fueron procesada siguiendo las pautas para obtención de silicofitolitos en material sedimentario (Zucol y Osterrieth 2002), las cuales en forma resumida puede describirse en las siguientes etapas: Un tratamiento preliminar que constó de una serie de la eliminación de sales solubles mediante repetidos lavados con agua destilada; eliminación de carbonatos por tratamiento de la muestra con ácido clorhídrico diluido al 10%; desagregación utilizando hexametafosfato de sodio; eliminación de materia orgánica por tratamiento de la muestra con agua oxigenada; eliminación de barnices y/o cementos tratando con ácido clorhídrico diluido al 10% y neutralización del material remanente o "muestra limpia", etapas que tienen la finalidad de eliminar los compuestos que puedan provocar la aglomeración de los elementos micropaleontológicos. Durante el lavado de las sales solubles de las muestras, se extendió el tiempo de los mismos con la finalidad de separar el material orgánico y/o carbonoso de estas muestras por flotación, el material flotado mediante esta etapa fue filtrado y almacenado para su observación al microscopio (Figura 2 -Material liviano obtenido mediante flotación-).

Sobre la muestra limpia se realizó la separación granulométrica en cuatro fracciones; para ello se comenzó con la separación de la fracción más fina (menor de 8 µm de diámetro) por separación gravimétrica y sifonado; posteriormente se separó la fracciones medias y gruesa (8-53, 53-250 y mayor de 250 µm de diámetro) por tamizado. La separación densimétrica se realizó en las fracciones 8-53 y 53-250 mediante el uso de solución acuosa de politungstato de sodio (dens. esp. 2,345) como líquido pesado; a partir de lo que se obtuvo una porción liviana y otra pesada por cada fracción. El material liviano resultante de esta separación fue montado para su observación microscópica, tanto en medio líquido para observación tridimensional de los cuerpos como en preparados permanentes con Bálsamo de Canadá.

Figura 2. Diagrama metodológico estandarizado para el análisis de cerámicas, y representación esquemática de la toma de las submuestras.

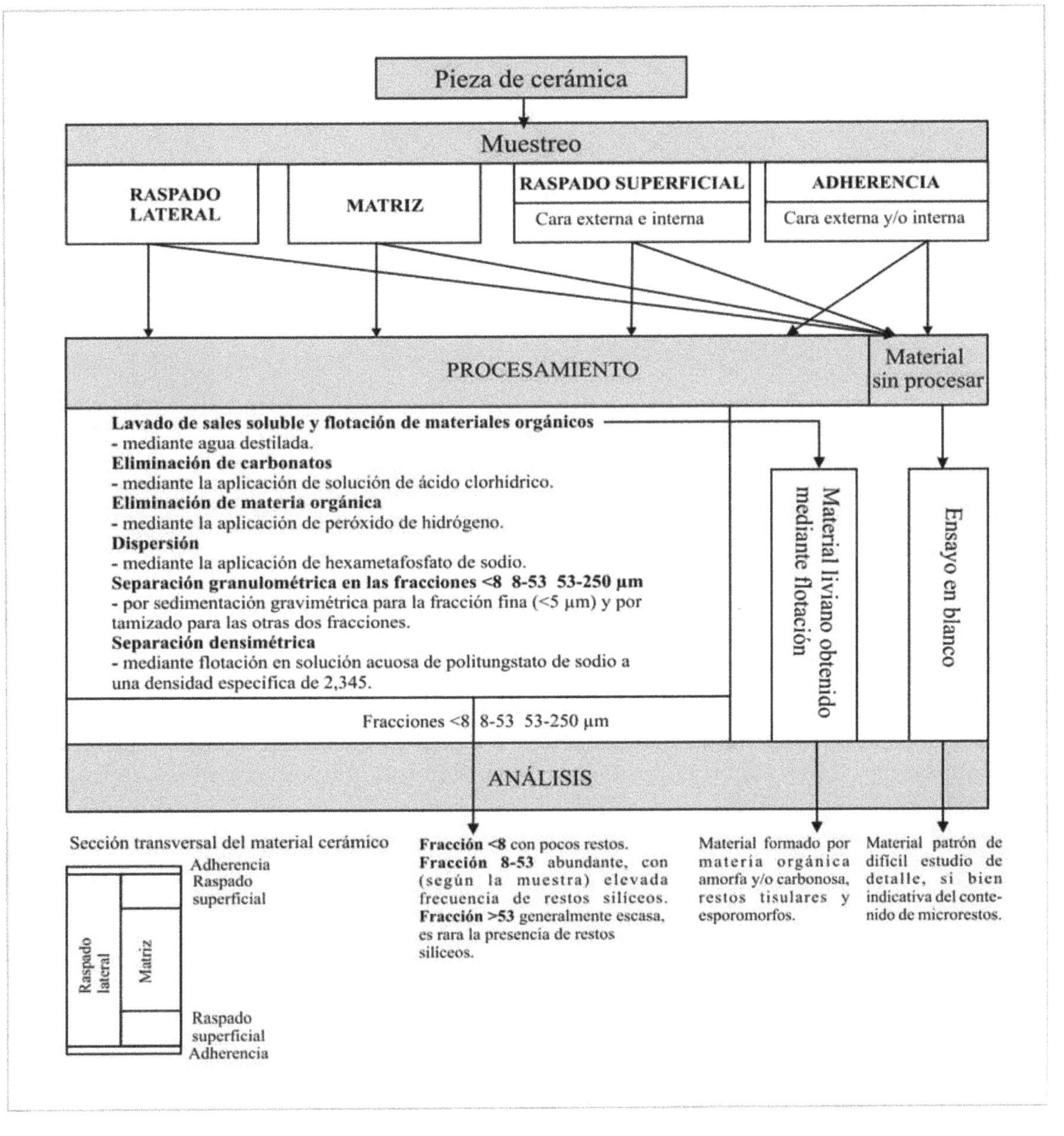

Raspado superficial externo	X	X	X	X	X	X	X
Adherencia interna	-	X	X	-	-	-	-
Raspado superficial interno	X	X	X	X	X	X	X
Raspado lateral	X	X	X	X	X	X	X
Matriz	X	X	X	X	X	X	X
X: material muestreado. –: sin material.							

Tabla 1. Muestras obtenidas por cada pieza cerámica.

Las piezas fueron descriptas mediante su observación macroscópica con lupa binocular; mientras que la descripción y recuento de los elementos microscópicos hallados en las muestras procesadas se realizaron por medio de su observación en microscopio óptico Nikon Eclipse E200 y las ilustraciones fotográficas se obtuvieron mediante una cámara fotográfica digital Nikon Coolpix 990.

Descripción de las Piezas Estudiadas de Cueva El Abra

1. Pieza 298. Procedencia: nivel sedimentario de cuadrícula E4/3 tridimensional número 26. Pieza de sección aproximadamente trapezoidal, de color ocre, algo cóncava, de 2,4 cm de largo por 1,3 cm de ancho menor y 1,8 cm de ancho mayor. Posee una de sus caras de coloración más oscura y más rica en material adherido y coloración ocre a ocre rojizo, ennegrecido por adherencias de hollín; la cara opuesta de aspecto más límpido y una coloración más intensa que tiende a rojizo. La matriz muestra tintes más grisáceos a blanquecinos.

2. Pieza 21. Procedencia: hallada en sedimentos secos de remoción de la superficie del piso de la cueva. Fragmento de contorno levemente rectangular, de 2,9 cm de largo por 2,4 cm de ancho, de color negro en su matriz y una de sus superficies, mientras que la superficie opuesta cóncava (interna), presenta una capa adherida de color amarillento a marrón claro y apariencia untuosa al tacto, se observa una tonalidad negra tornasolada en la pasta.

Al análisis macroscópico lateralmente se observan moldes de hojas de monocotiledóneas (aparentemente graminoides) en el seno del material; por otra parte, se disponen en forma homogénea fragmentos blanquecinos (atiplásticos) por lo general de escaso tamaño, si bien se han encontrado algunos fragmentos de mayor magnitud. Los análisis mineralógicos muestran la presencia de cuarzo, plagioclasa y minerales opacos, por análisis de difracción de rayos X se determinó la presencia de pequeñas cantidades de hidroxiapatita ($Ca_{10}(PO_4)_6(OH)_2$), componente mineral del hueso.

3. Pieza 316. Procedencia: nivel sedimentario de cuadrícula E4/3 tridimensional número 17. Pequeño fragmento de color amarillo a ocráceo, levemente cóncavo, con contorno irregular, levemente trapezoidal, de 2,1 cm de largo por 1,5 cm de ancho. Posee una cara interna, cóncava que en superficie posee una coloración rojiza oscura, en ciertos casos tendiendo a negra, la cual ha sido muestreada como capa adherida; matriz de núcleo blanquecino, tendiente a rojo hacia la cara interna y más oscura hacia la externa; la superficie externa posee la misma coloración que la matriz hacia el sector superficial.

Descripción de las Piezas Estudiadas de Amalia Sitio 2

4. Pieza 751. Procedencia: en nivel sedimentario del interior del reparo, Cuadrícula A/d/5 tridimensional número 8. Fragmento de jarra de color marrón amarillento, de contorno levemente rectangular, de 2,5 cm de largo por 1,7 cm de ancho, con borde desgastados. Posee una cara algo más cóncava interna de superficie endurecida, con una tonalidad más oscura hacia la superficie; la cara opuesta de coloración más ocrácea que la matriz con aspecto de "cocida". Matriz marrón con pequeños clastos líticos de coloraciones oscuras.

5. Pieza 301. Procedencia: paredón Norte. Fragmento de cuello de olla con decoración acanalada, de contorno trapezoidal, de 2,8 cm de largo por 1,2 cm de ancho menor y 2,2 cm de ancho mayor, de color marrón claro en su pasta y superficies negras. La superficie externa lustrosa, muy dura con marcas acanaladas que la recorren en sentido longitudinal, matriz con inclusiones de mica muy finas y superficie interna con una delgada capa negra que se desprende con relativa facilidad.

6. Pieza 576. Procedencia: Paredón Sur. I6/b/2 tridimensional número 4. Pieza de sección levemente rectangular de 4,1 cm de largo por 3,8 cm de ancho, cara interna cóncava con una capa superficial marrón oscuro de aproximadamente 1 mm de ancho, pasta algo más clara y superficie externa que posee una capa superficial similar a la de la cara interna.

7. Pieza 1335. Procedencia: Paredón Norte. A2/a/1 tridimensional número 1. Fragmento cortado de un trozo de borde de olla con acanaladura y agujero de sostén, de contorno romboidal de 2,4 cm de largo por 1,3 cm de ancho, de coloración marrón. Superficie externa marrón rojizo, pasta con inclusiones micáceas y restos carbonosos provenientes de fragmentos de hojas o pequeñas ramitas, superficie interna algo más lustrosa y oscura que la externa que es de aspecto carbonoso.

RESULTADOS

1. Pieza 298. Raspado superficial externo, sin sobrenadante en la flotación de material liviano, con material amorfo, ambarino (materia orgánica?) y fragmento carbonosos de tamaño y forma variables; gran cantidad de vidrio volcánico. Restos silíceos fitolíticos, principalmente elongados, poliédricos (Figura 4 W) y en cono truncados. Se ha encontrado también fitolitos esféricos espinosos de afinidad arecoide (Figura 4 C).

Matriz sin sobrenadante, sin material ambarino ni fragmentos carbonosos; gran cantidad de vidrio volcánico. Restos silíceos fitolíticos, principalmente elongados, poligonales, en abanico o flabelos y aguzados; oblongos, de contorno rectangular (Figura 4 D), en conos truncados, fitolitos angulosos (Figura 4 F) y halterios (Figura 4 B); escasas diatomeas y fragmentos de espículas.

Raspado superficial interno, sin sobrenadante, no se observó material ambarino ni fragmentos carbonosos; gran cantidad de vidrio volcánico. Restos silíceos escasos, principalmente fitolitos prismáticos o elongados.

Raspado lateral, sin sobrenadante, en líneas generales se observó similares características y composición que en las muestras sectorizadas, en particular la superficie externa y matriz, con algunos fitolitos bastante opacos a negros, si bien en su mayoría translúcidos a levemente violáceos; se observaron también algunas diatomeas y fragmentos de espículas de espongiarios, como así también esporomorfos (Figura 4 X).

2. Pieza 21. Raspado superficial externo, sin sobrenadante en la flotación de material liviano, escasa cantidad de cristales cúbicos, fragmentos opacos y ambarinos. Se observaron fitolitos principalmente elongados y poliédricos.

Matriz, sobrenadante con poco material, en general oscuro o algo ambarino; con su material clástico distribuido en dos modas granulométrica, una de fragmentos grandes de aproximadamente 160 micrones de diámetro y otra con fragmentos de 35 micrones de tamaño promedio; son raros los cristales de halita. En la fracción más gruesa aparecen clastos cristalinos grandes y material opaco; mientras que en la fina con algo de material cristalino, materia amorfa y restos de origen orgánico. Restos silíceos fitolíticos, principalmente elongados (Figura 4 T) y poliédricos, y en menor medida en conos truncados y elementos de conducción. Fitolitos articulados y algunos estomatocistes.

Adherencia interna, sin sobrenadante, con material amorfo ambarino, con algunos fragmentos de materia orgánica organizada, principalmente elementos de conducción y esporomorfos (Figura 4 Y). Restos silíceos ausentes. Es notable la presencia de cristales cúbicos aparentemente de halita (Figura 3 y Figura 4 Y).

Raspado superficial interno, sin sobrenadante, regular cantidad de cristales cúbicos y de fragmentos negros, opacos; fitolitos, elongados, poliédricos, en conos truncados y elementos de conducción.

Raspado lateral, sin sobrenadante, con fragmentos ambarinos de distintas formas y tamaños, también fragmentos negros, opacos (este material es el que aparece en el análisis superficial pero con distintas frecuencias). Fitolitos articulados; se observaron fitolitos redondeados y en algunos casos algo corroídos (Figura 4 P), en general bastante violáceos (Figura 4 I) que en muchos casos los hacen bastante opacos. Diatomeas y estomatocistes. Poco vidrio volcánico y escasos cristales cúbicos. Se presenta un material (orgánico?) fino que aglomera en muchos casos el material silíceo o impide su clara visualización (Figura 4 L, N).

Figura 3. Cristales cúbicos probablemente de halita de la superficie interna de la muestra 21 del sitio arqueológico Cueva El Abra.

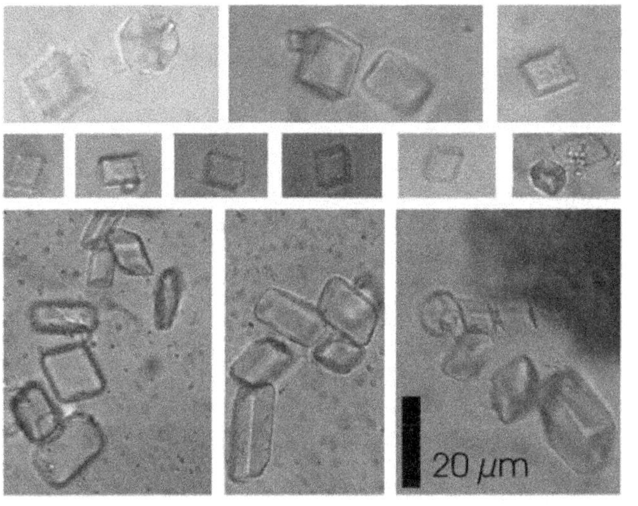

3. Pieza 316. Raspado superficial externo, sin sobrenadante, con material amorfo ambarino que en la mayoría de los casos cubre los restos silíceos presentes, los cuales son elongados, aguzados (Figura 4 J) o en abanico principalmente; en conos truncados, y algunos tipos de halterios entre los fitolitos de menor tamaño.

Matriz sin material sobrenadante; con abundantes fitolitos elongados (Figura 4 M), poliédricos y en abanico; en silla de montar, conos truncados, oblongos y halteriformes. Fitolitos articulados. También se encontraron restos opacos carbonosos, material amorfo incoloro o ambarino.

Adherencia interna, con escaso material microscópico, y no se observaron fitolitos.

Raspado superficial interno, sin sobrenadante, presenta algunos fitolitos cubiertos por una sustancia marrón orgánica, que son mayoritariamente formas grandes prismáticos, poliédricos, aguzados (Figura 4 H) y flabelos (Figura 4 R), entre los de menor tamaño redondeados, en conos truncados, prismáticos, halterios (Figura 4 E).

Raspado lateral, sin sobrenadante, numerosos fitolitos de variados tamaños; algunos cuerpos negros opacos de distintas formas (carbonizados?). Entre los fitolitos conos truncados, en forma de silla de montar, algunos halterios, oblongos; prismáticos, poliédricos, flabelos entre los de mayor tamaño.

4. Pieza 751. Raspado superficial externo, sin sobrenadante, con material amorfo, ambarino; abundante material vítreo y escasos restos silíceos.

Matriz, sin sobrenadante, con algo de material amorfo ambarino y fragmentos carbonosos de gran tamaño; abundante cantidad de vidrio volcánico. Restos silíceos fitolíticos abundantes, principalmente elongados (Figura 4 Q), poliédricos, en abanico y halteriformes.

Figura 4. Distintos fitolitos y esporomorfos observados en las muestras. Fitolitos provenientes de células cortas en forma de conos truncados (A), halterios (B, E), en forma de bote (D) y de extremos angulosos (F). Fitolito esférico espinoso (C). Fitolitos originados a partir de aguijones (G, H, I, J). Fitolitos prismáticos, elongados (K, M, N, O, P, Q, S, T), poliédricos (L, U, V, W). Esporomorfos indeterminados (X, Y). Escala gráfica en L = 20 µm.

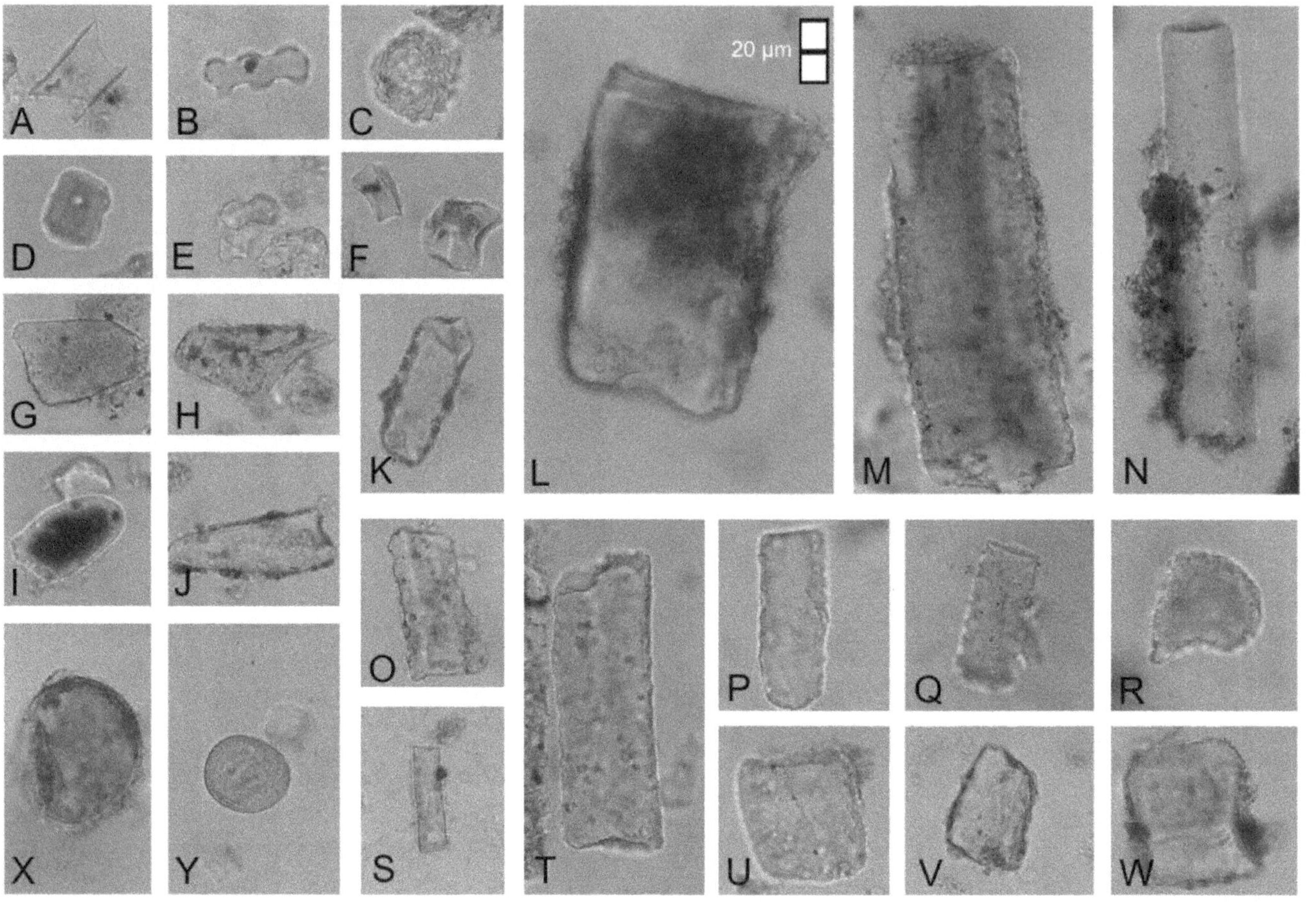

Raspado superficial interno, sin sobrenadante, con similares características que las descriptas para la matriz.

Raspado lateral, sin sobrenadante, escasos fitolitos, principalmente en la fracción granulométrica fina, con fitolitos elongados y poliédricos (Figura 4 U); en la fracción gruesa se observó la presencia de abundante vidrio volcánico y algunos elementos de conducción articulados.

5. Pieza 301. Raspado superficial externo, sin sobrenadante, escaso material en general, presencia de material ambarino con algunos fitolitos, principalmente elongados.

Matriz, sin sobrenadante, con abundante material ambarino amorfo. Fitolitos principalmente elongados (Figura 4 O), poliédricos, en abanico y aguzados, los de mayor tamaño, y halteriformes, en conos truncados e indeterminados entre los menores de 40 µm. Se hallaron también estomatocistes.

Raspado superficial interno, sin sobrenadante, con gran cantidad de material carbonoso y orgánico ambarino, mientras que los otros tipos de restos son escasos.

Raspado lateral, sin sobrenadante, con abundante material ambarino que por lo general conforman fragmentos medianos a pequeños. Fitolitos generalmente con este material ambarino circundándolos y en algunos casos reuniendo a más de un elemento.

6. Pieza 576. Raspado superficial externo, sin sobrenadante, con fragmentos oscuros y algunos ambarinos translucidos.

Matriz con sobrenadante conformado por fragmentos de material oscuro y ambarino amorfo; también se observaron restos parciales de esporomorfos. El material oscuro resulta menos frecuente con el procesamiento de la muestra, si bien la sustancia ambarina amorfa si se encuentra presente con el concentrado fitolítico; el cual mostró la presencia de fitolitos elongados (Figura 4 K), poliédricos (Figura 4 V), aguzados, en conos truncados (Figura 4 A), halteriformes y elípticos.

Raspado superficial interno, sin sobrenadante, con fragmentos oscuros y algunos ambarinos translucidos.

Raspado lateral, escaso material sobrenadante, con fragmentos amorfos marrones a ambarinos, algo carbonosos. Moderadamente se observan clastos minerales y vidrio volcánico. Bastantes fitolitos elongados pequeños (Figura 4 S) y grandes, conos truncados, halteriformes, poliédricos y aguzados (Figura 4 G).

7. Pieza 1335. Raspado superficial externo, escaso material sobrenadante, como parte del procesamiento se observó la

presencia de material ambarino, fitolitos prismáticos, poliédricos y aguzados.

Matriz, con sobrenadante formado principalmente por material carbonoso de gran tamaño y fragmentos menores del tipo de los ambarinos, translúcidos y clastos minerales de variado tamaño. No se observaron fitolitos u otros restos. El material resultante del procesamiento mostró regular cantidad de fragmentos ambarinos y escasos fragmentos carbonosos. Fitolitos de los tipos elongados, poliédricos y aguzados.

Raspado superficial interno, escaso material sobrenadante, presentó material oscuro, ambarino amorfo y clastos minerales, asociados a restos de esporomorfos enteros y fragmentados de naturaleza incierta. Son raros los fitolitos.

Raspado lateral, con sobrenadante formado por grandes fragmentos de material oscuro, opaco, fragmentos de material ambarino de menores tamaños y clastos minerales de variados tamaños. Mediante su procesamiento se observó la presencia de estos fragmentos ambarinos, mientras que entre los fitolitos hallados son abundantes los elongados, poliédricos y los aguzados. Se observaron algunos esporomorfos en su mayoría fragmentados.

COMPARACIONES DE LOS RESULTADOS Y DISCUSIONES FINALES

De acuerdo a la expuesto en las características de muestreo ninguna de las piezas estudiadas presentaba adherencias diferenciables en su superficie externa; mientras que únicamente las piezas 2 y 3 (21 y 316) si las presentaron en internamente.

El análisis del material adherido, mostró la presencia de fragmentos de materia orgánica, y algunos esporomorfos, pero en ninguno de estos casos se observó la presencia de clastos minerales ni microrrestos silíceos; es de hacer notar que en la pieza 2 esta submuestra es la que presentó mayor abundancia de cristales cúbicos de todas las obtenidas de este material.

Las restantes submuestras son las que se encontraban mayoritariamente conformadas por componentes clásticos, bajo este aspecto puede decirse que en la totalidad de piezas se observó una preponderancia de material clástico mediano-fino a fino, lo cual se encuentra en muchos casos relacionado con los tamaños de microrrestos hallados en cada pieza. Este sesgo granulométrico puede interpretarse mediante dos causas principales, una a partir del material seleccionado para la manufactura propiamente dicho, mientras que una segunda podría deberse a una selección granulométrica en este material, en ambos casos se deberían a un factor antrópico, si bien en el primero de ellos el material podría estar reflejando condiciones regionales de su manufactura en forma más directa.

De acuerdo al análisis petrográfico de las piezas (Mazzanti y Porto López 2004) el vidrio volcánico se encuentra, a veces en proporciones muy altas, en todas las muestras de Cueva El Abra y es casi ausente en las muestras de Amalia Sitio 2 (siglo XVIII). Las observaciones realizadas en este trabajo concuerdan en las proporciones entre ambos sitios, si bien las piezas 4 y 6 (751 y 576) han presentada vidrio volcánico, la proporción en comparación por ejemplo con la pieza 1 (298) es muy baja.

El análisis de las muestras sin procesar en comparación con los resultados del procesamiento, mostró homogeneidad en la presencia de los microrrestos, si bien los resultantes del procesamiento permitieron su observación con mayor claridad además del hecho de presentarse en forma más concentrada lo que facilita su estudio.

Con respecto al material liviano separado por flotación en agua, sólo dos muestras presentaron remanentes, piezas 6 y 7 (576 y 1335); en estos se observó que este material se encontraba principalmente conformado por sustancia orgánica amorfa, generalmente de coloración ambarina, y material carbonoso. Si bien ambos componentes no permiten su descripción mediante observación microscópica, esta opción metodológica posibilita conocer su presencia en el material, el cual de otro modo sería desechado en procesamiento convencional.

Mediante el estudio comparativo entre el raspado lateral y el muestreo separado de la matriz y sendas superficies, mostró en algunos casos claras diferencias que permiten estimar que las mismas han sido originadas por la utilización de la pieza cerámica, por ejemplo la presencia de cristales cúbicos que se presentaron principalmente en la adherencia interna y en el raspado superficial interno de la pieza 2 (21), pero que su abundancia decreció considerablemente en la matriz y raspado superficial externo. Si bien, no hay un patrón en ambos conjuntos de muestras, se observó, que en algunas de las piezas (por ejemplo la 1) se mantuvo esta discrepancia de composición entre las asociaciones de microrrestos de los niveles superficiales y la matriz, y en este caso en particular, también entre sendas capas superficiales.

Por último, en lo referente a los microrrestos, los de naturaleza orgánica se presentaron sin un patrón muy claro en las piezas; para el caso de los fragmentos tisulares, en su mayoría no conservaron su estructura, mientras que los esporomorfos en muchos casos se presentaron enteros. No pudo establecerse una fracción o metodología en donde se los halló, ya que se los observó en adherencias y matriz, en algunos casos flotados mediante la separación de material liviano con agua y en otros en el material flotado con líquido pesado; se estima que esta irregularidad se debe a la facilidad con que se acomplejan estos microrrestos con fragmentos de materia orgánica, lo cual lo hace comportarse de diferentes modos frente a las pautas metodológicas implementadas. No obstante ello, su presencia en por ejemplo, la adherencia interna y en la matriz cerámica puede estar indicando un origen múltiple de este material, lo cual plantea a futura la necesidad de un estudio de detalle de los tipos palinológicos hallados en ambas submuestras.

Por otra parte, los microrrestos silíceos, sobre la base del carácter exploratorio de este trabajo como fuera dicho, debe aclararse que no se realizó un análisis de detalle, ni una cuantificación de los mismos, salvo por la presencia los grandes grupos, vale decir, espículas, estomatocistes, diatomeas y fitolitos; y entre estos últimos los principales grupos de morfotipos. Al respecto, las características y origen de estos microrrestos, fueron en forma general dominada por la presencia de fitolitos pequeños (menores de 40 μm) tanto formas pooides, chloridoides y panicoides; fitolitos elongados (por lo general pequeños), de formas aguzadas y flabeliformes; acompañados en algunos casos por diatomeas, espículas y estomatocistes, en proporciones que no difieren de las halladas en algunos sedimentos loéssicos cuaternarios de la región pampeana. Mientras que en lo referente al origen botánico de los fitolitos, en su mayoría presentan un origen graminoide, con excepción de algunos casos en donde se encontraron fitolitos de origen arecoides, componente extraregional de las Sierras de Tandilia. Estos fitolitos fueron observados en la pieza 1 (298) del sitio Cueva El Abra.

Estas investigaciones paleobotánicas demuestran el potencial que reviste la indagación de vestigios orgánicos e inorgánicos como marcadores de ciertos problemas del conocimiento arqueológico. En el caso de los materiales analizado (cerámica), los resultados son promisorios ya que detecto, en esta prospección preliminar, la existencia de restos de los cuales no se tenía antecedentes en la arqueología de la Región Pampeana. Por ejemplo, se observó en una muestra de vasija la presencia de cristales o residuos de halita en su superficie interna y en proporciones mucho más destacadas que las observadas en su matriz. Lo que, permite hipotetizar que esa pieza de cerámica contuvo halita o alimentos que la contenían. Este dato es coherente con el uso histórico e intensivo que muchas sociedades humanas le otorgaron a este mineral.

En tanto, otro resultado significativo proviene de la determinación de fitolitos arecoides observados en la matriz de otra muestra, que se constituye en un claro indicador de producción extrarregional de por lo menos una vasija que fue trasladada por diversos mecanismos sociales durante el Holoceno Tardío previo a la conquista europea.

Es por ello que a partir de la puesta a punto de esta metodología se hace necesario su prueba en un estudio de detalle que profundice en la composición de microrrestos de estos materiales como así también que abarquen un conjunto representativo de muestras cerámicas de esta región de la provincia de Buenos Aires con la finalidad de incrementar este tipo de conocimientos.

AGRADECIMIENTOS

Este trabajo fue subsidiado en parte por el proyecto Picto 2000/2002- N° 09594, ANPCYT-UNMDP.

BIBLIOGRAFÍA

Hart, J. P., R. G. Thompson y H. J. Brumbach
2003 Phytolith evidence for early maize (*Zea mays*) in the Northern Finger Lakes region of New York. *American Antiquity* 68(4): 619-640.

Jones, J. G.
1993 Analysis of pollen and phytoliths in residue from colonial period ceramic vessel. En: *Current research in phytolith analysis: Applications in archaeological and paleoecological*, editado por M. D. Pearsall y D. R. Piperno. MASCA Research Papers in Science and Archaeology 10, pp. 31-35, Philadelphia.

Mazzanti, D.
1999 Arqueología de un asentamiento Araucanizado postconquista en las serranias orientales de Tandilia, Provincia de Buenos Aires. En: *Soplando en el viento. Actas de las Terceras Jornadas de Arqueología de la Patagonia*, Facultad de Humanidades de la Universidad Nacional del Comahue, Neuquen. pp. 451-460.

Mazzanti D. y J. M. Porto López
2004 Caracterización petrográfica y química de cerámicas arqueológicas de las sierras de Tandilla. En: *Resúmenes del XV Congreso Nacional de Arqueología Argentina*. Universidad Nacional de Río Cuarto, Río Cuarto. pp. 143-144.

Piperno, D. R.
2006 *Phytolith. A comprehensive guide for archaeologist and paleoecologist*. Altamira Press, 238 pp.

Schiffer, M. y W. Rathje
1973 Efficient Exploration of the Archaeological Record: Penetrating Problems. En: *Research and Theory in Current Archaeology*, editado por C. Redman. New York, Wiley Interscience, pp. 169 - 179.

Staller, J. E., y R. G. Thompson
2002 A multidisciplinary approach to understanding the initial introduction of maize into Coastal Ecuador. *Journal of Archaeological Science* 29: 33-50.

Thompson, R. G., y S. C. Mulholland
1994 Scanning Electron microscopy Study of opal phytoliths recovered from the residues in utilized ceramics. *Journal of Electron Microscopy Techniques* 7(2): 146.

Zucol, A. F., y M. L. Osterrieth
2002 Técnicas de preparación de muestras sedimentarias para la extracción de fitolitos. *Ameghiniana* 39(3): 379-382.

Matices Interdisciplinarios en Estudios Fitolíticos y de Otros Microfósiles
M. A. Korstanje y M. del P. Babot, Editoras. BAR International Series S1870, Capítulo 18, pp. 209-217

IDENTIFICACIÓN DE FITOLITOS EN EL CÁLCULO DENTAL DE INDIVIDUOS PREHISPÁNICOS DEL VALLE DEL RÍO CAUCA, COLOMBIA

IDENTIFICATION OF PHYTOLITHS FROM PREHISPANIC DENTAL CALCULUS SAMPLES, CAUCA RIVER VALLEY, COLOMBIA

Ramírez Ríos, Diana Carolina[1], Andrés Ricardo Otálora Cascante[2] y Ricardo Parra Giraldo[3]
Universidad Nacional de Colombia. [1]dcramirezr@unal.edu.co, [2]arotalorac@unal.edu.co, [3]rparrag@unal.edu.co

ABSTRACT

Phytoliths can be used as an archaeological tool for studying the diets of prehispanic populations. These mineralized microfossils, formed in plant tissues, can become trapped in dental calculus when plant-based foods are eaten by individuals. Morphological comparisons were made between phytoliths from twenty-five modern botanical samples from the geographic area of the Cauca River valley, and dental calculus samples that were obtained from twenty-nine individuals representing four prehispanic populations of the valley. These archaeological samples came from the Santa Barbara and Coronado cemeteries in Palmira, and from La Cristalina cemetery in El Cerrito. These samples are associated with the early Bolo period, while other samples from the Carmen cemetery in Guacarí are associated with the late Quimbaya period. The methodology used for sample processing was dry and wet ashing, followed by further chemical processing and observation using conventional microscopy. Phytoliths were present in both the archaeological and modern botanical samples, including forms associated with the botanical families *Arecaceae, Poaceae, Anonaceae* and *Sapotaceae*. Also present in dental calculus samples were diatoms, sponge spicules and volcanic crystals. Use of phytolith identification in dental calculus as an archeological tool allowed association of human diets with botanical families found in the surrounding geographical zone. The presence of other microfossils related to marshy environments and soils in the study area, provided further information about the prehispanic populations of the Cauca River valley.

Key Words: *Phytoliths, Dental Calculus, Paleodiet, Cauca river valley*

RESUMEN

Los fitolitos pueden ser empleados como herramienta de estudio arqueológico, permitiendo acercarse a la dieta de las poblaciones prehispánicas. Estos componentes mineralizados de los tejidos de las plantas, pueden quedar atrapados en el cálculo dental de los individuos durante la ingesta de alimentos vegetales. Se realizaron comparaciones de las formas de fitolitos encontradas en las veinticinco muestras botánicas modernas de la zona geográfica del valle del río Cauca, con las silicoformas recuperadas del cálculo dental perteneciente a veintinueve individuos de cuatro poblaciones prehispánicas del mismo valle. Las muestras arqueológicas se obtuvieron de los cementerios de Santa Bárbara y Coronado en Palmira y La Cristalina en El Cerrito, asociadas al período Bolo Temprano y El Carmen en Guacarí del período Quimbaya Tardío. La metodología empleada para el procesamiento de las muestras botánicas modernas y arqueológicas fue la obtención de ceniza, la cual fue procesada químicamente para su posterior observación por microscopía convencional. Se obtuvieron fitolitos en las muestras arqueológicas y botánicas modernas, encontrando formas que se asocian a las familias botánicas de las *Arecaceae, Poaceae, Anonaceae* y *Sapotaceae.* Se hallaron diatomeas, esponjas y cristales volcánicos en el cálculo dental. Se encontraron microfósiles de ambientes lacustres y cristales comunes a los suelos de la zona de estudio, relacionados con el área de habitación de los pobladores prehispánicos del valle del río Cauca.

Palabras Claves: *Fitolitos, Cálculo Dental, Paleodieta, Valle del río Cauca*

INTRODUCCIÓN

Los estudios arqueológicos y bioantropológicos en el suroccidente colombiano, han buscado determinar la interacción entre los individuos y su medio natural dentro de su desarrollo cultural. La arqueología de la zona se ha preocupado por describir y entender esta interacción en los ámbitos de la ecología humana, etnohistoria, medicina y odontología. En los estudios realizados por Cardale (1996), Cardale *et al.* (1989), Cubillos (1984), Legast (1993), Rodríguez (2002), Rodríguez Cuenca (2004, 2007) y Salgado y Stemper (1995) se emplean herramientas arqueobotánicas que ayudan a establecer las formas de subsistencia a través de la alimentación de las poblaciones prehispánicas, como es el caso de los registros de polen (Monsalve 1985) y restos macrobótanicos. Otras herramientas como los silicofósiles en la reconstrucción paleobotánica y de paleodieta, solo empiezan a utilizarse a finales del siglo XX en la arqueología de la zona.

El suroccidente colombiano se encuentra atravesado por el río Cauca en un recorrido de 1350 km, donde la presencia del hombre ha sido posible gracias a la enorme cantidad de recursos ambientales y gran cantidad de cuencas hídricas que le dan la fertilidad a las tierras de su valle geográfico y los valles interandinos de las cordilleras Central y Occidental, permitiendo el desarrollo de diversidad de culturas en la zona.

El nicho ecológico del valle geográfico del río Cauca, posee suelos de gran fertilidad permanentemente enriquecidos por la sedimentación fluvial, con frutos variados, riqueza forestal exuberante y fauna diversa, lo que constituye un amplio reservorio de alimentos. La agricultura mejoró notablemente la supervivencia y el desarrollo cultural de las sociedades prehispánicas que se ubicaron en esta región (Cubillos 1984). El estudio de los campos de cultivo prehispánicos ha sido valioso en el entendimiento de los procesos de la agricultura temprana, y ha servido para explicar la introducción del maíz en el norte de los Andes y para rastrear la trayectoria de la domesticación de plantas y la intensificación agrícola en la zona (Piperno y Pearsall 1998a).

Este valle geográfico, posee una extensión de 225 km de largo, con un bioclima de bosque seco tropical (bs-T), una elevación entre 950 y 1050 msnm y una temperatura media de 24 °C. El valle está constituido por el fondo de una antigua sucesión de lagos de agua dulce, que se formaban de los materiales efusivos procedentes de varios conos volcánicos de las cordilleras cercanas (Cubillos 1984). Los sedimentos lacustres depositados por los lagos han sido arrastrados por la erosión fluvial y los sedimentos que hoy rellenan el valle, son depósitos aluviales recientes transportados por los ríos de las cordilleras Central y Occidental de Colombia. El basamento geológico esta compuesto de plagioclasas y piroxenos que cubren gran parte de la zona, la que presenta aportes de ceniza volcánica, a partir de las cuales se derivaron los suelos.

Sobre esta zona geográfica, habitaron diversos grupos indígenas, en distintos períodos de desarrollo cultural, permitiendo clasificar los principales períodos arqueológicos en la región. Para los grupos que habitaron en la Cordillera Occidental, en los valles interandinos de Calima, se han caracterizado tres períodos: Ilama, en el primer milenio a.C., Yotoco del 0 al 800 d.C. y Sonso, del 800 al 1600 d.C. Para los grupos que habitaron en el valle geográfico del río Cauca se tienen dos períodos: Bolo Temprano, que abarca del 500 a.C a 500 d.C. y Bolo Tardío del 800 d.C. a 1600 d.C. (Rodríguez Cuenca 2007); algunas poblaciones que habitaron el valle en esta última etapa, estaban relacionados con grupos de la Cordillera Central, variantes del período Quimbaya Tardío (Figura 1).

Figura 1. Área de dispersión de las culturas arqueológicas en el valle geográfico del río Cauca y los valles interandinos de Calima en el suroccidente de Colombia.

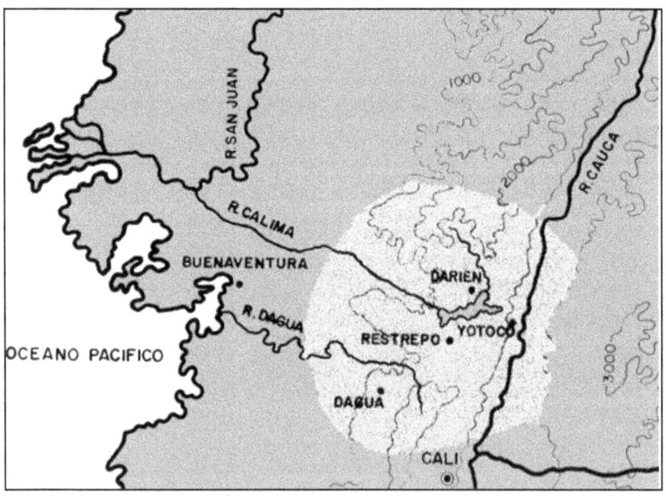

Con la aparición en Calima de los primeros grupos de cazadores recolectores a principios del Holoceno y el surgimiento de la agricultura a partir del 3000 a.C. (Rodríguez 2002), se marcan hitos importantes en la evolución de los grupos humanos que habitaban estos valles interandinos. Piperno, reporta la abundante presencia de fitolitos de palmas, *bambús, Marantaceae, Annonaceae, Acanthaceae* y otras plantas del bosque tropical de tierras bajas en el estudio de fitolitos en campo de cultivo prehispánico del valle de El Dorado en Calima (Piperno 1985). El análisis extenso de los materiales carbonizados y granos de almidón de los líticos revelan que a través del tiempo el hombre tuvo que depender de las palmas y un sistema a base de tubérculos (Piperno y Pearsall 1998b).

El medio ambiente de la región, formado por colinas suaves y valles inundables sufrió cambios a través del tiempo (Cardale 1996). En el período Ilama se presentaba una abundante y variada fauna silvestre desarrollada en los bosques húmedos subtropicales y en los valles subpantanosos. Para el período Yotoco, los análisis de polen y fitolitos muestran una reducción en los bosques para dar espacio a áreas de cultivo (Leagast 1993). Los valles cenagosos se drenaron por medio de camellones y el paisaje cambió radicalmente favoreciendo la mayor presencia del hombre en Calima (Kaplan 1988).

La presencia de diatomeas de agua dulce y espículas de esponja, da idea de las malas condiciones de drenaje existentes en la parte plana de los valles de Calima, durante la época de construcción y mantenimiento de los campos de cultivo (Cardale *et al.* 1989). Las condiciones de vida de los primeros asentamientos del valle del río Cauca, del Período Bolo Temprano, correspondiente a los cementerios de Coronado, Santa Bárbara y estadio Deportivo Cali en Palmira y El Cerrito en La Cristalina, presentaron rasgos paleopatológicos que mostraron que todos los grupos sociales participaron de las exigentes labores de producción que requerían el transporte de pesadas cargas (pues no tenían animales de carga). La parasitosis por las condiciones pantanosas y húmedas, incidía en todos los grupos de edad, el procesamiento de maíz y otros alimentos utilizando piedras de moler, afectaba el sistema dental produciendo desgaste (presencia de partículas abrasivas junto con los alimentos), mientras que el incremento en la ingesta de carbohidratos causaba caries y la posterior perdida de dientes con presencia de abscesos periapicales (Rodríguez Cuenca 2006).

La esperanza de vida en estos asentamientos tempranos, era mayor en los habitantes de Coronado y Santa Bárbara, alrededor de 23,4 años, si se compara con la población de El Cerrito en La Cristalina, en donde esta cifra es cercana a los 20 años. La población de Guacarí, perteneciente al período Quimbaya Tardío del valle del río Cauca, presenta una cifra similar a Santa Bárbara y Coronado en Palmira (Rodríguez 2007).

Las sociedades del período Sonso y Bolo Tardío, continuaron desde el siglo VIII d.C., con la expansión de los campos de cultivo y la colonización de nuevas zonas en el valle del río Cauca y las laderas de las cordilleras, mediante la implementación de sistemas de drenaje mucho más amplios y la desecación de áreas pantanosas extensas, consecuentes con el crecimiento demográfico de los cacicazgos, encontrados por los europeos en el siglo XVI. El cronista Pedro Cieza de León, quien recorrió tempranamente esta parte del territorio conocido como la gobernación de

Popayán entre 1539 y 1541, describe la gran variedad de cultivos y gentes que encontró en su visita, desde las tierras bajas tropicales hasta las zonas más templadas (Cieza 1553).

LOS FITOLITOS COMO HERRAMIENTA BIOARQUEOLÓGICA

Los fitolitos son cuerpos mineralizados integrantes de los tejidos orgánicos que se forman por el depósito de minerales en las células o cavidades de las plantas. Poseen características morfológicas constantes en la respectiva especie vegetal, cumpliendo funciones de sostén, resistencia o defensa (Bertoldi 1975). Estas acumulaciones pueden estar constituidas por sílice, oxalatos o carbonatos, comunes en las hojas, estructuras florales, madera y corteza (Beck 1989).

Cuando la sílice se deposita en la planta, esta tiende a concentrarse de acuerdo a la distribución topográfica o la distribución de cada tipo de célula, potencial o circunstancialmente silícica en los tejidos de los cuales forman parte (Monsalve 2000). Cualquier estructura de una planta, sea hoja, semilla, fruto, raíz o tronco puede servir como un reservorio para el deposito del sílice. Dentro de estas estructuras los depósitos pueden ser altamente localizados en una sola clase de tejido o pueden estar distribuidos a través de toda la planta. Los patrones encontrados son generalmente muy consistentes dentro de las familias y especies, pudiendo ser eventualmente considerados como caracteres taxonómicos y filogenéticos importantes (Piperno 1988).

Los estudios comparativos entre fitolitos de especimenes vegetales actuales y restos botánicos arqueológicos, manejan patrones de clasificación donde se utiliza la morfología del fitolito como elemento individual. La propuesta de clasificación morfológica presentada por Parra y Flórez (2001) para los fitolitos altoandinos colombianos, se basa en estas formas básicas, cuyas superficies muestran detalles variados y sofisticados a lo que se denomina superficie de ornamentación, que permite acercarse aun más a valores taxonómicos de los especimenes vegetales. Sin embargo, la identificación de fitolitos se ve limitada por una serie de problemas en el momento de su clasificación y análisis que incluyen, la multiplicidad, en donde un mismo género de plantas produce varios tipos de formas de fitolitos entre hojas y órganos de la misma planta; redundancia, en el cual una misma morfología de fitolitos puede ser producida por varias especies vegetales y la persistencia, que ocurre cuando no todas las morfologías que produce una especie tienen la misma robustez y por lo tanto su persistencia en el ambiente es diferente (Flórez y Parra 1999).

El empleo de los fitolitos en cálculo dental, como herramienta arqueológica, se basa en la obtención de restos fósiles de sílice pertenecientes a plantas consumidas por los pobladores prehispánicos, que quedaron depositados y cubiertos dentro del contenido calcificado del cálculo dental, productos que están asociados a los dientes, uno de los restos arqueológicos mejor preservados.

El cálculo dental proviene de la calcificación de la placa blanda, producto del consumo de alimentos, falta de higiene y la acción de los iones presentes en la saliva, en un proceso de aposición progresiva y calcificación, en el que quedan atrapados progresivamente los fitolitos. Esta asociación entre fitolitos, placa calcificada y dientes, permite que los silicofósiles de los remanentes vegetales inmersos perduren y puedan ser recuperados en los estudios de alimentación humana (Lalueza 1996).

Los antecedentes en los estudios de fitolitos en cálculo dental tienen sus inicios con Armitage en 1975, quien estudió el cálculo dental de animales herbívoros extintos en Inglaterra. Midsleton entre 1990-1992 y Rovner en 1994, aplicaron los métodos para la extracción de fitolitos en el análisis de los remanentes dentales en vacas, ovejas, y cerdos recolectados de sitios arqueológicos. Los estudios de Lalueza (1996) en la necrópolis Romano Tardía de Tarragona (España) analizaron los fitolitos de cálculo dental, esmalte dental y fitolitos recolectados en suelos de zona abdominal, encontrando que la mayoría de los fitolitos sumergidos en el cálculo dental pertenecen a la familia de las Poaceae. Cummings (1997) determinó la presencia de fitolitos, almidón y semillas en el cálculo dental de individuos Mayas de Kichpanha, ocupación prehispánica localizada al norte de Belice (Centroamérica) y estableció al maíz como el primer producto en la dieta. Juan-Tresserras, Lalueza y Albert (1997) identificaron fitolitos en cálculo dental humano del período neolítico (SÁigua Dolca, Palma de Mallorca), de la edad de Bronce (Urbiola, Navarra), del período Púnico en las islas Baleares (Sant Antoni de Portmany, Eivissa) y del período Romano Tardío (Prat de la Riba, Tarragona).

La aplicación de la técnica de extracción de fitolitos en cálculo dental, permite dar respuesta a algunos de los interrogantes que se presentan en la arqueología del suroccidente colombiano, convirtiéndose desde la perspectiva bioarqueológica y odontológica, en una herramienta novedosa en la zona de estudio y en el país.

MATERIALES Y MÉTODOS

Los silicofósiles deben ser identificados de acuerdo a unos criterios de clasificación en donde la forma desarticulada se asocia a los patrones de depósito de la sílice en los especimenes botánicos modernos. Los criterios de clasificación utilizados en el estudio siguieron los criterios de Flórez y Parra (1999), Piperno (1988) y Bertoldi (1975). En estas tres clasificaciones se describen formas geométricas de fitolitos de algunas familias botánicas y la ornamentación de superficie que pueden tener las silicoformas.

La muestra botánica arqueológica obtenida en la zona del valle del río Cauca, se compone por cálculo dental de cuatro poblaciones prehispánicas, las tres primeras son contemporáneas y pertenecen al período Bolo Temprano de la arqueología del suroccidente colombiano y una última población, asociada culturalmente a la cultura Quimbaya Tardío.

Se utilizaron muestras de cálculo dental de veintinueve individuos de cuatro poblaciones prehispánicas del valle del río Cauca, recolectadas de restos dentales pertenecientes a los Cementerio de Coronado y Santa Bárbara (Siglo III a.C. a siglo II d.C.) en Palmira, Valle del Cauca, el cementerio de la Hacienda La Cristalina (Siglo I a.C. a siglo V d.C.) en El Cerrito, Valle del Cauca, pertenecientes al período Bolo Temprano; y el cementerio de la Hacienda El Carmen (Siglo VIII a siglo XI d.C.) en Guacarí, Valle del Cauca, del período Quimbaya Tardío.

FAMILIA	NOMBRE CIENTIFICO	NOMBRE REGIONAL	REF. ARQUEOL	REF. ETNOH	REF. F Y P	TOTALES
Arecaceae	*Guilielma gasipaes*	Cachipay, Chontaduro	6	2	2	10
	Cocos nucifera	Cocotero	6	2	2	10
Annonaceae	*Annona muricata L.*	Guanábana, Catucha	1	1	1	3
	Annona squamosa	Anón, Chirimoyo	1	0	1	2
Lauraceae	*Persea americana.*	Aguacate, curo, cura	3	2	0	5
Mimosaceae	*Inga spp.*	Guama, guaba, inga	1	2	0	3
Clusiaceae	*Reedia guttifera*	Madroño	1	0	0	1
	Mammea americana L.	Mamey	0	2	0	2
Sapotaceae	*Achras sapota*	Níspero	1	0	0	1
Myrtaceae	*Psidium guajaba L.*	Guayaba	1	3	0	4
Bromeliaceae	*Ananas comosus*	Ananas, Piña	1	1	0	2
Passifloraceae	*Passiflora liqularis*	Granadilla	2	1	0	3
Caricoceae	*Carica papaya L.*	Papaya	1	0	0	1
Euphorbiaceae	*Manihot esculenta Crantz*	Yuca, mandioca	6	1	0	7
Solanaceae	*Solanum ssp.*	Papa, turmas	2	1	0	3
	Capsicum frutescens	Ají, Ají Chivato	2	2	0	4
Poaceae	*Zea mayz*	Maíz	10	5	3	18
	Panicum	Pasto Parva	1	0	0	1
Fabaceae	*Phaseolus vulgaris L.*	Fríjol, Caraota	8	2	1	11
Cucurbitaceae	*Cucúrbita maxima*	Ahuyama, Zapallo	3	0	2	5
	Cucúrbita pepo	Calabaza	0	1	1	2
Bombacaceae	*Matisia cordata*	Zapote	1	0	0	1
Rubiaceae	*Borojoa patinoi*	Borojó	0	1	0	1
Erythroxylaceae	*Erythroxilum coca*	Coca	1	1	0	2
Bixaceae	*Bixa orellana*	Achiote	1	1	0	2
		TOTALES	60	31	13	104

Tabla 1. Colección de referencia de plantas modernas con valor arqueológico del valle del río Cauca.

Muestra botánica moderna

La lista inicial de plantas del valle del río Cauca con valor arqueológico, fue propuesta por Cubillos en 1984, y estaba compuesta de veintiún plantas que la revisión bibliográfica del presente estudio amplió a veinticinco. Para cada uno de los especímenes botánicos, se buscaron las citas bibliográficas que los reportaron en la zona y se agruparon en tres categorías: 1) Arqueológica, correspondiente a la literatura de los estudios arqueológicos en la zona desde los años ochenta del siglo XX; 2) Etnohistórica, correspondiente a las citas y datos proporcionados por los Cronistas que recorrieron la franja del suroccidente de Colombia entre los siglos XVI a XVIII; 3) Reporte de fitolitos y registros de polen en Calima y el valle del río Cauca, categoría que se dejó aparte de las referencias arqueológicas, por ser la identificación de microfósiles, el objeto del estudio (Tabla 1).

Las muestras botánicas modernas, fueron recolectadas en la zona del valle del río Cauca. La colección de referencia de especímenes vegetales con valor arqueológico, se construyó basados en los criterios bibliográficos presentados, lo que hace que los fitolitos obtenidos de la muestra botánica moderna, puedan ser comparados con los silicofósiles de las muestras arqueológicas de la misma zona, debido a que permiten ubicar geográfica, cultural y naturalmente las plantas incluidas en el estudio.

Procesamiento de los especimenes botánicos modernos

Para iniciar el proceso, las muestras botánicas modernas se lavaron correctamente con el fin de evitar contaminantes en la misma. Estas se incineraron en mufla y se dejaron por 2 horas a una temperatura de 550 ºC, a la ceniza resultante, se le adicionó Ácido Nítrico (HNO_3) al 30 por ciento para eliminar el contenido orgánico de la muestra. Posteriormente, se les agregó agua destilada y se centrifugaron a 3000 revoluciones por minuto (rpm) por 6 minutos, en dos ciclos, garantizando la eliminación del ácido y el lavado de las muestras, terminado el último ciclo se eliminó el sobrenadante y a las muestras lavadas, se les adicionó Agua Alcoholizada para almacenarlas.

Procesamiento del cálculo dental

Las muestras de cálculo dental fueron obtenidas previamente, por raspaje del cálculo con curetas odontológicas McCall 13-14 para dientes anteriores y McCall 17-18 para dientes posteriores. Las muestras de cálculo dental fueron obtenidas en cráneos con maxilares completos y en dientes individuales aislados, en el Laboratorio de Antropología Física de la Universidad Nacional de Colombia, Sede Bogotá, las muestras se colocaron en bolsas plásticas herméticas. Se tomó una parte de la muestra y se le adicionó Peróxido de Hidrógeno (H_2O_2) al 30 por ciento por 24 horas en estufa a 70 ºC, para lograr desagregar la masa de cálculo dental y liberar las partículas incluidas dentro de esta. A las muestras se les adicionó agua destilada y se centrifugaron a 3000 rpm por 6 minutos, para eliminar el Peróxido de Hidrógeno.

Terminado el ciclo, el sobrenadante o parte liviana, que contenía los fitolitos, se aspiró y se le adicionó Ácido Nítrico al 30 por ciento para eliminar los carbonatos presentes, este proceso se realizo por 12 horas en estufa a 70ºC. Después de pasar las muestras por el ácido, se centrifugaron a 3,000 r.p.m. por 6 minutos, lavándose dos veces con agua destilada.

A las muestras lavadas, se les adicionó Agua Alcoholizada y se almacenaron.

Montaje de las muestras

Una alícuota de cada una de las muestras fue colocada en la lámina, previamente seca e inmunizada, la gota se secó con calor y se le agregó el medio de montaje, que para este estudio fue el Bálsamo de Canadá (Índice de refracción 1,53), colocándose finalmente el cubreobjetos. Las muestras se almacenaron en estufa a 45 ºC por 24 horas, para el secado del Bálsamo de Canadá.

Conteo

El conteo de las formas de fitolitos en las placas portaobjetos de las muestras botánicas modernas y arqueológicas de cálculo dental se realizo sobre la gota, empleando microscopio petrográfico a 40x. Para la identificación de los fitolitos fueron usados los criterios de clasificación de las propuestas de Parra y Flórez (2001), Bertoldi (1975) y Piperno (1988). La propuesta de clasificación de Parra y Flórez fue para fitolitos Altoandinos y las propuestas de Bertoldi y Piperno, formularon criterios de clasificación para zonas bajas neotropicales. El manejo de los criterios de la primera clasificación no cumple todos los requisitos necesarios en la identificación de los fitolitos de las muestras botánicas modernas y arqueológicas de este estudio, y hace indispensable el empleo de los criterios de clasificación de las zonas neotropicales formulados por Bertoldi y Piperno.

RESULTADOS

De los especímenes botánicos modernos se encontró como muestra estéril al *Borojoa patinoi (Borojo)* y de las muestras arqueológicas 2 individuos pertenecientes al cementerio Palmira-Coronado fueron igualmente estériles. Para las muestras botánicas modernas y botánicas arqueológicas, se construyeron de acuerdo con el número de fitolitos obtenidos, tablas de abundancia relativa (Tablas 2 y 3).

En las especies de *Guilielma gasipaes* y *Cocos nucifera* de la familia de las *Arecaceae* y entre las especies de *Zea mays* y *Panicum* de la familia de las *Poaceae* se presentaron fitolitos similares.

Se identificaron fitolitos de formas similares en especies de diferentes familias botánicas de las muestras de plantas modernas del valle del río Cauca, donde la forma más representativa en la mayoría de los frutos y hojas, fue la forma globular (cuerpos esféricos, casi elipsoidales, con o sin ornamentación en la superficie), lo que puede verse en las tablas de presencia construidas para representar la multiplicidad y redundancia (problemas de los fitolitos) en las muestras botánicas y arqueológicas (Tablas 4 y 5).

ABUNDANCIA RELATIVA DE FITOLITOS EN LA MUESTRA BOTÁNICA MODERNA DEL VALLE DEL RÍO CAUCA				
ESPECIE	ESTERIL	ESCASOS	COMUNES	MUY COMUNES
Guilielma gasipaes			X	
Cocos nucifera				X
Annona muricata		X		
Annona squamosa		X		
Persea americana		X		
Inga ssp		X		
Mammea americana L		X		
Achras sapota			X	
Psidium guajaba		X		
Annana sativus s.f.				X
Passiflora maliformis		X		
Carica papaya L.			X	
Manihot esculenta.C			X	
Solanum ssp		X		
Capsicum frutescens		X		
Zea mays				X
Phaseolus vulgaris L.			X	
Cucurbita maxima			X	
Cucurbita pepo		X		
Matisia cordata		X		
Borojoa patinoi	X			
Bixa orellana		X		
Reedia gutifera		X		
Erythroxilum coca		X		
Panicum			X	

Tabla 2. Abundancia relativa de fitolitos de la muestra botánica moderna.

ABUNDANCIA RELATIVA DE FITOLITOS EN LA MUESTRA BOTÁNICA ARQUEOLÓGICA DEL VALLE DEL RÍO CAUCA				
INDIVIDUO	ESTERIL	ESCASOS	COMUNES	MUY COMUNES
PalCor A1/T7	X			
PalCor A1/T13		X		
PalCor A1/T17		X		
PalCor A1/T20		X		
PalCor A1/T27		X		
PalCor A1/T36c		X		
PalCor A1/T37		X		
PalCor A1/T38	X			
PalCor A1/T44b		X		
PalCor A1/T47		X		
PalCor A1/T50		X		
PalCor A1/T53			X	
PalCor A1/T54		X		
PalCor A1/T58			X	
PalCor A1/T60		X		
PalCor A1/T62			X	
PalCor A1/T67			X	
PalCor A1/T73		X		
PalCor A1/T81			X	
PalCor A2/T45		X		
La Cristalina T9		X		
La Cristalina T34		X		
Santa Barbara T1				X
Santa Barbara T14				X
Santa Barbara T16			X	
Santa Barbara T17			X	
Guacari T3				X
Guacari T11		X		
Guacari T15		X		

Tabla 3. Abundancia relativa de fitolitos de la muestra botánica arqueológica.

PRESENCIA DE FITOLITOS EN LA MUESTRA BOTÁNICA MODERNA DEL VALLE DEL RÍO CAUCA																			
FORMA / ESPECIE																			
Guilielma gasipaes	X		X		X	X			X	X	X	X		X		X			X
Cocos nucifera		X	X		X	X		X	X	X	X	X				X			X
Annona muricata												X							X
Annona squamosa			X		X	X		X		X		X				X		X	X
Persea americana			X								X	X	X			X			X
Inga ssp										X		X							
Mammea americana		X		X	X	X					X	X							X
Achras sapota			X			X						X							X
Psidium guajaba								X				X							X
Annanas comosus	X		X	X	X	X		X	X		X	X		X					X
Passiflora liqularis												X							
Carica papaya			X			X		X	X	X	X	X		X		X	X	X	X
Manihot esculenta		X	X		X	X		X	X	X	X	X		X		X			X
Solanum ssp			X									X							
Capsicum frutescens			X	X	X	X					X	X				X			X
Zea mays		X	X		X	X	X	X	X	X	X	X		X		X	X	X	X
Phaseolus vulgaris	X		X		X					X	X	X	X	X					X
Cucurbita maxima	X		X		X	X				X		X				X	X	X	X
Cucúrbita pepo			X		X	X						X							X
Matisia cordata						X						X				X			X
Borojoa patinoi																			
Bixa orellana			X		X	X					X	X				X			X
Reedia gutifera						X						X							
Erythroxilum. coca						X						X		X		X	X		X
Panicum			X	X		X			X	X	X	X		X		X			X

Tabla 4. Presencia de formas de fitolitos en la muestra botánica moderna de acuerdo a la clasificación de Parra y Flórez (2001), de izquierda a derecha: *Flabellulita, Aculeolita, Prismatolita, Estrobilolita, Braquiolita, Elipsoidita, Halteriolita, Bilobulita, Doliolita, Clavaelita, Petasusita, Globulolita, Longolita, Cymbaita, Cilindrita, Triangulita, Capilusita, Florisita y Amorfolita,* donde se incluye la forma *Teratolita* descrita por Bertoldi (1975).

PRESENCIA DE FITOLITOS EN LA MUESTRA BOTÁNICA ARQUEOLÓGICA DEL VALLE DEL RÍO CAUCA																			
FORMA / INDIVIDUO																			
PalCor A1/T7																			
PalCor A1/T13							X					X							
PalCor A1/T17			X									X							X
PalCor A1/T20			X			X		X				X							X
PalCor A1/T27			X			X						X							X
PalCor A1/T36c			X		X							X							X
PalCor A1/T37						X						X				X			X
PalCor A1/T38																			
PalCor A1/T44b			X			X						X							X
PalCor A1/T47	X		X			X						X							X
PalCor A1/T50			X			X				X		X							X
PalCor A1/T53			X		X	X			X	X		X							X
PalCor A1/T54			X			X						X							X
PalCor A1/T58			X		X				X	X		X							X
PalCor A1/T60			X		X							X							X
PalCor A1/T62	X		X		X	X	X	X	X	X		X							X
PalCor A1/T67	X		X	X	X	X	X	X	X	X	X	X							X
PalCor A1/T73			X						X			X							X
PalCor A1/T81			X	X	X	X		X	X	X		X							X
PalCor A2/T45					X							X							X
La Cristalina T9			X		X							X							X
La Cristalina T34			X									X							X
Santa Bárbara T1	X		X	X	X	X	X	X	X	X		X							X
Santa Bárbara T14	X		X	X	X	X		X	X	X		X							X
Santa Bárbara T16			X		X			X	X			X							X
Santa Bárbara T17	X		X	X	X	X		X	X	X	X	X							X
Guacari T3	X		X	X	X	X		X	X	X	X	X							X
Guacari T11			X		X	X			X	X	X	X							X
Guacari T15			X		X	X		X	X		X	X							X

Tabla 5. Presencia de formas de fitolitos en la muestra botánica arqueológica de acuerdo a la clasificación de Parra y Flórez (2001), de izquierda a derecha: *Flabellulita, Aculeolita, Prismatolita, Estrobilolita, Braquiolita, Elipsoidita, Halteriolita, Bilobulita, Doliolita, Clavaelita, Petasusita, Globulolita, Longolita, Cymbaita, Cilindrita, Triangulita, Capilusita, Florisita y Amorfolita*, donde se incluye la forma *Teratolita* descrita por Bertoldi (1975).

Las formas fragmentadas o rotas que no pudieron asociarse con las formas geométricas de la clasificación de Parra y Flórez (2001), se colocaron dentro del criterio de clasificación de *amorfolitas* al igual que los fitolitos de formas muy grandes y robustas, denominadas como *Teratolitas* por Bertoldi (1975), todo esto para efectos de la metodología.

Del total de los especímenes botánicos modernos del valle del río Cauca analizados, se pudo determinar o asociar silicoformas características a la familia de las *Arecaceae,* fitolitos que correspondían a formas esféricas o elipsoidales con superficie de ornamentación espinulosa (Figura 2), estos silicofósiles también fueron hallados en las cuatro poblaciones arqueológicas pertenecientes a la misma zona geográfica. De la familia de las *Poaceae* donde se destacan fitolitos de formas bilobulares (cuerpos prismáticos conformados por dos cabezuelas redondeadas simétricas o asimétricas unidas por un istmo de ancho variable) (Figura 3), se identificaron silicofósiles en las muestras de las poblaciones de Palmira-Coronado, Santa Bárbara y Guacarí, excepto en la muestra de La.

Figura 2. Fitolitos ornamentados de forma globular de *Guilielma gasipaes* y de Guacarí T3.

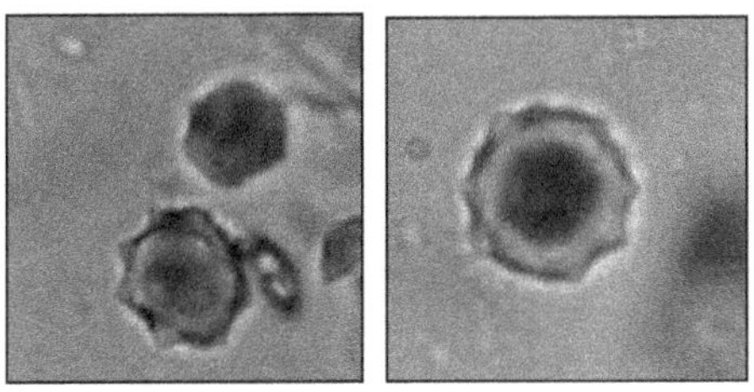

Figura 3. Fitolitos de *Zea mayz* y de Santa Bárbara T 14.

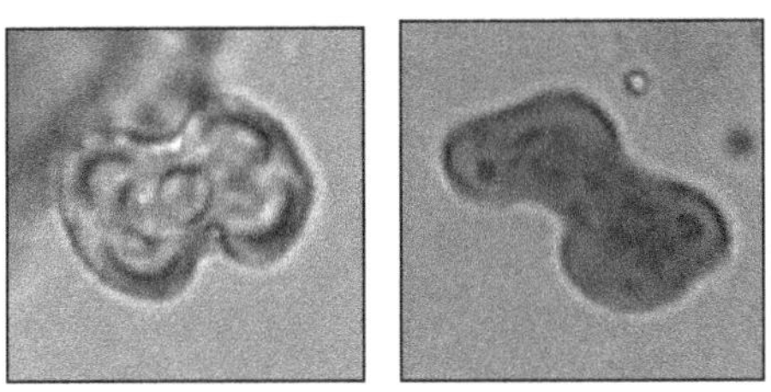

Para la familia de las *Annonaceae*, de los géneros recolectados en el valle del río Cauca, la forma de fitolito representativa fue un estoma silicificado (Figura 4), el cual se presentó en un individuo de la población de Palmira-Coronado. De la familia de las *Sapotaceae* cuyas estructuras características fueron formas de fitolitos monstruosas o *Teratolitas*, las que están sin determinar en la clasificación de Parra y Florez (2001) pero descritas por Bertoldi (Figura 5), fueron encontradas estas estructuras en un individuo de la población de Guacarí.

La presencia de ciertas silicoformas de algunas plantas en la muestra de cálculo dental, difiere de una población a otra, debido a la tendencia antropogénica de la alimentación, la inclusión aleatoria y variable de los fitolitos en la masa de cálculo dental y al deposito selectivo de la sílice en cada una de las estructuras de la planta, por lo que no se puede descartar el consumo de otros cultígenos en la dieta prehispánica, ya que no todas las plantas pudieron quedar representadas en las muestras de este estudio.

Figura 4. Fitolito de *Annona muricata* y de Palmira-Coronado A1/T81, estomas silicificados.

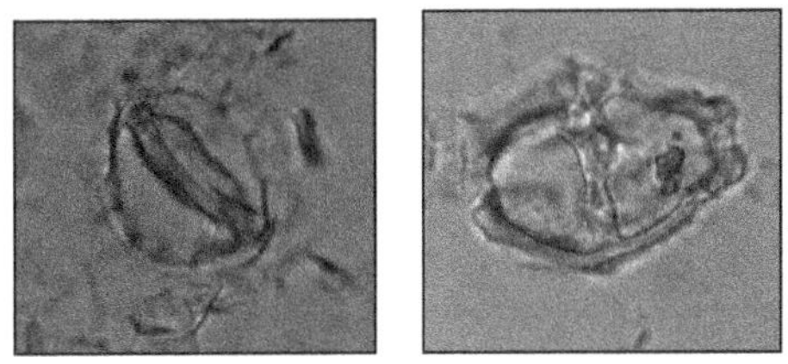

Figura 5. Fitolitos de *Achras sapota* y de Guacarí T3.

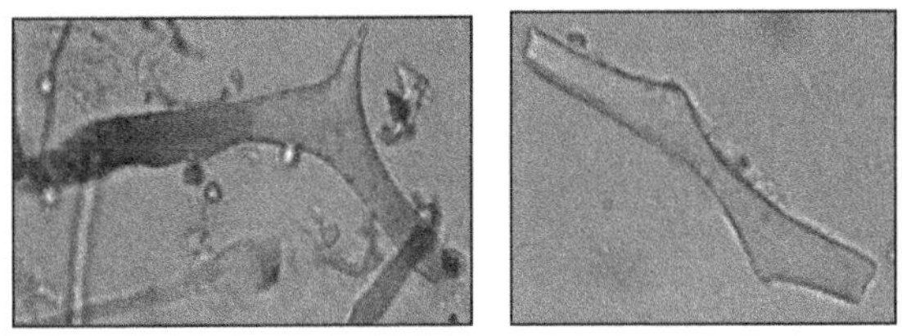

El alto grado de corrosión manifestado en los fitolitos de cálculo dental, indica condiciones inapropiadas para la permanencia de estos en el ambiente, como niveles de pH alcalinos y gran humedad de los paleosuelos. El hallazgo de cristales o vidrios volcánicos, permite aproximarse a la ubicación de las áreas de cultivo en el valle geográfico del Cauca: la presencia de los vidrios volcánicos en la masa de cálculo dental es posible explicarla por la recolección e ingesta de alimentos en contacto directo con el suelo (Figura 6).

El cultivo de alimentos en zonas pantanosas y sin un buen drenaje, en zonas de fácil inundación, áreas pantanosas, húmedas y casi húmedas de la zona geográfica del río Cauca se determinó por la presencia de diatomeas y esponjas (Figura 7). Las diatomeas, como cuerpos silicificados de los sedimentos lacustres, pueden encontarse en habitats humedos o en cuerpos de agua fresca o dulce, tanto en la profundidad como plactonicas, en sedimentos de riachuelos, lagos, pantanos o cienagas, playas o aguas saladas (Round 1996).

Figura 6. Cristales volcánicos presentes en el cálculo dental de las muestras arqueológicas.

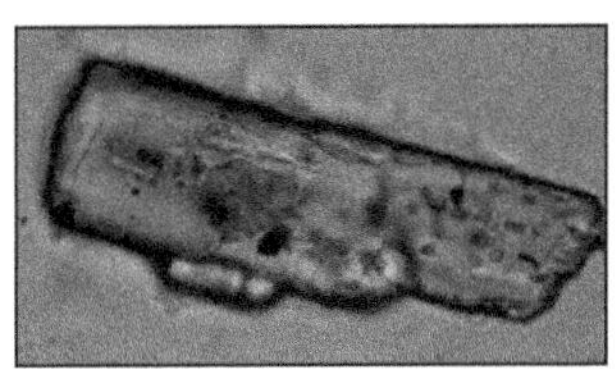

Figura 7. Diatomeas presentes en el cálculo dental de las muestras arqueológicas.

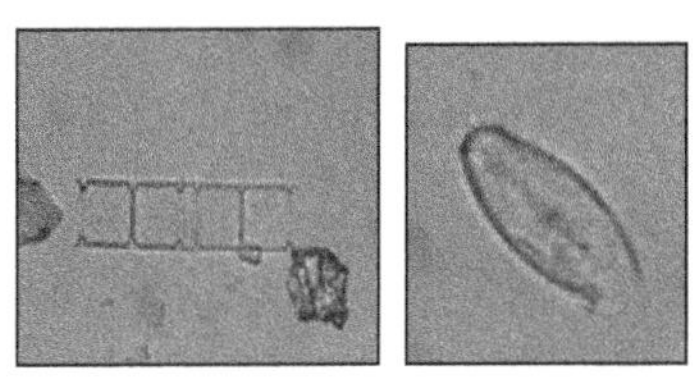

CONCLUSIONES

La interpretación de los modelos de interacción de los grupos humanos antiguos y plantas, a partir de los residuos o remanentes de esas relaciones, son la esencia del enfoque paleoambiental (Pearsall 1988). Los resultados obtenidos aportan desde un enfoque arqueológico de la odontología, elementos que contribuyen a una aproximación a la paleodieta, al empleo y ajuste de metodologías y técnicas que en el futuro inmediato permitan el desarrollo de una línea de microfósiles dentro de los trabajos de investigación realizados en la arqueología y la bioantropología, no solo del suroccidente de Colombia, sino de otras zonas arqueológicas como los Andes orientales y el valle del río Magdalena.

Los fitolitos extraídos de las plantas modernas se emplean como una base de referencia para asignarle una analogía botánica a la morfología del silicofósil, esto se hace con plantas de la misma zona que estén reportadas como parte de la paleodieta de las poblaciones. Sin esta analogía seria difícil, establecer comparaciones que pudieran aproximar a los cultigenos consumidos en la dieta prehispánica.

La aproximación que ofrecen los fitolitos a la producción, domesticación e ingesta de los especímenes botánicos, en los habitantes del valle del río Cauca, permite asociarlos a familias de *Poaceae, Arecaceae, Sapotaceae y Annonaceae*; a través de la identificación de silicofósiles en el cálculo dental de individuos pertenecientes a comunidades prehispánicas de la misma área geográfica.

Las tablas construidas para la abundancia relativa y la presencia de los fitolitos en la muestra botánica moderna y en la muestra botánica arqueológica, sirven para representar los problemas de los fitolitos en su identificación y clasificación (redundancia, multiplicidad y persistencia). La sílice al depositarse adquiriere morfologías variadas que dependen de cada especie vegetal, además de esto, en los estudios de alimentación de los individuos, existe una tendencia de los fitolitos a quedar depositados de manera aleatoria en el cálculo dental durante la ingesta de alimentos; por lo que algunas morfologías similares pueden aparecer asociadas a varias familias botánicas y otras no estar presentes, problemas representados en las tablas de presencia. A través de la abundancia relativa de las muestras y al análisis combinado de morfología y ornamentación de superficie, es como estas formas adquieren valores taxonómicos que permiten aproximarse a algunas de las familias botánicas relacionadas en la dieta prehispánica en la zona arqueológica del valle del río Cauca en el suroccidente colombiano.

Las condiciones de higiene oral de estas poblaciones prehispánicas fueron precarias, el gran acumulo de placa dental, pérdidas dentales antemortem, abscesos y fístulas minaron la salud oral de los individuos, como lo indica la población del cementerio de Coronado en Palmira. Estas características tan precarias en la salud oral de las poblaciones del suroccidente colombiano permitieron obtener un registro fósil para acercarse a sus condiciones alimenticias. La higiene dental pobre (gran acumulo de placa calcificada), permitió conservar un vestigio de las plantas que consumían, haciendo posible estudios de alimentación en los individuos.

En las muestras de cálculo dental tratadas fue posible aislar e identificar cristales o vidrios volcánicos, como *hiperstenos* de la familia de los *Orthopiroxenos*, característicos del volcanismo ándico, esto permitió aproximarse a la ubicación y utilización de las áreas de cultivo en el valle geográfico del río Cauca. La presencia de estos cristales en la masa de cálculo dental es posible explicarla por la recolección e ingesta de alimentos en contacto directo con los suelos, como en el caso de los tubérculos y por la toma de agua de las áreas pantanosas del valle del río Cauca. El alto grado de corrosión manifestado en los silicofósiles, indica condiciones extremas (pH alcalinos y la gran humedad presente que ayuda a la disolución) de los paleosuelos característicos de esta zona (Piperno 1985).

Las diatomeas y esponjas encontradas en las muestras de cálculo dental, se convierten en otro de los hallazgos importantes por su alta resistencia a la degradación y su presencia en diferentes ambientes tanto húmedos como lacustres, sin embargo, la identificación de estos cuerpos de sílice debe ser objeto de un análisis más detallado que permita su clasificación.

Se debe recordar que dentro del enfoque arqueológico y bioantropológico, la identificación de los siliciofósiles en el cálculo dental sólo permite una aproximación a la paleodieta de las poblaciones prehispánicas. Esta herramienta paleobotánica se complementa, si se asocia con otras metodologías de estudio arqueológicas y paleobotánicas, como el análisis de fitolitos de muestras de suelo correspondientes al área abdominal de restos óseos, registro de polen y fitolitos de muestras de suelos de áreas de cultivos prehispánicas y zonas de enterramiento, con el fin de aprovechar al máximo el potencial de estas técnicas.

AGRADECIMIENTOS

A la profesora María Teresa Flórez del Centro de Investigaciones Ambientales y de Ingeniería de la Universidad de Antioquia, Medellín, a los profesores Luís Norberto Parra del Laboratorio de Génesis de Suelos y Carlos Monsalve del Laboratorio de Paleoecología de la Universidad Nacional de Colombia sede Medellín y al profesor José Vicente Rodríguez del Laboratorio de Antropología Física de la Universidad Nacional de Colombia sede Bogotá.

BIBLIOGRAFÍA

Beck, W., A. Clarke y L. Head
1989 *Plants in australian archaeology*. Tempus Editorial, Anthropology Museum, University of Queensland, Queensland, Australia.

Bertoldi de Pomar, H.
1975 Los silicofitolitos: Sinopsis de su conocimiento. *Darwiniana* 19(2-4): 174- 206.

Cardale de Schrimpff, M.

1996 *Caminos prehispánicos en Calima. El estudio de caminos precolombinos de la cuenca del alto río Calima, cordillera occidental, Valle del Cauca.* Fundación de Investigaciones Arqueológicas Nacionales, Fundación ProCalima, Bogotá D.C., Colombia.

Cardale de Schrimpff, M., W. Bray y L. Herrera
1989 Reconstruyendo el pasado en Calima. *Boletín del Museo del Oro* 24: 3-28.

Cieza de León, P.
1922 <1553> *La crónica del Perú.* Editorial Calpe, Madrid.

Cubillos, J.
1984 *Arqueología del valle del río Cauca. Asentamientos prehispánicos en la suela plana del río Cauca.* Fundación de Investigaciones Arqueológicas Nacionales, Bogotá D.C.

Cummings, L.
1997 A phytolith and starch record of food and grit in Mayan human tooth tartar. En: *Actas del Primer Encuentro Europeo sobre Estudios de Fitolitos*, Centro de Ciencias Medioambientales, pp. 211- 218, Madrid.

Flórez, M. y L. Parra
1999 Atlas de fitolitos de la vegetación altoandina paramos de Belmira y Frontino, departamento de Antioquia. En: *Silicofósiles altoandinos*, editado por M. T. Flórez y G. Lozano, pp. 3-41. Colciencias, Universidad Nacional de Colombia, Universidad de Antioquia, Universidad de Ponta Grossa, Medellín, Colombia.

Juan-Tresserras, J.
1997 Identification of phytoliths from prehistoric human dental remains from the Iberian peninsula and Balearic islands. En: *Actas del Primer Encuentro Europeo sobre Estudios de Fitolitos*, Centro de Ciencias Medioambientales, pp. 197-203, Madrid.

Kaplan, L. y E. Smith
1988 Carbonized plant remains from the Calima region, Valle del Cauca, Colombia. *ProCalima* 5: 43-44.

Lalueza, C. y J. Juan-Tresserras
1996 Phytolith analysis on dental calculus, enamel surface, and burial soil: Information about diet and paleoenviroment. *American Journal of Physical Anthropology* 101: 101-113.

Legast, A.
1993 *La Fauna en el material precolombino Calima.* Fundación de Investigaciones Arqueológicas Nacionales, Bogotá D.C.

Monsalve, C.
2000 Catalogo preliminar de fitolitos producidos por algunas plantas asociadas a las actividades humanas en el suroeste de Antioquia. *Crónica Forestal y del Medio Ambiente* 15: 63-119.

Monsalve, J.
1985 *A pollen core from the hacienda Lusitania.* ProCalima 4: 40-44.

Rodríguez, C.
2002 *El Valle del Cauca prehispánico.* 1ra. edición Universidad del Valle, Fundación Taraxacum, Santiago de Cali, Colombia.

Rodríguez Cuenca, J.
2004 *Pueblos, rituales y condiciones de vida prehispánicas en el Valle del Cauca.* Universidad Nacional de Colombia, Instituto Vallecaucano de Investigaciones Científicas, Bogotá D.C.
2006 *Las enfermedades en las condiciones de vida prehispánica de Colombia.* Universidad Nacional de Colombia, Bogotá D.C.
2007 *Territorio ancestral, rituales funerarios y chamanismo en Palmira prehispánica, Valle del Cauca.* Universidad Nacional de Colombia, Instituto Vallecaucano de Investigaciones Científicas, Bogotá D.C.

Round, F. E., R. M. Crawford y D. G. Mann
1996 *The diatoms. Biology and morphology of the genera.* Cambridge University Press, Cambridge.

Salgado, H. y D. Stemper
1995 *Cambios en alfarería y agricultura en el centro del litoral Pacifico colombiano durante los dos últimos milenios.* Fundación de Investigaciones Arqueológicas Nacionales, Banco de la República, Instituto Vallecaucano de Investigaciones Científicas INCIVA, Bogotá D.C.

Parra, L. y M. Flórez
2001 Propuesta de clasificación morfológica para los fitolitos altoandinos colombianos. *Crónica Forestal y del Medio Ambiente* 16: 35-66.

Pearsall, D.
1988 *La producción de alimentos en Real Alto: La aplicación de las técnicas etnobotánicas al problema de la subsistencia en el período Formativo ecuatoriano.* Centro de Estudios Arqueológicos y Antropológicos, Universidad Politécnica del Litoral, Editora Nacional, Guayaquil, Ecuador.

Piperno, D.
1985 Phytolith records from prehistoric agricultural fields in the Calima region. *ProCalima* 4: 37-40.
1988 *Phytolith analysis. An archaeological and geological perspective.* Academic Press, San Diego, California.

Piperno, D. y D. Pearsall
1998a *The origins of agriculture in the lowland neotropics.* Academic Press, San Diego, California.
1998b *The silica bodies of tropical american grasses: Morphology, taxonomy and implications for grass systematics and fosil phytolith identification.* Smithsonian Institution Press, Washington D.C.

www.ingramcontent.com/pod-product-compliance
Ingram Content Group UK Ltd.
Pitfield, Milton Keynes, MK11 3LW, UK
UKHW061847041026
15591UKWH00015B/951

9 781407 302379